智能控制

原理与应用

第4版

蔡自兴 余伶俐 肖晓明 著

清华大学出版社
北京

内 容 简 介

本书内容包括智能控制概述、基于知识的智能控制、基于数据的智能控制、知识与数据复合智能控制、智能控制的算法与编程、智能控制的计算能力和智能控制的应用等。

全书共 15 章。第 1 章是概论，介绍智能控制的产生、作用和发展历史，叙述智能控制的定义、特点与一般结构，探讨智能控制的学科结构理论、学科体系与系统分类。此后内容分成 5 篇。第一篇讲述基于知识的智能控制，包括第 2～5 章，分别介绍递阶控制系统、专家控制系统、模糊控制系统和分布式控制系统。第二篇讲述基于数据的智能控制，包括第 6～9 章，分别介绍神经控制系统、进化控制系统、免疫控制系统和网络控制系统。第三篇讲述知识与数据复合智能控制，包括第 10～13 章，分别介绍学习控制系统、仿人控制、自然语言控制和复合智能控制。第四篇讲述智能控制的算法与编程，包括第 14 章，介绍智能控制算法编程实现与深度学习开源框架。第五篇讲述智能控制的计算能力，包括第 15 章，介绍智能控制的算力及架构。

本书是相关专业本科生和研究生学习智能控制的优秀教材，也是从事智能控制研究与开发人员进行相关项目研究的综合手册和实用指南。

图书在版编目（CIP）数据

智能控制原理与应用 / 蔡自兴，余伶俐，肖晓明著. 4 版. -- 北京：清华大学出版社，2024. 8. -- ISBN 978-7-302-67084-1

Ⅰ. TP273

中国国家版本馆 CIP 数据核字第 2024DD0490 号

责任编辑：曾　册
封面设计：李召霞
责任校对：李建庄
责任印制：曹婉颖

出版发行：清华大学出版社
　　　　网　　　址：https://www.tup.com.cn，https://www.wqxuetang.com
　　　　地　　　址：北京清华大学学研大厦 A 座　　　邮　　编：100084
　　　　社 总 机：010-83470000　　　　　　　　　　邮　　购：010-62786544
　　　　投稿与读者服务：010-62776969，c-service@tup.tsinghua.edu.cn
　　　　质量反馈：010-62772015，zhiliang@tup.tsinghua.edu.cn
　　　　课件下载：https://www.tup.com.cn，010-83470236
印 装 者：三河市龙大印装有限公司
经　　销：全国新华书店
开　　本：185mm×260mm　　印　张：26　　　　　字　　数：631 千字
版　　次：2007 年 11 月第 1 版　2024 年 10 月第 4 版　　印　　次：2024 年 10 月第 1 次印刷
印　　数：1～1500
定　　价：79.00 元

产品编号：104310-01

第4版前言
FOREWORD

国内外人工智能及其产业化浪潮正汹涌澎湃地向前推进,推动科学技术的创新发展、国民经济的转型升级和人民生活的全面提高。人工智能科技已成为时代的宠儿,备受关注和呵护,也令人充满期待。我们能够投身并感受这场人工智能热潮,是一种难逢的机遇和莫大的荣幸。

作为人工智能的一个重要研究与应用领域,智能控制乘着人工智能的强劲东风加速发展。修订后的《智能控制原理与应用》(第4版)以新的面貌与读者见面,正适应智能控制新发展的需要,希望能够为我国智能控制的人才培养和研究应用做出新的积极贡献。

《智能控制原理与应用》(第4版)构建了崭新的系统组成。受人工智能的核心要素和体系启发,提出了智能控制的体系,认为智能控制由基于知识的智能控制、基于数据的智能控制、知识与数据复合智能控制、智能控制的算法与编程、智能控制的算力及架构,以及智能控制应用构成。全书围绕这个新架构展开讨论。

《智能控制原理与应用》(第4版)介绍智能控制的基本原理及其应用,分5篇共15章进行阐述。本书是本科生和研究生学习智能控制不可多得的优秀教材,也是从事智能控制研究与开发人员进行相关项目研究的综合手册和实用指南。

本次修订对全书内容进行了较大的更新,增加了一些新内容,如智能控制的学科体系、免疫算法和人工免疫系统原理及示例、仿人控制、自然语言控制、智能控制算法编程实现与深度学习开源框架、基于Python的深度学习算法和应用、智能控制的算力及架构等。其中,智能控制的学科体系、智能控制算法编程和智能控制的算力是国内外智能控制教材所没有的。此外,较多地增补了国内外智能控制的最新参考文献,供广大师生和其他研究人员学习参考。

本书第1版由蔡自兴编著,第2版由蔡自兴、余伶俐、肖晓明等修订,第3版由蔡自兴修订。第4版由蔡自兴、余伶俐、肖晓明等修订。我要诚挚地感谢张钟俊、吴宏鑫、冯纯伯等院士和许多智能控制专家长期以来对本书编著与出版工作的关心与指导,衷心感谢教育部对我主持的国家级精品课程和国家级精品资源共享课程"智能控制"的立项与支持,感谢全国控制类国家级教学团队合作联盟的关爱和建议,感谢中国科学技术协会《科技导报》编辑部、中南大学智能系统与智能控制研究所和湖南省自兴人工智能研究院的厚爱与帮助,感谢王晶、蔡竞峰、任孝平、刘芬等提供了许多富有参考价值的国内外智能控制文献,特别感谢清华大学出版社曾珊等编辑出版人员为本书付出的辛勤劳动。他们的鼓励、支持与帮助是本书第 4 版高质量出版的重要保证。

　　本书是国家级精品课程和国家级精品资源共享课程"智能控制"的配套教材,适合作为全国高等院校自动化、智能科学与技术、人工智能、机器人、电气工程与自动化、测控工程、机电工程和电子工程等专业的本科生智能控制类课程教材以及硕士生、博士生的学习参考教材,还可供从事智能控制和智能系统研究、设计、开发与应用的科技人员借鉴。

　　本书相关网址包括:①国家级精品课程"智能控制"https://www.icourses.cn/sCourse/course_6696.html;②智能控制 26 讲 https://www.bilibili.com/video/av91865493/。可与本书配套使用。

　　随着人工智能的快速发展,智能控制也得到了前所未有的发展机遇,许多新思想和新方法正在出现并将逐渐成熟。我们尚来不及将一些正在发展中的新理论和新技术收入本书,只好留到下一版增补。此外,由于修订比较匆忙,加上笔者的知识和能力所限,致使本书仍然存在一些不足之处,热诚欢迎广大专家、师生和其他读者批评指正。

蔡自兴

2024 年 6 月 16 日

于长沙德怡园

第3版前言

FOREWORD

国内外人工智能及其产业化浪潮正汹涌澎湃向前推进,推动科学技术的创新发展、国民经济的转型升级和人民生活水平的全面提高。我们能够投身并感受这股新时代的智能化热潮,既是一种难逢的机遇,也是莫大的荣幸。

作为人工智能的一个重要研究与应用领域,智能控制乘着人工智能的强劲东风加速发展。修订出版的《智能控制原理与应用》(第3版)以新的面貌与读者见面,正是适应智能控制新发展的需要,希望能够为我国智能控制的人才培养和研究应用做出新的积极贡献。

《智能控制原理与应用》(第3版)介绍智能控制的基本原理及其应用,着重讨论了递阶控制、专家控制、模糊控制、神经控制、学习控制、分布式控制、进化控制、网络控制和复合控制等系统的原理与应用。本次修订注意"瘦身"与"强体"结合,对全书内容进行了较大更新。首先,为了减少篇幅,做到"瘦身",割爱删去了人工智能的学派理论与计算方法、专家系统的建模、重复学习控制、分布式控制系统的通信、免疫算法和人工免疫系统原理、免疫控制系统举例、模糊专家复合控制器以及仿人控制等内容,在保留主要内容的同时使全书篇幅得到控制。然后,做了"强身"处理,增加了一些新内容,如中国智能控制的发展简史、模糊推理与模糊判决、深层神经网络与深度学习以及计算机网络的发展等。此外,较多地增补了国内外智能控制的最新参考文献,供广大师生和其他研究人员学习参考。

本书第1版由蔡自兴编著,第2版由蔡自兴、余伶俐、肖晓明等修订,第3版由蔡自兴修订。我要诚挚感谢许多智能控制和人工智能专家长期以来对本书的关心与指教,衷心感谢国家教育部对我主持的国家级精品课程和精品资源共享课"智能控制"的立项与支持,感谢中国科学技术协会《科技导报》编辑部、中南大学智能系统与智能控制研究所和湖南省自兴人工智能研究院的厚爱与帮助,感谢王晶、蔡竞峰、任孝平等提供了许多富有参考价值的国内外智能控制文献,特别感谢清华大学出版社王一玲等编辑出版人员为本书付出的辛勤劳动。他们的鼓励、支持与帮助是本书第3版顺利出版的重要保证。

本书是国家级精品课程和国家级精品资源共享课"智能控制"的配套教材,作为全国高等院校自动化、智能科学与技术、人工智能、机器人、电气工程与自动化、测控工程、机电工程和电子工程等专业的本科生智能控制类课程教材以及硕士生、博士生学习参考书,还可供从事智能控制和智能系统研究、设计、开发与应用的科技人员借鉴。

随着人工智能的快速发展,智能控制也得到前所未有的发展机遇,许多新思想和新方法正在出现并将逐渐成熟。我们尚来不及将一些正在发展中的新理论和新技术收入本书,只好留到下一版增补。特别说明一下,按照国际上一些学术著作和教材的编写习惯,本书中矢量和矩阵没有排成黑斜体,而是和其他变量一样采用白斜体。此外,由于修订比较匆忙,加上笔者的知识和能力所限,致使本书仍然存在一些不足之处,热诚欢迎广大专家、师生和其他读者批评指正。

蔡自兴

2019 年 7 月

于长沙德怡园

第2版前言

FOREWORD

《智能控制原理与应用》第 1 版于 2007 年在清华大学出版社出版,至今已有 6 个年头了。为了反映国内外智能控制的最新进展,满足国内科学研究和课程教学的需要,有必要对该书进行修订并出版第 2 版。

《智能控制原理与应用》(第 2 版)介绍智能控制的基本原理及其应用,着重讨论智能控制几个主要系统的原理、方法及应用。所涉及智能控制系统依次包括递阶控制系统、专家控制系统、模糊控制系统、神经控制系统、学习控制系统、多真体(MAS)控制系统、进化控制系统、免疫控制系统、网络控制系统以及复合智能控制系统等。本书相当大一部分内容是作者及其研究团队近年来的研究成果,反映出国内外智能控制研究和应用最新进展。特别是作为国家级精品课程、国家级精品资源共享课程,作者把教学团队的智能控制课程教学改革成果融入本教材。本次修订,对全书进行了较大更新,特别突出了计算智能(软计算),加强了模糊控制系统和神经控制系统的计算和 MATLAB 工具的应用指导,充实了网络控制系统内容等。在内容编排上也做了一些调整与增删,例如删除"仿人控制"和"展望"两章,把"仿人控制"的部分内容并入"复合控制",把"展望"的部分内容调入第 1 章"概论",把"集散控制系统"从第 1 章调至第 9 章"网络控制"等。此外,为了把本书主要读者对象从研究生转换为本科生,删除了第 1 版中一些比较深奥的内容,如系统建模、决策模型、稳定性和鲁棒性分析等。这样,在保持本书固有特色的基础上,精炼了内容,增加了训练,吸收了新知识,更加适合作为本科生教材,有利于提高课程教学质量和本科生培养质量。

本书第 1 版由蔡自兴编著。第 2 版由蔡自兴负责修订与统稿,其中,第 4 章(模糊控制系统)由肖晓明修订,第 5 章(神经控制系统)由余伶俐修订。他们两人还负责本书附录的编写工作。谷明琴、郭璠和李昭协助本书"网络控制系统"一章的修订。吴冰璐、马超等协助部分文字输入和插图绘制工作。

本书可作为高等院校自动化、电气工程与自动化、智能科学与技术、测控工程、机电工程、电子工程等专业本科生智能控制类课程教材,也可供从事智能控制和智能系统研究、设计、应用的科技工作者阅读与参考,还可作为硕士和博士学位课程智能控制、智能系统等课程的教学参考书以及博士生和硕士生入学课程考试参考书。

值此新版著作出版之际,想向广大读者汇报我的智能控制著作编著与出版情况,展现这些著作的来龙去脉。实际上,本书是我在国内外出版的智能控制著作的第 8 个版本:①《智能控制》,电子工业出版社,1990;② *Intelligent Control*: *Principles*, *Techniques and Applications*, World Scientific Publishers, 1997;③《智能控制——基础及应用》,国防工业出版社,1998;④《智能控制》(第2版),电子工业出版社,2004;⑤《人工智能控制(研究生用书)》,化学工业出版社,2005;⑥《智能控制原理与应用》,清华大学出版社,2007;⑦《智能控制导论》,中国水利水电出版社,2007;⑧《智能控制原理与应用》(第2版),清华大学出版社,2013。这些智能控制著作的编著与出版,得到众多专家、学者和相关部门领导、同人的支持与帮助,受到高校广大师生和其他读者的热情欢迎和普遍使用,为我国智能控制学科建设、课程建设和人才培养做出了应有的贡献。谨对各位专家、领导、编辑、师生和其他读者致以衷心感谢!

在本书第2版修订出版过程中,得到许多专家和同仁的有力帮助。我国航天智能控制的先行者和奠基人、中国科学院院士、北京控制工程研究所吴宏鑫研究员在百忙中为本书热情作序;清华大学出版社王一玲编审等为本书的编辑和出版付出辛勤劳动;国内外许多智能控制专著、教材和论文的作者为本书提供了丰富的营养,使我们受益匪浅。我们对所有这些支持与帮助表示诚挚感谢!

本书第2版的修订与出版,也是献给龙年九、十月先后问世的我的小孙女和小孙子的一份礼物。他们的平安诞生和健康成长,使我们感到生活更加美满与温馨。

由于修订比较匆忙,一些新资料未能及时收集与消化,因此本书一定存在一些不足之处,诚恳地欢迎广大专家、高校师生和其他读者提出宝贵意见,供下次修订时参考与借鉴。

蔡自兴

2013年7月

于长沙岳麓山

第1版前言

FOREWORD

　　近代科学技术的许多重大进展都是人类智慧、思维、幻想和拼搏的成果；同时，这些科技进步反过来又促进人们思想的解放，或者称为思想革命。人类历史上从来没有出现过像今天这样的思想大解放，关于宇宙、地球、生命、人类、时空、进化、智能的论点和著作，如雨后春笋破土而出，似百花争艳迎春怒放。

　　作为智能科学领域的一位探索者，我对自然界的生命、进化与智能深感兴趣。据研究结果称：大约6亿年前，地球上发生过一次异乎寻常的大爆炸，生物学家把它称为寒武纪爆炸。这次爆炸的最重要意义在于发现了数量颇大和种类繁多的生物，这是地球生态史上任何一个时期都无法比拟的。

　　大脑是衡量进化水平的最重要标志。有了人类的大脑，我们就能够有思想、思维和规划，有发明、创造和革新，有艺术、音乐和诗歌，也才可能有"上天揽月"、火星探测、"下海捉鳖"以及基因和克隆研究之壮举。

　　地球上的早期生物是比较低级的，它们经历了长期的和不断的进化历程，并最终得到进化的最新高级产品——人类。人类经过长期进化，通过自然竞争和自然选择，成为当今最有智慧的高级生物种群。人类智能是这种自然过程的创造物，用控制的术语来说，人类智能具有传感性能的分布特性和控制机制的鲁棒特性。人类的认知能力是保藏在以大脑为中心的"碳素计算机"中。大脑通过诸如视觉、听觉、触觉、味觉和嗅觉等各种自然传感机制来获取环境信息，借助智能而集成这些信息并对信息提供适当的解释。然后，认知过程进一步提升这类特性为学习、记忆和推理能力，并通过分布在中枢神经系统内的复杂神经网络产生适当的肌肉控制，产生相应的行为或动作。正是这种认知过程和智能特性，使人类在许多方面成为有别于其他生灵的高级动物。

　　伴随着人类的进化，人类智慧逐步提高。人类正从大自然学习并力图通过机器来模仿自身的认知过程和智能。人类已经发明了目前称之为计算机和自动机的高级机器，创建了能够为人类的进化和发展服务的智能系统，并应用机器智能来模仿人类智能，扩展了人脑的功能。在这一领域，形形色色的"智能制品"大放异彩，为经济、科技、教育、文化和人民生活服务。CAD、CAM、CAI、CAP、CIMS、互联网、数据挖掘、智能体（agent）、机器人、自动机器和智能软件包等，已成为我们学习、工作和生活的组成部分。可以把智能控制系统这个主题看作智能机器这个广阔领域的一个子集。智能自动化技术已成为高级决策的必不可少的得力工具。

　　生命的进化也出现新的挑战。智能机器人与人工生命的结合，可能创造出具有生命现象的生物机器人。一个拟人机器人能够用它的眼睛跟踪人群通过人行横道；一台自主机器人车能够辨识道路的边缘，绕过障碍物，在探索中前进。机器人打乒乓球和机器人辅助外科手术等例子,早已众所周知。另外,某些不负责任的人或犯罪分子利用智能技术进行罪恶活动,如制造计算机病毒和盗取银行存款等"智能犯罪"活动。面对机器的进化,我们切不可怠慢。作为机器的主人,我们要以新的成就和实力,继续赢得机器对人类的尊敬,使智能机器和智能系统永远听从人类的指挥,忠诚地为人类服务。

人类的进化归根结底是智能的进化,而智能反过来又为人类的进一步进化服务。我们学习与研究智能系统、人工智能、智能机器人和智能控制等,其目的就在于创造和应用智能技术和智能系统为人类进步服务。因此,可以说,对智能控制的钟情、期待、开发和应用,是科技发展和人类进步的必然。

控制科学和技术在20世纪经历了最重要的发展过程,发生了许多重要事件。20世纪40年代至60年代,控制学科研究线性和非线性控制机理。这类控制器的设计主要建立在频域模型基础上。60年代至80年代,控制系统领域获得迅速发展,引入了许多新的理论创新。这些创新包括状态空间模型的应用、可控性和可观性概念的开发以及最优和随机控制理论的演化等。其中某些成果被应用于过程控制和航空航天制导。在此期间,还提出了一些新的概念,如自适应、自学习、最优性和鲁棒性等。然而,受控装置和随机环境的模型是根据其物理特性通过离线和在线参数估计而建立的,所有控制方法仍然严重地依赖数学模型。

从1980年起,控制学科获得快速发展,提出许多创新理论,包含了老策略与新技术(如应用知识库、模糊逻辑和神经网络等)的融合。可以把这些新出现的理论归类于智能控制领域。实际上,现在智能控制已成为一个很有名的术语,并被控制系统科学家们广为研究和接受。尽管这些理论发展的某些方面仍然采用基于模型控制的老概念,但出现在该领域的许多新观念正导致非模型控制。在设计基于模型的控制器时,设计者采用了受控装置及其环境的先验知识,这类知识通过装置及其环境的物理特征,或通过实验、辨识和估计来积累。非模型控制方法与在线学习机制相结合。神经网络和模糊逻辑领域出现的技术创新,有助于促进自主机器人系统向智能控制领域发展。近年来智能控制的某些技术由生物学所固有的控制机理激发而产生的,其中,进化控制和免疫控制是基于生物机理激发的控制的代表。

智能控制系统表现出许多系统科学家和应用数学家所积累的知识,特别是从20世纪60年代起这些科学家首次提出学习和适应这类术语,对一般研究领域和智能系统做出了贡献。细心的读者可能会发现,在智能控制的背后是反馈这一传统概念。反馈一直为我们所用,而且是所有人工控制机制的固有基础。实际上,反馈不仅对包括智能控制在内的自动控制起到重大作用,而且在发展和推进人类现代物质文明和精神文明方面正在起到日益重要的作用。可以预言,具有复杂反馈机制的智能控制必将对21世纪高文明和高技术的社会起到举足轻重的作用。

我有幸亲历了智能控制的研究和发展进程,深为珍惜。这是一种缘分,也是一种机遇。借此机会,略向大家汇报一二。1983—1985年,我在美国普渡(Purdue)大学等校留学期间,绝大部分时间是在美国国家工程科学院院士、国际智能控制的奠基者和开拓者傅京孙(K. S. Fu)教授的指导和合作下,研究机器人规划专家系统——一种基于知识工程的智能机器人高层控制技术和方法,受到国际大师的熏陶和指点,开始踏上研究智能系统的征程。当我结束首次访美后不久,我们的《人工智能及其应用》于 1987 年在清华大学出版社出版发行了。该书为智能控制建立了重要基础。1985 年和 1987 年国际智能控制研讨会(ISIC)之后,智能控制作为一门新学科在国际上建立起来,智能控制的教学问题开始得到关注。中国的智能控制研究差不多是与国际同步起动的。为适应自动控制学科发展和教学改革的需要,瞄准国际前沿学科,全国自动控制与计算机教材编审委员会和电子工业部教材办于 1987 年向全国发出《智能控制》等统编教材公开征稿的通知。尽管编写时间紧迫和参考资料奇缺,我还是大胆应征。我想,自己有自动控制的基础,又在美国研究过人工智能,二者在我身上的结合使我具有一定优势,因而满怀信心地进行准备,全力以赴地投入写作。经过一年多的艰苦努力,我于 1988 年写出书稿,呈交教材编审委员会评审。在教材编审委员会主任委员张钟俊院士、副主任委员兼该教材责任编委胡保生教授及全体委员的关怀和支持下,我编写的《智能控制》教材通过了教材编审委员会的审评,中标为全国统编教材,并于 1990 年由电子工业出版社出版,成为国内外公开出版的首部关于智能控制的教材和专著。该书于 1996 年获得第三届全国优秀教材(电子类)一等奖,并与其他著作一起于 2001 年获得全国高校自然科学奖二等奖。

1992—1993 年,我第二次留学美国,到纽约州伦塞勒大学(RPI)的太空探索智能机器人系统研究中心(CIRSSE),同国际著名智能控制专家萨里迪斯(G. N. Saridis)和桑德森(A. C. Sanderson)教授合作研究机器人的智能控制问题,得到不少启发,受益匪浅,为撰写智能控制新著打下基础。

随着智能控制研究的进一步发展,到 20 世纪 90 年代中期,智能控制学科和课程内容有了进一步充实的基础和更新的必要。我的另外两部著作 *Intelligent Control: Principles, Techniques and Applications* 和《智能控制——基础与应用》于 1997 年年底和 1998 年年初分别在国外和国内问世。这些智能控制著作已具有比较充实的基础理论以及比较明确的研究和应用方向。

进入 21 世纪以来,智能控制学科又有了新的发展。为了及时反映智能控制研究和学科的最新发展,在电子工业出版社的大力支持下,我们修订了“智能控制”课程的教学大纲,进一步优化和更新教学内容。我们确定的内容是:介绍智能控制的基本概念、工作原理、控制方法与应用,涉及人类的认知观和认知过程,智能控制的发展过程、定义和结构原理,知识表示方法和推理技术,计算智能的基本知识,各种智能控制系统的作用机理、结构和应用,一些新的智能控制简介以及智能控制的研究与应用展望等。我们的期望目标是:编写出反映新世纪智能控制学科发展水平和发展趋向的新一代智能控制课程研究生教材,争取为我国智能控制课程建设、教材建设以至学科建设做出新的贡献。

为了编好本教材,这两年来作者进行了深入的调研和充分的准备,其中包括 2004 年夏赴俄罗斯访问研究和 2005 年夏赴美国访问研究。特别是在俄罗斯科学院圣彼得堡信息学与自动化研究所和美国 CASE 大学（CWRU）的研究，为本教材的编写提供了大量的第一手宝贵资料。

本书介绍智能控制的基本概念、工作原理、技术方法与应用。全书共 12 章。第 1 章介绍智能控制的概况，包括智能控制的起源与发展、智能控制的定义、特点、结构和分类，尤其是智能控制的学科结构理论。第 2 章至第 10 章逐一研究递阶控制系统、专家控制系统、模糊控制系统、神经控制系统、学习控制系统、仿人控制、基于 MAS 的控制、进化控制与免疫控制以及基于 Web 的控制的作用机理、类型结构、设计方法、控制特性和应用示例。第 11 章讨论复合智能控制。第 12 章探讨智能控制进一步研究的问题，并展望智能控制的发展方向。书中很多章的内容是十分新颖的，反映出国内外智能控制研究和应用的最新进展，是国内外内容最新的一部智能控制教材。

综上所述，智能控制已颇具学科体系，包括基础理论、技术方法和实际应用诸方面。在基础理论方面，涉及传统人工智能的知识表示和推理、计算智能（如模糊计算、神经计算、进化计算和免疫计算等）和机器学习等。在技术方法方面，从递阶控制、专家控制、模糊控制、神经控制、学习控制、仿人控制、进化控制、免疫控制、基于 Web 的控制和基于 MAS 的控制等系统加以研究。在实际应用方面，则从十分广泛的领域举例剖析。各种不同人工智能学派的观点在智能控制学科上得到很好的包涵与融合，为不同学术派别的合作树立了和谐发展的典范。

本书大部分内容是作者及其指导的博士研究生们合作研究的成果。这些博士生已获得博士学位，并在科学研究上做出新的成绩。其中，蔡竞峰、王勇、龚涛、周翔、文敦伟以及蔡清波博士等以不同形式参与了本书部分内容的编写工作。本书的另一部分内容借鉴了国内外其他专家和作者的最新研究成果。因此，本书较好地反映出国内外智能控制研究和应用的最新进展。与其他智能控制教材相比，很多内容是以前没有的，水平也有明显提高。例如，基于 Web 的控制、基于 MAS 的控制、进化控制、免疫控制等都有很大的编写难度。对原有的智能控制系统，也补充不少新内容。

本书各版本的编写和本人的智能控制研究工作，一直得到众多专家的亲切关怀指导和广大读者的热情支持帮助。K. S. Fu、A. C. Sanderson、А. В. Тимофеев、常遄、戴汝为、冯纯伯、高为炳、郭雷、何继善、胡启恒、黄伯云、黄琳、李德毅、李衍达、宋健、唐稚松、吴澄、吴文俊、杨嘉墀、张钟俊、郑南宁和周宏鑫等院士曾以各种不同方式给作者以指导和支持。褚健、何华灿、贺汉根、胡保生、李春盛、李祖枢、梁天培、饶立昌、施鹏飞、谭铁牛、涂序彦、王成红、王飞跃、王龙、王伟、王先来、魏世泽、吴启迪、席裕庚、徐孝涵、杨宜民、张钹、张良起、郑应平、钟义信和周其鉴等教授，用他们的智慧和友谊提供了诸多帮助。本书还从国内外许多智能控制和智能系统的高水平著作或与有关专家的讨论交流中吸取了新的营养。这些著作的作者和专家是 J. S. Albus、K. J. Åström、M. Brown、K. S. Fu、M. M. Gupta、C. J. Harris、M. Jamshidi、D. Katic、A. M. Meystel、R. Mohammad、C. G.

Moore、N. Wiener、G. N. Saridis、N. K. Sinha、L. A. Zadeh、A. Zilouchian、陈曦、傅明、李人厚、李士勇、李祖枢、陆汝钤、罗公亮、莫宏伟、秦世引、瞿志华、史忠植、宋健、孙增圻、王立新、王耀南、徐丽娜、阎平凡、杨汝清、易继锴、张钹、张乃尧和诸静等教授。

谨向上列各位院士、教授、专家和朋友表示诚挚的感谢。

中南大学及其信息科学与工程学院的有关领导和师生对本书写作提供了宽松环境和多方协助。我主持的国家级研究课题组成员和我所指导的研究生们为本书做出特别贡献。余伶俐、曾威、龚涛、李仪、王勇、夏洁、江中央等精心打印了部分书稿。清华大学出版社的有关领导和编辑也为本书的编辑出版付出了辛勤劳动。在此，也向他们深表谢意。

最后，特别感谢国家自然科学基金委员会及国家教育部新世纪网络课程建设工程、国家精品课程工程、湖南省精品课程以及中南大学精品课程和教改项目对本研究的支持。

本书的编著和出版是献给我的两位新问世的可爱孙子的最好礼物，祝贺他们的诞生，祝愿他们茁壮成长。

今年是我从事信息科学研究50周年和从事高等教育工作45周年。愿借本书出版的机会，向所有教导过我的老师，向所有教育、鼓励、支持和帮助过我的领导、朋友和亲人，向所有与我合作和交流过的同行和合作者，向所有我的学生们表示最诚挚的感谢。

本书覆盖了智能控制领域各种广泛的主题。希望这12章内容能够为在蓬勃发展的智能控制学科领域学习与工作的师生、研究者和工程师们服务，做出应有贡献。本书作为高等学校自动化、自动控制、机电工程和电子工程类等专业研究生"智能控制"课程的教材，也可供从事智能控制、人工智能与智能系统研究、开发和应用的科技工作者参考使用。

尽管智能控制已获得很大发展，但它仍然是一门十分年轻的学科，仍处于欣欣向荣的发展时期，对许多问题作者并未深入研究，一些有价值的新内容也来不及收入本书。加上编写时间很紧，作者知识和水平有限，书中存有不足之处在所难免，热忱欢迎各位专家、教授和广大读者赐正。

蔡自兴

2007年6月

于中南大学

目 录

CONTENTS

第一篇　基于知识的智能控制

第二篇 基于数据的智能控制

第三篇　知识与数据复合智能控制

第四篇　智能控制的算法与编程

第五篇 智能控制的计算能力

第1章

概　　论

　　建立于 20 世纪 50 年代的人工智能（artificial intelligence，AI）学科，已发展成为一门广泛交叉的前沿科学。近年来，现代计算机尤其是云计算和大数据技术快速发展。知识、数据算法等各人工智能核心要素和技术的突破推动人工智能产业升级。知识资源、数据资源、核心算法、运算能力深度融合、协同发展，促进人工智能产业快速发展和国民经济转型升级。人工智能的研究已在越来越多的领域超越人类智能，并获得广泛深入的应用，为发展人类的物质文明和精神文明做出更大贡献。

　　人类不同于其他动物之处就在于人类有梦想。人类梦想发明各种机械工具和动力机器，协助甚至代替人们从事各种体力劳动。18 世纪第一次工业革命中，瓦特发明的蒸汽机开辟了利用机器动力代替人力和畜力的新纪元。此后，显著减轻体力劳动和实现生产过程自动化才成为可能。

　　人类同样梦想发明各种智能工具和智能机器，协助甚至代替人们从事各种脑力劳动。20 世纪 40 年代计算机的发明和 50 年代人工智能的出现开辟了利用智能机器代替人类从事脑力劳动的新纪元。此后，显著减轻脑力劳动和实现生产过程智能化才成为可能。

　　现在，中国人民有了"中国梦"的伟大梦想，即在整个 21 世纪实现中华民族伟大复兴的宏梦。我们应该能够在实现中国梦过程中实践人类的智能梦，或者说在实践人类的智能梦过程中实现中国梦。

　　通过研究人工智能和智能机器，人类正以空前的规模、速率和成效向大自然学习，并力图模仿人类的认知过程和自然智能；其目标在于构建一个能够在不确定和非结构环境中运行的自主智能系统。不过，现在运行于制造业、卫生、农业、采矿、空间和海洋等行业的机器人存在不少这种挑战性的智能机器的潜在应用例子。智能控制系统则是这种智能机器的一个引人注目的子集。

　　人工智能的产生与发展，促进自动控制向着它的当今最高层次——智能控制发展。智能控制代表了自动控制的最新发展阶段，也是应用计算机模拟人类智能，实现人类脑力劳动和体力劳动自动化的一个重要领域。

　　本章将首先介绍智能控制的产生与发展概况，其次概括中国智能控制的发展简史，接着讨论智能控制的定义、特点与一般结构，然后探讨智能控制的学科结构理论、学科体系和智能控制系统的分类，最后叙述本书的主要内容和编排。

1.1 智能控制的产生与发展

智能控制是一种具有强大生命力和广阔应用前景的新型自动控制技术,它采用各种智能化技术实现复杂系统和其他系统的控制目标。尽管智能控制这门学科的历史不长,但它的发展前景十分看好。从智能控制的发展过程和已取得的成果来看,智能控制的产生和发展正反映了当代自动控制的发展趋势,是历史的必然。智能控制已发展成为自动控制的一个新的里程碑,发展成为一种日趋成熟和日臻完善的控制手段,并获得日益广泛的应用。

1.1.1 自动控制的机遇与挑战

自动控制在20世纪40年代至80年代取得长足进展。在自动控制领域,20世纪40年代至60年代,主要研究线性控制和非线性控制机理;这类控制器的设计主要建立在频域理论模型基础上。从20世纪60年代至80年代,控制系统快速发展,出现了许多新的理论创新,包括状态空间法的应用,发展了强有力的可控性和可观测性概念,演化了最优控制和随机控制理论等。其中,某些成果还用于过程控制和航空工业。一些国际组织,如国际自动控制联合会(IFAC)、国际电气与电子工程师学会(IEEE)及其控制与决策(CDC)和控制系统学会、ASME、ACC等,他们的努力与合作为这些新概念的发展做出了杰出的贡献,功不可没。在这个时期,最优性、自适应性、自学习和鲁棒性等得以引用;不过,这时的控制方法论仍然极大地依赖于基于模型的方法,受控装置和随机环境的模型是由它们的物理特性建立的,而且通过离线和在线进行参数估计。

长期以来,自动控制科学在不断地对整个科学技术的理论和实践做出重要贡献,并为经济发展、社会进步以及人们的工作和生活带来巨大的帮助。然而,现代科学技术的迅速发展和重大进步,已对控制和系统科学提出新的更高的要求,自动控制理论和工程正面临新的发展机遇和严峻挑战。传统控制理论,包括经典反馈控制、近代控制和大系统理论等,在应用中遇到不少难题。面对这些机遇与挑战,自动控制研究一直在寻找新的出路。

在20世纪80年代,控制领域获得高速发展,开发出许多新的理论。其中包括传统控制策略与新技术的融合,如基于知识、模糊逻辑和神经网络的控制等。这些新出现的理论发展可归类于智能控制领域。实际上,智能控制已成为一个令人崇尚的术语,而智能控制课题已得到控制系统科学家和工程师的广泛研究。尽管一些理论发展仍然采用基于模型的概念,然而出现在该领域的许多新概念大多倾向于非模型控制。在基于模型的控制器设计方面,设计者设定受控装置(对象)模型和环境的先验知识;这种知识是通过受控装置及其环境的自然实际,或者通过实验、辨识和估计积累的。非模型控制方法与在线学习机制在控制策略上的结合,神经网络和模糊逻辑领域出现的技术创新的协同,有助于自主机器人系统领域向智能控制领域靠拢。智能控制这一术语已成为控制文献中的时尚条目,"智能"已被科学与工程文献和涉及人工智能的工业行业所滥用和误用。某种具有完全自主能力的机器仅仅是今天的一个梦想,这是因为对生物学认知过程的不完全理解、常规数学方法的局限性以及与如今的计算机技术不相容等。

自动控制科学面临的困难和新思维的出现说明:自动控制既面临严峻的发展挑战,又存在良好的发展机遇;自动控制正是在这种挑战与机遇并存的情况下不断发展的。

传统控制理论在应用中面临的难题包括：

（1）传统控制系统的设计与分析是建立在精确的系统数学模型基础上的，而实际系统由于存在复杂性、非线性、时变性、不确定性和不完全性等，一般无法获得精确的数学模型。

（2）研究这类系统时，必须提出并遵循一些比较苛刻的假设，而这些假设在应用中往往与实际不相吻合。

（3）对于某些复杂的和包含不确定性的对象，根本无法用传统数学模型表示，即无法解决建模问题。

（4）为了提高性能，传统控制系统可能变得很复杂，从而增加了设备的初期投资和维修费用，降低系统的可靠性。

应用要求进行创新，提出新的控制思想，进行新的集成开发，以解决未知环境中复杂系统的控制问题。

为了讨论和研究自动控制面临的挑战，早在 1986 年 9 月，美国国家科学基金（NSF）及电气与电子工程师学会（IEEE）控制系统学会在加利福尼亚州桑托卡拉拉大学（University of Santa Clare）联合组织了一次名为"对控制的挑战"的专题报告会。有 50 多位知名的自动控制专家出席了这次会议。他们讨论和确认了对控制的每个挑战。根据与会自动控制专家的集体意见，他们发表了"对控制的挑战 —— 集体的观点"的报告，洋洋数万言，简直成为这一挑战的宣言书。

自动控制为什么会出现这一挑战，面临哪些挑战以及在哪些研究领域存在挑战呢？

在自动控制发展的现阶段，存在一些至关重要的挑战是基于下列原因的：

（1）科学技术间的相互影响和相互促进，例如，计算机、人工智能、超大规模集成电路和网络技术等。

（2）当前和未来应用的迫切需求，例如，空间技术、海洋工程、机器人技术及公共卫生监控和疾病治疗等应用要求。

（3）基本概念和时代思潮发展水平的推动，例如，离散事件驱动、高速信息公路、自然计算、云计算以及非传统模型和人工神经网络的连接机制等。

面对这一挑战，自动控制工作者的任务就是：

（1）扩展视野，着力创新，发展新的控制概念和控制方法，采用非完全模型控制系统。

（2）采用开始时知之甚少和不甚正确的，但可以在系统工作过程中加以在线改进，使之成为知之较多和日臻正确的系统模型。

（3）采用离散事件驱动的动态系统和本质上完全断续的系统。

从这些任务可以看出，系统与信息理论以及人工智能思想和方法将深入建模过程，不是把模型视为固定不变的，而是不断演化的实体。所开发的模型不仅含有解析与数值，而且包含定性和符号数据。它们是因果性的和动态的，高度非同步的和非解析的，甚至是非数值的。对于非完全已知的系统和非传统数学模型描述的系统，必须建立包括控制律、控制算法、控制策略、控制规则和协议等理论。

实质上，这就是要建立智能化控制系统模型，或者建立传统解析和智能方法的混合（集成）控制模型，而其核心就在于实现控制器的智能化。

要解决上述领域面临的问题，不仅需要发展控制理论与方法，而且需要开发与应用计算机科学与工程的最新成果。进入 20 世纪 90 年代以来，计算机科学在工业控制中的应用问题已引起学术界日益广泛的重视与深入研究。其中,最有代表性的是由 IEEE 控制系统学会和国际自动控制联合会理论委员会合作进行的题为"计算机科学面临工业控制应用的挑战"的研究计划,这个计划是在一些国家和多国合作研究项目的基础上形成的。本合作研究计划指出:开发大型的实时控制与信号处理系统是工程界面临的最具挑战的任务之一,这涉及硬件、软件和智能(尤其是算法)的结合,而系统集成又需要先进的工程管理技术。

人工智能的产生和发展正在为自动控制系统的智能化提供有力支持,人工智能影响了许多具有不同背景的学科和研究人员,它的发展促进自动控制向着更高水平——智能控制(intelligent control)发展。人工智能和计算机科学界已经提出一些方法、示例和技术,用于解决自动控制面临的难题。例如,简化处理松散结构的启发式软件方法(专家系统外壳、面向对象程序设计和再生软件等),基于角色(actor)或真体(agent)的处理超大规模系统的软件模型,模糊信息处理与控制技术,进化计算、遗传算法、自然计算以及基于信息论和人工神经网络的控制思想和方法等。

值得指出,自动控制面临的这一国际性挑战,不仅受到学术界的极大关注,而且得到众多工程技术界、公司企业和各国政府有关部门的高度重视。许多工业发达国家先后提出相关研究计划,提供研究基金,竞相开发智能控制技术。

综上所述,自动控制既面临严峻挑战,又存在良好发展机遇。为了解决面临的难题,一方面要推进控制硬件、软件和智能的结合,实现控制系统的智能化;另一方面要实现自动控制科学与计算机科学、信息科学、系统科学以及人工智能的结合,为自动控制提供新思想、新方法和新技术,创立边缘交叉新学科,推动智能控制的发展。

1.1.2 智能控制的发展和作用

人类对智能机器(intelligent machine)及其控制的幻想与追求,已有 3000 多年的历史。早在我国西周时代(公元前 1066—前 771 年),就流传有关巧匠偃师献给周穆王一个歌舞机器人(艺伎)的故事。然而,真正的智能机器只有在计算机技术和人工智能技术发展的基础上才成为可能。人工智能已经促进自动控制向着它的当今最高层次——智能控制发展。智能控制代表了自动控制的最新发展阶段。越来越多的自动控制工作者认识到:智能控制象征着自动化的未来,是自动控制科学发展道路上的又一次飞跃。

智能控制是人工智能和自动控制的重要部分和研究领域,并被认为是通向自主机器递阶道路上自动控制的顶层。图 1.1 表示自动控制的发展过程和通向智能控制路径上控制复杂性增加的过程。从图 1.1 可知,这条路径的最远点是智能控制,至少在当前看来是如此。智能控制涉及高级决策并与人工智能密切相关。

人工智能的发展促进自动控制向智能控制发展。有趣的是,在相当长时间内,很少有人提到控制理论与人工智能的联系。不过,这也不足为奇,因为传统的控制理论(包括古典的和近代的)主要涉及对与伺服机构有关的系统或装置进行操作与数学运算,而人工智能所关心的则主要与符号运算、逻辑推理及计算智能有关。

智能控制开始出现的时期终于到来了。智能控制思潮第一次出现于 20 世纪 60 年代,提出和发展了几种智能控制的思想和方法。

早在 20 世纪 60 年代,学习控制的研究就十分活跃,并获得应用。学习机器的要领是在控制论出现的时候提出的,自学习和自适应方法被开发出来用于解决控制系统的随机特性

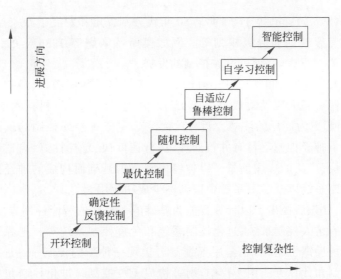

图 1.1 自动控制的发展过程

问题。最初,学习系统被用于飞行控制、模式分类与通信等,例如,核电站的控制。

20 世纪 60 年代中期,自动控制与人工智能开始交接。1965 年,著名的美籍华裔科学家傅京孙(K. S. Fu)首先把人工智能的启发式推理规则用于学习控制系统;然后,他又于 1971 年论述了人工智能与自动控制的交接关系。由于傅先生的重要贡献,他已成为国际公认的智能控制的先行者和奠基人。

模糊控制是智能控制的又一活跃研究领域。扎德(Zadeh)于 1965 年发表了他的著名论文"模糊集合"(fuzzy sets),为模糊控制开辟了新的领域。此后,对模糊控制的理论探索和实际应用两方面,都进行了大量研究,并取得一批令人瞩目的成果,模糊控制的应用研究获得广泛开展,并取得一批令人感兴趣的成果。

1967 年,利昂兹(Leondes)等人首次正式使用"智能控制"一词。这一术语的出现要比"人工智能"晚 11 年,比"机器人"晚 47 年。初期的智能控制系统采用一些比较初级的智能方法,如模式识别和学习方法等,而且发展速度比较缓慢。

近 20 多年来,随着人工智能和机器人技术的快速发展,对智能控制的研究出现一股新的热潮,而且获得持续发展;各种智能决策系统、专家控制系统、学习控制系统、模糊控制、神经控制、进化控制、网络控制、主动视觉控制、智能规划和故障诊断系统等已被应用于各类工业过程控制系统、智能机器人系统和智能化生产(制造)系统。

萨里迪斯(Saridis)对智能控制系统的分类做出贡献。他把智能控制发展道路上的最远点标记为人工智能。他认为,人工智能能够提供最高层的控制结构,进行最高层的决策。他领导的研究团队建立的智能机器理论采用精度随智能降低而提高原理和三级递阶结构,即组织级、协调级和执行级,这些思想成为递阶智能控制的基础。虽然递阶控制的应用实例较少,但递阶控制思想已渗透到其他智能控制系统,成为这些智能控制系统的有机组成部分。

阿尔布斯(Albus)等开发出一个分层控制理论,它能够表示学习,并提供复杂情况下学习的反射响应。此外,他还提出了问题求解和规划功能,这些功能通常与人工智能领域内的高层智能作用有关,并含有用于纠正中间各控制层次错误的专家系统规则。

奥斯特洛姆(Åström)、迪席尔瓦(de Silva)、周其鉴、蔡自兴、霍门迪梅洛(Homen de

Mello)和桑德森(Sanderson)等于20世纪80年代分别提出和发展了专家控制、基于知识的控制、仿人控制、专家规划和分级规划等。例如奥斯特洛姆等1986年的论文"专家控制"(expert control)影响很大,并促进专家控制的发展。

麦卡洛克(McCulloch)和皮茨(Pitts)于1943年提出的脑模型,其最初动机在于模仿生物的神经系统。随着超大规模集成电路(VLSI)、光电子学和计算机技术的发展,人工神经网络(ANN)已引起更为广泛的注意。近30多年来,基于神经元控制的理论和机理已获进一步开发和应用。神经控制器具有并行处理、执行速度快、鲁棒性好、自适应性强和适于应用等优点,因而具有广泛的应用前景。以神经控制器为基础而构成的神经控制系统已在非线性和分布式控制系统以及学习系统中得到不少成功应用。

近十多年来,已先后提出了以计算智能为基础的一些新的智能控制方法和技术,这些新的智能控制系统有仿人控制系统、进化控制系统和免疫控制系统等。把源于生物进化的进化计算机制与传统反馈机制相结合,用于控制可实现一种新的控制——进化控制;而把自然免疫系统的机制和计算方法用于控制,则可构成免疫控制。进化控制和免疫控制是两种新的智能控制方案,其研究推动智能控制的发展。

随着智能控制新学科形成的条件逐渐成熟,1985年8月,IEEE在美国纽约召开了第一届智能控制学术讨论会,来自美国各地的60位从事自动控制、人工智能和运筹学研究的专家学者参加了这次讨论会,会上集中讨论了智能控制原理和智能控制系统的结构。这次会议之后不久,在IEEE控制系统学会内成立了IEEE智能控制专业委员会。1987年1月,在美国费城由IEEE控制系统学会与计算机学会联合召开了智能控制国际会议(ISIC)。这是有关智能控制的第一次国际学术盛会,来自美国、欧洲、中国、日本以及其他国家的代表出席了这次学术盛会。提交大会报告和分组宣读的60多篇论文以及专题讨论,显示出智能控制的长足进展。这次会议及其后续相关事件表明,智能控制作为一门独立学科已正式登上国际学术和科技舞台。近25年来,世界各地成千上万的具有不同专业背景的研究者,投身于智能控制研究与应用行列,并取得很大成就,这也是对人工智能研究的一种促进。

自1987年以来,一些国际学术组织,如IEEE、IFAC、IFIP、IMACS和IASTED等,定期或不定期地举办各类有关智能控制的国际学术会议或研讨会,在一定程度上反映出智能控制发展的好势头。1993年由我国学者发起的在北京召开的首届世界智能控制与自动化大会(WCICA)现已举行10多届,也对国际智能控制的发展起到很大的推动作用。

进入21世纪以来,智能控制在更高水平上获得发展,并实现与国民经济的深度融合。特别是近年来,各先进工业国家竞相提出人工智能、智能制造和智能机器人的发展战略,为智能控制的发展提供了前所未有的发展机遇。我国政府发布的《智能制造2025》《新一代人工智能发展规划》和《机器人产业发展规划2016—2020》等国家重大发展战略,为智能控制基础研究及其在智能制造、智能机器人、智能驾驶等领域的产业化注入活力。

智能控制作为一门新的学科登上国际科学舞台和大学讲台,是控制科学与工程界以及信息科学界的一件大事,具有十分重要的科学意义和长远影响。总结起来,这些意义和影响主要包括:

(1) 为解决传统控制无法解决的问题找到一条新的途径。长期以来,自动控制一直在寻找新的出路。现在看来,一条可取的出路就是实现控制系统的智能化,即智能控制,以期解决面临的难题。

（2）促进自动控制向着更高水平发展。从智能控制的发展过程和已取得的成果来看，智能控制的产生和发展正反映了当代自动控制的发展趋势，是历史的必然。智能控制已发展成为自动控制的一个新的里程碑，发展成为一种日趋成熟和日臻完善的控制手段，并获得日益广泛的应用。

（3）激发学术界的思想解放，推动科技创新。智能控制采用非数学模型、非数值计算、生物激励机制和混合广义模型，并可与反馈机制相结合组成灵活多样的控制系统和控制模式，激励人们解放思想，大胆创新。

（4）为实现脑力劳动和体力劳动的自动化——智能化做出贡献。由于智能控制的应用，一些过去无法实现自动化的劳动，已实现智能自动化。

（5）为多个学派合作树立了典范。与人工智能学科相比，智能控制学科具有更大的包容性，没有出现过于激烈的对立和争论。早在智能控制建立的初期，许多智能控制专家实际上把不同认知学派的思想融合和贯穿在智能控制学科之中。

1.2 中国智能控制发展简史

本节介绍我国智能控制的简要发展历程，概括我国智能控制基础研究、学术研究和科技研究取得的成果，总结我国智能控制教育、教学和人才培养的基本成就，指出我国智能控制发展中存在的一些问题。

1.2.1 我国智能控制科技成果

相对于人工智能和机器人学，我国的智能控制研究虽然起步晚于智能控制的发源地美国，但自国际智能控制学科诞生后，就基本上保持紧密跟踪状态，许多研究与国际智能控制前沿研究保持同步，并有所创新。

1. 形成智能控制学科

中国学者出席了 1987 年在美国费城召开的第一次智能控制国际学术研讨会，为会议的成功做出了贡献。

自 20 世纪 90 年代以来，国内对智能控制的研究进一步活跃起来，相关学术组织不断出现，学术会议经常召开。我国已成立一些关于智能控制的学术团体，如中国人工智能学会智能控制与智能管理专业委员会及智能机器人专业委员会，中国自动化学会智能自动化专业委员会等。出现了与智能控制相关的刊物，如《模式识别与人工智能》《智能系统学报》和 *CAAI Transaction on Intelligence Technology*（智能技术学报）等也先后创刊。这些情况表明，智能控制作为一门独立的新学科，已在我国建立起来了。在中国已经形成智能控制学科，而且对国际智能控制的发展起到了很大的促进作用。表 1.1 给出历届智能控制与自动化世界大会的简况。

表 1.1 历届智能控制与自动化世界大会情况

序号	大会名称	召开时间	举办地点
1	第一届全球华人智能控制与智能自动化大会	1993 年 8 月 26—30 日	北京
2	第二届全球华人智能控制与智能自动化大会	1997 年 6 月 23—27 日	西安

序号	大 会 名 称	召 开 时 间	举办地点
3	第三届全球智能控制与智能自动化大会	2000 年 6 月 28 日—7 月 2 日	合肥
4	第四届全球智能控制与智能自动化大会	2002 年 6 月 10—14 日	上海
5	第五届全球智能控制与智能自动化大会	2004 年 6 月 15—19 日	杭州
6	第六届全球智能控制与智能自动化大会	2006 年 6 月 21—23 日	大连
7	第七届全球智能控制与智能自动化大会	2008 年 6 月 25—27 日	重庆
8	第八届智能控制与智能自动化世界大会	2010 年 7 月 7—9 日	济南
9	第九届智能控制与智能自动化世界大会	2011 年 6 月 21—25 日	台北
10	第十届智能控制与智能自动化世界大会	2012 年 7 月 6—8 日	北京
11	第十一届智能控制与智能自动化世界大会	2014 年 6 月 27—30 日	沈阳
12	第十二届智能控制与智能自动化世界大会	2016 年 6 月 12—15 日	桂林
13	第十三届智能控制与智能自动化世界大会	2018 年 7 月 4—8 日	长沙

此外,还举办了中国智能自动化学术会议、全国智能控制专家讨论会等,交流智能控制和智能自动化的研究成果。在其他相关会议上,也有反映国内智能控制、模糊控制、神经控制及其应用研究成果的论文发表。

2. 基础理论与方法研究颇具特色

我国的智能控制研究在跟踪国际发展步伐的同时,也创新了智能控制研究成果。智能仿人控制、基于智能特征模型的智能控制方法、生物控制论、智能控制四元结构理论和免疫控制系统等是这些成果的突出代表。

(1) 基于智能特征模型的智能控制方法。

吴宏鑫及其团队提出的"航天器变结构变系数的智能控制方法"和"基于智能特征模型的智能控制方法"等,为复杂航天器和工业过程智能控制器的设计开辟了一条新的道路。此外,他们还在交会对接和空间站控制等方面进行了创新研究。他们的理论方法已应用于"神舟"飞船返回控制、空间环境模拟器控制、卫星整星瞬变热流控制和铝电解过程控制等控制系统。

(2) 多学科、多层次、系统化的智能控制方法。

王飞跃采用多学科、多层次、系统化的研究方法,从交叉性的角度探索智能控制,从结构、过程、算法和实现方面建立了一个解析和完备的智能控制理论,并应用于许多工程的复杂系统控制和管理。例如,代理控制方法、智能指挥与控制体系、智能交通系统、智能空间和智能家居系统以及综合工业自动化等领域。

(3) 智能控制系统和生物控制论研究。

涂序彦于 1976 年在国内率先开展了智能控制研究,1980 年主持研制的"模糊控制器"等智能控制器多次获奖。1986 年承担国家自然科学基金项目"智能控制系统",提出"多级自寻优智能控制器""多级模糊控制"和"产生式自学习控制"等新方法,并将智能控制应用于冶金等生产过程。

(4) 模拟人的控制行为与功能的仿人智能控制。

仿人控制综合了递阶控制、专家控制和基于模型控制的特点,实际上可以把它看作一种混合智能控制。仿人控制的思想是周其鉴等于 1983 年正式提出的,具有明显特色和比较系统的设计方法。仿人控制的基本思想是在模拟人的控制结构的基础上,进一步研究和模拟人的控制行为与功能,并把它用于控制系统,实现控制目标。

（5）智能控制四元交集结构理论。

智能控制的学科结构理论体系是智能控制基础研究的一个重要课题。自1971年傅京孙提出把智能控制作为人工智能和自动控制的（二元）交接领域之后，萨里迪斯于1977年提出三元交集结构。蔡自兴于1987年提出的四元智能控制结构认为智能控制是自动控制、人工智能、信息论和运筹学四个子学科的交集。这些智能控制学科结构思想，有助于对智能控制的进一步深刻认识。本结构理论已收入《中国大百科全书·自动控制与系统工程》分册。

（6）钢铁工业神经学习控制系统的开发。

吕勇哉于1989年把专家系统和知识工程用于工业控制而获美国仪器学会UOP技术奖。1996年和1995年发表在美国《钢铁工程师》杂志的论文 *Meeting the Challenge of Intelligent System Technologies in the Iron and Steel Industry* 和 *Integrated Neural System for Coating Weight Control of Hot Dip Galvanizing Line* 先后获得美国钢铁工程师协会的Kelly最优论文奖。后者是世界上第一个用于热浸镀线的神经学习控制系统。

此外，在智能制造、智能驾驶、深海机器人等智能控制领域也取得突破性成果。

3. 专著论文发表丰硕

在国际上，美国等国较早开展智能控制研究，中国也保持同步，出版了一批智能控制专著和论文汇编。其中在2000年前出版的有代表性的专著包括：

（1）*Intelligent Control：Aspects of Fuzzy Logic and Neural Nets*（智能控制：模糊逻辑和神经网络的观点，1993）。

（2）*Industrial Intelligent Control：Fundamentals and Applications*（工业智能控制基础与应用，1996）。

（3）*Intelligent Control：Principles，Techniques and Applications*（智能控制原理、技术与应用，1997）。

（4）*Intelligent Control Based on Flexible Neural Networks*（基于柔性神经网络的智能控制，1999）。

其中，第2部和第3部专著分别由中国学者吕勇哉和蔡自兴完成。

我国学者在智能控制研究开发和应用的基础上，发表了许多以智能控制为主题的论著。据不完全统计，我国至今已出版了约40部智能控制专著。这些著作总结和交流了智能控制研究成果，对我国智能控制研究和国内外学术交流起到了重要作用，对智能控制的进一步研究起到了重要的指导作用。

我国学者在国内发表的与智能控制相关的论文数以万计，仅从百度百科查询到的"智能控制"相关论文就高达325 000篇（数据截至2020年1月）；从《维普资讯》中文期刊服务平台查询到的"智能控制"相关论文，2004—2018年就达28 780篇。斯坦福大学于2023年4月发布的全球人工智能指数报告（Artificial Intelligence Index Report 2023）显示，2021年中国在人工智能领域相关期刊的论文占39.8%，居世界首位；在人工智能论文发表量排名世界前十位的机构中，中国占了9席。显然，我国学者在智能控制领域发表的论文为人工智能领域相关期刊论文位于世界榜首做出了积极贡献。

4. 科技及其应用研究成果显著

在过去40年，特别是近20年来，我国广大智能控制科技工作者对智能控制进行了多方面研究，取得了不俗的科技研究成果。根据国家科学技术奖获奖公告，统计出涉及智能控制的2000—2017年国家科技部颁发的科学技术奖项,包括国家自然科学奖二等奖3项、国家技术发明奖二等奖2项、国家科技进步奖二等奖10项。此外,还有吴文俊人工智能科学技术奖中涉及智能控制的奖项10多项。

如果说我国智能控制的理论基础研究开展还有待进一步深入,那么其应用研究就比较普遍,应用领域也比较广泛。下面简介智能控制在一些行业的应用状况。

1) 在过程控制中的应用

从20世纪80年代开始,智能控制在石油化工、航空航天、冶金、轻工等过程控制中获得了比较广泛的发展。除了航空航天领域外,在石油化工领域将神经网络与专家系统结合,应用于炼油厂的非线性工艺过程控制,有效地提高了生产效率;在冶金领域,采用模糊控制的高炉温度控制系统,可有效提高炉内温度控制精度,进而提高钢铁冶炼质量。

2) 在机器人控制中的应用

目前,智能控制技术已经应用到机器人技术的许多方面。基于多传感器信息融合和图像处理的移动机器人导航控制与装配、机器人自主避障和路径规划、机器人非线性动力学控制、空间机器人的姿态控制等。将智能控制技术引入机器人,极大地推动了机器人行业的发展,提高机器人的智能化程度和行业水平。此外,智能机器人又在智能制造等领域获得广泛应用。

3) 在智能电网中的应用

智能控制在电力系统的安全运行与节能运行方面具有重要的意义。在电网运行的过程中,将智能控制技术应用于电网故障检测、测量、补偿、控制和决策系统中,能够实现电网的智能化,提高电网运行效率。采用模糊逻辑控制技术能够及时发现电网中的安全隐患,提高智能电网的可靠性、抗干扰能力,保证系统稳定运行。将专家控制系统应用于电网规划,可以充分利用电力专家的经验和知识,不断优化电网的规划质量,提高电网优化效率。

4) 在现代农业中的应用

我国农业生产过程的智能化程度也越来越高。将智能控制技术应用于农事操作过程中,能够调节植物生长所需的温度、肥力、光照强度、CO_2浓度等指标,实现对植物生长因素的精准控制,实现规模化的发展和农业最大利益。同时建立农业数据库,使生产者能够大面积、低成本、快速、准确获取农业信息,根据市场确定农产品数量,实现农业数据处理的标准化与智能化。农业智能化,或智慧农业必将获得更大的发展。

此外,智能控制在智能制造、智能驾驶、智能安防、智能军事、智能指挥、智能家电和智慧城市等领域,也已获得日益广泛的应用。

1.2.2　我国智能控制教育与人才培养

智能控制教育和人才培养是智能控制学科发展、科学研究与产业开发应用的重要基础。自20世纪80年代中期开始,我国部分高校开设了智能控制课程。经过30多年的推广、提升与发展,现在全国大部分重点高校的智能科学与技术、人工智能、自动化/自动控制、机器人、机械电子工程等专业都开设了智能控制类的本科生和研究生课程。有些课程的教学与教改取得了有益经验,已成为国家级精品课程和国家级精品资源共享课程等。例如,蔡自兴所著《智能控制》是1988年由教育部计算机与自动控制教材编审委员会(张钟俊任主任)招投标、胡保生主审和评审通过,并于1990年由电子工业出版社正式出版的全国统编高等学校教材,也是我国首部具有自主知识产权的智能控制专著和教材,同时是国际上首部系统全面介绍各种智能控制系统的专著。该书提出了国内外智能控制学科基本体系,包括智能控制基础理论、智能控制系统、智能控制应用和智能控制展望等。李士勇等编著的《模糊控制和智能控制理论与应用》则是我国首部智能控制研究生教材。据不完全统计,我国已出版了约 50 部智能控制教材。这些智能控制课程和智能控制教材对于我国智能控制科技知识的传播和智能控制学科科技人才的培养起到了不可或缺的作用。

据统计,入选国家级质量工程的智能控制类相关精品课程共 12 门。这些课程仅是全国质量工程国家级课程很小的一部分。例如,教育部 2016 年 7 月 15 日公布第一批国家级精品资源共享课 2686 门,其中,本科教育课程 1767 门,高职教育课程 759 门,网络教育课程 160 门。而智能控制类课程虽然榜上有名,但只有 3 门,约占千分之一。不过,这些智能控制类课程来之不易,已在改革中不断发展壮大,并对全国智能控制教学发挥了重要的示范与辐射作用。本书即为国家级精品课程“智能控制”和国家级精品资源共享课程“智能控制”的教材。

1.2.3　我国智能控制存在的问题

我国智能控制在发展过程中出现了如下问题。

1. 研究以跟踪为主创新不够

在智能控制的发展过程中,我国智能控制科技工作者在模糊控制、递阶控制、专家控制、神经控制、分布式控制、网络控制等领域都能够紧跟国际发展潮流,但自主创新成果尚不够多,国际影响力有待提高。在仿人控制、进化控制和免疫控制等领域,我国学者虽然提出了相关新思想,为这些领域的开创与发展做出了贡献,但跟进力度不足,国际影响需要进一步扩大。国内重复研究多,创造性研究少;停留于实验成果的多,能够在工程上应用的少。需要各方面共同努力,尽快转变这一局面。值得高兴的是,智能控制领域的创新研究近年来有所发展。

2. 缺乏更高水平的研究成果

从前面提到的智能控制科学技术的研究成果可以看出,我国智能控制研究虽然已取得了一大批值得庆贺的成果,但缺乏更高级别的奖项。在国家科学技术奖中,智能控制研究奖项都是国家级二等奖,还没有实现国家级一等奖“零的突破”。在这些二等奖奖项中,又是以科技进步奖为主,自然科学奖和技术发明奖成果较少。在吴文俊人工智能科技奖中,智能控制研究奖项的科技水平也需要进一步提高。由此可见,我国智能控制研究的整体水平有待提高,不仅要向更高的国家科技水平前进,而且要努力攀登智能控制研究的国际高峰。

3. 服务国民经济重大战略不够

我国智能控制研究与应用的整体水平不够高的原因,除了研究力度不够和缺乏创新驱动外,还与服务国民经济重大战略不足有关。需要把智能控制的研究、开发和应用与国民经济的重大战略对接,在服务国家重大需求中寻找发展机遇。现在,人工智能出现蓬勃发展的大好形势,国家制定了一系列重大发展战略,特别是《中国制造 2025》和《新一代人工智能发展规划》。智能控制应该也能够在这些国家战略框架内占有一席之地,谋求与人工智能取得同步发展。不过,自国家发布人工智能和中国制造相关战略以来,智能控制服务国民经济发展和产业化的力度有明显增强。

4. 产业化规模和核心技术有待扩大

我国智能控制产业已建立了初步基础,但如同人工智能产业一样,我国的智能控制产业的规模还不够大,关键核心科技的创新能力还不够强,自主知识产权也不够多。

5. 急需培养各层次智能控制人才

我国智能控制已有一批领军人才,但不够多,特别是中青年科技骨干有待迅速锻炼成长。我们需要从国家发展战略角度有计划地培养智能控制各个专业和行业的高素质人才,高层、中层、底层的人才一个也不能少。教育部已重视这个问题,公布设立多个与智能控制密切相关的新专业,涉及全国数百所高校,为培养足够数量和高素质的智能型人才创造了条件。

1.3　智能控制的定义、特点与一般结构

本节讨论智能控制的定义、特点及智能控制的一般结构。

1.3.1　智能控制的定义、特点与评价准则

如同人工智能和机器人学及其他高新技术学科一样,智能控制至今尚无一个公认的统一的定义。然而,为了探究概念和技术,开发智能控制新的功能和方法,比较不同研究者和不同国家的成果,就要求对智能控制有某些共同的理解。

1. 智能控制的定义

下面提出的关于智能控制的定义,有待进一步讨论,不断求得完善。

定义 1.1　自动控制。

能按规定程序对机器或装置进行自动操作或控制的过程。简单地说,不需要人工干预的控制就是自动控制。反馈控制、最优控制、随机控制、自适应控制和自学习控制等均属自动控制。

定义 1.2　智能机器。

能够在定型或不定型,熟悉或不熟悉,已知或未知的环境中自主地或交互地执行各种拟人任务(anthropomorphic tasks)的机器。

定义 1.3　智能控制。

智能控制是驱动智能机器自主地实现其目标的过程。或者说,智能控制是一类无须人的干预就能够独立地驱动智能机器实现其目标的自动控制。对自主机器人的控制就是一例。

定义 1.4　智能控制系统(intelligent control systems)。

用于驱动智能机器以实现其目标而无须操作人员干预的系统叫智能控制系统。这类系统必须具有智能调度和执行等能力。

2. 智能控制的特点

智能控制具有下列特点:

(1) 同时具有以知识表示的非数学广义模型的控制过程,或者以知识表示的非数学广义模型和以数学模型(数据)表示的混合控制过程,或者是模仿自然和生物行为机制的计算智能算法,也往往是那些含有复杂性、不完全性、模糊性或不确定性以及不存在已知算法的

过程,并以知识进行推理,以启发式策略和智能算法来引导求解过程。

(2)智能控制的核心在高层控制,即组织级。高层控制的任务在于对实际环境或过程进行组织,即决策和规划,实现广义问题求解。为了实现这些任务,需要采用符号信息处理、启发式程序设计、仿生计算、知识表示以及自动推理和决策等相关技术。这些问题的求解过程与人脑的思维过程或生物的智能行为具有一定相似性,即具有不同程度的"智能"。当然,低层控制级也是智能控制系统必不可少的组成部分。

(3)智能控制系统的设计重点不在常规控制器上,而在智能机模型或计算智能算法上。算力研发近年来也引起了足够的重视。

(4)智能控制的实现,一方面要依靠控制硬件、软件和智能的结合,实现控制系统的智能化;另一方面要实现自动控制科学与计算机科学、信息科学、系统科学以及人工智能的结合,为自动控制提供新思想,新方法和新技术。

(5)智能控制是一门边缘交叉学科。实际上,智能控制涉及更多的相关学科。智能控制的发展需要各相关学科的配合与支援,同时也要求智能控制工程师是个知识工程师(knowledge engineer)。自动控制必须与人工智能相结合,才能有更大的发展。

(6)智能控制是一个新兴的研究领域。智能控制学科建立才35年,仍处于青年时期,无论在理论上或实践上它都还不够成熟,不够完善,需要进一步探索与开发。研究者需要寻找更好的新的智能控制相关理论,对现有理论进行修正,以期使智能控制得到更快更好的发展。

3. 智能控制的评价准则

如同传统控制一样,为了衡量智能控制的性能,必须制定智能控制的评价准则。这些评价准则应包括:

(1)控制技术指标的先进性,如控制系统的稳定性和控制响应的实时性,包括上升时间、超调范围和静态误差等。

(2)设计方法的科学性,如设计方法的普遍适用性和简易程度等;设计和实现的有效性,如前期时间的长短和实现的难易程度等。

(3)控制方法的难度与易理解性,如使用者所需要的数学背景和水平等。

(4)控制技术和系统的市场经济效益问题。

一些智能控制技术看起来具有某些长处,但在其他方面可能表现出短处。传统控制技术也是这样的,很难提供一种关于"哪个控制技术是最好的"仔细的和完全的评价;即使对于某个具体应用也难以做到这一点。

1.3.2 智能控制器的一般结构

智能控制器的设计具有下列特点的组合:

(1)具有以微积分(PID)表示和以技术应用语言表示的混合系统方法,或具有仿生、拟人算法表示的系统。

(2)采用不精确的和不完全的分级装置模型。

(3)含有多传感器递送的分级和不完全的外系统知识,并在学习过程中不断加以辨识、整理和更新。

(4)把任务协商作为控制系统以及控制过程的一部分来考虑。

在上述讨论的基础上,能够给出智能控制器的一般结构,如图 1.2 所示。

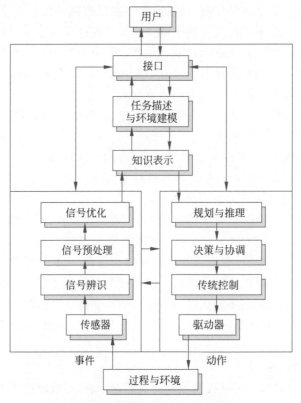

图 1.2　智能控制器的一般结构

已经开发了许多应用于具体控制系统的智能控制理论与技术,如分级控制理论、递阶控制器设计的熵(entropy)方法、智能随精度增高而降低原理、控制器设计的仿生和拟人方法以及集散递阶控制等。在这些应用范例中,取得不少具有潜在应用前景的成果,如智能控制结构理论、群控理论、模糊理论、系统理论和免疫控制等。许多控制理论的研究是针对控制系统应用的:自学习与自组织系统、神经网络、基于知识的系统、语言学和认知控制器以及进化控制和网络控制等。

以图 1.2 为基础,提出了各类的多种智能控制器方案。

1.4　智能控制的学科结构理论

智能控制的学科结构理论是智能控制基础研究一个重要的和令人感兴趣的课题。自从 1971 年傅京孙提出把智能控制作为人工智能和自动控制的交接领域以来,许多研究人员试图建立起智能控制这一新学科的结构理论,他们提出一些有关智能控制系统结构的思想,有助于对智能控制的进一步认识。

智能控制具有十分明显的跨学科(多元)结构特点。下面主要讨论智能控制的二元交集结构、三元交集结构和四元交集结构三种思想,它们分别由下列各交集(通集)表示

$$IC = AI \bigcap AC \tag{1.1}$$

$$IC = AI \cap AC \cap OR \tag{1.2}$$

$$IC = AI \cap AC \cap IT \cap OR \tag{1.3}$$

也可以用离散数学和人工智能中常用的谓词公式之合取来表示上述各种结构

$$IC = AI \wedge AC \tag{1.4}$$

$$IC = AI \wedge AC \wedge OR \tag{1.5}$$

$$IC = AI \wedge AC \wedge IT \wedge OR \tag{1.6}$$

式中,各子集(或合取项)的含义如下:

AI——人工智能(artificial intelligence)。

AC——自动控制(automatic control)。

OR——运筹学(operation research)。

IT——信息论(information theory 或 informatics)。

IC——智能控制(intelligent control)。

∩和∧分别表示交集和连词"与"符号。

1.4.1　二元交集结构理论

20世纪六七十年代,傅京孙曾对几个与自学习控制有关的领域进行了研究。这些研究领域包括:

(1) 含有拟人控制器的控制系统。

(2) 含有人-机控制器的控制系统。

(3) 自主机器人系统。

为了强调系统的问题求解和决策能力,他用"智能控制系统"来包括这些领域。他在1971年指出"智能控制系统描述自动控制系统与人工智能的交接作用"。可以用式(1.1)和式(1.4)以及图1.3来表示这种交接作用,并把它称为智能控制的二元结构。

图1.3　智能控制的
二元结构

对自学习系统的研究是走向智能控制系统的基本步骤之一。在自学习控制系统中,当采用人-机组合控制器时,需要比较高层的智能决策;它可由拟人控制器(anthropomorphic controller)来进行。例如,识别复杂的环境状况,为计算机控制器设定子目标以及纠正计算机控制器做出的不适当决定等。另一方面,对于较低层的智能作用,如数据收集、例行程序执行以及在线计算等,则可由机器控制器来执行。在设计这种智能控制系统时,要尽可能多地把设计者和操作人员所具有的与指定任务有关的智能转移到机器控制器上。

对于自主机器人系统,傅京孙以 SRI(斯坦福研究所)的机器人系统为例加以说明。这个系统力图在一个远距离环境下,对机器人进行无人干预的自动控制与操作。这一控制系统至少应执行3个主要功能,即感知、模拟和问题求解(包括规划)。

1.4.2　三元交集结构理论

萨里迪斯于1977年提出另一种智能控制结构,他把傅京孙的智能控制扩展为三元结构,即把智能控制看作人工智能、自动控制和运筹学的交接,如图1.4所示。可以用式(1.2)和式(1.5)来描述这种结构。图1.5进一步表示三元结构各元之间的关系。

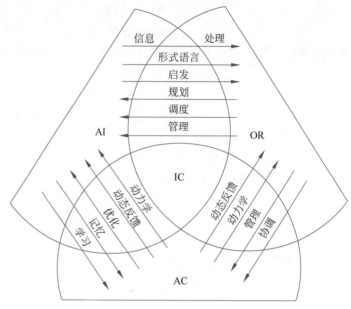

图 1.5　三元结构各元关系图

图 1.4　智能控制的三元结构

萨里迪斯认为,构成二元交集结构的两元互相支配,无助于智能控制的有效和成功应用。必须把运筹学的概念引入智能控制,使它成为三元交集中的一个子集。这种三元结构后来成为 1985 年 8 月在纽约召开的 IEEE 第一次智能控制研讨会的主题之一。

对这一问题的讨论,有助于智能控制学科的形成。在智能控制专业委员会各会员之间,曾对智能控制进行过认真的争论。这一争论在 1987 年 1 月于美国费城举行的 IEEE 第一次智能控制国际研讨会上达到了高潮。

提出三元结构的同时,萨里迪斯还提出分级智能控制系统,见图 1.6,它主要由 3 个智能(感知)级组成。

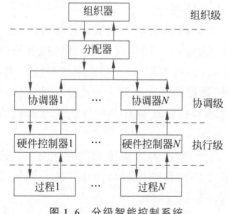

图 1.6　分级智能控制系统

第一级:组织级,它代表系统的主导思想,并由人工智能起控制作用。

第二级:协调级,是上(第一级)下(第三级)级间的接口,由人工智能和运筹学起控制作用。

第三级:执行级,是智能控制系统的最低层级,要求具有很高的精度,并由控制理论进行控制。

为了把上述各作用协调于某个共同的最有效的数学描述,必须对人工智能、运筹学和控制论等学科的某些概念加以相应调整。这些调整包括:

(1) 由于所讨论的是机器智能而不是人类智能,因而把这种智能称为机器智能,而不叫人工智能是更适当的,尽管这种提法在许多情况下是难以区别的。

(2) 把运筹学限于自动机理论,因为智能控制只涉及某个执行任务的有限集。也可能应用到形式语言,因为它等价于某个已建立的确定的自动化任务。

（3）执行级总是包括选择某个适当的控制器，使它满足设计者提出的适当技术要求。在自主系统中，设计者就是机器自身。因此，控制器的设计问题可以看作选择最好的控制器问题，以保障控制器在整个可纳控制子空间内满足问题提出的技术要求。

1.4.3　四元交集结构理论

在研究了前述各种智能控制的结构理论、知识、信息和智能的定义以及各相关学科的关系之后。蔡自兴于 1987 年提出四元智能控制结构，把智能控制看作自动控制、人工智能、信息论和运筹学四个学科的交集，如图 1.7(a)所示，其关系如式(1.3)和式(1.6)描述。图 1.7(b)表示这种四元结构的简化图。

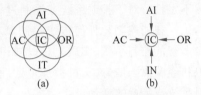

图 1.7　智能控制的四元结构

把信息论作为智能控制结构的一个子集是基于下列理由的。

1. 信息论是解释知识和智能的一种手段

定义 1.5　知识是人们通过体验、学习或联想而知晓的对客观世界规律性的认识，这些认识包括事实、条件、过程、规则、关系和规律等。一个人或一个知识库的知识水平取决于其具有的信息或对知识理解的范围。

定义 1.6　信息是知识的交流或对知识的感受，是对知识内涵的一种量测。描述事件的信息量越大，该事件的不确定性就越小。

定义 1.7　智能是一种应用知识对一定环境进行处理的能力或由目标准则衡量的抽象思考能力。智能的另一定义为在一定环境下针对特定的目标而有效地获取信息、处理信息和利用信息从而成功地达到目标的能力。

定义 1.8　信息论是研究信息、信息特性测量、信息处理以及人机通信过程效率的数学理论。

从上述定义可得下列推论：①"知识"比"信息"的含义更广，即（信息）∈（知识）。②智能是获取和运用知识的能力。③可以用信息论来在数学上解释机器知识和机器智能。因此，信息论已成为解释机器知识和机器智能（人工智能）及其系统的一种手段。智能控制系统是这种机器智能系统的一个实例。

2. 控制论、系统论和信息论是紧密相互作用的

现代科学中的系统论（systematics）、信息论（informatics）和控制论（cybernetics），以下简称"三论"，作为现代科学前沿突出的学科群，无论从哪一方面来看，都是相互作用和相互靠拢的，并给人们以鲜明的印象。无论是人工智能（含知识工程）、控制论（含工程控制论和生物控制论，还有新出现的智能控制论）或系统论（含运筹学），都与信息论息息相关。例如，一台具有高度自主制导能力的智能机器人（即为一智能控制系统），它对环境的感觉，对信息的获取、存储与处理以及为适应各种情况而做出的优化、决策和运动等，都需要"三论"参与作用，并相互渗透。信息观点已成为知识控制必不可少的思想。钱学森曾提出系统科学体系图，图 1.8 是该体系图的一部分。从图 1.8 可见，与系统论、控制论和运筹学一样，信息论也是系统学的重要组成部分。

智能控制系统中的通信，更离不开信息和信息论的指导。通信（communication）定义为按照达成的协议，使信息在人、地点、进程和机器之间进行的传送。具体点说，通信是指人与人或人与自然之间通过某种行为或媒介进行的信息交流与传递,从广义上指需要信息的双方或多方在不违背各自意愿的情况下,无论采用何种方法,使用何种媒质,将信息从某一方准确安全传送到另一方。智能控制系统的各个部分一般都需要进行通信的,因而也就离不开信息论的参与和指导。

3. 信息论已成为控制智能机器的工具

通过前面的定义和讨论我们知道,信息具有知识的秉性,它能够减少和消除人们认识上的不定性。对于控制系统或控制过程来说,信息是关于控制系统或过程运动状态和方式的知识。智能控制比任何传统控制具有更明显的知识性,因而与信息论有更为密切的关系。许多智能控制系统,实质上是以知识和经验为基础的拟人或仿生控制系统。智能控制的知识和经验源于信息,又可被加工处理,变为新的信息,如指令、决策、方案和计划等,并用于控制系统或装置的活动。

信息论的发展,已把信息概念推广到控制领域,成为控制机器、控制生物和控制社会的手段,发展为控制仿生机器和拟人机器——智能机器的有力工具。许多智能控制系统,都力图模仿人体的活动功能,尤其是人脑的思维和决策过程。那么,人体器官的构造功能是否也反映"三论"的密切关系与相互作用呢?国际一般系统论研讨会主席 Samuelson 曾在一次国际研讨会上配合幻灯片显示出一幅心脏构造示意图(见图1.9),说明了"三论"的核心关系。如果我们把心脏受中枢神经控制的作用考虑进去,即引入"智能"的作用,那么,这不就是一个形象和自然的"智能控制四元结构"模型吗?

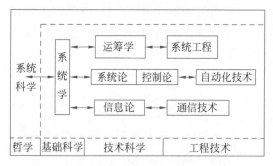

图1.8 钱学森系统的科学体系图(部分)

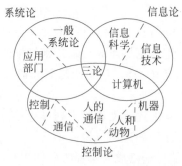

图1.9 Samuelson 的心脏构形示意图

4. 信息熵成为智能控制的测度

在萨里迪斯的递阶智能控制理论中,对智能控制系统的各级均采用熵作为测度。熵(entropy)在信息论中指的是信息源中所包含的平均信息量 H,并如下式所示

$$H = -K \sum_{i=1}^{n} P_i \log P_i \tag{1.7}$$

式中,P_i 为信息源中各事件发生的概率;K 为常数,与选用的单位有关。

组织级是智能控制系统的最高层次,它涉及知识的表示与处理,具有信息理论的含义;此级采用香农(Shannon)熵衡量所需要的知识。协调级连接组织级和执行级,起到承上启下的作用;它采用信息熵测量协调的不确定性。在执行级,则用玻尔兹曼(Boltzmann)的熵函数表示系统的执行代价,它等价于系统所消耗的能量。把这些熵加起来成为总熵,用于表示控制作用的总代价。设计和建立智能控制系统的原则就是要使所得总熵为最小。

熵和熵函数是现代信息论的重要基础。把熵函数和信息流一起引入智能控制系统,正表明信息论是组成智能控制的不可缺少部分。

5. 信息论参与智能控制的全过程，并对执行级起到核心作用

一般说来，信息论参与智能控制的全过程，包括信息传递、信息变换、知识获取、知识表示、知识推理、知识处理、知识检索、决策以及人机通信等。在智能控制系统的执行级，信息论起到核心作用。这里，可控制硬件接收、变换、处理和输出种种信息。例如，在 REICS 实时专家智能控制系统中，有个信息预处理器，用于接受来自硬件的信号和数据，对这些信息进行预处理，并把处理了的信息送至专家控制器的知识库和推理机。又如，有个智能机器人控制系统，它由基于知识的智能决策子系统和信息（信号）辨识与处理子系统组成，其中，前者包含智能数据库和推理机，后者涉及对各种信号的测量与信息处理。这两个例子都说明，信息处理或预处理是由执行级的信息处理器执行的。可见，信息论不仅对智能控制的高层发生作用，而且在智能控制的底层——执行级也起到核心作用。

构成智能控制四元交集结构的每一子集（即自动控制、人工智能、运筹学和信息论）之间的关系可由图 1.10 表示。图中，每一子集都与另三个子集相关。从图 1.10 可见，四个子集之间的交接关系是十分清晰的，这种关系要比三元交集关系丰富得多，复杂得多。

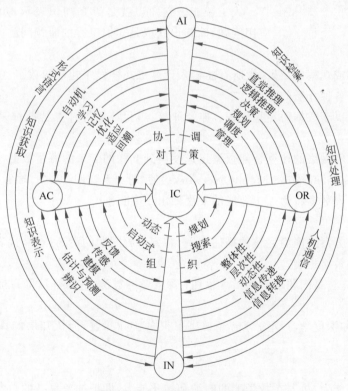

图 1.10　四元结构各元关系图

1.5　智能控制的学科体系

自 1956 年人工智能作为一门新学科登上国际科技舞台已经近 70 年，但人们对于人工智能的核心要素至今仍然没有统一认识，而关于人工智能的学科体系还没有出现足够全面、深入和令人信服的思想。本节提出人工智能的核心要素和人工智能与智能控制的学科体系,供进一步研讨。

1.5.1　人工智能的学科体系

1. 核心要素

人工智能发展的核心要素是什么? 在人工智能学界对此有不尽相同的观点。从人工智能学科发展的角度看,人工智能应当包含四个核心要素,即知识、数据、算法和算力(计算能力),如图 1.11 所示。

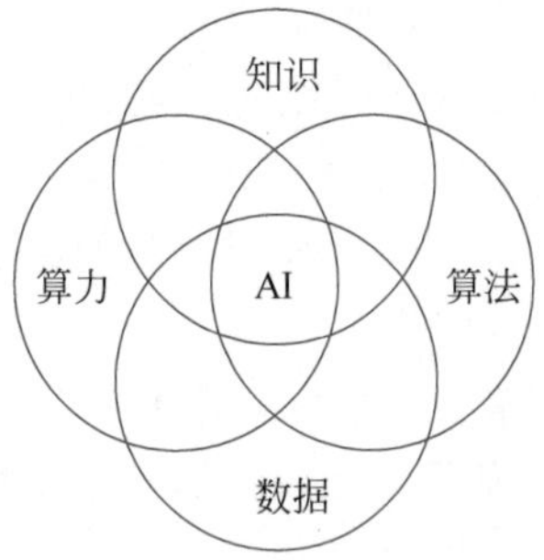

图 1.11　人工智能核心
要素示意图

(1) 知识。

知识是人们通过体验、学习或联想而认识的世界客观规律性。

人工智能源于知识,并依赖知识;知识是人工智能的重要基础,专家系统、模糊计算等知识工程都是以知识为基础而发展起来的。

人工智能研究知识就是研究知识表示、知识推理和知识应用问题,而知识获取是知识工程的瓶颈问题。

(2) 数据。

数据是事实或观察的结果,指所有能输入计算机并被程序处理的数字、字母、符号、影像信号和模拟量等各种介质的总称。

计算智能取决于数据而不是知识;神经计算、进化计算等计算智能都是以数据为基础而发展起来的。

数据已从神经网络的计算智能数据迅速发展到互联网带来的海量数据。

5G 网络(5th Generation Mobile Networks)使数据传输速度更快、时延更小,应用更广泛与有效。新一代数据将为人工智能的发展做出更大贡献。

(3) 算法。

算法是解题方案准确而完整的描述,是一系列求解问题的清晰指令,代表着用系统方法描述问题求解的策略机制。

简而言之,算法是问题求解的指令描述;深度学习算法、遗传算法等智能算法是算法的代表。

现有算法,如深度学习算法等已经解决了很多实际问题,但认知层的算法研究进展甚微,有待突破。

(4) 算力。

算力即计算能力,机器在数学上的归纳和转化能力,即把抽象复杂的数学表达式或数字通过数学方法转换为可以理解的数学式子的能力。

计算能力的不断增强和计算速度的不断提高,极大地促进人工智能的发展,特别是人工智能产业化的蓬勃发展。

以上各个人工智能核心要素和技术正在逐步走上深度融合发展的道路,但这种融合发展需要一个过程。随着这些核心技术的迅速发展及其深度融合,人工智能及其产业化的情景十分光明,必将给人类带来更多、更好和更满意的服务。

人工智能核心技术的突破推动人工智能发展。知识资源、数据资源、核心算法、运算能力深度融合,协同发展,促进人工智能产业快速发展和国民经济转型升级。

2. 学科体系

至今还没有统一的国际人工智能联合会或学会,只有国际人工智能联合会议(International Joint Conference on Artificial Intelligence,IJCAI)。基于人工智能核心要素思想,我们提出一种人工智能学科体系的构思,如图1.12所示。

作者根据人工智能的核心要素和学科体系思想,将人工智能学科体系分成五部分,包括基于知识的人工智能、基于数据的人工智能、人工智能的算法与编程、人工智能的算力与架构,以及人工智能的研究与应用等。

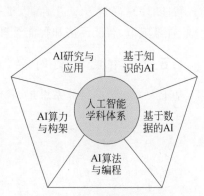

图1.12 人工智能的学科体系示意图

(1) 基于知识的人工智能。

知识是人工智能之源,早期和新的人工智能发展都离不开知识。

基于知识的人工智能涉及状态空间技术、本体技术、语义网络和框架技术、知识库和知识图谱、消解-反演求解、规则演绎、概率推理、不确定推理、各种基于知识的机器学习(归纳学习、解释学习、类比学习、增强学习等)、模糊逻辑和谓词逻辑系统、各种专家系统(基于规则的、基于框架的、基于模型的专家系统)、agent和智能规划系统等。

(2) 基于数据的人工智能。

数据是人工智能之基,数据为人工智能提供原料,并促使人工智能发展到一个更高的技术水平。

基于数据的人工智能包括人工神经网络、深度神经网络、各种基于数据的机器学习(线性回归、决策树、支持向量机、综合学习、聚类、深度学习等)、数据挖掘与知识发现、基于数据库的系统以及各种数字系统等。

许多复杂的人工智能问题,只有综合采用基于知识和基于数据的人工智能理论与技术才能解决。基于知识和数据的人工智能混合系统包括各种基于模拟生物智能优化算法的人工智能系统、仿生进化系统、集成智能系统、智能感知系统(模式识别、语音识别、自然语言理解等)、自主智能系统、脑机接口和人机协同智能系统和人工生命系统等。

(3) 人工智能的算法与编程。

算法是人工智能的灵魂和决策性内涵,是人工智能程序设计的技术基础。Python语言、Java语言、LISP语言、Prologue语言、C++语言、A*算法、增强学习算法、遗传算法、线性回归算法等是各类人工智能算法的杰出代表。深度学习算法、认知计算与决策算法、类脑计算、普适计算、进化计算与基于群体迭代的进化算法等研究已取得进展。此外,还研发出关系数据库、专用开发工具和专用人工智能机等。

(4) 人工智能的算力和架构。

算力(计算能力)为人工智能提供执行能力,强大的算力是人工智能不可或缺的特征和内涵。在人工智能基础层,计算机处理器配备的高端部件以及芯片组、内存和硬盘是提高计算能力的基本保证。出现了新芯片和新计算(云计算、量子计算)等新的计算架构。并行处理等技术及新一代计算网络(5G 和 6G)极大地提高人工智能的计算速度。计算能力的不断增强和计算速度的不断提高,有力地促进人工智能的发展。

(5) 人工智能的研究与应用领域。

众多人工智能研究与应用领域,各自具有特有的研究方向、研究内容、应用技术和学科术语。主要领域包括自动定理证明、自动程序设计、自然语言处理、智能检索、智能调度与指挥、机器学习、机器人学、专家系统、智能控制、模式识别、机器视觉、神经网络、机器博弈、分布式智能、计算智能、人工生命、人工智能编程语言以及智能制造、智慧医疗、智慧农业、智能金融、智慧城市、智能经济和智能管理等。

1.5.2　智能控制的学科体系

基于人工智能学科体系思想,我们提出一种智能控制(intelligent control,IC)学科体系

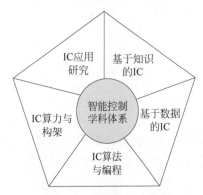

图 1.13　智能控制的学科体系示意图

的构思,如图 1.13 所示。从图 1.13 可见,智能控制的学科体系有基于知识的智能控制、基于数据的智能控制、智能控制的算法与编程、智能控制的算力与架构以及智能控制的应用研究等。

分类学与科学学研究科学技术学科的分类问题,本是十分严谨的学问,但对于一些新学科却很难恰切地对其进行分类或归类。例如,至今多数学者把人工智能看作计算机科学的一个分支;但从科学长远发展的角度看,人工智能可能要归类于智能科学的一个分支。

1. 基于知识的智能控制

知识是人工智能之源,早期的人工智能和智能控制技术和发展都离不开知识。

基于知识的智能控制系统涉及大多数递阶控制系统、专家控制系统、模糊控制系统和分布式(多真体)控制系统等。

(1) 递阶控制系统。

递阶智能控制(hierarchically intelligent control)是在研究早期学习控制系统的基础上,并从工程控制论的角度总结人工智能与自适应、自学习和自组织控制的关系之后而逐渐地形成的,也是智能控制的最早理论之一。递阶智能控制还与系统学及管理学有密切关系。

人们已经提出多种递阶控制理论,即基于知识/解析混合多层智能控制理论、"精度随智能提高而降低"的递阶控制理论以及四层(任务规划、行为决策、行为规划和操作控制四层)递阶控制理论等。这几种理论在递阶结构上是有联系的,其中,以萨里迪斯的递阶控制理论最具影响。

由萨里迪斯提出的递阶控制方法作为一种认知和控制系统的统一方法论,其控制智能是根据分级管理系统中十分重要的"精度随智能提高而降低"的原理而分级分配的。这种递阶智能控制系统是由组织级、协调级和执行级三级组成的。

(2) 专家控制系统。

另一种比较重要的智能控制系统为专家控制系统(expert control system,ECS),它是把专家系统技术和方法与传统控制机制,尤其是工程控制论的反馈机制有机结合而建立的。

专家控制系统已广泛应用于故障诊断、工业设计和过程控制，为解决工业控制难题提供一种新的方法，是实现工业过程控制的重要技术。专家控制系统一般由知识库、推理机、控制规则集和控制算法等组成。专家系统与智能控制的关系是十分密切的，它们有着明显的共性，所研究的问题一般都具有不确定性，都是以模仿人类智能为基础的。工程控制论(还有生物控制论)与专家系统的结合，形成了专家控制系统。

(3) 模糊控制系统。

模糊控制是一类应用模糊集合理论的控制方法。模糊控制的有效性可从两方面来考虑，一方面，模糊控制提供一种实现基于知识(基于规则)的甚至语言描述的控制规律的新机理；另一方面，模糊控制提供了一种改进非线性控制器的替代方法，这些非线性控制器一般用于控制含有不确定性和难以用传统非线性控制理论处理的装置。模糊控制器由模糊化、规则库、模糊推理和模糊判决4个功能模块组成。模糊控制已获得十分广泛的应用。

(4) 分布式控制系统。

计算机技术、人工智能、网络技术的出现与发展，突破了集中式系统的局限性，并行计算和分布式处理等技术(包括分布式人工智能)和多真体系统(multi-agent system，MAS)应运而生。可把真体(agent)看作能够通过传感器感知其环境，并借助执行器作用于该环境的任何事物。当采用多真体系统进行控制时，其控制原理随着真体结构的不同而有所差异，难以给出一个通用的或统一的多真体控制系统结构。

2. 基于数据的智能控制

数据是人工智能之基，数据为人工智能和智能控制提供原料，并促使智能控制发展到一个更高的技术水平。基于数据的智能控制包括神经控制系统、网络控制系统等。

(1) 神经控制系统。

基于人工神经网络的控制(ANN-based control)，简称神经控制(neural control 或 neurocontrol)，是20世纪末期出现的智能控制的一个新的研究方向，曾作为智能控制的"后起之秀"而"红极一时"。随着20世纪80年代后期人工神经网络研究的复苏和发展，90年代对神经控制的研究也十分活跃。

神经控制是个很有希望的研究方向。这不但是由于神经网络技术和计算机技术的发展为神经控制提供了技术基础，而且还由于神经网络具有一些适合控制的特性和能力，如并行处理能力、非线性处理能力、通过训练获得知识的学习能力以及自适应能力等。因此，神经控制特别适用于复杂系统、大系统和多变量系统和非线性系统的控制。

(2) 仿生控制系统。

生物群体的生存过程普遍遵循达尔文的物竞天择、适者生存的进化准则。群体中的个体根据对环境的适应能力而被大自然所选择或淘汰。生物通过个体间的选择、交叉、变异来适应大自然环境。将进化计算，特别是遗传算法机制和传统的反馈机制用于控制过程，则可实现一种新的控制——进化控制。

自然免疫系统是个复杂的自适应系统，能够有效地运用各种免疫机制防御外部病原体的入侵。通过进化学习，免疫系统对外部病原体和自身细胞进行辨识。把免疫控制和计算方法用于控制系统，即可构成免疫控制系统。

从某种意义上说，智能控制就是仿生和拟人控制，模仿人和生物的控制机构、行为和功能所进行的控制，就是拟人控制和仿生控制。神经控制、进化控制、免疫控制等都是仿生控制,而递阶控制、专家控制、学习控制、仿人控制等则属于拟人控制。

(3) 网络控制系统。

随着计算机网络技术、移动通信技术和智能传感技术的发展,计算机网络已迅速发展成为世界范围内广大软件用户的交互接口,软件技术也阔步走向网络化,通过现代高速网络为客户提供各种网络服务。计算机网络通信技术的发展为智能控制用户界面向网络靠拢提供了技术基础,智能控制系统的知识库和推理机也都逐步和网络智能接口交互起来。于是,网络控制系统就应运而生。网络控制系统(networked control system,NCS),又称为网络化的控制系统,即在网络环境下实现的控制系统。是指在某个区域内一些现场检测、控制及操作设备和通信线路的集合,以提供设备之间的数据传输,使该区域内不同地点的设备和用户实现资源共享和协调操作。

3. 知识与数据复合智能控制

基于知识和数据的智能控制混合系统包括各种基于模拟生物智能优化算法的智能控制系统(仿生控制系统)、学习控制系统和集成智能控制系统等。许多复杂的智能控制问题,往往综合采用基于知识和基于数据的智能控制理论与技术才能解决。

(1) 学习控制系统。

学习是人类的主要智能之一。人类的各项活动(包括对自动装置进行控制)都需要学习。研究用机器来代替人类从事体力和脑力劳动(包括控制作用),就是用机器代替人的思维。在人类的进化过程中,学习功能起着十分重要的作用,学习控制正是模拟人类自身各种优良的控制调节机制的一种尝试。

学习控制系统是一个能在其运行过程中逐步获得受控过程及环境的非预知信息,积累控制经验,并在一定的评价标准下进行估值、分类、决策和不断改善系统品质的自动控制系统。

进入 21 世纪以来,对机器学习的研究取得新的进展,尤其是一些新的学习方法为学习控制系统注入新鲜血液,必将推动学习控制系统研究的进一步开展。

(2) 仿人控制。

仿人控制的基本思想就是在模拟人的控制结构的基础上,进一步研究和模拟人的控制行为与功能,并把它用于控制系统,实现控制目标。也就是说,从人工智能问题求解的基本观点来看,一个控制系统的运行实际上是控制机构对控制问题的求解过程。因此,仿人控制研究的主要目标不是被控对象,而是控制器本身如何对控制专家结构和行为的模拟。大量事实表明,由于人脑的智能优势,在许多情况下,人的手动控制效果往往是自动控制无法达到的。

(3) 自然语言控制。

自然语言控制,就是基于自然语言处理中的大型语言模型,实现从自然语言到控制指令的翻译。控制者不需要学习复杂的控制理论和掌握高级的编程技术,仅需口语化的表达就可实现对机器的控制。自然语言控制是结合自然语言处理与经典控制理论的一种智能控制方法,能够利用大语言模型将自然语言转化为控制指令,实现对目标的状态控制。

(4) 集成智能控制系统。

把几种不同的智能控制机理和方法集成起来而构成的控制,称为集成(integrated)智能控制或复合(compound)智能控制,其系统则称为集成智能控制系统。集成智能控制能够集各智能控制方法之长处,弥补各自的短处,取长补短,实不失为一种控制良策。模糊神经控制、神经学习控制、神经专家控制、自学习模糊神经控制、遗传神经控制、进化模糊控制以及进化学习控制等都属于集成智能控制。

在模拟人的控制结构的基础上,进一步研究和模拟人的控制行为与功能,并把它用于控制系统,实现控制目标,就是仿人控制。仿人控制综合了递阶控制、专家控制和基于模型控制的特点,实际上可以把它看作一种复合控制。

此外,把智能控制与传统控制(包括经典 PID 控制和近代控制)有机地组合起来,即可构成组合智能控制系统。组合智能控制能够集智能控制方法和传统控制方法各自之长处,弥补各自的短处,取长补短,也是一种集成控制策略。例如,PID 模糊控制、神经自适应控制、神经自校正控制、神经最优控制、模糊鲁棒控制等就是组合智能控制的例子。

值得指出的是,为了便于对控制系统工作机制的阐述,我们将智能系统分为基于知识的系统和基于数据的系统以及知识和数据复合系统。但是,随着人工智能和智能控制技术的进步和产业的升级发展需要,一些基于知识的人工智能和智能控制也逐渐与基于数据的技术融合。同样地,一些基于数据的人工智能和智能控制也逐渐与基于知识的技术融合。

4. 智能控制的算法与编程

算法是智能控制的灵魂和决策性内涵,是智能控制程序设计的技术基础。

Python 语言、Java 语言、增强学习算法、遗传算法、线性回归算法等是各类智能控制算法的杰出代表。深度学习算法、认知计算与决策算法、类脑计算、普适计算、进化计算与基于群体迭代的进化算法等研究已取得进展。

5. 智能控制的算力和架构

算力(计算能力)为智能控制提供执行能力,强大的算力是实现智能控制的根本保证。

在智能控制基础层,计算机处理器配备的高端部件以及芯片组、内存和硬盘是提高计算能力的基本保证。出现了新芯片和新计算(云计算、量子计算)等新的计算架构。并行处理等技术及新一代计算网络(5G 和 6G)极大地提高智能控制的计算速度。计算能力的不断增强和计算速度的不断提高,有力地促进智能控制的发展。

6. 智能控制的应用研究

智能控制的主要应用研究领域包括智能机器人规划与控制、生产过程的智能监控与管控、智能集成制造系统的分布式智能控制、智能故障检测与诊断、航天航空飞行器的智能导航与控制、智能交通系统控制与调度、电力系统运行的智能控制和故障诊断、医疗过程的智能控制以及具有智能决策、诊断和控制功能的各种智能仪器、智慧城市和社会经济管理系统等。

1.6 本书概要

作为智能控制的本科生教材、研究生教学参考书和智能控制学科专著,本书介绍智能控制的基本原理及其应用,着重讨论智能控制几个主要系统的原理、方法及应用。所涉及智能控制系统包括递阶控制系统、专家控制系统、模糊控制系统、神经控制系统、学习控制系统、进化控制系统、多真体系统(multi-agent system,MAS)、仿生控制系统以及复合智能控制系统等。具体地说,本书包括下列内容。

（1）简述智能控制产生的背景、起源与发展，讨论智能控制的定义、特点、数学基础和智能控制系统的一般结构，研究智能控制学科的结构理论，尤其是智能控制的四元交集结构理论，并阐明智能控制各构成元间的关系，揭示各相关学科间的内在关系。提出智能控制的学科体系，并对智能控制系统进行分类。

（2）概括中国智能控制的发展简史，涉及发展过程、研究成果、教育与人才培养、存在问题等。

（3）逐章讨论智能控制系统的作用原理、类型结构、设计要求、控制特性和应用示例等，这些系统有递阶控制、专家控制、模糊控制、神经控制、学习控制、进化控制与免疫控制、网络控制、分布式 MAS 的控制和复合控制等。

（4）探讨智能控制的算法与编程，介绍当前普遍使用的编程语言和算法。

（5）首次专章讨论智能控制的算力，揭示计算能力的重要性。

（6）介绍智能控制的应用及示例。

本书相当大一部分内容是作者及其研究团队的研究成果，反映出国内外人工智能和智能控制研究和应用最新进展。特别是作为国家级精品课程和国家级精品资源共享课程，作者把教学团队的教学改革成果融入本教材，其中，除了"智能控制的四元交集结构理论"等理论成果外，还在教材中或教学过程中增加了计算和实验内容。

本书作为高等院校自动化、人工智能、智能科学与技术、测控工程、机器人、机电工程、电子工程等专业本科生智能控制课程教材，也可供从事智能控制和智能系统研究、设计、应用的科技工作者阅读与参考，还可作为硕士和博士学位课程智能控制、智能系统等课程的教学参考书以及博士生和硕士生入学课程考试参考书。

1.7　本章小结

本章简述智能控制的起源、发展机遇和面临挑战，讨论智能控制的定义、特点与一般结构，阐述中国智能控制的发展过程、科技成果、教育和人才培养以及存在问题，在人工智能的核心要素和学科体系思想指导下，研讨智能控制的结构理论和智能控制学科体系，并对智能控制系统进行了分类。

从人工智能学科发展的角度看，人工智能应当包含知识、数据、算法和算力这四个核心要素。这些要素在人工智能中的地位和作用分别是：知识是人工智能之源，数据是人工智能之基，算法是人工智能之魂，算力是人工智能之力。受人工智能学科体系思想启发，将智能控制的学科体系进行剖析认为它由基于知识的智能控制、基于数据的智能控制、智能控制算法与编程、智能控制算力与架构以及智能控制的应用研究等部分组成。

对于智能控制学科结构理论的研究，分别介绍了二元智能控制、三元智能控制和四元智能控制 3 种智能控制结构理论，特别是重点讨论了作者提出的四元智能控制结构理论，认为智能控制主要是自动控制、人工智能、信息论和运筹学 4 个学科的交集。

习题 1

1-1　在智能控制发展过程中，哪些思想、事件和人物起到重要作用？

1-2　在自动控制发展过程中出现什么机遇与挑战？为什么要提出智能控制？

1-3　简述智能控制的发展过程，并说明人工智能对自动控制的影响。

1-4　在过去 20 多年中，智能控制的研究和应用发生了什么变化？

1-5　如何看待与评述中国智能控制的发展历史？

1-6　被誉为国际智能控制的开拓者和奠基者的傅京孙，对智能控制学科的建立做出什么贡献？

1-7　如何理解智能控制和智能控制系统？智能控制具有哪些特点？

1-8　智能控制器的一般结构和各部分的作用是什么？它与传统的反馈控制器有何异同？

1-9　智能控制系统可分为哪几类？它们的基本原理是什么？

1-10　为什么要研究智能控制的结构理论？有哪几种智能控制结构理论？这些理论的主要内容是什么？

1-11　试说明把信息论引入智能控制学科结构的理由，并请提出补充和建议。

1-12　人工智能的核心要素是什么？

1-13　你对作者提出的人工智能和智能控制的学科体系有何看法？

1-14　试对人工智能系统的分类进行评论和补充。

1-15　智能控制应用研究包括哪些内容？其中哪些是新的研究热点？这些内容的重要性如何？

1-16　你对智能控制课程教学有何意见和建议？

第一篇

基于知识的智能控制

第**2**章

递阶控制系统

经过近 60 年发展,智能控制已经建立了 10 多种系统;这些系统包括递阶控制、专家控制、模糊控制、神经控制、学习控制、分布式 MAS 的控制、进化控制、免疫控制、网络控制和复合控制等。从本章起将分章讨论各种智能控制系统,其内容涉及控制原理、系统结构和典型实例等。

本章将研讨递阶智能控制(hierarchical intelligent control),简称递阶控制。递阶控制是智能控制最早的理论之一,而递阶智能控制系统结构已隐含在其他各种智能控制系统之中,成为其他各种智能控制系统的重要基础。递阶控制是在研究早期学习控制系统的基础上,并从工程控制论角度总结人工智能与自适应控制、自学习控制和自组织控制的关系之后而逐渐形成的。已经提出几种递阶控制理论。其中以萨里迪斯提出的基于三个控制层次和IPDI 原理的三级递阶智能控制系统最具代表性。此外,还有基于知识描述和数学解析的两层混合智能控制系统、采用四层递阶控制结构以及三段六层递阶控制结构的智能控制系统等。

2.1 递阶智能机器的一般理论

由萨里迪斯和梅斯特尔(Meystal)等人提出的“递阶智能控制”是按照精度随智能降低而提高的原理(IPDI)逐级分布的,这一原理来源于递阶(分级)管理系统。递阶控制思想可作为一种统一的认知和控制系统方法而被广泛采用。

多年以来,一些研究者做出重大努力来开发“递阶智能机器”理论和建立工作模型,以求实现这种理论。这种智能机器已被设计用于执行机器人系统的拟人任务。取得的理论成果表现在两方面,即基于逻辑的方法和基于解析的方法。前者已由尼尔森(Nilsson)和菲克斯(Fikes)等叙述过,其通用技术仍在继续研究与开发之中;而后者已在理论和实验两方面达到比较成熟的水平。有一些新的方法和技术,如 Boltzmann 机、神经网络和 Petri 网等,已为智能机器理论的分析研究提供了新的工具。因此,智能机器理论已得到进一步修正和改进。本章将比较详细地介绍三级智能机器的某些新内容,包括将神经网络用于组织级,将Petri 网用于协调级以及将熵(entropy)测度用于执行级等。

下面将论述这种智能机器理论的一般观点,介绍递阶智能控制系统的原理与结构,最后说明一个智能机器人系统控制模型的开发。

2.1.1 递阶智能机器的一般结构

在第 1 章讨论智能控制的三元结构时已经知道:递阶智能控制系统是由三个基本控制

级构成的,其级联交互结构如图 2.1 所示。图中,f_E^C 为从执行级到协调级的在线反馈信号;f_C^O 为从协调级到组织级的离线反馈信号;$C=\{c_1,c_2,\cdots,c_m\}$ 为输入指令;$U=\{u_1,u_2,\cdots,u_m\}$ 为分类器的输出信号,即组织器的输入信号。

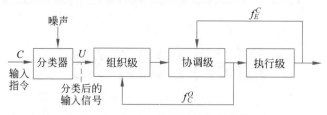

图 2.1　递阶智能机器的级联结构

本递阶智能控制系统是个整体,它把定性的用户指令变换为一个物理操作序列。系统的输出是通过一组施于驱动器的具体指令来实现的。一旦接收到初始用户指令,系统就产生操作,这一操作是由一组与环境交互作用的传感器的输入信息决定的。这些外部和内部传感器提供了工作空间环境(外部)和每个子系统状况(内部)的监控信息。对于机器人系统,子系统状况包括位置、速度和加速度等。智能机器融合这些信息,并从中选择操作方案。

3 个控制层级的功能和结构如下。

1. 组织级

组织级(organization level)代表控制系统的主导思想,并由人工智能起控制作用。根据存储在长期存储单元内的本原数据集合,组织器能够组织绝对动作、一般任务和规则的序列。换句话说,组织器作为推理机的规则发生器,处理高层信息,用于机器推理、机器规划机器决策、学习(反馈)和记忆操作,如图 2.2 所示。可把此框图视为一个 Boltzmann 机结构。Boltzmann 机能从几个代表不同本原事件的节点(神经元)搜索出最优的内连关系,以产生某个定义最优任务的信息串。

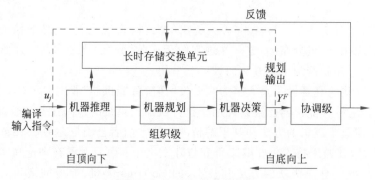

图 2.2　组织级的结构框图

2. 协调级

协调级(coordination level)是上(组织)级和下(执行)级间的接口,承上启下,并由人工智能和运筹学共同作用。协调级借助于产生一个适当的子任务序列来执行原指令,处理实时信息。这涉及短期存储器(如缓冲器)内决策与学习的协调。为此,采用具有学习能力的语言决策图,并对每一个动作指定主(源)概率,各相应熵可由这些主概率直接得到。已把 Petri 网变迁技术用于实现这种决策图。此外,Petri 网能够提供必要的协议,以便在协调器间进行通信,综合机器的各种活动。协调级由一定数量的具有固定结构的协调器组成,每个协调器执行某些指定的作用。各协调器间的通信由分配器(dispatcher)来完成,而分配器的可变结构是由组织器控制的,见图 2.3。

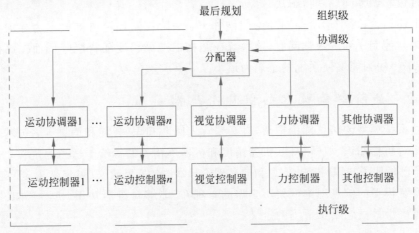

图 2.3　协调级的结构

3. 执行级

执行级(execution level)是递阶智能控制的最底层,要求具有较高的精度但较低的智能;它按控制论进行控制,对相关过程执行适当的控制作用。执行级的性能也可由熵来表示,因而统一了智能机器的功用。

从第 1 章讨论信息熵测度时已知

$$H = -K \sum_{i=1}^{n} P_i \log P_i$$

通常称 H 为香农(Shannon)负熵,它可变换为下列方程

$$H = -\int_{\Omega_s} P(s) \log P(s) \mathrm{d}s \tag{2.1}$$

式中,Ω_s 为被传递的信息信号空间。负熵是对信息传递不确定性的一种度量,即系统状态的不确定性可由该系统熵的概率密度指数函数获得。

图 2.1 所示的三级递阶结构具有自顶向下(top-down)和自底向上(bottom-up)的知识(信息)处理能力。自底向上的知识流决定于所选取信息的集合,这些信息包括从简单的底层(执行级)反馈到最高层(组织级)的积累知识。反馈信息是智能机器中学习所必需的,也是选择替代动作所需要的。

智能机器中高层功能模仿了人类行为,并成为基于知识系统的基本内容。实际上,控制系统的规划、决策、学习、数据存取和任务协调等功能,都可看作知识的处理与管理。另一方面,控制系统的问题可用熵作为控制度量来重新阐述,以便综合高层中与机器有关的各种硬件活动。因此,在机器人控制的例子中,视觉协调、运动控制、路径规划和力觉传感等可集成为适当的函数。因此,可把知识流看作这种系统的关键变量。一台知识机器内的知识流分别代表下列几方面的作用:

(1) 数据处理与管理。

(2) 由 CPU 执行的规划与决策。

(3) 通过外围设备得到的传感和数据获取。

（4）定义软件的形式语言。

由于递阶智能控制系统的所有层级可用熵和熵的变化率来测量,因此,智能机器的最优操作可通过数学编程问题获得解决。

通过上述讨论,可把递阶控制理论归纳如下:递阶控制理论可被假定为寻求某个系统正确的决策与控制序列的数学问题,该系统在结构上遵循精度随智能降低而提高(IPDI)的原理,而所求得序列能够使系统的总熵为最小。

2.1.2　递阶智能机器的信息论基础

要建立系统模型的信息理论框架,有必要首先阐明知识、智能和信息等名词术语的实际含义,然后,对机器知识、机器智能、机器精度和机器不精确性等给予适当的定义。

第1章已阐明了知识、智能、信息和信息理论等术语的实际含义(见定义1.5～定义1.8),这是建立系统模型的信息理论框架所必需的。现在,能够对机器知识、机器智能、机器精度和机器不精确性等概念给予适当的定义。

定义 2.1　机器知识(machine knowledge,K)　消除智能机器指定任务的不确定性所需要的结构信息。

智能机器中的机器智能包括先验知识和经验知识,先验知识是由设计者或用户给予的初始信息,而经验知识则是通过学习和体验取得与积累的。智能机器内的机器知识有显式和隐式两种形式,显式知识表示需要数据、数据库和知识库以及语义网络等,而隐式知识表示则需要在系统的控制算法和学习算法中采用嵌套。

机器知识这一术语指明出现在组织器的长期存储器内的信息总量,表示信息存储和检索等记忆操作。信息检索是组织器内部决策过程所需要的,而信息存储则是提高先前存储信息的质量所需要的。

定义 2.2　机器知识流量(rate of machine knowledge,R)　通过智能机器的知识流。

定义 2.3　机器智能(machine intelligence,MI)　分析和组织数据,并把数据变换为知识的作用;或者说,机器智能是对事件或活动的数据库进行操作以产生知识流的动作或规则之集合。

定义 2.4　机器不精确性(machine imprecision)　执行智能机器各项任务的不确定性。

定义 2.5　机器精度(machine precision)　机器不精确性的补,它代表过程的复杂性。

定义2.1～定义2.3及其关系也可从分析求得,以便提供一种对系统概念的分析解释。

一类出现信息的机器知识可表示为

$$K = -a - \ln p(K) \tag{2.2}$$

式中,$p(K)$表示知识的概率密度,α为一个适当选取的系数。上式中的概率密度函数$p(K)$满足的表达式与Jaynes所提出的最大熵原理一致

$$p(K) = e^{-\alpha - K}; \quad \alpha = \ln \int_{\Omega_s} e^{-K} ds \tag{2.3}$$

其中,Ω_s为知识状态空间。

知识流量R是离散状态智能机器的主要变量,并定义于一定时间间隔T

$$R = K/T \tag{2.4}$$

知识流量R必须满足下列由IPDI原理说明的关系

$$(MI):(DB) \rightarrow (R) \tag{2.5}$$

此式可明显地由定义 2.3 证明。

上式关系中的变量,具有下列欧姆定律形式

$$(MI) \times (DB) = (R) \tag{2.6}$$

$$P = (MI) \times (R) \tag{2.7}$$

$$E = \int (MI) \times (R) \mathrm{d}t \tag{2.8}$$

$$K = \int (R) \mathrm{d}t \tag{2.9}$$

其中,P 表示功率,E 表示能量,K 为机器知识。上述公式表示出知识流量、机器智能与知识数据库之间的简单概率关系,而各种函数的熵起到测量作用。

2.1.3 IPDI 原理的解析公式

要在数学上建立基于知识系统概念的形式化表示,必须考虑具有状态 $s_i, i=1,2,\cdots,n$ 的知识状态空间 Ω_s。s_i 表示网络节点上事件的状态,该网络规定了任务的执行步骤。然后,两个状态 s_i 和 s_j 间的智能机器知识可作为两种状态的组合来考虑,并表示为

$$K_{ij} = (1/2) w_{ij} s_i s_j \tag{2.10}$$

式中,w_{ij} 为状态变换系统;对于被动传递,取 $w_{ij}=0$。

状态 s_i 的知识为该状态与全部其他主动状态 s_j 的组合,并表示为

$$K_i = 1/2 \sum_j w_{ij} s_i s_j \tag{2.11}$$

最后可得系统的总知识为

$$K = 1/2 \sum_i \sum_j w_{ij} s_i s_j \tag{2.12}$$

它具有基本事件的能量形式。知识流量 R 是导出知识,在离散状态空间 Ω_s 下可定义为

$$R_{ij} = K_{ij}/T, \quad R_i = K_i/T, \quad R = K/T \tag{2.13}$$

式中,T 为固定的时间间隔。

我们已经把机器知识定义为结构信息,因而可由概率关系式来表示。据式(2.2)可求出表示每层知识的满足 Jaynes 最大熵原理的概率分布表达式

$$\ln p(K_i) = -\alpha_i - K_i \tag{2.14}$$

对于 $E\{K\}=$ 恒值,有下式

$$p(K_i) = \mathrm{e}^{-\alpha_i - K_i}, \quad \mathrm{e}^{\alpha_i} = \sum_i \mathrm{e}^{K_i} \tag{2.15}$$

以 $K_i = R_i T$ 代入上式得

$$p(K_i) = p(R_i T) = \mathrm{e}^{-\alpha_i - TR_i} \tag{2.16}$$

其中,α_i 为适当的常数,$i=2,3$。

IPDI 原理可由概率公式表示为

$$PR(MI, DB) = PR(R) \tag{2.17}$$

式中,PR 表示概率,MI 为机器知识,DB 为与执行任务有关的数据库。数据库代表任务的复杂性,且取决于任务的执行精度,即该执行精度是与数据库的复杂性相称的。

取自然对数后可得下式

$$\ln p(MI/DB) + \ln p(DB) = \ln p(R) \tag{2.18}$$

对两边取期望值,可得熵方程

$$H(MI/DB) + H(DB) = H(R) \tag{2.19}$$

式中,$H(x)$ 为与 x 有关的熵。在建立和执行任务期间,期望有个不变的知识流量;这时,增大特定数据库 DB 的熵就要求减小机器智能 MI 的熵。如果 MI 独立于 DB,那么

$$H(MI) + H(DB) = H(R) \tag{2.20}$$

2.2　递阶智能控制系统的原理与结构

递阶智能控制系统可按 IPDI 原理分为几个子系统,并对每个子系统导出计算模块。全部子系统连成树状结构,形成多层递阶模型。

递阶智能控制算法的实现,需要一些特别简单的结构。专用硬件被装入组织级和协调级以便于系统更新;更新内容涉及各个独立单元和派生单元现存的值、概率分布函数以及与具体规划有关的知识库。更新跟随规划执行,并且采用自底向上的方法完成:与底层有关的值和概率首先被更新,接着再进行高层的更新。知识库的完全更新也被同时执行。三个迭代层的结构模型描述各个硬件单元,包括用于存储暂时和永久信息的专用存储器,存储各种概率、值和终端装置信息的存储器,以及分别用于每层的其他专用硬件单元。

下面先介绍与组织级两个模型有关的决策段结构,然后讨论协调级和执行级的模型。

2.2.1　组织级原理与结构

在描述组织级的硬件结构之前,首先定义组织级的功能。这些功能是对组织活动和有序活动的内部操作。下面根据这些功能在组织器内的作用顺序,依次定义如下。

定义 2.6　机器推理(MR)　编译输入指令 u_j,$(u_j \in U)$ 与相关活动集 A_{jm}、产生式规则以及构成系统推理机的程序之总和。

定义 2.7　机器规划(MP)　执行预定工作所需要的完备的和兼容的有序活动的形式化表示。机器规划包含对主动非重复本原活动事件进行排序,拒绝非兼容有序活动,在兼容有序的非重复事件信息串中插入重复事件的有效序列,检查全部规划的完整性和组织情况。

定义 2.8　机器决策(MDM)　在最大的相关成功概率中选择完备的和兼容的有序活动。

定义 2.9　机器学习与反馈(MLF)　对不同的单一的和派生的值函数进行计算,这些函数与执行需求工作有关,并通过学习算法更新各个概率。在完成所需工作和从低层至高层选择反馈的通信之后,机器反馈功能就被执行了。

定义 2.10　机器记忆交换(MME)　对组织级的长期存储器进行信息检索、存储和更新。检索是在机器推理和机器规划期间进行的,而存储和更新是在机器决策和需求工作被实际执行之后进行的。

以上定义的 5 种功能中,前 3 种功能与自顶向下的局部目标有关,而后 2 种功能与自底向上的局部目标有关。

组织级所执行的知识(信息)处理任务与长期存储器有关。组织器的结构模型要适应组织级每个功能的迅速又可靠的操作。记忆交换功能是与机器推理、规划和决策等功能有关的。在描述结构单元时,假定每个信息串都是可兼容的;因此,为存储全部活动和有序活动所需要的记忆表示为最坏的情况。

1. 基于概率的结构模型

用于机器推理、机器规划和机器决策3种功能的结构模型,分别如图 2.4～图 2.6 所示。组织级的功能将进一步说明。

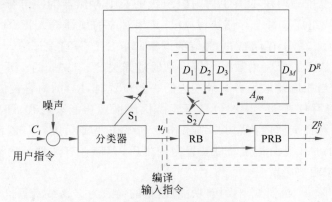

图 2.4　机器推理功能模型

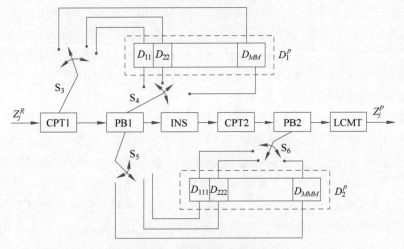

图 2.5　机器规划功能模型

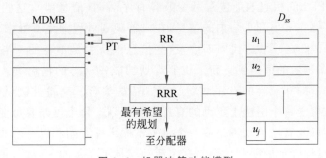

图 2.6　机器决策功能模型

从图 2.4 可见,机器推理模型由推理模块 RB、概率推理模块 PRB 和存储器 D^R 以及分类器组成。图中,u_j 为编译输入指令,Z_j^R 为相应的输出,A_{jm} 为最大的 (2^N-1) 个适当活动的集合(信息串 X_{jm} 的集合);这些活动(信息串)具有相应的地址,用于存储活动概率分布函数 $P(X_{jm}/u_j)$。推理模块 RB 含有最大的 (2^N-1) 个二进制随机变量 $X_{jm}=(x_1, x_2, \cdots, x_{N-L}, \cdots, x_N)$,$m=1,2,\cdots,(2^N-1)$,它们以特定的次序存放,表示与任一编译输入指令有关的活动(A_{jm})。与这些活动(串)有关的概率分布函数存储在相应地址 D^R 内,并从 D^R 传输至推理模块 RB;D^R 为组织级的长期存储器的一部分。存储器 D^R 由 M 个不同的存储块组成。每个存储块(D_j)与其相对应的编译输入指令(u_j)相联系。每块 D_j 含有专用地址,用于存储与 u_j 对应的概率向量 S_j。一旦编译输入指令 u_j 被辨识,开关 S_1 激活存储块 D_j。D_j 内数据的传输是通过开关 S_2 来完成的。开关 S_1 和 S_2 互相耦合,协同动作。当相应的地址占有最左边的一些位置时,RB 的内容被传送到 PRB 的最右边的一些位置。存储在 D^R 内的信息不能由机器推理功能来修改。因此,可把 D^R 看作永久存储器,在迭代周期内(从用户请求作业到该作业实际执行),该存储器的值维持不变。只有当请求的作业由指定硬件装置完成之后,存储在有关地址内表征适当活动的概率分布函数值才能被更新。

从图 2.5 可以看出,机器规划操作(功能)模型的输入为 Z_j^R,或者等价于相应的被激活的存储单元;而输出为 $Z_j^P=Z_{jmv}$,即全部完备的和可兼容的规划之集合,该规划能够完成所请求的作业,而该规划集合是在机器规划操作过程中形成的本原事件的全部可兼容变量有序信息串集合的一个子集。所有可兼容有序活动(信息串,本原事件的有效排列)存储在第一个规划单元 PB1 内。每个可兼容变量有序活动(包括重复事件的有效序列在内的信息串)存储在第二个规划单元 PB2 内。兼容性测试通过 CPT1 和 CPT2 单元来执行。在此,略去了兼容性测试的具体硬件装置。

具有概率 $P(M_{jmr}/u_j)$ 的表征矩阵的相应地址,从存储器 D_1^P 经耦合开关 S_3 和 S_4 传送,并与概率分布函数 $P(X_{jm}/u_j)$ 相乘,求得可兼容有序活动(信息串)Y_{jmr} 的概率分布函数。一旦 Z_j^R 被辨识,开关 S_3 激活相应的存储单元 D_{jj},而开关 S_4 则允许数据传送。现在,规划单元 PB1 的相应地址包含可兼容有序活动(信息串),这些地址含有概率分布函数 $P(Y_{jmr}/u_j)$。重复本原事件的有效序列是在单元 INS 内插入的,而可兼容变量有序活动被存储在第二个规划单元 PB2 内。相对应的概率则经 D_2^P 传送。来自适当的存储单元 D_{jjj} 的数据,是通过两个耦合开关 S_5 和 S_6 实现激活和传送的,其作用方式与开关 S_3 和 S_4 相似。这时,单元 PB2 的相应地址包含可变兼容有序活动(信息串),这些地址含有适当的概率分布函数。存储在 D_1^P 和 D_2^P 内的信息,在机器规划过程中是不可修改的,也不能由机器规划操作进行修改;在一个迭代周期内,这些信息被认为是不变的。当请求的作业完成之后,这些概率分布函数的值得到更新。机器规划功能(操作)的输出 Z_j^P 是那些可能执行请求作业的所有完备的和兼容的有序活动(信息串)的集合。完备性测试是在单元 LCMT 内进行的。该测试接受每个语法上正确的有意义的规划。每个可兼容可变有序活动经受检查。如果某个兼容可变有序活动不是以一个重复本原事件开始和以一个非重复本原事件结束,而且不受操作过程强加的限制,那么,这个活动就是不完备的。因此,每个完备的规划是可兼容的;但是,每个可兼容的规划并非一定是完备的。

图 2.6 表示机器决策功能模型。一切完备的和兼容的规划都存储在机器决策单元（MDMB）内，并进行配对检验，以便找出最有希望的规划。把最有希望的规划存储在单元 RR 内。在检验时，如果发现某个完备的规划比存储在 RR 内的已有规划具有更大的概率，那么这一新规划就被送至 RR，而原已存储的规划则被消去。一旦检验结束，RR 的内容即为执行请求作业所需要的最有希望的完备和兼容规划。

每个完备和兼容规划存储在组织级的长期存储器 D_{ss} 的专门位置上。这个存储器含有每个完备的和兼容的规划，而这些规划与每个编译输入指令相对应。这种专门存储的思想是十分重要的，它代表一个训练良好系统的状况（假设不出现不可预测事件）。一个达到这种操作模式的智能机器人系统，在编译输入指令得到辨识后就立即联想到存储在 D_{ss} 内的最有希望的规划（有多个可供选择），而不必通过每个单独的操作（功能）。

2. 基于专家系统的结构模型

基于专家系统的组织级结构模型，原则上与基于概率的结构模型相似。此模型表示一个有效的硬件方案，适于进行机器智能操作。

这两种模型都是由一个提取器、一个或非门、几个锁存器和寄存器组成的硬件来实现分类的，如图 2.7 所示。用户指令经过过滤（筛选）后进入提取器，被归类为特定的指令类型，同时与知识库内的当前指令类型进行比较。当检查到该用户指令为一个新的指令类型时，就设置一个标志，并被存入相关的寄存器，为下一步处理做好准备。

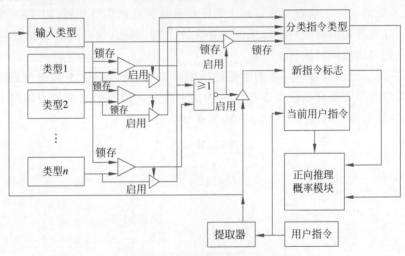

图 2.7　分类器模型的硬件实现

2.2.2　协调级原理与结构

协调级由不同的协调器组成，每个协调器由微型计算机来实现。图 2.8 给出协调级结构的一个候选框图。一旦由组织级产生和选择的最好任务序列（完备规划）被送到协调级，就提供了全部必要的细节，成功地执行了所选规划。在有可能达到最小时间性能指标的地方，执行并行任务。该结构在横向上能够通过分配器实现各协调器间的数据共享。不过，这无损于总体树状结构。为了同时执行几项任务，平行处理任务调度器（PPTS）把时间标记指定给每个过程，并使这些操作与并行处理作业协调器（PPJC）同步。

设置 PPJC 的目的在于控制某些任务的执行流程，这些任务给予各子过程以时间标志，

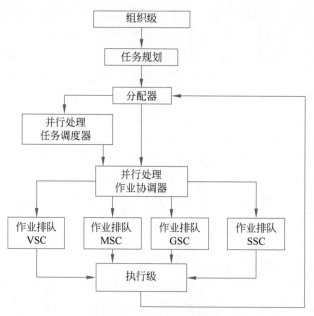

图 2.8　协调级结构框图

而且可能具有不同的执行装置。时间标志的指定是以任务执行序列及某个任务与下一个任务的关系为基础的。为了检查与确定两个顺序任务是否可被平行执行,PPTSS搜索平行执行表(PET),寻找特别的有序对。如果该表存在这个对,那么,这些任务就具有同样的时间标志,表明它们可以被同时执行。

　　实现某一典型的协调器所需要的主要硬件如图 2.9 所示。各台专用微型处理器通过其输入/输出端口与组织级和执行级连接。这些基于微型处理器的系统使用局部 ROM 来存储控制执行装置所需要的程序,并用 RAM 来存储临时信息。

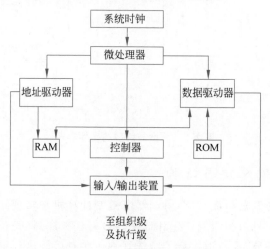

图 2.9　协调器的硬件配置

2.2.3　执行级原理与结构

执行级执行由协调级发出的指令。根据具体要求对每个控制问题进行分析。因此,不存在一种通用的结构模型能够包括执行级的每项操作。尽管如此,执行级还是由许多与专门协调器相连接的执行装置组成的。每个执行装置由协调器发出的指令进行访问。可见,协调级模型维持了递阶结构,见图2.10。

对于智能机器人系统,执行级的执行装置包括下列各部分:视觉系统(VS)、各种传感器或传感系统(SS)以及带有相应抓取装置(GS)的操作机(MS)等。以运动系统的协调器为例,当发出某个具体运动的指令时,机器人手臂控制器就把直接输入信号加到各关节驱动器,以便移动手臂至期望的最后位置。

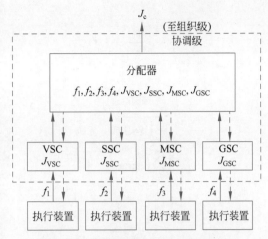

图 2.10　协调器与执行器的结构模型

在执行需求作业过程中,从执行级至协调级的在线反馈发生作用。图2.10中标识出这一反馈作用的方框图;其中,实线表示从各执行装置至不同协调器的在线信息流,而虚线则表示来自分配器的信息如何传递至不同的协调器及其执行装置,以便完成作业。借助反馈作用,各协调器计算出各种值并传送至协调级的分配器,再由分配器计算出协调级的总值;在作业执行之后,这些计算值被馈送回组织器。

2.3　递阶智能控制系统举例

本节介绍一个由国防科技大学、中南大学和吉林大学合作团队共同研究的四层递阶控制系统的实例,该系统已在2011—2018年用于HQ3红旗自主车的自动驾驶控制,取得了国际先进水平的试验成果。

2.3.1　汽车自主驾驶系统的组成

1. 系统总体结构

该系统的总体结构如图2.11所示,它主要由环境识别子系统和驾驶控制子系统组成。

(1)环境识别子系统。

由道路标志线识别和前方车辆识别两个分系统组成。前者能够实时识别当前及左右共三条车道线,实时输出处理结果;对车道上非标志线的标志及车辆干扰具有免疫力;较好地解决了对车体震动和光照变化的适应性问题。后者能够实时识别前方车辆距离及相对速度;具有较好的抗干扰性及适应性。

(2)驾驶控制子系统。

包括行为决策、行为规划以及操作控制等主要模块。本子系统对受控对象的非线性、环境的严重不确定性具有很好的适应能力;能够满足系统实时性要求;其方向及速度跟踪精度高;具有系统监督模块,可实现系统状态的在线监督、预警及紧急情况处理。

2. 自主驾驶的硬件系统

自主驾驶系统的硬件设备包括主控计算机、执行机构和传感器等。

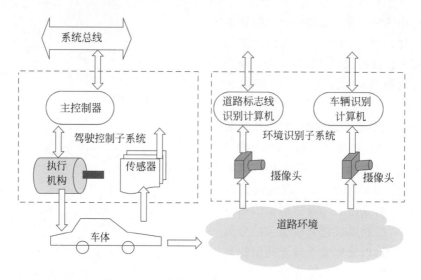

图 2.11 红旗车自主驾驶系统结构示意图

（1）主控计算机及接口。

它担负驾驶控制和环境识别的计算工作。选用了高性能微处理器作为主控计算机；环境识别计算机配以通用 Fireware 接口板和图形显示卡组成环境处理平台，处理来自摄像头的视觉图像，为驾驶控制系统提供环境感知信息。

驾驶控制计算机配置标准的工业 I/O 接口板。驾驶控制系统的接口有 A/D 转换器、D/A 转换器、各种运动控制卡、计数器及数字量输入/输出设备等。

（2）执行机构。

根据汽车各操纵机构的不同特点分别采用了步进电机驱动和液压驱动两种执行机构。

（3）传感器。

自主驾驶系统所装置的传感器包括环境传感器（摄像头）、车体姿态传感器和自动驾驶执行部件传感器。传感器信号经过预处理电路板的滤波和放大后，通过计算机接口板进入相应的处理机。

3. 实时操作系统

为了确保系统的实时性和可靠性，选用了嵌入式实时操作系统，该操作系统具有下列几方面的显著特点：

（1）基于 PC 的开发环境使得嵌入式开发更加方便。

（2）实时多任务的操作系统内核确保了系统的实时性。

（3）可裁减和可重配置的操作系统结构使得目标代码更加精悍，运行效率获得提高。

（4）方便快速的任务间通信手段。

（5）支持多处理机之间的任务协调与通信。

自主驾驶系统的处理机运行实时操作系统。

4. 软件设计与系统的实时性

高性能的软硬件系统为系统实时性提供了基本保证，多任务程序设计思想使得系统能对外部事件做出及时反应。自主驾驶系统的软件系统具有以下显著特点：

（1）任务优先级设置与抢断式任务调度。

在软件设计中,根据任务的相互关系给任务赋予了不同的优先级,必要时还可由有关的任务对其他任务的优先级进行调整,高优先级的任务能抢断正在执行的低优先级任务,以保证系统能对各种重要的外部事件做出及时的反应。

(2)基于系统时钟的软件同步机制。

对于系统的每一个数据或事件,都在第一时间被打上时间标记,以供信号同步使用,消除信息在处理加工时的延迟对驾驶性能的影响。

(3)分布式共享数据存储。

对于系统中要由各处理器共享的数据,采取了分布式存储结构,以避免集中式存储带来的通信带宽限制。

上述软件设计原则,从软件方面确保了自主驾驶系统软件的实时性能。

2.3.2 汽车自主驾驶系统的递阶结构

以任务层次分解为基础,提出了图2.12所示的四层模块化汽车自主驾驶控制系统结构;其4个层次依次是任务规划、行为决策、行为规划和操作控制。另外还包括车辆状态与定位信息和系统监控两个独立功能模块。

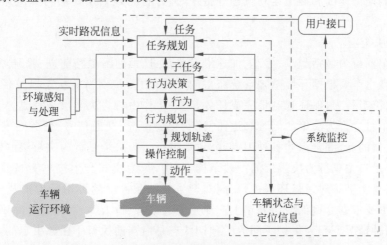

图2.12 汽车自主驾驶控制系统的四层模块化结构

控制系统的4个层次以RCS控制结构中的方式来划分,分别负责完成不同规模的任务,从上到下任务规模依次递减。其中,任务规划层进行从任务到子任务的映射;行为决策层进行从子任务到行为的映射;行为规划层进行从行为到规划轨迹的映射;操作控制层进行从规划轨迹到车辆动作的映射。

系统各层从时间跨度、空间范围、所关注的环境信息、逻辑推理方式以及对完成控制目标所承担的责任等多方面均有所不同,具体讨论如下。

系统监控模块作为一个独立模块,负责收集系统运行信息,监督系统的运行情况,必要时调节系统运行参数等。

车辆状态与定位信息模块则负责车辆状态与定位数据产生,提供给系统各层次决策控制之用。

1. 操作控制层

操作控制层把来自行为规划层的规划轨迹转化为各执行机构动作,并控制各执行机构完成相应动作,是整个自主驾驶系统的最底层。它由一系列传统控制器和逻辑推理算法组成,包括车速控制器、方向控制器、刹车控制器、节气门控制器、转向控制器及信号灯/喇叭控制逻辑等组成。

操作控制层的输入是由行为规划层产生的路径点序列、车辆纵向速度序列、车辆行为转换信息、车辆状态和相对位置信息,这些信息通过操作控制层加工,最终变为车辆执行机构动作。操作执行层各模块以毫秒级时间间隔周期性地执行,控制车辆沿着上一个规划周期内的规划结果运动。

2. 行为规划层

行为规划层是行为决策层和操作控制层之间的接口,它负责将行为决策层产生的行为符号,转换为操作控制层的传统控制器所能接受的轨迹指令。行为规划层输入是车辆状态信息、行为指令以及环境感知系统提供的可通行路面信息,行为规划层内部包括行为执行监督模块、车辆速度产生模块、车辆期望路径产生模块等。

当车辆行为发生改变或可通行路面信息处理结果更新时,行为规划层各模块被激活,监督当前行为的执行情况,并根据环境感知信息和车辆当前状态重新进行行为规划,为操作控制层提供车辆期望速度和期望运动轨迹等指令,另外行为规划层还向行为决策层反馈行为的执行情况。

3. 行为决策层

常见的车辆行为包括起步、停车、加速沿道路前进、恒速沿道路前进、躲避障碍、左转、右转、倒车等,自主车要根据环境感知系统获得的环境信息、车辆当前状态以及任务规划的任务目标,采取恰当行为,保证顺利地完成任务,这一工作由行为决策层来完成。

影响汽车自主行为决策的因素有道路情况、交通情况、交通信号、任务对安全性和效率的要求、任务目的等,综合上述各种因素,高效地进行行为决策是行为决策层的研究重点。

图2.13是自主车行为决策层的一般结构,其中,行为模式产生按车辆当前运行环境的结构特征、交通密度等对运行环境进行分类,产生当前条件下的可用行为集及转换关系,是行为决策的重要依据。例如城市公路上应注意交通信号、行人等,而高速公路则没有交通信号,因此这两种情况下行为集是不同的。预期状态是由当前执行子任务决定的,如对车速的预期、对车辆安全性的预期等。环境建模及预测根据环境感知系统的感知信息,对影响行为决策的一些关键环境特征进行建模,并对其发展趋势进行预测。

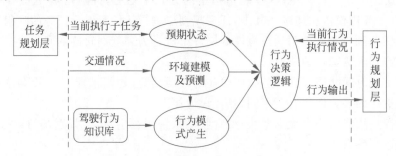

图 2.13　行为决策层主要模块示意图

行为决策逻辑是行为决策层的核心,其综合各类信息,最后向行为规划层发出行为指令。一个好的行为决策逻辑是提高系统自主性的必然要求。

4. 任务规划层

任务规划层是自主驾驶智能控制系统的最高层,因而也具有最高智能。任务规划层的主要模块如图 2.14 所示。

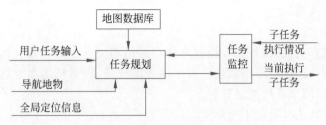

图 2.14 任务规划层主要模块示意图

任务规划层接收来自用户的任务请求,利用地图数据库,综合分析交通流量、路面情况等影响行车的有关因素,在已知道路网中搜索满足任务要求,从当前点到目标点的最优或次优通路,通路通常由一系列子任务组成,如沿 A 公路行至 X 点,转入 B 公路,行至 Y 点……到达目的地,同时规划通路上各子任务完成时间以及子任务对效率和安全性的要求等。规划结果交由任务监控模块监督执行。

任务监控模块根据环境感知和车辆定位系统的反馈信息确定当前要执行的子任务,并监督控制下层对任务的执行情况,当前子任务执行受阻时要求任务规划模块重新规划。

2.3.3 自主驾驶系统的软件结构与控制算法

1. 驾驶控制系统的软件结构

先后对操作控制层、行为规划层和行为决策层的软件进行开发。其中,操作控制层包括方向伺服控制、油门伺服控制、刹车伺服控制、其他模块控制、速度跟踪控制和路径跟踪控制6 个软件模块;行为规划层包括车道信息接收和滤波处理、行为规划两个软件模块;行为决策层包括车辆感知信息处理、车辆行为决策、车辆行为监控 3 个模块;车辆状态感知与定位模块分为车辆状态感知处理,车辆定位及车辆姿态预测两个子模块;系统监控分为用户接口信息处理与控制、系统状态监测与控制以及运行信息存储管理 3 个子模块。整个驾驶控制系统的软件结构如图 2.15 所示。

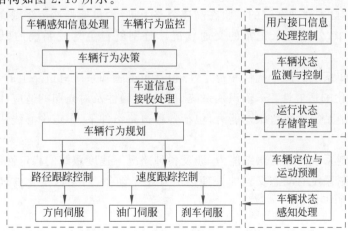

图 2.15 驾驶控制系统软件结构示意图

上述每个模块都对应驾驶控制软件中的一个任务。这样整个驾驶控制软件共划分为16个任务,任务之间通过信号量来协调执行。所有共享的数据均放入对所有任务透明的数据存储区,用信号量和时钟实现对公用数据的访问控制,以防止在存取过程中由于任务切换而产生数据一致性问题。

2. 驾驶控制算法

驾驶控制系统有关决策、规划和控制算法均采用相关算法的离散化形式。采用零阶保持方法对连续控制算法进行了离散化。对于部分滤波算法,系统用遗忘迭代滤波或平移平均滤波算法代替,以减少系统的运算量。

遗忘迭代滤波算法具有如下的形式

$$x_f[n] = \begin{cases} x[0], & n = 0 \\ \dfrac{x[n] + k \cdot x_f[n-1]}{k+1}, & n \neq 0 \end{cases} \tag{2.21}$$

式中,$x[n]$为时刻 n 的信号采样值;$x_f[n]$为时刻 n 经过滤波后的信号。

平移平均滤波算法如下

$$x_f[n] = \begin{cases} \dfrac{\sum\limits_{i=0}^{n} x[n]}{n+1}, & n < k-1 \\ \dfrac{\sum\limits_{i=n-k+1}^{n} x[n]}{k}, & n \geqslant k-1 \end{cases} \tag{2.22}$$

其中,$x[n]$为时刻 n 的信号采样值;$x_f[n]$为时刻 n 经过滤波后的信号;k 为平移平均滤波器长度。

2.3.4　自主驾驶系统的试验结果

HQ3 红旗自主驾驶轿车进行了大量的公路试验,以改善自主驾驶系统的性能,提高自主驾驶系统的可靠性。

1. 试验的环境及内容

HQ3 红旗车自主驾驶系统的试验在高速公路上进行,包括长沙市绕城高速公路和京珠高速公路。试验中,公路处于正常的交通状况。分别就自主驾驶系统的以下性能进行了试验。

(1) 环境感知系统的抗干扰性和稳定性,包括车道感知系统对道路上的各种障碍、标志干扰及对光照变化的适应性;车辆识别系统识别的准确性及对光照的适应性。

(2) 驾驶控制系统的车道跟踪能力,包括各种道路条件下,车道中心线跟踪的稳定性和舒适性。

(3) 驾驶控制系统的速度跟踪能力,涉及各种路况下速度跟踪的稳定性和舒适性。

(4) 驾驶控制系统对动态交通的处理情况及超车动作,对交通变化处理的实时性与合理性及超车动作的平顺性。

2. 试验结果

经过 3 个月近 1000km 的道路试验,HQ3 红旗车自主驾驶有关的环境感知和驾驶控制

算法得到了不断改进,并实现了预定的如下 3 项性能指标:

(1) 正常交通情况下在高速公路上稳定自主驾驶速度 130km/h。

(2) 最高自主驾驶速度可达 170km/h。

(3) 具备超车功能。

经过十多年的研究开发与不断改进,该自主车的技术性能有了显著提高,达到国际先进水平。据媒体报道,2011 年 7 月 14 日上午,该 HQ3 又进行了一次新的自主驾驶试验,在正常天气与路况条件下,以遵守交通法规为前提,在有多个高架桥路口的高速公路真实环境中,实现长沙至武汉自主驾驶,能够有效地超车并汇入车流,准确识别高速公路上的常见交通标志,并做出安全驾驶的动作。一些具体性能指标如下:

(1) 驾驶距离里程:286km。

(2) 驾驶时间:3 小时 22 分。

(3) 平均时速:87km/h。

(4) 最高时速可达 170km/h,一般设置为 110km/h。

(5) 自主超车:68 次,超车 116 辆,被其他车辆超越 148 次,实现了在密集车流中长距离安全驾驶。

(6) 人工干预率:小于 1%。

此外,本自主车辆还参加了第三届中国智能车未来挑战赛和全国国防系统无人车比赛,夺得桂冠。

本自主驾驶创造了我国无人车自主驾驶的新纪录,标志着我国无人车在复杂环境识别、智能行为决策和控制等方面实现了新的技术突破,达到国际先进水平。

2.4　小结

首先,本章研究了不确定环境下智能控制系统解析设计的数学基础。所提出的建模方法由三个交互作用的层级组成递阶控制。2.1 节讨论了递阶智能机器的一般理论,接着大部分内容涉及三级递阶控制系统,其结构是根据精度随智能降低而提高(IPDI)的原理设计的。

递阶智能控制的原理与结构是 2.2 节介绍的主要内容,包括组织级、协调级和执行级的原理与结构。通过在数学上解释用于人工智能基于知识系统中的要领和思想,对基于知识系统的函数过程,包括机器推理、机器规划、机器决策、机器反馈和长期记忆交换等做出定义,然后对组织级进行建模。本章提出了一种概率算法来适应组织器的各种函数过程;还提及一种基于专家系统的组织级结构方法。协调级的模型由许多协调器组成;这些协调器具有固定的结构,而且互不直接联系。可以使用一个变结构分配器来实现不同协调器之间的通信,每个协调器执行各自预定的和固定的单独功能。当有关协调器发出指令时,与该协调器相连接的专用硬件(执行装置)执行了具体任务,导出了一个算法,实现协调级功能。

作为应用,2.3 节介绍了一种递阶控制的应用实例,即 HQ3 红旗自主车的自主驾驶四层递阶控制系统,介绍了该系统的总体结构和汽车自主控制系统的四层递阶结构和系统的软件结构与控制算法,并给出了该自主汽车驾驶系统高速公路的试验结果,达到国际先进水平。

　　值得指出,从表面上看递阶智能控制系统的应用较少,而实际上该系统结构已隐含在其他各种智能控制系统之中。例如,分级专家控制系统、多层与分级神经控制系统、多级学习控制系统、仿人递阶控制系统、反应式多真体递阶控制系统、基于功能与行为集成的递阶进化控制系统、三层免疫控制系统、级联网络控制系统和集散递阶控制系统等。递阶控制结构已成为其他各种智能控制系统的重要基础。

习题 2

　　2-1　智能机器是什么？递阶智能机器一般由哪几段组成？试简述各级的结构。

　　2-2　递阶控制有哪些特点？萨里迪斯对智能控制哪些方面做出贡献？

　　2-3　智能控制各级的结构是什么？

　　2-4　递阶控制的组织级有哪些功能？在组织级分析上,它与概率理论有何关系？

　　2-5　递阶控制的协调级有何功能？在协调级分析上,它与 Petri 网理论有何关系？

　　2-6　递阶控制的执行级有何功能？在执行级分析上,它与信息熵有何关系？

　　2-7　试从熵的角度出发说明递阶智能控制系统的设计思想。

　　2-8　递阶控制的应用情况如何？试举例说明递阶控制的应用。

　　2-9　试介绍一种你知道的无人车或智能车,并介绍其工作原理、系统架构和技术性能。

　　2-10　试组织一次关于智能驾驶车辆的小型研讨会,重点讨论驾驶系统各级的工作原理与架构。

第**3**章

专家控制系统

专家系统(expert system,ES)是人工智能另一个最早的和主要的应用研究领域。20世纪70年代中期,专家系统的开发获得成功。正如专家系统的先驱费根鲍姆(Feigenbaum)所说:专家系统的力量是从它处理的知识中产生的,而不是从某种形式主义及其使用的参考模式中产生的。这正符合一句名言:知识就是力量。到80年代,专家系统在全世界得到迅速发展和广泛应用。现在,专家系统并不过时,而是不断更新,被称为"21世纪知识管理和决策的技术"。

顾名思义,专家控制系统是一个应用专家系统技术的控制系统,也是一个典型的和广泛应用的基于知识的控制系统。海斯·罗思(Hayes Roth)等在1983年提出专家控制系统。他们指出,专家控制系统的全部行为能被自适应地支配;为此,该控制系统必须能够重复解释当前状况,预测未来行为,诊断出现问题的原因,制定补救(校正)规划,并监控规划的执行,确保成功。关于专家控制系统应用的第一次报道是在1984年,它是一个用于炼油的分布式实时过程控制系统。奥斯特洛姆(Åström)等在1986年发表了题为"专家控制"(Expert Control)的论文。从此之后,更多的专家控制系统获得开发与应用。专家系统和智能控制两者都是以模仿人类智能为基础的,而且都涉及某些不确定性问题。专家控制既可包括高层控制(决策与规划),又可涉及低层控制(动作与实现)。

本章主要讨论如下5个问题,即专家系统基本原理、专家系统的主要类型及其结构、专家控制系统的结构与类型、专家控制器的设计以及专家控制系统的应用实例等。下面我们将逐一对它们加以介绍。

3.1 专家系统的基本概念

自从1965年第一个专家系统DENDRAL在美国斯坦福大学问世以来,经过20年的研究开发,到20世纪80年代中期,各种专家系统已遍布各个专业领域,取得了很大的成功。现在,专家系统得到了更为广泛的应用,并在应用开发中得到进一步发展。

3.1.1 专家系统的定义与一般结构

1. 专家系统的定义

定义3.1 专家系统。

专家系统是一个智能计算机程序系统,其内部含有大量的某个领域专家水平的知识与经验,能够利用人类专家的知识和解决问题的方法来处理该领域问题,以人类专家的水平完成特别困难的某一专业领域的任务。

也就是说,专家系统是一个具有大量的专门知识与经验的程序系统,它应用人工智能技术和计算机技术,根据某领域一个或多个专家提供的知识和经验,进行推理和判断,模拟人类专家的决策过程,即模仿人类专家如何运用他们的知识和经验来解决所面临问题的方法、技巧和步骤,以便解决那些需要人类专家处理的复杂问题。简而言之,专家系统是一种模拟人类专家解决领域问题的计算机程序系统。

定义 3.2　专家系统(Weiss 和 Kulikowski,1984)。

专家系统能够处理现实世界中需要专家做出解释的复杂问题,并使用专家推理的计算机模型解决这些问题,得出与专家相同的结论。

而专家就是那些擅长解决特定问题的专门人才。

定义 3.3　专家系统(Durkin,1994)。

专家系统是一个设计用于建立人类专家问题求解能力模型的计算机程序。

定义 3.4　专家系统(Brachman,Amarel 和 Feigenbaum 等,1988)。

对专家系统的定义使用了下列 7 个相对独立的方面:

(1) 获取专门知识,使用高级规则,避免盲目搜索,有效解决问题。

(2) 采用符号表示和推理。

(3) 具有智能,注重领域原理,使用弱推理法。

(4) 问题具有较大的复杂度和求解难度。

(5) 进行重新描述,把术语的描述转化为适于专家规则形式的描述。

(6) 具有不同形式的解释推理的能力,尤其是对过程自身的推理的解释能力。

(7) 建立系统要完成的总任务和功能。

定义 3.5　基于知识的专家系统(Giarratano 和 Riley,1998)。

专家系统是广泛应用专门知识以解决人类专家水平问题的人工智能的一个分支。专家系统有时又称为基于知识的系统或基于知识的专家系统。

专家系统的另两种定义如下:

定义 3.6　专家系统。

专家系统是利用存储在计算机内的某一特定领域的人类专家知识,来解决需要人类专家才能解决的现实问题的计算机系统。

定义 3.7　专家系统。

专家系统是一种具有大量专门知识和经验的智能计算机系统,通常主要指计算机软件系统。

2. 专家系统的一般结构

专家系统的结构是指专家系统各组成部分的构造方法和组织形式。系统结构选择恰当与否,是与专家系统的适用性和有效性密切相关的。选择什么结构最为恰当,要根据系统的应用环境和所执行任务的特点而定。例如,MYCIN 系统的任务是疾病诊断与解释,其问题的特点是需要较小的可能空间、可靠的数据及比较可靠的知识,这就决定了它可采用穷尽检索解空间和单链推理等较简单的控制方法和系统结构。与此不同,HEARSAY-Ⅱ 系统的任务是进行口语理解,需要检索巨大的可能解空间,数据和知识都不可靠,缺少问题的比较固定的路线,经常需要猜测才能继续推理等。这些特点决定了 HEARSAY-Ⅱ 必须采用比MYCIN 更为复杂的系统结构。

图 3.1 表示专家系统的简化结构图。图 3.2 则为理想专家系统的结构图。由于每个专家系统所需要完成的任务和特点不相同,其系统结构也不尽相同,一般只具有图中部分模块。

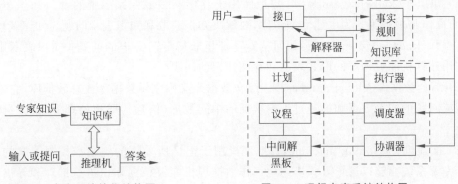

图 3.1　专家系统简化结构图　　　　图 3.2　理想专家系统结构图

接口是人与系统进行信息交流的媒介,它为用户提供了直观方便的交互作用手段。接口的功能是识别与解释用户向系统提供的命令、问题和数据等信息,并把这些信息转化为系统的内部表示形式。另一方面,接口也将系统向用户提出的问题、得出的结果和作出的解释以用户易于理解的形式提供给用户。

黑板是用来记录系统推理过程中用到的控制信息、中间假设和中间结果的数据库,它包括计划、议程和中间解 3 部分。计划记录了当前问题总的处理计划、目标、问题的当前状态和问题背景。议程记录了一些待执行的动作,这些动作大多是由黑板中已有结果与知识库中的规则作用而得到的。中间解区域中存放当前系统已产生的结果和候选假设。

知识库包括两部分内容:一部分是已知的同当前问题有关的数据信息;另一部分是进行推理时要用到的一般知识和领域知识。这些知识大多以规则、网络和过程等形式表示。

调度器按照系统建造者所给的控制知识(通常使用优先权办法),从议程中选择一个项作为系统下一步要执行的动作。执行器应用知识库中的及黑板中记录的信息,执行调度器所选定的动作。协调器的主要作用就是当得到新数据或新假设时,对已得到的结果进行修正,以保持结果前后的一致性。

解释器的功能是向用户解释系统的行为,包括解释结论的正确性及系统输出其他候选解的原因。为完成这一功能,通常需要利用黑板中记录的中间结果、中间假设和知识库中的知识。

专家系统程序与常规的应用程序之间有何不同呢? 一般应用程序与专家系统的区别在于:前者把问题求解的知识隐含地编入程序,而后者则把其应用领域的问题求解知识单独组成一个实体,即为知识库。知识库的处理是通过与知识库分开的控制策略进行的。更明确地说,一般应用程序把知识组织为两级:数据级和程序级;大多数专家系统则将知识组织成 3 级:数据、知识库和控制。

在数据级,是已经解决了的特定问题的说明性知识以及需要求解问题的有关事件的当前状态。在知识库级,是专家系统的专门知识与经验。是否拥有大量知识是专家系统成功与否的关键,因而知识表示就成为设计专家系统的关键。在控制级,根据既定的控制策略和所求解问题的性质来决定应用知识库中的哪些知识,这里的控制策略是指推理方式。按照是否需要概率信息来决定采用非精确推理或精确推理。推理方式还取决于所需搜索的程度。

下面把专家系统的主要组成部分归纳如下。

(1) 知识库(knowledge base)。知识库用于存储某领域专家系统的专门知识,包括事实、可行操作与规则等。为了建立知识库,要解决知识获取和知识表示问题。知识获取涉及知识工程师(knowledge engineer)如何从专家那里获得专门知识的问题;知识表示则要解决如何用计算机能够理解的形式表达和存储知识的问题。

(2) 综合数据库(global database)。综合数据库又称全局数据库或总数据库,它用于存储领域或问题的初始数据和推理过程中得到的中间数据(信息),即被处理对象的一些当前事实。

(3) 推理机(reasoning machine)。推理机用于记忆所采用的规则和控制策略的程序,使整个专家系统能够以逻辑方式协调地工作。推理机能够根据知识进行推理和导出结论,而不是简单地搜索现成的答案。

(4) 解释器(interpreter)。解释器能够向用户解释专家系统的行为,包括解释推理结论的正确性以及系统输出其他候选解的原因。

(5) 接口(interface)。接口又称界面,它能够使系统与用户进行对话,使用户能够输入必要的数据、提出问题和了解推理过程及推理结果等。系统则通过接口,要求用户回答提问,并回答用户提出的问题,进行必要的解释。

3.1.2　专家系统的建造步骤

成功地建立专家系统的关键在于尽可能早地着手建立系统,从一个比较小的系统开始,逐步扩充为一个具有相当规模和日臻完善的试验系统。

建立专家系统的一般步骤如下。

(1) 设计初始知识库。知识库的设计是建立专家系统最重要和最艰巨的任务。初始知识库的设计包括:

① 问题知识化,即辨别所研究问题的实质,如要解决的任务是什么,它是如何定义的,可否把它分解为子问题或子任务,它包含哪些典型数据等。

② 知识概念化,即概括知识表示所需要的关键概念及其关系,如数据类型、已知条件(状态)和目标(状态)、提出的假设以及控制策略等。

③ 概念形式化,即确定用来组织知识的数据结构形式,应用人工智能中各种知识表示方法把与概念化过程有关的关键概念、子问题及信息流特性等变换为比较正式的表达,它包括假设空间、过程模型和数据特性等。

④ 形式规则化,即编制规则,把形式化了的知识变换为由编程语言表示的可供计算机执行的语句和程序。

⑤ 规则合法化,即确认规则化了知识的合理性,检验规则的有效性。

(2) 原型机(prototype)的开发与试验。在选定知识表达方法之后,即可着手建立整个系统所需要的实验子集,它包括整个模型的典型知识,而且只涉及与试验有关的足够简单的任务和推理过程。

（3）知识库的改进与归纳。反复对知识库及推理规则进行改进试验,归纳出更完善的结果。经过相当长时间(例如,数月至两三年)的努力,使系统在一定范围内达到人类专家的水平。

这种设计与建立步骤,如图3.3所示。

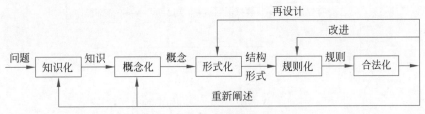

图3.3　建立专家系统的步骤

3.2　专家系统的主要类型与结构

本节将根据专家系统的工作机理,逐一讨论基于规则的专家系统、基于框架的专家系统和基于模型的专家系统(可分别简称为规则专家系统、框架专家系统和模型专家系统)的工作机理及结构。

3.2.1　基于规则的专家系统

1. 基于规则专家系统的工作模型

产生式系统的思想比较简单,然而却十分有效。产生式系统是专家系统的基础,专家系统就是从产生式系统发展而成的。基于规则的专家系统是个计算机程序,该程序使用一套包含在知识库内的规则对工作存储器内的具体问题信息(事实)进行处理,通过推理机推断出新的信息。其工作模型如图3.4所示。

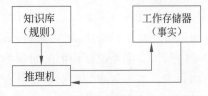

从图3.4可见,一个基于规则的专家系统采用下列模块来建立产生式系统的模型:

图3.4　基于规则专家系统的工作模型

（1）知识库。以一套规则建立人的长期存储器模型。

（2）工作存储器。建立人的短期存储器模型,存放问题事实和由规则激发而推断出的新事实。

（3）推理机。借助于把存放在工作存储器内的问题事实和存放在知识库内的规则结合起来,建立人的推理模型,以推断出新的信息。推理机作为产生式系统模型的推理模块,对事实与规则的先决条件(前项)进行比较,看看哪条规则能够被激活。通过这些激活规则,推理机把结论加进工作存储器,并进行处理,直到再没有其他规则的先决条件能与工作存储器内的事实相匹配为止。

基于规则的专家系统不需要一个人类问题求解的精确匹配,而能够通过计算机提供一个复制问题求解的合理模型。

2. 基于规则专家系统的结构

一个基于规则专家系统的完整结构示于图3.5。其中,知识库、推理机和工作存储器是构成本专家系统的核心,已在上面叙述过。其他组成部分或子系统如下:

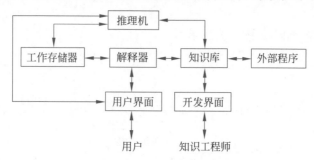

图 3.5　基于规则专家系统的结构

(1) 用户界面(接口)。用户通过该界面来观察系统,并与系统对话(交互)。

(2) 开发(者)界面。知识工程师通过该界面对专家系统进行开发。

(3) 解释器。对系统的推理提供解释。

(4) 外部程序。如数据库、扩展盘和算法等,对专家系统的工作起支持作用。它们应易于为专家系统所访问和使用。

所有专家系统的开发软件,包括外壳和库语言,都将为系统的用户和开发者提供不同的界面。用户可能使用简单的逐字逐句的指示或交互图示。在系统开发过程中,开发者可以采用原码方法或被引导至一个灵巧的编辑器。

解释器的性质取决于所选择的开发软件。大多数专家系统外壳(工具)只提供有限的解释能力,诸如,为什么提这些问题以及如何得到某些结论。库语言方法对系统解释器有更好的控制能力。

基于规则的专家系统已有数十年的开发和应用历史,并已被证明是一种有效的技术。专家系统开发工具的灵活性可以极大地减少基于规则专家系统的开发时间。尽管在20世纪90年代,专家系统已向面向目标的设计发展,但是基于规则的专家系统仍然继续发挥重要的作用。基于规则的专家系统具有许多优点和不足之处,在设计开发专家系统时,使开发工具与求解问题匹配是十分重要的。

3.2.2　基于框架的专家系统

框架是一种结构化表示方法,它由若干个描述相关事物各方面及其概念的槽构成,每个槽拥有若干侧面,每个侧面又可拥有若干个值。

1. 面向目标编程与基于框架设计

基于框架的专家系统就是建立在框架的基础之上的。一般概念存放在框架内,而该概念的一些特例则表示在其他框架内并含有实际的特征值。基于框架的专家系统采用面向目标编程技术,以提高系统的能力和灵活性。现在,基于框架的设计和面向目标的编程共享许多特征,以致在应用"目标"和"框架"这两个术语时,往往引起某些混淆。

面向目标编程涉及的所有数据结构均以目标形式出现。每个目标含有两种基本信息,即描述目标的信息和说明目标能够做些什么的信息。应用专家系统的术语来说,每个目标具有陈述知识和过程知识。面向目标编程为表示实际世界目标提供了一种自然的方法。现实中观察到的世界，一般都是由物体组成的，如小车、鲜花和蜜蜂等。

在设计基于框架系统时，专家系统的设计者们把目标叫作框架。现在，从事专家系统开发研究和应用者，会交替使用这两个术语而不产生混淆。

2. 基于框架专家系统的结构

与基于规则的专家系统的定义类似，基于框架的专家系统也是个计算机程序，该程序使用一组包含在知识库内的框架对工作存储器内的具体问题信息进行处理，通过推理机推断出新的信息。这里是采用框架而不是采用规则来表示知识。框架提供一种比规则更为丰富的获取问题知识的方法，不仅提供某些目标的包描述，而且还规定该目标如何工作。

为了说明设计和表示框架中的某些知识值，考虑图 3.6 所示的人类框架结构。图中，每个圆看作面向目标系统中的一个子目标，而在基于框架系统中看作某个框架。用基于框架系统的术语来说，存在孩子对父母的特征，以表示框架间的自然关系。例如，约翰是父辈"男人"的孩子，而"男人"又是"人类"的孩子。

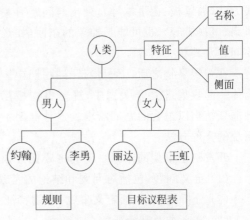

图 3.6 人类的框架分层结构

在图 3.6 中，最顶部的框架表示"人类"这个抽象的概念，通常称之为类（class）。附于这个类框架的是"特征"，有时称为槽（slot），是某个这类物体一般属性的表列。附于该类的所有下层框架将继承所有特征，每个特征有它的名称和值，还可能有一组侧面，以提供更进一步的特征信息。一个侧面可用于规定对特征的约束，或者用于执行获取特征值的过程，或者说明在特征值改变时应该做些什么。

图 3.6 的中层，是两个表示"男人"和"女人"这种不太抽象概念的框架，它们自然地附属于其前辈框架"人类"。这两个框架也是类框架，但附属于其上层类框架，所以称为子类（subclass）。底层的框架附属于其适当的中层框架，表示具体的物体，通常称为例子（instance），它们是其前辈框架的具体事物或例子。

这些术语，类、子类和例子（物体）用于表示对基于框架系统的组织。从图 3.6 还可以看到，某些基于框架的专家系统还采用一个目标议程表（goal agenda）和一套规则。该议程表仅仅提供要执行的任务表列。规则集合则包括强有力的模式匹配规则，它能够通过搜索所有框架，寻找支持信息，从整个框架世界进行推理。

更详细地说，"人类"这个类的名称为"人类"，其子类为"男人"和"女人"，其特征有年龄、居住地、期望寿命、职业和受教育情况等。子类和例子也有相似的特征。这些特征，都可以用框架表示。

3. 基于框架专家系统的一般设计方法

基于框架专家系统的主要设计步骤与基于规则的专家系统相似。它们都依赖于对相关问题的一般理解，从而能够提供对问题的洞察，采用最好的系统结构。对于基于规则的系统，需要得到组织规则和结构以求解问题的基本思想和方法；而对于基于框架的系统，需要了解各种物体是如何相互关联并用于求解问题的。在设计的初期，就要为课题选择合适的编程语言或支撑工具(外壳等)。

对于任何类型的专家系统,其设计是个高度交互的过程。开始时,开发一个小的有代表性的原型(prototype),以证明它对相关课题的可行性。然后对这个原型进行试验,获得课题进行的思想,涉及系统的扩展、存在知识的深化和对系统的改进,使系统变得更聪明。

设计上述两种专家系统的主要差别在于如何看待和使用知识。对于基于规则的专家系统,把整个问题看作是被简练地表示的规则,每条规则获得问题的一些启发信息,这些规则的集合概括和体现了专家对问题的全面理解。设计者的工作就是编写每条规则,使它们在逻辑上抓住专家的理解和推理。在设计基于框架的专家系统时,对问题的看法截然不同。要把整个问题和每件事想象为编织起来的事物。在第一次会见专家之后,要采用一些非正式方法(如黑板、记事本等),列出与问题有关的事物。这些事物可能是有形的实物(如汽车、风扇、电视机等),也可能是抽象的东西(如观点、故事、印象等),它们代表了专家所描述的主要问题及其相关内容。

在辨识事物之后,下一步是寻找把这些事物组织起来的方法。这一步包括:把相似的物体一起收集进类-例关系中,规定事物相互通信的各种方法等。然后,就应该能够选择一种框架结构以适合问题的需求。这种框架不仅应提供对问题的自然描述,而且应能够提供系统的实现方法。

开发基于框架的专家系统的主要任务如下:

(1) 定义问题,包括对问题和结论的考察与综述。

(2) 分析领域,包括定义事物、事物特征、事件和框架结构。

(3) 定义类及其特征。

(4) 定义例及其框架结构。

(5) 确定模式匹配规则。

(6) 规定事物通信方法。

(7) 设计系统界面。

(8) 对系统进行评价。

(9) 对系统进行扩展、深化和扩宽知识。

基于框架的专家系统能够提供基于规则专家系统所没有的特征,如继承、侧面、信息通信和模式匹配规则等,因而也就提供了一种更加强大的开发复杂系统的工具。也就是说,基于框架的专家系统具有比基于规则的专家系统更强的功能,适用于求解更复杂的问题。

3.2.3　基于模型的专家系统

1. 基于模型专家系统的提出

对人工智能的研究内容有着各种不同的看法。有一种观点认为:人工智能是对各种定性模型(物理的、感知的、认识的和社会的系统模型)的获得、表达及使用的计算方法进行研究的学问。根据这一观点,一个知识系统中的知识库是由各种模型综合而成的,而这些模型又往往是定性的模型。由于模型的建立与知识密切相关,所以有关模型的获取、表达和使用自然地包括了知识获取、知识表达和知识使用。所说的模型概括了定性的物理模型和心理模型等。以这种观点看待专家系统的设计,可以认为一个专家系统是由一些原理与运行方式不同的模型综合而成的。

采用各种定性模型来设计专家系统,其优点是显而易见的。一方面,它增加了系统的功能,提高了性能指标;另一方面,可独立地深入研究各种模型及其相关问题,把求得的结果用于改进系统设计。专家系统开发工具 PESS(purity expert system)共利用四种模型,即基于逻辑的心理模型、神经元网络模型、定性物理模型以及可视知识模型。这四种模型不是孤立的,PESS 支持用户将这些模型进行综合使用。基于这些观点,已完成了基于神经网络的核反应堆故障诊断专家系统及中医医疗诊断专家系统,为克服专家系统中知识获取这一瓶颈问题提供了一种解决途径。定性物理模型则提供了对深层知识及推理的描述功能,从而提高了系统的问题求解与解释能力。至于可视知识模型,既可有效地利用视觉知识,又可在系统中利用图形来表达人类知识,并完成人机交互任务。

前面讨论过的基于规则的专家系统和基于框架的专家系统都是以逻辑心理模型为基础的,是采用规则逻辑或框架逻辑,并以逻辑作为描述启发式知识的工具而建立的计算机程序系统。综合各种模型的专家系统无论在知识表示、知识获取还是知识应用上都比那些基于逻辑心理模型的系统具有更强的功能,从而有可能显著改进专家系统的设计。

在诸多模型中,人工神经网络模型的应用最为广泛。早在 1988 年,就把神经网络应用于专家系统,使传统的专家系统得到发展。

2. 基于神经网络的专家系统

神经网络模型从知识表示、推理机制到控制方式,都与目前专家系统中的基于逻辑的心理模型有本质的区别。知识从显式表示变为隐式表示,这种知识不是通过人员的加工转换成规则,而是通过学习算法自动获取的。推理机制从检索和验证过程变为网络上隐含模式对输入的竞争。这种竞争是并行的和针对特定特征的,并把特定论域输入模式中各个抽象概念转化为神经网络的输入数据以及根据论域特点适当地解释神经网络的输出数据。

如何将神经网络模型与基于逻辑的心理模型结合是值得进一步研究的课题。从人类求解问题来看,知识存储与低层信息处理是并行分布的,而高层信息处理则是顺序的。演绎与归纳是不可少的逻辑推理,两者结合起来能够更好地表现人类的智能行为。从综合两种模型的专家系统的设计来看,知识库由一些知识元构成,知识元可为一神经网络模块,也可以是一组规则或框架的逻辑模块。只要对神经网络的输入转换规则和输出解释规则给予形式化表达,使之与外界接口及系统所用的知识表达结构相似,则传统的推理机制和调度机制都可以直接应用到专家系统中。神经网络与传统专家系统的集成,协同工作,优势互补。根据侧重点不同,其集成有以下三种模式。

(1) 神经网络支持专家系统。以传统的专家系统为主,以神经网络的有关技术为辅。例如对专家提供的知识和案例,通过神经网络自动获取知识;又如运用神经网络的并行推理技术以提高推理效率。

(2) 专家系统支持神经网络。以神经网络的有关技术为核心,建立相应领域的专家系统,采用专家系统的相关技术完成解释等方面的工作。

(3) 协同式的神经网络专家系统。针对大型的复杂问题,将其分解为若干子问题,针对每个子问题的特点,选择用神经网络或专家系统加以实现,在神经网络和专家系统之间建立一种耦合关系。

图 3.7 表示一种神经网络专家系统的基本结构。其中,自动获取模块输入、组织并存储专家提供的学习实例、选定神经网络的结构、调用神经网络的学习算法,为知识库实现知识

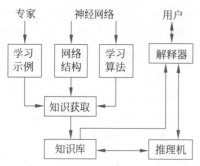

图 3.7　神经网络专家系统的基本结构

获取。当新的学习实例输入后,知识获取模块通过对新实例的学习,自动获得新的网络权值分布,从而更新了知识库。

下面讨论神经网络专家系统的几个问题。

(1) 神经网络的知识表示是一种隐式表示,是把某个问题领域的若干知识彼此关联地表示在一个神经网络中。对于组合式专家系统,同时采用知识的显式表示和隐式表示。

(2) 神经网络通过实例学习实现知识自动获取。领域专家提供学习实例及其期望解,神经网络学习算法不断修改网络的权值分布。经过学习纠错而达到稳定权值分布的神经网络,就是神经网络专家系统的知识库。

(3) 神经网络的推理是个正向非线性数值计算过程,同时也是一种并行推理机制。由于神经网络各输出节点的输出是数值,因而需要一个解释器对输出模式进行解释。

(4) 一个神经网络专家系统可用加权有向图表示,或用邻接权矩阵表示,因此,可把同一知识领域的几个独立的专家系统组合成更大的神经网络专家系统,只要把各个子系统间有连接关系的节点连接起来即可。组合神经网络专家系统能够提供更多的学习实例,经过学习训练能够获得更可靠更丰富的知识库。与此相反,若把几个基于规则的专家系统组合成更大的专家系统,由于各知识库中的规则是各自确定的,因而组合知识库中的规则冗余度和不一致性都较大;也就是说,各子系统的规则越多,组合的大系统知识库就越不可靠。

3.3　专家控制系统的结构与设计

定义 3.8　专家控制系统。

应用专家系统概念和技术,模拟人类专家的控制知识与经验而建造的控制系统,称为专家控制系统。

专家系统与专家控制系统之间有一些重要的差别:

(1) 专家系统只对专门领域的问题完成咨询作用,协助用户进行工作。专家系统的推理是以知识为基础的,其推理结果为知识项、新知识项或对原知识项的变更知识项。然而,专家控制系统需要独立和自动地对控制作用做出决策,其推理结果可为变更的知识项,或者为启动(执行)某些解析算法。

(2) 专家系统通常以离线方式工作,而专家控制系统需要获取在线动态信息,并对系统进行实时控制。实时控制要求遇到下列一些难题:非单调推理、异步事件、基于时间的推理以及其他实时问题。

跻身自动控制领域的专家控制被视为求解控制问题队伍的重要方面军,而且在过去20多年中在各种领域进行了许多开发与应用。工作在不同领域和具有不同专业背景的人们对专家控制系统表现出巨大兴趣。

本节首先介绍专家控制系统的结构,然后提出专家控制系统的控制要求和设计原则,最后讨论专家控制器的设计问题。

3.3.1 专家控制系统的结构

1. 专家控制系统的一般结构

图 3.8 给出了专家控制系统的原理图。从图 3.8 可见,以专家控制器取代传统控制,如反馈控制系统中的 PID 控制器,即可构成专家控制系统。而如同专家系统一样,知识库和推理机是专家控制器的核心组成部分。

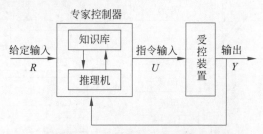

图 3.8 专家控制系统原理图

专家控制系统随着应用场合和控制要求的不同,其结构也可能不一样。然而,几乎所有的专家控制系统(控制器)都包含知识库、推理机、控制规则集和/或控制算法等。

图 3.9 画出专家控制系统的基本结构。从性能指标的观点看,专家控制系统应当为控制目标提供同师傅或专家操作时得到的一样或十分相似的性能指标。

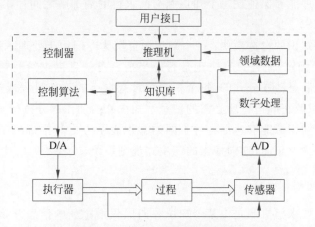

图 3.9 专家控制器的基本结构

下面举例讨论一种专家控制系统,即黑板专家控制系统的具体结构,如图 3.10 所示。

黑板结构是一种强功能的专家系统结构和问题求解模型,它能够处理大量不同的、错误的和不完全的知识,以求解问题。基本黑板结构是由一个黑板(BB)、一套独立的知识源(KSs)和一个调度器组成。黑板为一共享数据区;知识源存储各种相关知识;调度器起控制作用。黑板系统提供了一种用于组织知识应用和知识源之间合作的工具。黑板系统的最大优点在于它能够提供控制的灵活性及综合各种不同的知识表示和推理技术。黑板控制系统由三部分组成。

(1)黑板(BB)。

黑板用于存储所有知识源可访问的知识,它的全局数据结构被用于组织问题求解数据,并处理各知识源之间的通信问题。放在黑板上的对象可以是输入数据、局部结果、假设、选

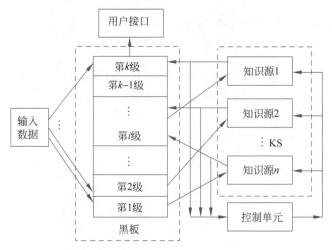

图 3.10　黑板专家控制系统的结构

择方案和最后结果等。各知识源之间的交互作用是通过黑板执行的。一个黑板可被分割为无数个子黑板;也就是说,按照求解问题的不同方面,可把黑板分为几个黑板层,如图 3.10中的第 1 层至第 k 层。因此,各种对象可被递阶地组织进不同的分析层级。

在黑板上的每一个记录条目可有个相关的置信因子,这是系统处理知识不确定性的一种方法。黑板的机理能够保证在每个知识源与已求得的局部解之间存在一个统一的接口。

(2) 知识源(KS)。

知识源是领域知识的自选模块;每个知识源可视为专门用于处理一定类型的较窄领域信息或知识的独立程序,而且具有决定是否应当把自身信息提供给问题求解过程的能力。黑板系统中的知识源是独立分开的,每个知识源具有自己的工作过程或规则集合和自有的数据结构,包含知识源正确运行所必需的信息。知识源的动作部分执行实际的问题求解,并产生黑板的变化。知识源能够遵循各种不同的知识表示方法和推理机制。因此,知识源的动作部分可为一个含有正向/逆向搜索的产生式规则系统,或者是一个具有填槽过程的基于框架的系统。

(3) 控制器。

黑板系统的主要求解机制是由某个知识源向黑板增添新的信息开始的。然后,这一事件触发其他对新送来的信息感兴趣的知识源。接着,对这些被触发的知识源执行某些测试过程,以决定它们是否能够被合法执行。最后,一个被触发了的知识源被选中,执行向黑板增添信息的任务。这个循环不断进行下去。

控制黑板是一个含有控制数据项的数据库,控制器应用这些数据项从一组潜在可执行的知识源中挑选出一个供执行用的知识源。高层规划和策略应在程序执行前以最适合问题状况的方式决定和选择。一组控制知识源,能够不断建构规划以达到系统性能;这些规划描述了求解控制问题所需的作用。规划执行后,控制黑板上的信息得以增补或修改。然后,控制器应用任何一个记录在控制黑板上的启发性控制方法,实现控制作用。

黑板的控制结构使得系统能够对那些与当前挑选的中心问题相匹配的知识源,给予较高的优先权。这些注意的中心可在控制黑板上变化。因此,该系统能够探索和决定各种问题求解策略,并把注意力集中到最有希望的可能解答上。

2. 直接专家控制系统

曾根据系统结构的复杂性把专家控制系统分为两种形式,即专家控制系统和专家控制器。现在我们将按照系统的作用机理来讨论专家控制系统的结构类型。

(1) 直接专家控制系统的结构。

专家控制器有时又称为基于知识控制器,以基于知识控制器在整个系统中的作用为基础,可把专家控制系统分为直接专家控制系统和间接专家控制系统两种。在直接专家控制系统中,控制器向系统受控过程直接提供控制信号,产生控制作用,如图 3.11(a)所示。图 3.12 给出直接专家控制系统的一个例子。

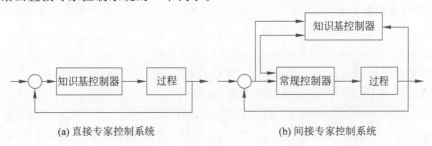

(a) 直接专家控制系统　　　　　　(b) 间接专家控制系统

图 3.11　两种专家控制系统原理图

直接专家控制系统的基于知识控制器直接模仿人类专家或人类的认知能力,并为控制器设计两种规则:训练规则和机器规则。训练规则由一系列产生式规则组成,它们把控制误差直接映射为受控对象的作用。机器规则是由积累和学习人类专家/师傅的控制经验得到的动态规则,并用于实现机器的学习过程。在间接专家系统中,智能(基于知识)控制器用于调整常规控制器的参数,监控受控对象的某些特征,如超调、上升时间和稳定时间等,然后拟定校正 PID 参数的规则,以保证控制系统处于稳定的和高质量的运行状态。

专家控制器(EC)的基础是知识库(KB),KB 存放工业过程控制的领域知识,由经验数据库(DB)和学习与适应装置(LA)组成。经验数据库主要存储经验和事实。学习与适应装置的功能就是根据在线获取的信息,补充或修改知识库内容,改进系统性能,以便提高问题求解能力。图 3.12 所示的工业专家控制器各部分的作用说明如下。

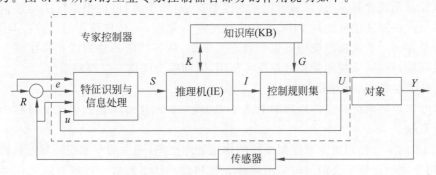

图 3.12　工业专家控制器简化结构图

① 知识库。建立知识库的主要问题是如何表达已获取的知识。EC 的知识库用产生式规则来建立,这种表达方式具有较高的灵活性,每条产生式规则都可独立地增删、修改,使知识库的内容便于更新。

② 控制规则集(CRS)。控制规则集是对受控过程的各种控制模式和经验的归纳和总

结。由于规则条数不多,搜索空间很小,推理机构(IE)就十分简单,采用向前推理方法逐次判别各种规则的条件,满足则执行,否则继续搜索。

③ 特征识别与信息处理(FR&IP)。这部分的作用是实现对信息的提取与加工,为控制决策和学习适应提供依据。它主要包括抽取动态过程的特征信息,识别系统的特征状态,并对这些特征信息进行必要的加工。

④ 推理机(同前专家系统)。

⑤ 控制规则集(同前专家系统)。

(2) 直接专家控制器的输入/输出关系。

专家控制器的输入集为

$$E = (R, e, Y, U) \tag{3.1}$$
$$e = R - Y \tag{3.2}$$

式中,R 为参考控制输入,e 为误差信号,Y 为受控输出,U 为控制器的输出集。

I、G、U、K 和 E 之间的关系可由下式表示,即

$$U = f(E, K, I, G) \tag{3.3}$$

其中,E 为专家控制器的误差输入;K 为知识库对推理机的输出;I 为推理机的输出;G 为知识库对控制规则单元的输出;f 为智能算子,是几个算子的复合运算

$$f = g \cdot h \cdot p \tag{3.4}$$

其中,g、h、p 也是智能算子,而且有

$$\left. \begin{aligned} g &: E \rightarrow S \\ h &: S \times K \rightarrow I \\ p &: I \times G \rightarrow U \end{aligned} \right\} \tag{3.5}$$

式中,S 为特征信息输出集,G 为规则修改指令。这些算子具有下列形式

$$\text{IF } A \quad \text{THEN } B \tag{3.6}$$

其中,A 为前提或条件,B 为结论,A 与 B 之间的关系也可以包括解析表达式、模糊关系、因果关系和经验规则等多种形式。B 还可以是一个规则子集。

3. 间接专家控制系统

专家控制器既含有算法(如基于规则或模型算法)和逻辑,可以根据算法与逻辑分离构建控制系统。控制底层可能是 PID、逻辑或神经网络算法,再与自校正、自适应、自调度、自监控等环节相连。系统按照规则提供的启发式知识,使各功能算法得以正常实现。这种专家系统只间接对控制系统的受控过程发生作用,因而称为间接专家控制系统。

(1) 间接专家控制系统的结构。

间接专家控制系统的工作原理如图 3.11(b)所示。间接专家控制系统又可称为监控式专家控制系统。

图 3.13 表示一种间接专家控制系统的作用原理框图,图中的专家控制器能够协调各种算法,利用专家经验规则决定何时采用何种参数和启动什么算法。控制系统工作时就像一个颇有经验的控制专家,能够自在地调度系统参数与结构,并及时回答用户的咨询。

专家整定 PID 控制系统是一种比较有代表性的间接专家控制系统,其结构如图 3.14 所示。其中,PID 控制器的参数整定过程由推理机和知识库等组成的专家系统实现。

(2) 专家整定 PID 控制系统工作原理。

由图 3.14 可见,专家控制系统的控制信号由 PID 控制器提供给受控对象,而专家系统

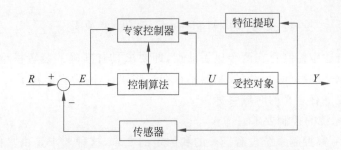

图 3.13 间接专家控制系统的作用原理框图

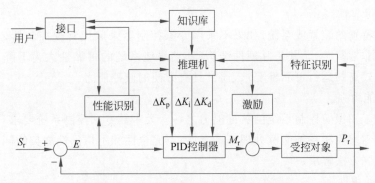

图 3.14 专家整定 PID 控制系统结构图

通过对 PID 控制器的参数整定起到间接的控制作用。受控对象的输出信号 Y,经传感器反馈到系统输入端与给定信号 R 进行比较,得到偏差信号 E 并作用于 PID 控制器。

① 特征识别。控制系统的输出随控制输入、系统参数和工作环境的变化而变化,响应形式有平稳收敛、振荡发散、振荡收敛、等幅振荡等,而响应特性可由调节时间、超调量、峰值时间和衰减比等描述。专家系统能够在线识别特征参数。

② 知识表示与知识获取。整定专家通过实践总结出来的参数调整规程实现对知识点整定,并采用产生式规则来表示。规则的前项表示调整规程的适用条件,即控制过程响应曲线的特征描述;而规则的后项则表示调用该调整规程时进行的操作,即对 PID 控制器的参数调整。

③ 知识推理过程。专家系统的推理机按照响应曲线的当前特征描述,选择合适的规则,进行相应的操作,确定 PID 控制器参数的调整方向和调整量,改善系统的控制性能,获得满意的控制结果。推理机采用前向推理方式。首先根据用户给定的性能指标函数计算系统性能,当系统性能不能满足要求时,启动推理过程,对 PID 参数进行整定。推理过程如下:

启动特征识别程序,获得控制系统的当前状态描述。

推理求解。根据状态描述,应用知识库中的调整规程确定 PID 参数的调整方向与调整量。

参数整定。推理得出的 PID 参数经过用户或专家认可后,修改 PID 控制器参数,而控制器以更新后的参数运行。

结束。当系统的控制性能满足要求时,参数整定过程结束;否则,进入新的下一轮推理过程。

3.3.2 专家控制系统的控制要求与设计原则

至今为止的自适应控制存在两个显著缺点,即要求具有准确的装置模型以及不能为自适应机理设定有意义的目标。专家控制器不存在这些缺点,因为它避开了装置的数学模型,并为自适应设计提供有意义的时域目标。

1. 专家控制系统的控制要求

一般说来,对专家控制系统没有统一的和固定的要求,这种要求是由具体应用决定的。不过,可以对专家控制系统提出一些综合要求。

(1) 运行可靠性高。

对于某些特别的装置或系统,如果不采用专家控制器来取代常规控制器,那么,整个控制系统将变得非常复杂,尤其是其硬件结构,其结果使系统的可靠性大为下降。因此,对专家控制器提出较高的运行可靠性要求,通常具有方便的监控能力。

(2) 决策能力强。

决策是基于知识的控制系统的关键能力之一。大多数专家控制系统要求具有不同水平的决策能力。专家控制系统能够处理不确定性、不完全性和不精确性之类的问题,这些问题难以用常规控制方法解决。

(3) 应用通用性好。

应用的通用性包括易于开发、示例多样性、便于混合知识表示、全局数据库的活动维数和基本硬件的机动性、多种推理机制(如假想推理、非单调推理和近似推理)以及开放式的可扩充结构等。

(4) 控制与处理的灵活性。

包括控制策略的灵活性、数据管理的灵活性、经验表示的灵活性、解释说明的灵活性、模式匹配的灵活性以及过程连接的灵活性等。

(5) 拟人能力。

专家控制系统的控制水平必须达到人类专家的水平。

专家控制系统的控制要求是根据应用情况指定的。例如,有个过程控制,对其专家控制器的具体要求与下列情况有关:连续操作,对不同的工作文档采用多重专家操作,输入材料质量的不相容性,随时间逐渐改变的过程,非常复杂的装置结构,多传感器,对不同的控制任务采用适当的与不同的装置描述级别以及装置的模型可能具有不同的形式等。

2. 专家控制器的设计原则

根据上述讨论,可以进一步提出专家控制器的设计原则如下:

(1) 模型描述的多样性。

在设计过程中,对被控对象和控制器的模型应采用多样化的描述形式,而不应拘泥于单纯的解析模型。现有的控制理论对控制系统的设计都唯一依赖于受控对象的数学解析模型。在专家式控制器的设计中,由于采用了专家系统技术,能够处理各种定性的与定量的、精确的与模糊的信息,因而允许对模型采用多种形式的描述。这些描述形式主要有:

① 解析模型。主要表达方式有微分方程、差分方程、传递函数、状态空间表达式和脉冲传递函数等。

② 离散事件模型。用于离散系统,并在复杂系统的设计和分析方面找到更多的应用。

③ 模糊模型。在不知道对象的准确数学模型而只掌握了受控过程的一些定性知识时,用模糊数学的方法建立系统的输入和输出模糊集以及它们之间的模糊关系则较为方便。

④ 规则模型。产生式规则的基本形式为

$$\text{IF} \quad (\text{条件}) \quad \text{THEN} \quad (\text{操作或结论}) \tag{3.7}$$

这种基于规则的符号化模型特别适于描述过程的因果关系和非解析的映射关系等。它具有较强的灵活性,可方便地对规则加以补充或修改。

⑤ 基于模型的模型。对于基于模型的专家系统,其知识库含有不同的模型,其中包括物理模型和心理模型(如神经网络模型和视觉知识模型等),而且通常是定性模型。这种方法能够通过离线预计算来减少在线计算,产生简化模型,使之与所执行的任务逐一匹配。

此外,还可根据不同情况采用其他类型的描述方式。例如,用谓词逻辑来建立系统的因果模型,用符号矩阵来建立系统的联想记忆模型等。

总之,在专家式控制器的设计过程中,应根据不同情况选择一种或几种恰当的描述方式,以求更好地反映过程特性,增强系统的信息处理能力。

专家式控制器一般模型可用式(3.3)表示,即

$$U = f(E, K, I, G)$$

其中 f 为智能算子,其基本形式为

$$\text{IF} \quad E \quad \text{AND} \quad K \quad \text{THEN} \quad (\text{IF} \quad I \quad \text{THEN} \quad U) \tag{3.8}$$

其中,$E = \{e_1, e_2, \cdots, e_m\}$ 为控制器输入集;$K = \{k_1, k_2, \cdots, k_n\}$ 为知识库中的经验数据与事实集;$I = \{i_1, i_2, \cdots, i_p\}$ 为推理机构的输出集;$U = \{u_1, u_2, \cdots, u_q\}$ 为控制器输出集。

智能算子的基本含义是:根据输入信息 E 和知识库中的经验数据 K 与规则进行推理,然后根据推理结果 I,输出相应的控制行为 U。智能算子的具体实现方式可采用前面介绍的各种方式(包括解析型和非解析型)。图 3.12 中给出这些参量的位置。

(2) 在线处理的灵巧性。

智能控制系统的重要特征之一就是能够以有用的方式来划分和构造信息,在设计专家式控制器时应十分注意对过程在线信息的处理与利用。在信息存储方面,应对做出控制决策有意义的特征信息进行记忆,对于过时的信息则应加以遗忘;在信息处理方面,应把数值计算与符号运算结合起来;在信息利用方面,应对各种反映过程特性的特征信息加以抽取和利用,不要仅限于误差和误差的一阶导数。灵活地处理与利用在线信息将提高系统的信息处理能力和决策水平。

(3) 控制策略的灵活性。

控制策略的灵活性是设计专家式控制器所应遵循的一条重要原则。工业对象本身的时变性与不确定性以及现场干扰的随机性,要求控制器采用不同形式的开环与闭环控制策略,并能通过在线获取的信息灵活地修改控制策略或控制参数,以保证获得优良的控制品质。此外,专家式控制器中还应设计异常情况处理的适应性策略,以增强系统的应变能力。

(4) 决策机构的递阶性。

人的神经系统是由大脑、小脑、脑干、背髓组成的一个递阶决策系统。以仿智为核心的智能控制,其控制器的设计必然要体现递阶原则,即根据智能水平的不同层次构成分级递阶

的决策机构。

(5) 推理与决策的实时性。

对于设计用于工业过程的专家式控制器,这一原则必不可少。这就要求知识库的规模不宜过大,推理机构应尽可能简单,以满足工业过程的实时性要求。

由于专家式控制器在模型的描述上采用多种形式,就必然导致其实现方法的多样性。虽然构造专家式控制器的具体方法各不相同,但归纳起来,其实现方法可分为两类:一类是保留控制专家系统的结构特征,但其知识库的规模小,推理机构简单;另一类是以某种控制算法(例如 PID 算法)为基础,引入专家系统技术,以提高原控制器的决策水平。专家式控制器虽然功能不如专家控制系统完善,但结构较简单,研制周期短,实时性好,具有广阔的应用前景。

3.3.3 专家控制系统的设计问题

专家系统是专家控制器的主要组成部分和重要基础,因此,有关专家系统的各种知识,包括专家系统的结构、建造、知识表示与推理等,对专家控制器的设计也是十分有用的。不过,本节讨论专家控制器的设计,主要涉及冲突消解策略设计和用于控制的知识获取问题。

1. 冲突消解策略设计

推理机制往往由知识库的先验和独立的知识所说明。一般地,设计者应当对各种不同的受控对象采用同样的推理机制,而仅仅改变知识库以反映如何适当地控制被考虑的具体受控对象。可以采用替代方案来设计专家控制器的推理机制,特别是选择冲突消解策略的次序和类型。例如,对于某些应用,如果有的冲突消解策略不能真正模仿手头控制问题的正确决策方法,那么就可以忽略这些策略。

设计者还可以修改前面讨论过的冲突消解策略。譬如说,可以这样修改它们,使得每次一条规则激活时,允许重新考虑一定的其他规则而不管该激活规则是否影响其他规则的匹配。这类冲突消解策略可独立应用上述讨论过的同样机理;不过,当激活规则 i 允许(不允许)在冲突消解策略中考虑规则 j 时,必须重新定义矩阵 A 使得 a_{ij} 为 1(0)。这类冲突消解策略可能具有较小的内存和较有效的计算,但是,由于这类冲突消解策略的设计需要设计者采用 ad-hoc 方法对其进行调整直到满足设计目标为止,因此该设计方法很难开发。建议采用某些冲突消解策略或者它们的子集,适当地调整知识库。可能找出一些好理由(如它不能适当模仿专家的决策等)而不使用某一具体的冲突消解策略。在有些情况下,可设计一种只实现特殊性、优先权和任意性 3 种冲突消解策略的推理机。这种推理机具有较小的计算要求并易于实现,因为该推理机没有状态($X^c = X^b$)。一些有代表性的冲突消解策略(步骤)如下:

(1) 折射(refraction)。移去冲突集合中所有已被激活了的规则。不过,如果激活一条规则影响了其他规则前项的匹配数据,那么要对这些规则进行冲突消解。

(2) 修正(recency)。根据知识库中匹配每条规则前项的"年龄"信息,为激活规则分配一个优先权。把匹配某条规则前项的数据"年龄"规定为冲突集合中的规则上一次被激活以来的规则激活数字。

(3) 特殊性(distinctiveness)。激活与规则库中的大多数(或最重要)数据相匹配的规则(在专家系统中应用许多不同种类的特殊性检测)。因此,计算用于规则前项的不同前项函数 P_i 的数字,并以此数字作为对特殊性的量测。

（4）优先权配置（priority scheme）。为规则指定一个优先权等级，然后从冲突集合中选出具有最高优先权的规则作为激活规则。

（5）任意性（arbitrary）。随机地从冲突集合中取出一条待激活的规则。

2. 控制知识获取

下面说明如何把控制受控对象的知识加载到知识库。有两种知识库设计方法：第一种为标准的专家系统设计方法；第二种是把受控对象模型并入知识库，成为知识库的一部分，即应用基于模型的控制来协助控制决策。

对于专家系统的知识库设计方法，通过把那些与给定输入和对象输出（规则的左项，即前项）及对象输入（规则的右项，即后项）直接相关的规则，加入知识库，实现控制知识。首先，必须设计一种具有 m 元变量的状态 x^b，以便与受观察的对象输出和给定输入（及其他可能的中间变量）的 m 个条件相对应。这些条件可以表示对象输出、输出变化率、给定输入等。其次，必须规定管理知识库状态 x^b 更新过程的规则 r 的集合，状态 x^b 由给定输入和对象输出决定。

值得指出，规则的后项表示规则库内的信息状态随输入事件的出现如何变化，不过，它们不直接对受控对象提供控制作用，受控对象的控制作用是由专家控制器的状态对受控对象可实现指令输入事件的映射决定的。可以预定状态 x^b 的一个元素（变量），用于表示受控对象的可实现指令输入事件。换句话说，可以把知识库状态内的一个元素 x_i^b 与控制器的当前输入联系起来，使 $x_i^b \in E_o^c$，例如，令控制器的全部输出事件标上数字（$j = 1, 2, \cdots, n$）；然后，可定义 $\delta^c(x_k^c)$，譬如说为 x_{5k}^b（状态 x^b 的第 5 个元素）；$x_{5k}^b = j$ 意味着在时间 k 可实现的对象指令输入为指令输入事件 j。

对于一些受控对象，需要设计一种把对象输出和给定输入直接映射至控制作用的控制器。这种设计方法与模糊控制方法相似或采用"IF P_i THEN C_i"形式的规则，其中，P_i 和 C_i 为仅对推理环的指令输入函数。对于这些情况，状态 x^b 具有一维，x^b 表示控制器的输出事件，而且 $\delta^c(x^c) = x^b$。

另一种设计方法是把受控对象模型并入知识库，这与传统控制系统中采用的基于模型的方法相似。受控对象的状态被包括为知识库状态 x^b 的一部分，知识库中受控对象的状态必须用对象的输出来更新。因此，必须细心地说明知识库中对象的模型，以便应用可得到的信息准确地反映对象的动态行为。

除受控对象的模型状态外，状态 x^b 还可包含事实真值 $T(a_i)$，它对应于受控对象和控制器行为的历史状况（受控对象和控制器的过去条件）和其他变量。必须指定知识库规则集合 $r \in R$ 以表示知识库的状态 x^b 的变换函数和对象的可实现指令输入。也可以与上面的设计方法一样，预定状态 x^b 的一个元素（变量），用于表示受控对象的可实现指令输入事件。对于这类基于模型设计来说，后项公式要比先前的公式复杂，因为它们要同时更新用于控制器的受控对象模型。

3.4 专家控制系统应用举例

近年来，人们对过程（流程）工业中开发和应用专家系统的兴趣与日俱增，其中，大部分涉及监控和故障诊断，而且越来越多的专家系统被用于实时过程控制。

3.4.1 实时控制系统的特点与要求

定义 3.9 实时控制系统。

如果一个控制系统：①对受控过程表现出预定的足够快的实时行为；②具有严格的响应时间限制而与所用算法无关；那么这种系统称为实时控制系统。

实时系统与非实时系统(如医疗诊断系统)的根本区别在于，实时系统具有与外部环境及时交互作用的能力。换句话说，实时系统得出结论要比装置(对象、过程)快。如果一个系统在组成部件发生爆炸后3分钟才报告其灾祸即将出现，那就太糟了！某些常见的实时控制系统包括简单的控制器(如家用电器)和监控系统(如报警系统)等。在飞行模拟、导弹制导、机器人控制和工业过程等系统中，已经应用许多比较复杂的实时系统。这些系统都具有一个共性，即当它们与变化的外部环境交互作用时，都受到处理(控制)时间的约束。实时约束意味着专家控制系统应当自动适应受控过程。

专家系统与实时系统在控制上的集成是开发专家系统技术和实时系统技术的一个合乎逻辑的步骤。实时专家控制系统能够在广泛范围内代替或帮助操作人员进行工作。支持开发实时专家控制系统的一个理由是能够减轻操作者识别负担，从而提高生产效率。

为了提高实时专家控制系统的执行速度，需要采用特别技术。要实现实时推理与决策，专家控制系统的知识库的规模不应太大，推理机制应尽可能简单，一些关键规则可用较低级语言(如C语言或汇编语言)编写。对某些软件包采用调试监督程序。知识库可被分区使得不同类型的知识能分别由单独的处理器执行处理，这就是已介绍过的黑板技术；每一单独处理器可看作独立专家，各处理器之间通过把各自的推理过程结果置于黑板来实现通信；在黑板上，另一专家系统能够获得与应用这些结果。

实时专家控制系统的具体要求和设计特点如下：

(1) 准确地表示知识与时间的关系。

(2) 具有快速和灵敏的上下文激活规则。

(3) 能够控制任意时变非线性过程。

(4) 能够进行时序推理、并行推理和非单调推理。

(5) 修正序列的基本控制知识。

(6) 具有中断过程和异步事件处理能力。

(7) 及时获取动态和静态过程信息，以便对控制系统进行实时序列诊断。

(8) 有效回收不再需要的存储元件，并保持传感器的数据。

(9) 接受来自操作者的交互指令序列。

(10) 连接常规控制器和其他应用软件。

(11) 能够进行多专家系统之间以及专家系统与用户之间的通信。

下面以高炉监控专家系统为例，讨论实时专家控制系统的设计和应用问题。

3.4.2 高炉监控专家系统

1. 高炉控制概况

高炉生产过程的操作是一个十分复杂的过程。铁矿和焦炭从炉顶加入，而鼓风机则由底部吹风。为保证生铁冶炼的质量，高炉安装了几百个传感器，从采集的数据中观察高炉内的状况。早已采用计算机对炼铁的高炉进行控制和管理;这种管理控制系统往往采用复杂的数学模型,具有以下 3 个主要功能,如图 3.15 所示。

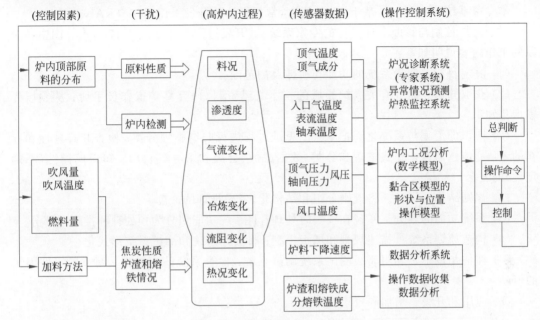

图 3.15 高炉监控的操作及功能

(1) 数据分析:分析和采集传感器的数据。

(2) 炉内静态状况分析:当操作约束条件改变很大时,要根据分析结果来寻求最合适的操作方法。

(3) 炉况诊断:控制操作过程基本上是基于传感器数据的采集、分析和过程模型的建立。

当炉况比较稳定时,这种操作是比较有效的。但是,当炉内状况非常复杂,发生不正常工况而严重干扰炉子运行时,许多操作还是要依靠有经验操作员或专家的知识和经验。因此有必要引入专家系统或智能控制系统来改善高炉运行条件,以求提高生铁的质量。开发和建立专家控制系统对高炉进行控制,其主要目的有以下 3 个:

(1) 利用人工智能技术,建立准确的控制系统。

(2) 将高炉操作技术标准化和规范化。

(3) 灵活处理经常性的系统变化要求。

2. 高炉监控专家系统的结构与功能

该监控系统由两部分组成:一是异常炉况预测系统(AFS),用于预测炉内炉料滑动和沟道的产生情况;二是高炉熔炼监控系统(HCS),用于判断炉内熔炼过程并指导操作员对高炉进行合理的操作。

这是一个观察和控制型的专家系统,能够处理时间序列数据,具有实时性。为了实现这些特性,系统应具有两部分功能,见图 3.16。其一是推理的预处理部分,它用常规的方法在过程计算机上执行;其二是推理部分,它用知识工程技术在 AI(人工智能)处理器上实现。前者采集传感器的数据,并把它们寄存在时间序列数据库中,经预处理后形成推理所需的事实数据,且显示推理结果。后者利用从前者所产生的事实数据和知识库的规则,对高炉的状况进行推理。

3. 监控专家系统开发过程

本专家系统的开发工具基于 LISP 语言,常规算法的开发采用 FORTRAN 语言。

对于高炉控制与诊断这样具体的专家系统,其开发过程大体如图 3.17 所示。图中各阶段的工作内容说明如下:

(1) 决定目标。明确系统的功能与所涉及的范围。

(2) 获取知识。研究有关高炉领域的技术文献资料,研究高炉操作员手册;从领域专家搜集知识。

(3) 知识的汇编与系统化。把专家的思维过程进行归纳整理分类;检查其合理性和存在的矛盾;传感器数据模式整理和分类、数据滤波、分级和求导(差分);知识模糊性(不确定性)的表示。

(4) 规则结构的设计。将规则分组和结构化,考虑推理的速度。

(5) 系统功能的划分。实现在线实时处理;将系统功能划分为预处理和推理两部分。

(6) 构造原型系统。描述规则和黑板模型;将实际系统和测试系统形式化。

(7) 评估与调整。利用离线测试系统调试系统;检查系统的有效性;调节确定性因子的值。

(8) 应用和升级。增加和校正规则。

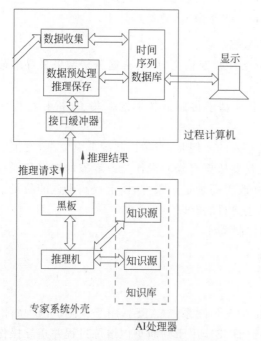

图 3.16　高炉监控专家系统的结构

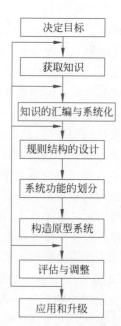

图 3.17　系统开发过程框图

上述各个步骤中,知识的获取是关键,它要解决的问题涉及:

(1) 如何表达知识库和规则库中的经验知识的不确定性以便构成高度准确的系统。

(2) 如何获取专家自己意识不到或不很明确的知识(对专家而言这种知识也许是常识性的)。

(3) 利用某些条件,对密集性知识进行分解。

在专家系统开发中必须得到专家(包括操作员和工厂职员)的全力协助。

4. 专家系统的知识表示与知识库结构

由高炉工程师和操作员采集到的领域专门知识和启发性规则都存放在 AI 计算机的知识库中,基本上采用产生式规则来表示知识。在高炉监控中,主要问题是根据传感器的信息来判断炉内工况,预测异常炉况的发生并采取合适的操作。因此,专家系统应构造成特征分析型的系统。根据对给定数据的分析结果,选择几种假设中排列在前面的最合适的假设。此外,在高炉熔炼监控系统中采用了基于框架的模型,以表示有关高炉各部分温度和压力的静态知识。用黑板模型来存储时间序列数据,进行知识单元之间的知识传递,并记录推理方法和推理结果。

为了进行实时在线推理,根据传感器的功能属性,将知识库划分为由若干规则集合组成的几个知识单元即子知识库。整个知识库采用递阶式结构,如图 3.18 所示。

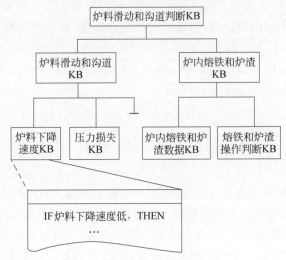

图 3.18 AFS 中知识库的构成

这种设计具有下列优点:

(1) 知识库按递阶形式构成,便于以不同的方式来表示各子库的专家知识。

(2) 将规则集合分到各子知识库,便于检查各规则集的有效性。

(3) 采用递阶式多知识库结构来划分规则,可以改善推理效率。

在异常炉况预测系统中,实用的规则具有如下的形式:

IF 炉料下降的速度低于 XX,THEN 有可能发生沟道(确定因子为 X.XX)

IF 炉料下降速度的积分小于 YY,THEN 有可能发生沟道(确定因子为 Y.YY)

在异常炉况预测系统知识库中,建立了约 100 条规则;在高炉熔炼监控系统的知识库中,约有 300 条规则。

5. 传感数据的预处理

时间序列数据的模式识别以前是由人类专家来完成的,现在可在计算机上来执行,并用人工智能方法来处理。由于高炉的数据量大,且受到实时性的约束,至今还没有合适的工具来处理,所以实际上采用以下两个步骤对传感器数据进行推理前的预处理。

第一步是对传感器数据进行平滑。鼓风炉有 200 多个数据。不同的数据,例如,炉子的压力和温度,往往受到扰动和由于加料所造成的非周期性变化的影响。为了去除这种影响,采用统计方法做平滑处理(线性回归过程)。炉顶气体温度如图 3.19 所示,为了对它进行预处理,采用了平滑处理过程。

在这个回归过程中,利用每分钟测量一次的 N 个数据 $T_c(t)$,$t=1,2,\cdots,N$,并以此拟合成以下线性方程

$$f(t)=C_0+C_1 t \tag{3.9}$$

使

$$S=\sum_{t=1}^{N}\{T_c(t)-f(t)\}^2 \tag{3.10}$$

为最小,由此决定系统 C_0 和 C_1,从 $T_c(N)$ 中计算 $f(t)$。这也就是最小平方法。

第二步则是利用第一步的结果,抽取传感器数据特定的交变模式(这些数据造成炉况变化)。抽取过程如下:

(1) 比较数据变化的趋向。例如,计算气体入口温度、炉子轴向温度的变化率;计算气体利用率等。

(2) 计算数据的级别。即计算顶部气体压力、吹风压力损失及炉料下降速度等数据所处的范围,看它们是否大于(或小于)极限值。

(3) 计算方差。

(4) 计算数据的积分值。

(5) 预测(拟合)典型的变化模式。

(6) 计算变化的量。

在鼓风炉运行的复杂过程中,由于操作员和专家本身所具有的经验不同,即使观察到的数据相同,判断炉况的结果也会有所差别。因此判断总带有某种程度的不确定性。在有些情况下,即使传感器的数据变化,炉况也并不一定不正常。相反,在发生不正常情况之前,传感器的数据也不一定变化。为了改善系统运行品质,就需要采用确定性因子(CF 值)和隶属函数来处理其模糊性。在高炉控制过程中完全可以用模糊集合的原理和方法来确定或选择控制的规则。

以炉内传热过程为例。炉内传热可以分为 5 级,由于级别本身具有含糊性,也有必要引入隶属函数。对不同的传感器数据,可用图 3.20 所示的三维隶属函数。通过对隶属函数的复合运算和多种输入的组合,经过推理,系统会采取最合适的动作(或规则)来对高炉进行操作。

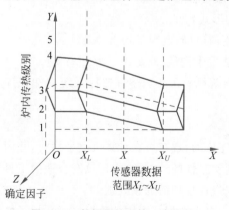

图 3.19　数据预处理第一步例子

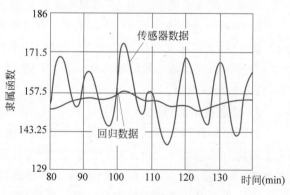

图 3.20　高炉内传热隶属函数

高炉采用智能控制以后，不但可以减轻操作工人的劳动强度，在发生故障时能及时、正确进行处理；而且能够提高生产率 5%～8%。

3.5　小结

专家系统的定义、类型、结构和建造步骤等内容是本章首先研究的专家系统基本问题。接着，3.2 节讨论了基于不同技术建立的专家系统，即基于规则的专家系统、基于框架的专家系统和基于模型的专家系统。从这些系统的工作原理和模型可以看出，人工智能的各种技术和方法在专家系统中得到很好的结合和应用。

3.3 节阐述专家控制系统的结构与设计，包括专家控制系统的结构、控制要求、设计原则和设计时要处理的问题。这些问题涉及冲突消解策略设计和用于控制的知识获取问题。有关专家系统的各种知识，包括专家系统的结构、建造、知识表示与推理等，对专家控制器的设计也是十分有用的，值得设计专家控制器和专家控制系统时参考。根据系统的复杂性，可把专家控制系统分为两类，即专家控制器和专家控制系统。按照系统的控制机理，又可把专家控制系统分为直接专家系统和间接专家控制系统两种。前者由控制器直接向受控过程提供控制信号；而后者由控制器间接对受控制过程发生作用。

3.4 节举例说明了专家控制系统应用，即用于控制炼铁高炉温度的实时监控专家系统。通过这个应用例子，读者对专家控制系统的结构、设计方法与实现会有更多和更好的了解。仿真和应用结果已经表明，专家控制系统（控制器）具有优良的性能，并具有广泛的应用领域。

习题 3

3-1　怎样定义专家系统？你是如何理解专家系统的？

3-2　试就专家系统的构成和各部分的作用说明专家系统是如何工作的。

3-3　结合结构说明基于规则的专家系统的工作原理。

3-4　基于框架的专家系统与面向目标编程有何关系？其结构特点和设计任务是什么？

3-5　为什么要提出基于模型的专家系统？试述神经网络专家系统的一般结构。

3-6　在设计专家系统时，应考虑哪些技术？

3-7　什么是专家控制的理论基础？

3-8　什么是专家控制和专家控制系统？

3-9　专家控制系统的控制要求和设计时应遵循的原则有哪些？

3-10　专家控制系统设计涉及哪些问题？

3-11　试从专家控制系统的一般结构和各部分作用，举例说明专家控制系统的工作原理。

3-12　专家控制系统有哪几种类型？它们有何区别？

3-13　建造专家控制系统的关键步骤是哪些？

3-14　举例说明实时专家控制系统的工作原理及其实现。

3-15　专家控制系统的应用和发展前景如何？

第 4 章

模糊控制系统

扎德(L. A. Zadeh)于 1965 年提出的模糊集合理论成为处理现实世界各类物体的方法。此后,对模糊集合和模糊控制的理论研究和实际应用获得广泛开展。模糊控制是智能控制一个十分活跃的研究与应用领域。

模糊控制是一类应用模糊集合理论的控制方法。模糊控制的价值可从两方面来考虑:一方面,模糊控制提出一种新的机制用于实现基于知识(规则)甚至语义描述的控制规律;另一方面,模糊控制为非线性控制器提出一个比较容易的设计方法,尤其是当受控装置(对象或过程)含有不确定性而且很难用常规非线性控制理论处理时,更是有效。

专家控制系统与模糊逻辑控制(FLC)系统至少有一点是相同的,即两者都想要建立人类经验和决策行为模型。然而,它们存在一些明显的区别:①现存的 FLC 系统源于控制工程而不是人工智能;②FLC 模型绝大多数为基于规则系统;③FLC 的应用领域要比专家控制系统窄;④FLC 系统的规则一般不是由人类专家提取,而是由 FLC 的设计者构造的。因此,有必要从专家控制系统中将模糊控制系统分出来独立讨论。

本章将首先简述用于控制的模糊集合和模糊逻辑推理的基本知识;然后探讨模糊逻辑控制的原理、结构以及模糊控制器的设计内容和设计方法;最后讨论模糊控制的实现,并举例说明模糊控制系统的应用。

4.1 模糊数学基础

模糊集合和模糊逻辑推理是模糊控制的基础,本节将简要地介绍模糊控制要用到的模糊数学基础,包括模糊集合及其运算法则、模糊关系、模糊变换和模糊逻辑推理等。

4.1.1 模糊集合及其运算

首先,介绍模糊集合与模糊逻辑的若干定义。

设 U 为某些对象的集合,称为论域,可以是连续的或离散的;u 表示 U 的元素,记作 $U = \{u\}$。

定义 4.1 模糊集合(fuzzy set)。

论域 U 到[0,1]区间的任一映射 μ_F,即 $\mu_F : U \rightarrow [0,1]$,都确定 U 的一个模糊集合 F;μ_F 称为 F 的隶属函数(membership function)或隶属度(grade of membership)。也就是说,μ_F 表示 u 属于模糊集合 F 的程度或等级。$\mu_F(u)$ 值的大小反映了 u 对于模糊集合 F

的从属程度。$\mu_F(u)$ 值接近于 1,表示 u 从属于模糊集合 F 的程度很高;$\mu_F(u)$ 值接近于 0,表示 u 从属于模糊集合 F 的程度很低。

在论域 U 中,可把模糊集合 F 表示为元素 u 与其隶属函数 $\mu_F(u)$ 的序偶集合,记为

$$F = \{(u, \mu_F(u)) \mid u \in U\} \tag{4.1}$$

若 U 为连续域,则模糊集 F 可记作

$$F = \int_U \mu_F(u)/u \tag{4.2}$$

注意,这里的 $\int$ 并不表示"积分",只是借用来表示集合的一种方法。

若 U 为离散域,则模糊集 F 可记为

$$F = \mu_F(u_1)/u_1 + \mu_F(u_2)/u_2 + \cdots + \mu_F(u_n)/u_n$$
$$= \sum_{i=1}^{n} \mu_F(u_i)/u_i, \quad i = 1, 2, \cdots, n \tag{4.3}$$

注意,这里的 $\sum$ 并不表示"求和",只是借用来表示集合的一种方法;符号"/"不表示分数,只是表示元素 u_i 与其隶属度 $\mu_F(u_i)$ 之间的对应关系,符号"＋"也不表示"加法",仅仅是个记号,表示模糊集合在论域上的整体。

例 4.1 在论域 $U = \{1, 2, 3, 4, 5, 6, 7, 8, 9\}$ 中,讨论"几个"这一模糊概念。根据经验,可以定量地给出它们的隶属度函数,模糊集合"几个"可以表示为

$$F = 0/1 + 0/2 + 0.8/3 + 1/4 + 1/5 + 0.8/6 + 0.4/7 + 0/8 + 0/9$$

由上式可以看出,4 个、5 个的隶属度为 1,说明用"几个"表示 4、5 个的可能性最大;而 3 个、6 个对于"几个"这个模糊概念的隶属度为 0.8;通常不采用"几个"来表示 1 个、2 个或 8 个、9 个,所以它们的隶属度为零。

定义 4.2 模糊支集、交叉点及模糊单点。

如果模糊集是论域 U 中所有满足 $\mu_F(u) > 0$ 的元素 u 构成的集合,则称该集合为模糊集 F 的支集。当 u 满足 $\mu_F = 1.0$,则称此模糊集为模糊单点。

定义 4.3 模糊集合的基本运算。

设 A 和 B 为论域 U 中的两个模糊集,其隶属函数分别为 $\mu_A(u)$ 和 $\mu_B(u)$,则对于所有 $u \in U$,存在下列基本运算。

(1) A 与 B 的并(逻辑或)记为 $A \cup B$,其隶属函数定义为

$$\mu_{A \cup B}(u) = \mu_A(u) \vee \mu_B(u)$$
$$= \max\{\mu_A(u), \mu_B(u)\} \tag{4.4}$$

(2) A 与 B 的交(逻辑与)记为 $A \cap B$,其隶属函数定义为

$$\mu_{A \cap B}(u) = \mu_A(u) \wedge \mu_B(u)$$
$$= \min\{\mu_A(u), \mu_B(u)\} \tag{4.5}$$

(3) A 的补(逻辑非)记为 $\bar{A}$,其隶属函数定义为

$$\mu_{\bar{A}}(u) = 1 - \mu_A(u) \tag{4.6}$$

定义 4.4 模糊集合运算的基本定律。

设模糊集 $A, B, C \in U$,则其并、交和补运算满足下列基本规律:

(1) 幂等律。

$$A \cup A = A, \quad A \cap A = A \tag{4.7}$$

(2) 交换律。

$$A \cup B = B \cup A, \quad A \cap B = B \cap A \tag{4.8}$$

(3) 结合律。

$$(A \cup B) \cup C = A \cup (B \cup C)$$
$$(A \cap B) \cap C = A \cap (B \cap C) \tag{4.9}$$

(4) 分配律。

$$A \cup (B \cap C) = (A \cup B) \cap (A \cup C)$$
$$A \cap (B \cup C) = (A \cap B) \cup (A \cap C) \tag{4.10}$$

(5) 吸收律。

$$A \cup (A \cap B) = A, \quad A \cap (A \cup B) = A \tag{4.11}$$

(6) 同一律。

$$A \cap E = A, \quad A \cup E = E$$
$$A \cap \varnothing = \varnothing, \quad A \cup \varnothing = A \tag{4.12}$$

式中,$\varnothing$ 为空集,E 为全集,即 $\varnothing = \bar{E}$。

(7) DeMorgan 律。

$$-(A \cap B) = -A \cup -B$$
$$-(A \cup B) = -A \cap -B \tag{4.13}$$

(8) 复原律。

$$\bar{\bar{A}} = A, \quad 即 \quad -(-A) = A \tag{4.14}$$

(9) 对偶律(逆否律)。

$$\overline{A \cup B} = \bar{A} \cap \bar{B}, \quad \overline{A \cap B} = \bar{A} \cup \bar{B}$$

即

$$-(A \cup B) = -A \cap -B, \quad -(A \cap B) = -A \cup -B \tag{4.15}$$

(10) 互补律不成立,即

$$-A \cup A \neq E, \quad -A \cap A \neq \varnothing \tag{4.16}$$

例 4.2 设论域 $U = \{u_1, u_2, u_3, u_4\}$,$A$、$B$、$C$ 是该论域上的 3 个模糊集合,已知 $A = 0.2/u_1 + 0.3/u_2 + 0.7/u_3 + 0.6/u_4$,$B = 0.1/u_1 + 0.4/u_2 + 0.6/u_3 + 1.0/u_4$,$C = 0.4/u_1 + 1.0/u_2 + 0.8/u_3 + 0.2/u_4$。试求模糊集合 $R = A \cap B \cap C$、$S = A \cup B \cup C$ 和 $T = A \cap B \cup C$。

解: 利用模糊集合的基本运算和基本定律可得

$$R = \frac{0.2 \wedge 0.1 \wedge 0.4}{u_1} + \frac{0.3 \wedge 0.4 \wedge 1.0}{u_2} + \frac{0.7 \wedge 0.6 \wedge 0.8}{u_3} + \frac{0.6 \wedge 1.0 \wedge 0.2}{u_4}$$

$$= \frac{0.1}{u_1} + \frac{0.3}{u_2} + \frac{0.6}{u_3} + \frac{0.2}{u_4}$$

$$S = \frac{0.2 \vee 0.1 \vee 0.4}{u_1} + \frac{0.3 \vee 0.4 \vee 1.0}{u_2} + \frac{0.7 \vee 0.6 \vee 0.8}{u_3} + \frac{0.6 \vee 1.0 \vee 0.2}{u_4}$$

$$= \frac{0.4}{u_1} + \frac{1.0}{u_2} + \frac{0.8}{u_3} + \frac{1.0}{u_4}$$

$$T = \frac{0.2 \wedge 0.1 \vee 0.4}{u_1} + \frac{0.3 \wedge 0.4 \vee 1.0}{u_2} + \frac{0.7 \wedge 0.6 \vee 0.8}{u_3} + \frac{0.6 \wedge 1.0 \vee 0.2}{u_4}$$

$$= \frac{0.4}{u_1} + \frac{1.0}{u_2} + \frac{0.8}{u_3} + \frac{0.6}{u_4}$$

4.1.2　模糊关系与模糊变换

1. 普通关系

所谓"关系"，是指集合论中的一个基本概念，它反映了不同集合的元素间的关联程度。"普通关系"是用数学方法描述不同普通集合中各元素间的关联情况。

例 4.3　欧洲与南美洲足球对抗赛，分为 A、B 两个小组：$A=\{$意大利，德国，西班牙$\}$，$B=\{$巴西，阿根廷，乌拉圭$\}$。对阵形势为：意大利-阿根廷，德国-巴西，西班牙-乌拉圭。

若两组的对阵关系用 R 表示，则可用序偶的形式把 R 表示为

$$R=\{(意大利，阿根廷)，(德国，巴西)，(西班牙，乌拉圭)\}$$

即关系 R 是 A，B 的直积 $A \times B$ 的子集。也可以把 R 表示为矩阵形式[①]。设 R 中的某个元素 $r(i,j)$ 表示小组 A 第 i 个球队与小组 B 第 j 个球队的对应关系，若有对阵关系，则 $r(i,j)$ 为 1，否则 $r(i,j)$ 为 0。于是可把 R 表示如下

$$R=\begin{array}{c} \\ 意大利 \\ 德国 \\ 西班牙 \end{array} \begin{array}{ccc} 巴西 & 阿根廷 & 乌拉圭 \\ \begin{bmatrix} 0 & 1 & 0 \\ 1 & 0 & 0 \\ 0 & 0 & 1 \end{bmatrix} \end{array}$$

称该矩阵为 A 和 B 的关系矩阵。

从普通关系的定义可以看出：在定义了某种关系之后，两个集合的元素对于这种关系要么有关联，即 $r(i,j)=1$；要么没有关联，即 $r(i,j)=0$。这种关系是很明确的。

2. 模糊关系

现实生活中存在很多比较含糊的关系。例如，人和人之间的"亲密"关系、儿子和父亲之间长相"相像"程度、家庭"和睦"情况等。这些关系无法简单地用"是"或者"否"来描述，而只能用"在多大程度上是"或者"在多大程度上否"来描述。称这类关系为模糊关系。可以把普通关系概念推广到模糊集合，得到模糊关系的定义。

定义 4.5　笛卡儿乘积（直积、代数积）。

若 $A_1,A_2,\cdots,A_n$ 分别为论域 $U_1,U_2,\cdots,U_n$ 中的模糊集合，则这些集合的直积 $A_1 \times A_2 \times \cdots \times A_n$ 是乘积空间 $U_1 \times U_2 \times \cdots \times U_n$ 中一个模糊集合，其隶属函数为

直积（极小算子）

$$\mu_{A_1 \times \cdots \times A_n}(u_1,u_2,\cdots,u_n)=\min\{\mu_{A_1}(u_1),\mu_{A_2}(u_2),\cdots,\mu_{A_n}(u_n)\} \tag{4.17}$$

代数积

$$\mu_{A_1 \times \cdots \times A_n}(u_1,u_2,\cdots,u_n)=\mu_{A_1}(u_1)\mu_{A_2}(u_2),\cdots,\mu_{A_n}(u_n) \tag{4.18}$$

定义 4.6　模糊关系。

若 U,V 是两个非空模糊集合，则其直积 $U \times V$ 中的一个模糊子集 R 称为从 U 到 V 的模糊关系，可表示为

$$U \times V=\{((u,v),\mu_R(u,v)) \mid u \in U, v \in V\} \tag{4.19}$$

例 4.4　用某种模糊关系来描述父母与其子女的长相"相像"关系。设儿子与父亲的相像程度为 0.8，儿子与母亲的相像程度为 0.3；女儿与父亲的相像程度为 0.3，女儿与母亲的

---

① 矩阵形式应用黑斜体表示；为方便表达，本书统一用斜体。

相像程度为 0.6。则模糊关系 R 为

$$R = \frac{0.8}{(子,父)} + \frac{0.3}{(子,母)} + \frac{0.3}{(女,父)} + \frac{0.6}{(女,母)}$$

常常用矩阵形式来描述模糊关系 R。设 $x \in U, y \in V$，则可以用矩阵描述 U 到 V 的模糊关系 R 为

$$R = \begin{bmatrix} \mu_R(x_1, y_1) & \mu_R(x_1, y_2) & \cdots & \mu_R(x_1, y_n) \\ \mu_R(x_2, y_1) & \mu_R(x_2, y_2) & \cdots & \mu_R(x_2, y_n) \\ \vdots & \vdots & & \vdots \\ \mu_R(x_m, y_1) & \mu_R(x_m, y_2) & \cdots & \mu_R(x_m, y_n) \end{bmatrix}$$

上例中的模糊关系 R 又可以用矩阵描述为

$$R = \begin{matrix} & 子 & 女 \\ 父 \\ 母 \end{matrix} \begin{bmatrix} 0.8 & 0.3 \\ 0.3 & 0.6 \end{bmatrix}$$

定义 4.7 复合关系。

若 R 和 S 分别为论域 $U \times V$ 和 $V \times W$ 中的模糊关系，则 R 和 S 的复合 $R \circ S$ 是一个从 U 到 W 的新的模糊关系，记为

$$R \circ S = \{[(u,w); \sup_{v \in V}(\mu_R(u,v) * \mu_S(v,w))]$$

$$u \in U, v \in V, w \in W\} \tag{4.20}$$

其隶属函数的运算法则为

$$\mu_{R \circ S}(u,w) = \bigvee_{v \in V}(\mu_R(u,v) \wedge \mu_S(u,v))$$

$$(u,w) \in (U \times W) \tag{4.21}$$

例 4.5 设模糊关系 R 描述了儿子、女儿与父亲、叔叔长相的"相像"关系，模糊关系 S 描述了父亲、叔叔与祖父、祖母长相的"相像"关系，R 和 S 可描述如下

$$R = \begin{matrix} & 父 & 叔 \\ 子 \\ 女 \end{matrix} \begin{bmatrix} 0.8 & 0.2 \\ 0.3 & 0.5 \end{bmatrix}, \quad S = \begin{matrix} & 祖父 & 祖母 \\ 父 \\ 叔 \end{matrix} \begin{bmatrix} 0.2 & 0.7 \\ 0.9 & 0.1 \end{bmatrix}$$

求子女与祖父、祖母长相的"相像"关系 C。

解： 由复合运算法则得

$$\mu_C(x_1, z_1) = [\mu_R(x_1, y_1) \wedge \mu_S(y_1, z_1)] \vee [\mu_R(x_1, y_2) \wedge \mu_S(y_2, z_1)]$$
$$= [0.8 \wedge 0.2] \vee [0.2 \wedge 0.9] = 0.2 \vee 0.2 = 0.2$$

$$\mu_C(x_1, z_2) = [\mu_R(x_1, y_1) \wedge \mu_S(y_1, z_2)] \vee [\mu_R(x_1, y_2) \wedge \mu_S(y_2, z_2)]$$
$$= [0.8 \wedge 0.7] \vee [0.2 \wedge 0.1] = 0.7 \vee 0.1 = 0.7$$

$$\mu_C(x_2, z_1) = [\mu_R(x_2, y_1) \wedge \mu_S(y_1, z_1)] \vee [\mu_R(x_2, y_2) \wedge \mu_S(y_2, z_1)]$$
$$= [0.3 \wedge 0.2] \vee [0.5 \wedge 0.9] = 0.2 \vee 0.5 = 0.5$$

$$\mu_C(x_2, z_2) = [\mu_R(x_2, y_1) \wedge \mu_S(y_1, z_2)] \vee [\mu_R(x_2, y_2) \wedge \mu_S(y_2, z_2)]$$
$$= [0.3 \wedge 0.7] \vee [0.5 \wedge 0.1] = 0.3 \vee 0.1 = 0.3$$

则

$$\begin{array}{cc} & \text{祖父}\quad \text{祖母} \\ C = \begin{array}{c} \text{子} \\ \text{女} \end{array} & \begin{bmatrix} 0.2 & 0.7 \\ 0.9 & 0.1 \end{bmatrix} \end{array}$$

3. 模糊变换

令有限模糊集合 $X=\{x_1,x_2,\cdots,x_m\}$ 和 $Y=\{y_1,y_2,\cdots,y_n\}$，R 为 $X\times Y$ 上的模糊关系

$$R = \begin{bmatrix} r_{11} & r_{12} & \cdots & r_{1n} \\ r_{21} & r_{22} & \cdots & r_{2n} \\ \vdots & \vdots & & \vdots \\ r_{m1} & r_{m2} & \cdots & r_{mn} \end{bmatrix}$$

设 A 和 B 分别为 X 和 Y 上的模糊集

$$A=\{\mu_A(x_1),\mu_A(x_2),\cdots,\mu_A(x_m)\},\quad B=\{\mu_B(y_1),\mu_B(y_2),\cdots,\mu_B(y_n)\}$$

且满足关系

$$B=A\circ R$$

就称 B 是 A 的像，A 是 B 的原像，R 是 X 到 Y 上的一个模糊变换。

$B=A\circ R$ 的隶属函数运算规则为

$$\mu_B(y_j)=\bigvee_{i=1}^{m}\left[\mu_A(x_i)\wedge\mu_R(x_i,y_j)\right]\quad j=1,2,\cdots,n$$

例 4.6　已知论域 $X=\{x_1,x_2,x_3\}$ 和 $Y=\{y_1,y_2\}$，A 是论域 X 上的模糊集

$$A=\{0.1,0.3,0.5\}$$

R 是 X 到 Y 上的一个模糊变换

$$R = \begin{bmatrix} 0.5 & 0.2 \\ 0.3 & 0.1 \\ 0.4 & 0.6 \end{bmatrix}$$

试通过模糊变换 R 求 A 的像 B。

解：

$$B=A\circ R=(0.1,0.3,0.5)\circ\begin{bmatrix} 0.5 & 0.2 \\ 0.3 & 0.1 \\ 0.4 & 0.6 \end{bmatrix}$$

$$=[(0.1\wedge 0.5)\vee(0.3\wedge 0.3)\vee(0.5\wedge 0.4),(0.1\wedge 0.2)\vee(0.3\wedge 0.1)\vee(0.5\wedge 0.6)]$$

$$=[0.4\quad 0.5]$$

例 4.7　某艺术学院招收新生，需考察的考生素质包括{歌舞，表演，外在}。对各种素质的评语划分为 4 个等级{好，较好，一般，差}。某学生表演完毕后，评委对其的评价见表 4.1。

表 4.1　评委评价意见

评分项目	好	较　好	一　般	差
歌舞	30%	30%	20%	20%
表演	10%	20%	50%	20%
外在	40%	40%	10%	10%

如果要考察该生培养为电影演员的潜质,那么对其的表演素质要求较高,而其他要求较低。定义加权模糊集为:$A = \{0.25 \quad 0.5 \quad 0.25\}$。试根据模糊变换得到评委对该生培养为电影演员的最终结论。

解:依据模糊变换可以得到评委对该生培养为电影演员的决策集

$$B = A \circ R = \begin{bmatrix} 0.25 & 0.5 & 0.25 \end{bmatrix} \circ \begin{bmatrix} 0.3 & 0.3 & 0.2 & 0.2 \\ 0.1 & 0.2 & 0.5 & 0.2 \\ 0.4 & 0.4 & 0.1 & 0.1 \end{bmatrix}$$

$$= \begin{bmatrix} 0.25 & 0.25 & 0.5 & 0.2 \end{bmatrix}$$

综合评判结论:选取隶属度最大的元素作为最终的评语,评委的评语为"一般"。

4.1.3　模糊逻辑语言

模糊逻辑是一种模拟人类思维过程的逻辑,要用从$[0,1]$区间上的某个确切数值来描述一个模糊命题的真假程度,往往是很困难的。语言是人们思维和信息交流的重要工具,有两种语言:自然语言和形式语言。人们在日常工作生活中所用的语言属于自然语言,具有语义丰富、使用灵活等特点,同时具有模糊特性,如"陈老师的个子很高","她穿的这套衣服挺漂亮"等。计算机语言就是一种形式语言,形式语言有严格的语法和语义,一般不存在模糊性和歧义。

具有模糊性的语言叫作模糊语言,如高、低、长、短、大、小、冷、热、胖、瘦等。语言变量是自然语言中的词或句,它的取值不是通常的数,而是用模糊语言表示的模糊集合。扎德为语言变量做出了如下定义:

定义 4.8　语言变量。

一个语言变量可定义为多元组$(x, T(x), U, G, M)$。其中,x为变量名;$T(x)$为x的词集,即语言值名称的集合;U为论域;G是产生语言值名称的语法规则;M是与各语言值含义有关的语法规则。语言变量的每个语言值对应一个定义在论域U中的模糊数,通过语言变量的基本词集,把模糊概念与精确数值联系起来,实现对定性概念的定量化以及定量数据的定性模糊化。

例如,某工业窑炉模糊控制系统,把温度作为一个语言变量,其词集$T(温度)$可为

$$T(温度) = \{超高, 很高, 较高, 中等, 较低, 很低, 过低\}$$

上述每个模糊语言如超高、中等、很低等都是定义在论域U上的一个模糊集合。

在模糊控制中,模糊控制规则实质上是模糊蕴涵关系。下面简要讨论模糊语言控制规则中所蕴含的模糊关系。

(1) 假设u, v是定义在论域U和V上的两个语言变量,人类的语言控制规则为"如果u是A,则v是B",其蕴涵的模糊关系R为

$$R = (A \times B) \bigcup (\overline{A} \times V)$$

式中,$A \times B$称作A和B的笛卡儿乘积,其隶属度运算法则为

$$\mu_{A \times B}(u, v) = \mu_A(u) \wedge \mu_B(v)$$

所以,R的运算法则为

$$\mu_R(u, v) = [\mu_A(u) \wedge \mu_B(v)] \vee \{[1 - \mu_A(u)] \wedge 1\}$$

$$= [\mu_A(u) \wedge \mu_B(v)] \vee [1 - \mu_A(u)]$$

（2）假设 u,v 是已定义的两个语言变量，人类的语言控制规则为"如果 u 是 A，则 v 是 B；否则 v 是 C"则该规则蕴涵的模糊关系 R 为

$$R = (A \times B) \bigcup (\overline{A} \times C)$$

$$\mu_R(u,v) = \{\mu_A(u) \wedge \mu_B(v)\} \vee \{[1-\mu_A(u)] \wedge \mu_C(v)\}$$

例 4.8 定义两个语言变量"误差 e"和"控制量 u"，两者的论域是 $E = U = \{1,2,3,4,5\}$；定义在论域上的语言值为$\{$大，小，较小$\}$；定义各语言值的隶属函数为

$$\mu_{大} = (0.0 \quad 0.1 \quad 0.3 \quad 0.8 \quad 1.0)$$

$$\mu_{小} = (1.0 \quad 0.8 \quad 0.3 \quad 0.1 \quad 0.0)$$

$$\mu_{较小} = (1.0 \quad 0.99 \quad 0.91 \quad 0.36 \quad 0.0)$$

分别求出控制规则"如果 e 是小，那么 u 是大"蕴涵的模糊关系 R_1 和规则"如果 e 是小，那么 u 是大；否则 u 是较小"蕴涵的模糊关系 R_2。

解：（1）求解模糊关系 R_1

$$\mu_{R_1}(e,u) = [\mu_{小}(u) \wedge \mu_{大}(v)] \vee [1-\mu_{小}(u)]$$

$$= \begin{bmatrix} 1.0 \\ 0.8 \\ 0.3 \\ 0.1 \\ 0.0 \end{bmatrix} \wedge [0.0 \quad 0.1 \quad 0.3 \quad 0.8 \quad 1.0] \vee \left(\begin{bmatrix} 1.0 \\ 1.0 \\ 1.0 \\ 1.0 \\ 1.0 \end{bmatrix} - \begin{bmatrix} 1.0 \\ 0.8 \\ 0.3 \\ 0.1 \\ 0.0 \end{bmatrix} \right)$$

$$= \begin{bmatrix} 0.0 & 0.1 & 0.3 & 0.8 & 1.0 \\ 0.2 & 0.2 & 0.3 & 0.8 & 0.8 \\ 0.7 & 0.7 & 0.7 & 0.7 & 0.7 \\ 0.9 & 0.9 & 0.9 & 0.9 & 0.9 \\ 1.0 & 1.0 & 1.0 & 1.0 & 1.0 \end{bmatrix}$$

（2）求解模糊关系 R_2

$$\mu_{R_2}(e,u) = \{\mu_{小}(u) \wedge \mu_{大}(v)\} \vee \{[1-\mu_{小}(u)] \wedge \mu_{较小}(v)\}$$

$$= \begin{bmatrix} 1.0 \\ 0.8 \\ 0.3 \\ 0.1 \\ 0.0 \end{bmatrix} \wedge [0.0 \quad 0.1 \quad 0.3 \quad 0.8 \quad 1.0] \vee \left(\begin{bmatrix} 0.0 \\ 0.2 \\ 0.7 \\ 0.9 \\ 1.0 \end{bmatrix} \wedge \begin{bmatrix} 1.0 \\ 0.99 \\ 0.91 \\ 0.36 \\ 0.0 \end{bmatrix} \right)$$

$$= \begin{bmatrix} 0.0 & 0.1 & 0.3 & 0.8 & 1.0 \\ 0.2 & 0.2 & 0.3 & 0.8 & 0.8 \\ 0.7 & 0.7 & 0.7 & 0.7 & 0.7 \\ 0.36 & 0.36 & 0.36 & 0.36 & 0.36 \\ 0.0 & 0.0 & 0.0 & 0.0 & 0.0 \end{bmatrix}$$

4.2 模糊推理与模糊判决

4.2.1 模糊推理

在模糊逻辑应用系统中,观察到的数据通常是清晰的。由于模糊逻辑应用中的数据操作是以模糊集合为基础的,需要进行模糊推理(fuzzification)。模糊推理执行一种从当前状态变量的物理值到规范论域的标度变换。这意味着系统输出变量的名义值对规范论域的映射。因此,将模糊推理定义为从观察到的输入空间对一定输入论域模糊集合的映射。该过程为每个模糊集合提供某个隶属函数。这些隶属函数就是从实数对区间 $I=[0,1]$ 的映射。

模糊推理是建立在模糊逻辑基础上的,它是一种不确定性推理方法,是在二值逻辑三段论基础上发展起来的。这种推理方法以模糊判断为前提,运用模糊语言规则,推导出一个近似的模糊判断结论的方法。模糊逻辑推理方法尚在继续研究与发展中。已经提出了的典型推理方法有 Zadeh 法、Mamdani 法、Baldwin 法、Sugeno 法、Tsukamoto 法、Yager 法和 Mizumoto 法等。

1. 模糊近似推理

在模糊逻辑和近似推理中,有两种重要的模糊推理规则,即广义取式(肯定前提)假言推理法(generalized modus ponens,GMP)和广义拒式(否定结论)假言推理法(generalized modus tollens,GMT),分别简称为广义前向推理法和广义后向推理法。

GMP 推理规则可表示为

$$
\begin{aligned}
&前提 1: x \ 为 \ A' \\
&\underline{前提 2: 若 \ x \ 为 \ A,则 \ y \ 为 \ B} \\
&结 \ 论: y \ 为 \ B' = A' \circ (A \rightarrow B)
\end{aligned}
\qquad (4.22)
$$

即结论 B' 可用 A' 与由 A 到 B 的推理关系进行合成而得到。其隶属函数为

$$
\mu_{B'}(y) = \bigvee_{x \in X} \{\mu_{A'}(x) \wedge \mu_{A \rightarrow B}(x,y)\}
$$

模糊关系矩阵元素 $\mu_{A \rightarrow B}(x,y)$ 的计算方法可采用 Zadeh(推理)法

$$
(A \rightarrow B) = (A \wedge B) \vee (1-A)
$$

那么,其隶属函数为

$$
\mu_{A \rightarrow B}(x,y) = [\mu_A(x) \wedge \mu_B(y)] \vee [1-\mu_A(x)]
$$

GMT 推理规则可表示为

$$
\begin{aligned}
&前提 1: y \ 为 \ B' \\
&\underline{前提 2: 若 \ x \ 为 \ A,则 \ y \ 为 \ B} \\
&结 \ 论: x \ 为 \ A' = (A \rightarrow B) \circ B'
\end{aligned}
\qquad (4.23)
$$

即结论 A' 可用 B' 与由 A 到 B 的推理关系进行合成而得到。其隶属函数为

$$
\mu_{A'}(x) = \bigvee_{y \in Y} \{\mu_{B'}(y) \wedge \mu_{A \rightarrow B}(x,y)\}
$$

模糊关系矩阵元素 $\mu_{A \rightarrow B}(x,y)$ 的计算方法可采用 Mamdani(推理)法

$$
(A \rightarrow B) = A \wedge B
$$

那么,其隶属函数为

$$
\mu_{A \rightarrow B}(x,y) = [\mu_A(x) \wedge \mu_B(y)] = \mu_{R_{\min}}(x,y)
$$

上述两式中的 A、A'、B 和 B' 为模糊集合，x 和 y 为语言变量。

当 $A=A'$ 和 $B=B'$ 时，GMP 就退化为"肯定前提的假言推理"，它与正向数据驱动推理有密切关系，在模糊逻辑控制中特别有用。当 $B'=\bar{B}$ 和 $A'=\bar{A}$ 时，GMT 退化为"否定结论的假言推理"，它与反向目标驱动推理有密切关系，在专家系统（尤其是医疗诊断）中特别有用。

2. 单输入模糊推理

对于单输入的情况，假设两个语言变量 x 与 y 之间的模糊关系为 R，当 x 的模糊取值为 A^* 时，与之相对应的 y 的取值 B^*，可通过模糊推理得出，如下式所示

$$B^* = A^* \circ R$$

上式的计算方法有两种：

（1）Zadeh 法。

$$B^*(y) = A^*(x) \circ R(x,y) = \bigvee_{x \in X} \{\mu_{A^*}(x) \wedge \mu_R(x,y)\}$$

$$= \bigvee_{x \in X} \{\mu_{A^*}(x) \wedge [\mu_A(x) \wedge \mu_B(y) \vee (1-\mu_A(x))]\}$$

例 4.9 设论域 $X=Y=\{1 \quad 2 \quad 3 \quad 4 \quad 5\}$，$X$、$Y$ 上的模糊子集"低""较低""高"分别定义为

$$E = \text{"低"} = \frac{1}{1} + \frac{0.6}{2} + \frac{0.4}{3}$$

$$E_1 = \text{"较低"} = \frac{1}{1} + \frac{0.3}{2} + \frac{0.2}{3} + \frac{0.1}{4}$$

$$U = \text{"高"} = \frac{0.8}{4} + \frac{1}{5}$$

设当 $E=$"低"时，$U=$"高"，现已知 $E_1=$"较低"，问 U_1 应是怎样的？

解：首先，按照 Zadeh（推理）法计算模糊关系矩阵 $R_{E \to U}$，其中 I 为单位阵

$$R_{E \to U}(x,y) = [\mu_E(x) \wedge \mu_U(y)] \vee [(1-\mu_E(x)) \wedge \mu_I]$$

$$= \begin{bmatrix} 1 \\ 0.6 \\ 0.4 \\ 0 \\ 0 \end{bmatrix} \wedge [0 \ 0 \ 0 \ 0.8 \ 1] \vee \begin{bmatrix} 0 \\ 0.4 \\ 0.6 \\ 1 \\ 1 \end{bmatrix} \wedge [1 \ 1 \ 1 \ 1 \ 1]$$

$$= \begin{bmatrix} 0 & 0 & 0 & 0.8 & 1 \\ 0 & 0 & 0 & 0.6 & 0.6 \\ 0 & 0 & 0 & 0.4 & 0.4 \\ 0 & 0 & 0 & 0 & 0 \\ 0 & 0 & 0 & 0 & 0 \end{bmatrix} \vee \begin{bmatrix} 0 & 0 & 0 & 0 & 0 \\ 0.4 & 0.4 & 0.4 & 0.4 & 0.4 \\ 0.6 & 0.6 & 0.6 & 0.6 & 0.6 \\ 1 & 1 & 1 & 1 & 1 \\ 1 & 1 & 1 & 1 & 1 \end{bmatrix}$$

$$= \begin{bmatrix} 0 & 0 & 0 & 0.8 & 1 \\ 0.4 & 0.4 & 0.4 & 0.6 & 0.6 \\ 0.6 & 0.6 & 0.6 & 0.6 & 0.6 \\ 1 & 1 & 1 & 1 & 1 \\ 1 & 1 & 1 & 1 & 1 \end{bmatrix}$$

其次,根据广义前向推理的近似推理规则,当模糊集合 $E_1 =$ "较低"时,可以得到

$$U_1 = E_1 \circ R_{E \to U} = \begin{bmatrix} 1 & 0.3 & 0.2 & 0.1 & 0 \end{bmatrix} \circ \begin{bmatrix} 0 & 0 & 0 & 0.8 & 1 \\ 0.4 & 0.4 & 0.4 & 0.6 & 0.6 \\ 0.6 & 0.6 & 0.6 & 0.6 & 0.6 \\ 1 & 1 & 1 & 1 & 1 \\ 1 & 1 & 1 & 1 & 1 \end{bmatrix}$$

$$= \begin{bmatrix} 0.3 & 0.3 & 0.3 & 0.5 & 1 \end{bmatrix}$$

将 $U_1 = \begin{bmatrix} 0.3 & 0.3 & 0.3 & 0.5 & 1 \end{bmatrix}$ 与 $U = \begin{bmatrix} 0 & 0 & 0 & 0.5 & 1 \end{bmatrix}$ 相比较,可以得到 $U_1 =$ "较高"的结论。

（2）Mamdani 推理方法。

与 Zadeh 法不同的是,Mamdani 推理方法用 A 和 B 的笛卡儿积来表示 $A \to B$ 的模糊蕴涵关系

$$R = A \to B = A \times B$$

则对于单输入推理的情况

$$B^*(y) = A^*(x) \circ R(x,y) = \bigvee_{x \in X} \{\mu_{A^*}(x) \wedge [\mu_A(x) \wedge \mu_B(y)]\}$$

$$= \bigvee_{x \in X} \{\mu_{A^*}(x) \wedge \mu_A(x)\} \wedge \mu_B(y)$$

$$= \alpha \wedge \mu_B(y)$$

其中 $\alpha = \bigvee_{x \in X} \{\mu_{A^*}(x) \wedge \mu_A(x)\}$ 叫作 A^* 和 A 的适配度,表示 A^* 和 A 的交集的高度。

根据 Mamdani 推理方法,结论可以看作用 α 对 B 进行切割,所以这种方法又可以形象地称为"削顶法",参见图 4.1。

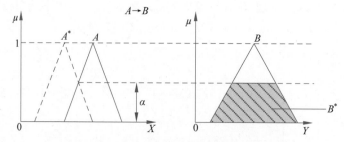

图 4.1　单输入 Mamdani 推理的图形化描述

3. 多输入模糊推理

对于语言规则含有多个输入的情况,假设输入语言变量 $x_1, x_2, \cdots, x_m$ 与输出语言变量 y 之间的模糊关系为 R,当输入变量的模糊取值分别为 $A_1^*, A_2^*, \cdots, A_m^*$ 时,与之相对应的 y 的取值 B^* 可通过下式得到

$$B^* = (A_1^* \times A_2^* \times \cdots \times A_m^*) \circ R$$

$$B^*(y) = [A_1^*(x_1) \times A_2^*(x_2) \times \cdots \times A_m^*(x_m)] \circ R(x_1, x_2, \cdots, x_m, y)$$

$$= \bigvee_{x_1, x_2, \cdots, x_m} \{\mu_{A_1^*}(x_1) \wedge \mu_{A_2^*}(x_2) \wedge \cdots \wedge \mu_{A_m^*}(x_m) \wedge \mu_R(x_1, x_2, \cdots, x_m, y)\}$$

例 4.10　假设某控制系统的输入语言规则为：当误差 e 为 E 且误差变化率 ec 为 EC

时,输出控制量 u 为 U,其中模糊语言变量 E、EC、U 的取值分别为

$$E = \frac{0.8}{e_1} + \frac{0.2}{e_2}, \quad EC = \frac{0.1}{ec_1} + \frac{0.6}{ec_2} + \frac{1.0}{ec_3}, \quad U = \frac{0.3}{u_1} + \frac{0.7}{u_2} + \frac{1.0}{u_3}$$

现已知

$$E^* = \frac{0.7}{e_1} + \frac{0.4}{e_2}, \quad EC^* = \frac{0.2}{ec_1} + \frac{0.6}{ec_2} + \frac{0.7}{ec_3}$$

试求当误差 e 是 E^* 且误差变化率 ec 是 EC^* 时输出控制量 u 的模糊取值 U^*。

解:先计算模糊关系 R,其中模糊推理计算采用 Mamdani 推理法。令

$$R_1 = E \times EC = (0.8 \quad 0.2) \wedge (0.1 \quad 0.6 \quad 1.0) = \begin{bmatrix} 0.1 & 0.6 & 0.8 \\ 0.1 & 0.2 & 0.2 \end{bmatrix}$$

$$R = R_1^{\mathrm{T}} \times U = \begin{bmatrix} 0.1 \\ 0.6 \\ 0.8 \\ 0.1 \\ 0.2 \\ 0.2 \end{bmatrix} \wedge \begin{bmatrix} 0.3 & 0.7 & 1.0 \end{bmatrix} = \begin{bmatrix} 0.1 & 0.1 & 0.1 \\ 0.3 & 0.6 & 0.6 \\ 0.3 & 0.7 & 0.8 \\ 0.1 & 0.1 & 0.1 \\ 0.2 & 0.2 & 0.2 \\ 0.2 & 0.2 & 0.2 \end{bmatrix}$$

则输出控制量 u 的模糊取值 U^* 可按下式求出

$$U^* = (E^* \times EC^*) \circ R$$

又令

$$R_2 = E^* \times EC^* = (0.7 \quad 0.4) \wedge (0.2 \quad 0.6 \quad 0.7) = \begin{bmatrix} 0.2 & 0.6 & 0.7 \\ 0.2 & 0.4 & 0.4 \end{bmatrix}$$

把 R_2 写成行向量形式,并以 R_2^{T} 表示,则

$$R_2^{\mathrm{T}} = (0.2 \quad 0.6 \quad 0.7 \quad 0.2 \quad 0.4 \quad 0.4)$$

$$U^* = (E^* \times EC^*) \circ R = R_2^{\mathrm{T}} \circ R$$

$$= (0.2 \quad 0.6 \quad 0.7 \quad 0.2 \quad 0.4 \quad 0.4) \circ \begin{bmatrix} 0.1 & 0.1 & 0.1 \\ 0.3 & 0.6 & 0.6 \\ 0.3 & 0.7 & 0.8 \\ 0.1 & 0.1 & 0.1 \\ 0.2 & 0.2 & 0.2 \\ 0.2 & 0.2 & 0.2 \end{bmatrix}$$

$$= (0.3 \quad 0.7 \quad 0.7)$$

即模糊输出值 U^* 为

$$U^* = \frac{0.3}{u_1} + \frac{0.7}{u_2} + \frac{0.7}{u_3}$$

对于二输入模糊推理,也可以根据 Mamdani 方法用图形法进行描述。

二维模糊规则 R,IF x is A and y is B THEN z is C,可以看作两个单维模糊规则 R_1 和 R_2 的交集

$$R_1: \text{IF } x \text{ is } A \text{ THEN } z \text{ is } C$$

$$R_2: \text{IF } y \text{ is } B \text{ THEN } z \text{ is } C$$

则当二维输入变量的模糊取值分别为 A^* 和 B^* 时,根据 R 推理得到的模糊输出 C^* 等于根据 R_1 推理得到的模糊输出 C_1^* 和根据 R_2 推理得到的模糊输出 C_2^* 的交集,即

$$C_1^* = A^* \circ (A \times C) \quad C_2^* = B^* \circ (B \times C)$$

$$C^* = C_1^* \wedge C_2^* = [A^* \circ (A \times C)] \wedge [B^* \circ (B \times C)]$$

其运算法则为

$$\mu_{C^*}(z) = \left\{ \bigvee_{x \in X} \mu_{A^*}(x) \wedge (\mu_A(x) \wedge \mu_C(z)) \right\} \wedge \left\{ \bigvee_{y \in Y} \mu_{B^*}(y) \wedge (\mu_B(y) \wedge \mu_C(z)) \right\}$$

$$= \left\{ \bigvee_{x \in X} (\mu_{A^*}(x) \wedge \mu_A(x)) \wedge \mu_C(z) \right\} \wedge \left\{ \bigvee_{y \in Y} (\mu_{B^*}(y) \wedge \mu_B(y)) \wedge \mu_C(z) \right\}$$

$$= \{\alpha_1 \wedge \mu_C(z)\} \wedge \{\alpha_2 \wedge \mu_C(z)\}$$

$$= \{\alpha_1 \wedge \alpha_2\} \wedge \mu_C(z)$$

上式的图形化意义在于用 α_1 和 α_2 的最小值对 C 进行削顶,如图 4.2 所示。

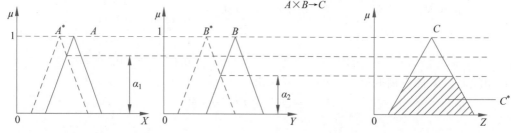

图 4.2　二输入 Mamdani 推理的图形化描述

4.2.2　模糊判决

模糊判决接口起到模糊控制的推断作用,并产生一个精确的或非模糊的控制作用。由模糊推理得到的模糊输出值 C 是输出论域上的模糊子集,只有其转化为精确控制量 u,才能施加于受控对象。实行这种转化的方法叫作清晰化或去模糊化,亦称为模糊判决。

通过模糊推理得到的结果是一个模糊集合或者隶属函数,但在实际使用中,特别是在模糊逻辑控制中,必须用一个确定的值才能去控制伺服机构。在推理得到的模糊集合中取一个相对最能代表这个模糊集合的单值的过程就称作清晰化或模糊判决(defuzzification)。模糊判决可以采用不同的方法,用不同的方法所得到的结果也是不同的。理论上用重心法比较合理,但是计算比较复杂,因而在实时性要求较高的系统不采用这种方法。最简单的方法是最大隶属度方法,这种方法取所有模糊集合或者隶属函数中隶属度最大的那个值作为输出,但是这种方法未考虑其他隶属度较小的值的影响,代表性不好,所以它往往用于比较简单的系统。介于这两者之间的还有几种平均法:如加权平均法、隶属度限幅(α-cut)元素平均法等。下面介绍各种模糊判决方法,并以"水温适中"为例,说明不同方法的计算过程。

这里假设"水温适中"的隶属函数为

$$\mu_N(x_i) = \{X: 0.0/0 + 0.0/10 + 0.33/20 + 0.67/30 + 1.0/40 + 1.0/50 +$$
$$0.75/60 + 0.5/70 + 0.25/80 + 0.0/90 + 0.0/100\}$$

1. 重心法

所谓重心法就是取模糊隶属函数曲线与横坐标轴围成面积的重心作为代表点。理论上

应该计算输出范围内一系列连续点的重心,即

$$u = \frac{\int_x x\mu_N(x)\mathrm{d}x}{\int_x \mu_N(x)\mathrm{d}x} \tag{4.24}$$

但实际上是计算输出范围内整个采样点(即若干离散值)的重心。这样,在不花太多时间的情况下,用足够小的取样间隔来提供所需要的精度,这是一种最好的折中方案。即

$$u = \sum x_i \cdot \mu_N(x_i) \Big/ \sum \mu_N(x_i)$$
$$= (0 \cdot 0.0 + 10 \cdot 0.0 + 20 \cdot 0.33 + 30 \cdot 0.67 + 40 \cdot 1.0 + 50 \cdot 1.0 +$$
$$60 \cdot 0.75 + 70 \cdot 0.5 + 80 \cdot 0.25 + 90 \cdot 0.0 + 100 \cdot 0.0) /$$
$$(0.0 + 0.0 + 0.33 + 0.67 + 1.0 + 1.0 + 0.75 + 0.5 + 0.25 + 0.0 + 0.0)$$
$$= 48.2$$

在隶属函数不对称的情况下,其输出的代表值是 48.2℃。如果模糊集合中没有 48.2℃,那么就选取最靠近的一个温度值 50℃输出。

2. 最大隶属度法

这种方法最简单,只要在推理结论的模糊集合中取隶属度最大的那个元素作为输出量即可。不过,要求这种情况下其隶属函数曲线一定是正规凸模糊集合(即其曲线只能是单峰曲线)。如果该曲线是梯形平顶的,那么具有最大隶属度的元素就可能不止一个,这时就要对所有取最大隶属度元素求其平均值。

例如,对于"水温适中",按最大隶属度原则,有两个元素 40 和 50 具有最大隶属度 1.0,那就要对所有取最大隶属度的元素 40 和 50 求平均值,执行量应取

$$u_{\max} = (40 + 50)/2 = 45$$

3. 系数加权平均法

系数加权平均法的输出执行量由下式决定

$$u = \sum k_i x_i \Big/ \sum k_i \tag{4.25}$$

式中,系数 k_i 的选择要根据实际情况而定,不同的系数就决定系统有不同的响应特性。当该系数选择 $k_i = \mu_N(x_i)$,即取其隶属函数时,这就是重心法。在模糊逻辑控制中,可以通过选择和调整该系数来改善系统的响应特性。因而这种方法具有灵活性。

4. 隶属度限幅元素平均法

用所确定的隶属度值 α 对隶属度函数曲线进行切割,再对切割后等于该隶属度的所有元素进行平均,用这个平均值作为输出执行量,这种方法就称为隶属度限幅元素平均法。

例如,当取 α 为最大隶属度值时,表示"完全隶属"关系,这时 $\alpha = 1.0$。在"水温适中"的情况下,40℃和50℃的隶属度是 1.0,求其平均值得到输出代表量

$$u = (40 + 50)/2 = 45$$

这样,当"完全隶属"时,其代表量为 45℃。

当 $\alpha = 0.5$ 时,表示"大概隶属"关系,切割隶属度函数曲线后,这时从 30℃到 70℃的隶属度值都包含在其中,所以求其平均值得到输出代表量

$$u = (30 + 40 + 50 + 60 + 70)/5 = 50$$

这样,当"大概隶属"时,其代表量为 50℃。

4.3　模糊控制系统原理与结构

开发模糊逻辑控制器(FLC)与开发基于知识的应用系统一样,在确定设计要求和进行系统辨识之后,建立知识库(KB),包括规则库、结构、条件集合定义和比例系数等。有效的知识库能够使存储要求和运行搜索时间最小,并在目标微处理器上进行开发。知识库可由下列途径来建立:①与过程操作人员进行知识工程对话,包括分析观察到的操作人员响应;②已发表的用于标准控制策略(如 PI 和 PD 等)的规则库;③开环和闭环系统的语言模型。

前面已指出,专家控制系统和模糊逻辑控制系统至少有一点是共同的,即两者都要建立人类经验和人类决策行为的模型。此外,两者都含有知识库和推理机,而且其中大部分至今仍为基于规则的系统。因此,模糊逻辑控制器(FLC)通常又称为模糊专家控制器(FEC)或模糊专家控制系统。有时也把模糊专家系统叫作第二代专家系统,因为它能够为专家系统的设计、开发和实现提供两个基本的和统一的优点,即模糊知识表示和模糊推理方法。

4.3.1　模糊控制原理

在理论上,模糊控制器由 N 维关系 R 表示。关系 R 可视为受约于$[0,1]$区间的 N 个变量的函数。r 是几个 N 维关系 R_i 的组合,每个 R_i 代表一条规则 r_i:IF→THEN。控制器的输入 x 被模糊化为一关系 X,对于多输入单输出(MISO)控制 X 为$(N-1)$维。模糊输出 Y 可应用合成推理规则进行计算。对模糊输出 Y 进行模糊判决(解模糊),可得精确的数值输出 y。图 4.3 表示具有输入和输出的模糊控制器原理示意图。由于采用多维函数来描述 X、Y 和 R,所以,该模糊控制方法需要许多存储器,用于实现离散逼近。

图 4.3　模糊控制原理示意图

图 4.4 给出模糊逻辑控制器的一般原理框图,它由输入定标、输出定标、模糊化、模糊决策和模糊判决(解模糊)等部分组成。比例系数(标度因子)实现控制器输入和输出与模糊推理所用标准时间间隔之间的映射。模糊化(量化)使所测控制器输入在量纲上与左侧信号(LHS)一致。这一步不损失任何信息。模糊决策过程由一推理机来实现;该推理机使所有 LHS 与输入匹配,检查每条规则的匹配程度,并聚集各规则的加权输出,产生一个输出空间的概率分布值。模糊判决(解模糊)把这一概率分布归纳于一点,供驱动器定标后使用。

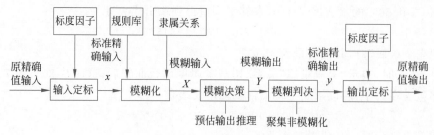

图 4.4　模糊逻辑控制器的一般原理框图

4.3.2　模糊控制系统的原理结构

模糊控制系统的原理结构如图4.5所示。其中,模糊控制器由模糊化接口、知识库、推理机和模糊判决接口4个基本单元组成。它们的作用和工作过程说明如下。

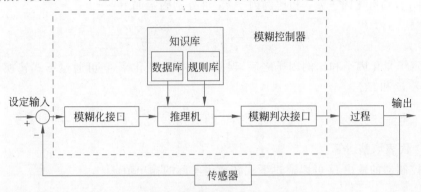

图 4.5　模糊控制系统的工作原理

1. 模糊化接口

模糊化就是通过在控制器的输入、输出论域上定义语言变量,将精确的输入、输出值转换为模糊的语言值。模糊化接口的设计步骤事实上就是定义语言变量的过程,可分为以下几步:

(1) 语言变量的确定。

针对模糊控制器每个输入、输出空间,各自定义一个语言变量。通常取系统的误差 e 和误差变化率 ec 作为模糊控制器的两个输入,在 e 的论域上定义语言变量“误差 E”,在 ec 的论域上定义语言变量“误差变化 EC”;在控制量 u 的论域上定义语言变量“控制量 U”。

(2) 语言变量论域的设计。

在模糊控制器的设计中,通常把语言变量的论域定义为有限整数的离散论域。例如,可以将误差 E 的论域定义为 $\{-m,-m+1,\cdots,-1,0,1,\cdots,m-1,m\}$;将误差变化 EC 的论域定义为 $\{-n,-n+1,\cdots,-1,0,1,\cdots,n-1,n\}$;将控制量 U 的论域定义为 $\{-l,-l+1,\cdots,-1,0,1,\cdots,l-1,l\}$。

为了提高实时性,模糊控制器常常以控制查询表的形式出现。该表反映了通过模糊控制算法求出的模糊控制器输入量和输出量在给定离散点上的对应关系。

如何实现实际连续论域到有限整数离散论域的转换?可通过引入量化因子(quantification factor) k_e、k_{ec} 和比例因子(proportional factor) k_u 来实现,参见图4.6。

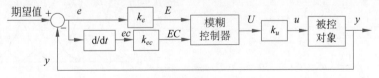

图 4.6　模糊控制系统原理图

假设在实际应用中,误差的连续取值范围是 $e=[e_L,e_H]$,e_L 表示低限值,e_H 表示高限

值,则

$$k_e = \frac{2m}{e_H - e_L}$$

同理,假如误差变化率的连续取值范围是 $ec = [ec_L, ec_H]$,控制量的连续取值范围是 $u = [u_L, u_H]$,则量化因子 k_{ec} 和比例因子 k_u 可分别确定如下

$$k_{ec} = \frac{2n}{ec_H - ec_L}, \quad k_u = \frac{u_H - u_L}{2l}$$

在确定了量化因子和比例因子之后,误差 e 和误差变化率 ec 可通过下式转换为模糊控制器的输入 E 和 EC

$$E = \left< k_e \left(e - \frac{e_H + e_L}{2} \right) \right>, \quad EC = \left< k_{ec} \left(ec - \frac{ec_H + ec_L}{2} \right) \right>$$

式中,< >代表取整运算。

模糊控制器的输出 U 可以通过下式转换为实际的输出值 u

$$u = k_u U + \frac{u_H + u_L}{2}$$

(3) 定义各语言变量的语言值。

通常在语言变量的论域上,将其划分为有限的几档。例如,可将 E、EC 和 U 划分为 {"正大(PB)","正中(PM)","正小(PS)","零(ZO)","负小(NS)","负中(NM)","负大(NB)"} 7 档。

档级多,规则制定灵活,规则细致,但规则多、复杂,编制程序困难,占用的内存较多;档级少,规则少,规则实现方便,但过少的规则会使控制作用变粗而达不到预期的效果。因此在选择模糊状态时要兼顾简单性和控制效果。

(4) 定义各语言值的隶属函数。

常用的隶属函数类型有:

① 正态分布型(高斯基函数)。

$$\mu_{\underset{\sim}{A_i}}(x) = e^{-\frac{(x - a_i)^2}{b_i^2}}$$

其中,a_i 为函数的中心值;b_i 为函数的宽度。

假设与 $\{PB, PM, PS, ZO, NS, NM, NB\}$ 对应的高斯基函数的中心值分别为 $\{6, 4, 2, 0, -2, -4, -6\}$,宽度均为 2。隶属函数的形状和分布如图 4.7 所示。

② 三角形。

$$\mu_{\underset{\sim}{A_i}}(x) = \begin{cases} \frac{1}{b-a}(x-a), & a \leqslant x < b \\ \frac{1}{b-c}(u-c), & b \leqslant x \leqslant c \\ 0, & \text{其他} \end{cases}$$

隶属函数的形状和分布如图 4.8 所示。

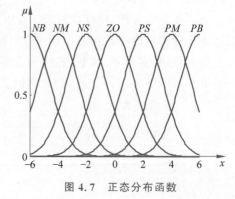

图 4.7　正态分布函数

③ 梯形。

$$\mu_{\underset{\sim}{A_i}}(x)=\begin{cases}\dfrac{x-a}{b-a}, & a\leqslant x<b\\ 1, & b\leqslant x\leqslant c\\ \dfrac{d-x}{d-c}, & c<x\leqslant d\\ 0, & 其他\end{cases}$$

隶属函数的形状和分布如图 4.9 所示。

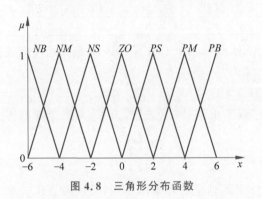

图 4.8　三角形分布函数　　　　　图 4.9　梯形分布函数

2. 知识库

知识库涉及应用领域和控制目标的相关知识,主要由数据库和语言(模糊)控制规则库组成。数据库为语言控制规则的论域离散化和隶属函数提供必要的定义,所有输入、输出变量所对应的论域以及这些论域上所定义的规则库中所使用的全部模糊子集的定义都存放在数据库中。数据库还提供模糊逻辑推理必要的数据、模糊化接口和模糊判决接口相关论域的必要数据,包含语言控制规则论域的离散化、量化以及输入空间的分区、隶属函数的定义等。语言控制规则标记控制目标和领域专家的控制策略。

规则库存放模糊控制规则,由若干控制规则组成,这些控制规则是根据人类控制专家的经验总结得出的,按照 IF…is…AND…is…THEN…is…的形式来表达,而这样的规则很容易通过模糊条件语句描述的模糊逻辑推理来实现,即

规则 R_1: IF E is A_1 AND EC is B_1 THEN U is C_1

规则 R_2: IF E is A_2 AND EC is B_2 THEN U is C_2

⋮

规则 R_n: IF E is A_n AND EC is B_n THEN U is C_n

其中,E 和 EC 是输入语言变量"误差"和"误差变化率";U 是输出语言变量"控制量"。A_i、B_i、C_i 是第 i 条规则中与 E、EC、U 对应的语言值。

规则库也可以用矩阵表的形式进行描述。

例 4.11　在模糊控制直流电机调速系统中,模糊控制器的输入为 E(转速误差)、EC(转速误差变化率),输出为 U(电机的力矩值)。在 E、EC、U 的论域上各定义了 7 个语言子集 $\{PB,PM,PS,ZO,NS,NM,NB\}$,则对于 E、EC 可能的每种取值,经专家分析和总结后,得出的控制规则如表 4.2 所示。

表 4.2　模糊控制规则状态

U		EC						
		NB	**NM**	**NS**	**Z**	**PS**	**PM**	**PB**
E	NB	NB	NB	NB	NB	NM	Z	Z
	NM	NB	NB	NB	NB	NM	Z	Z
	NS	NM	NM	NM	NM	Z	PS	PS
	Z	NM	NM	NS	Z	PS	PM	PM
	PS	NS	NS	Z	PM	PM	PM	PM
	PM	Z	Z	PM	PB	PB	PB	PB
	PB	Z	Z	PM	PB	PB	PB	PB

规则库中第 i 条控制规则 R_i：IF E is A_i AND EC is B_i THEN U is C_i 蕴涵的模糊关系为

$$R_i = (A_i \times B_i) \times C_i$$

控制规则库中的 n 条规则之间可以看作是"或"，也就是"求并"的关系，则整个规则库蕴涵的模糊关系为

$$R = \bigcup_i R_i$$

模糊控制规则的提取方法在模糊控制器设计中起到举足轻重的作用，其优劣直接关系到模糊控制器性能的好坏，是模糊控制器设计的最重要部分。归纳起来，模糊控制规则的生成方法主要有以下几种：

(1) 根据专家经验或过程控制知识生成控制规则。这种方法通过对控制专家的经验进行总结描述来生成特定领域的控制规则原型，经过反复的实验和修正形成最终的规则库。

(2) 根据过程的模糊模型生成控制规则。这种方法通过用模糊语言描述被控过程的输入/输出关系来得到过程的模糊模型，进而根据这种关系来得到控制器的控制规则。

(3) 根据学习算法获取控制规则。应用自适应学习算法(神经网络、遗传算法等)对控制过程的样本数据进行分析和聚类，生成与在线优化出比较完善的控制规则。

3. 模糊推理机

模糊推理机是模糊控制器的核心。模糊推理是指采用某种推理方法，由采样时刻的输入和规则库中蕴涵的输入/输出关系，通过模糊推理方法得到模糊控制器的输出模糊值，即模糊控制信息可通过模糊蕴涵和模糊逻辑的推理规则来获取。根据模糊输入和模糊控制规则，模糊推理求解模糊关系方程，获得模糊输出。模糊推理算法和很多因素有关，如模糊蕴涵规则、推理合成规则、模糊推理条件语句前件部分的连接词(and)和语句之间的连接词(also)的不同定义等。因为这些因素有多种不同定义，可以组合出相当多的推理算法。下面以常用的条件推理语句为例，给出几种常用的推理算法。

对于 $C_i' = (A' \text{ and } B') \circ (A_i \text{ and } B_i \rightarrow C_i)$，记

$$\alpha_i = \left[\max_x (\mu_{A'}(x) \wedge \mu_{A_i}(x)) \right] \wedge \left[\max_y (\mu_{B'}(y) \wedge \mu_{B_i}(y)) \right]$$

有以下 4 种常用的推理算法。

(1) Mamdani 模糊推理算法。

$$\mu_{C_i'} = \alpha_i \wedge \mu_{C_i}(z)$$

$$\mu_{C'} = \mu_{C_1'}(z) \lor \mu_{C_2'}(z) = \left[\alpha_1 \land \mu_{C_1}(z)\right] \lor \left[\alpha_2 \land \mu_{C_2}(z)\right]$$

（2）Larsen 模糊推理算法。

$$\mu_{C_i'} = \alpha_i \mu_{C_i}(z)$$

$$\mu_{C'} = \mu_{C_1'}(z) \lor \mu_{C_2'}(z) = \left[\alpha_1 \mu_{C_1}(z)\right] \lor \left[\alpha_2 \mu_{C_2}(z)\right]$$

（3）Takagi-Sugeno 模糊推理算法。

若模糊逻辑推理规则满足 Takagi-Sugeno 模糊推理形式，即规则结论是规则条件输入变量的函数，如 IF x is A_i and y is B_i THEN $z = f_i(x,y)$，则对于含两条推理规则的模糊控制器，其推理输出为

$$z_0 = \frac{\alpha_1 f_1(x_0, y_0) + \alpha_2 f_2(x_0, y_0)}{\alpha_1 + \alpha_2}$$

（4）Tsukamoto 模糊推理算法。

这是一种当 A_i、B_i、C_i 的隶属函数为单调函数时的特例。对于该方法，首先根据第一条规则求出 $\alpha_1 = C_1(z_1)$ 而求得 z_1；再根据第二条规则求出 $\alpha_2 = C_2(z_2)$ 求得 z_2，准确的输出量可表示为 z_1 和 z_2 的加权组合，即

$$z_0 = \frac{\alpha_1 z_1 + \alpha_2 z_2}{\alpha_1 + \alpha_2}$$

综上所述，可总结模糊控制器的工作过程如下：

（1）模糊控制器实时检测系统的误差和误差变化率 e^* 和 ec^*。

（2）通过量化因子 k_e 和 k_{ec} 将 e^* 和 ec^* 量化为控制器的精确输入 E^* 和 EC^*。

（3）E^* 和 EC^* 通过模糊化接口转化为模糊输入 A^* 和 B^*。

（4）将 A^* 和 B^* 根据规则库蕴涵的模糊关系进行模糊推理，得到模糊控制输出量 C^*。

（5）对 C^* 进行清晰化处理，得到控制器的精确输出量 U^*。

（6）通过比例因子 k_u 将 U^* 转化为实际作用于控制对象的控制量 u^*。

4.4　模糊控制器的设计内容

本节将把注意力集中到模糊控制器的设计问题上。在讨论模糊控制系统的设计问题之前，让我们首先概括一下模糊控制器的设计内容与设计原则。

4.4.1　模糊控制器的设计内容与原则

在设计模糊控制器时，必须考虑下列各项内容与原则。

1. 选择模糊控制器的结构

为模糊控制器选择与确定一种合理的结构，是设计模糊控制器的第一步。选择模糊控制器的结构就是确定模糊控制器的输入变量和输出变量，一般选取误差信号 E（或 e）和误差变化信号 EC（或 ec）作为模糊控制器的输入变量，而把受控变量的变化 y 作为输出变量。由于模糊控制器的结构对受控系统的性能有很大影响，因而必须根据受控对象的具体情况合理地选择模糊控制器的结构。

2. 选取模糊控制规则

模糊控制规则是模糊控制器的核心，必须精心选取这些规则，并考虑下列问题。

（1）选定描述控制器输入和输出变量的语义词汇。

我们称这些语义变量词汇为变量的模糊状态。如果选择比较多的词汇，即用较多的状态来描述每个变量，那么制订规则就比较灵活，形成的规则就比较精确。不过，这种控制规则比较复杂，且不易制订。因此，在选择模糊状态时，必须兼顾简单性和灵活性。在实际应用中，通常选取 7~9 个模糊状态，即正大(PB)、正中(PM)、正小(PS)、负小(NS)、负中(NM)、负大(NB)及平均零(AZ)或者零(ZO) 7 个模糊状态加上正零(PO)和负零(NO) 2 个模糊状态。

（2）规定模糊集。

模糊集表示各模糊状态。在规定模糊集时必须首先考虑模糊集隶属函数曲线的形状。当输入误差在高分辨度的模糊子集上变化时，由输入误差引起的输出变化比较剧烈。反之，当输入误差在低分辨度的模糊子集上变化时，所引起输出变化比较平缓。因此，对于误差变化范围较大的情况，应采用分辨度较低的模糊子集，而当误差接近零时采用分辨度较高的模糊子集。对应于误差 E 的语言变量（模糊状态）A，可分为 8 个模糊状态：PB、PM、PS、PO、NO、NS、NM、NB，它们对应的模糊子集 $A_1, A_2, \cdots, A_8$ 一般可按表 4.3 取值。

表 4.3　模糊集 A 的隶属函数赋值

		-6	-5	-4	-3	-2	-1	-0	$+0$	$+1$	$+2$	$+3$	$+4$	$+5$	$+6$
A_1	PB	0	0	0	0	0	0	0	0	0	0	0.1	0.4	0.8	1.0
A_2	PM	0	0	0	0	0	0	0	0	0.2	0.7	1.0	0.7	0.2
A_3	PS	0	0	0	0	0	0	0.3	0.8	1.0	0.5	0.1	0	0
A_4	PO	0	0	0	0	0	0	1.0	0.6	0.1	0	0	0	0
A_5	NO	0	0	0	0	0.1	0.6	1.0	0	0	0	0	0	0
A_6	NS	0	0	0.1	0.5	1.0	0.8	0.3	0	0	0	0	0	0
A_7	NM	0.2	0.7	1.0	0.7	0.2	0	0	0	0	0	0	0	0
A_8	NB	1.0	0.8	0.4	0.1	0	0	0	0	0	0	0	0	0

在本节及以后各节，变量 E、ΔE、$\Delta^2 E$ 或 e、de、$d^2 e$ 规定在($-100 \rightarrow +100$)范围内变化，然后，通过对数变换$(0, 1, 2.36, 5, 10.8, 23.4, 100) \rightarrow (0, 1, 2, 3, 4, 5, 6)$把变量的变化范围映射为 13 个整数量化级别($-6 \rightarrow 6$)。这种非线性量化提供设定点附近较大的控制灵敏度，能够改善信噪比。

误差变化 EC 所对应的语言变量 B 一般选为 7 个模糊状态：PB、PM、PS、AZ、NS、NM、NB，其所对应的模糊集 $B_1, B_2, \cdots, B_7$ 列于表 4.4。

表 4.4　模糊集 B 的隶属函数赋值

		-6	-5	-4	-3	-2	-1	0	$+1$	$+2$	$+3$	$+4$	$+5$	$+6$
B_1	PB	0	0	0	0	0	0	0	0	0.1	0.4	0.8	1.0
B_2	PM	0	0	0	0	0	0	0	0.2	0.7	1.0	0.7	0.2
B_3	PS	0	0	0	0	0	0.9	1.0	0.7	0.2	0	0	0
B_4	AZ	0	0	0	0	0.5	1.0	0.5	0	0	0	0	0
B_5	NS	0	0	0.2	0.7	1.0	0.9	0	0	0	0	0	0
B_6	NM	0.2	0.7	1.0	0.7	0.2	0	0	0	0	0	0	0
B_7	NB	1.0	0.8	0.4	0.1	0	0	0	0	0	0	0	0

模糊控制器通常采用双输入单输出模型，如图 4.10 所示，它对应于下列语言公式

$$ \text{IF } A \quad \text{AND} \quad B \quad\quad \text{THEN } C \tag{4.26}$$

其对应的结构如图 4.11 所示。

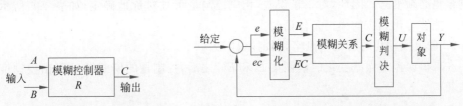

图 4.10 双输入单输出模糊控制器模型　　　图 4.11 双输入单输出模糊控制系统的结构

对应于控制决策 U 的语言变量 C 一般分为 7 个模糊状态(与 B 的模糊状态一样),其对应的模糊集 $C_1,C_2,\cdots,C_7$ 按表 4.5 取值。

表 4.5 模糊集 C 隶属函数的赋值

		−7	−6	−5	−4	−3	−2	−1	0	+1	+2	+3	+4	+5	+6	+7
C_1	PB	0	0	0	0	0	0	0	0	0	0	0	0.1	0.4	0.8	1.0
C_2	PM	0	0	0	0	0	0	0	0	0.2	0.7	1.0	0.7	0.2	0	0
C_3	PS	0	0	0	0	0	0	0	0.4	1.0	0.8	0.4	0.1	0	0	0
C_4	AZ	0	0	0	0	0	0.5	1.0	0.5	0	0	0	0	0	0	0
C_5	NS	0	0	0	0.1	0.4	0.8	1.0	0.4	0	0	0	0	0	0	0
C_6	NM	0	0.2	0.7	1.0	0.7	0.2	0	0	0	0	0	0	0	0	0
C_7	NB	1.0	0.8	0.4	0.1	0	0	0	0	0	0	0	0	0	0	0

(3)确定模糊控制状态表。

我们通常根据控制过程中人的实际经验把推理语义规则,即模糊条件语句,写成一个模糊控制状态表,如表 4.6 所示。

表 4.6 模糊控制规则状态

E ＼ U ＼ ΔE	NB	NM	NS	AZ	PS	PM	PB
NB NM		PB		PM			AZ
NS		PM		PM	AZ	NS	
AZ		PM	PS	AZ	NS	NS	
PS		PS	AZ		NM	NM	
PM PB		AZ		NM		NB	

一般说来,模糊控制器控制规则的设计原则为:当误差较大时,控制量应当尽可能快地减小误差;当误差较小时,除了消除误差外,还必须考虑系统的稳定性,以求避免不需要的超调和振荡。

对表 4.6 的确定原则举例说明如下:对于负误差情况,如果误差为 NB 或 NM,而且误差变化也是负的(NB、NM 或 NS),那么,选择 PB 作为控制量,以便尽快消除误差,足够快地加速控制响应;如果误差变化为正,这表明误差趋于减小,那么应选择较小的控制量,即误差变化为 PS 时,控制量取 PM,而误差变化为 PM 或 PB 时,可不增加控制量,所取控制量为 AZ。

当误差较小(NS,AZ 或 PS)时,主要问题是使控制系统尽快趋向稳定,并防止发生超调现象。这时的控制量是根据误差变化确定的。例如,若误差为 NS,误差变化为 PB,则可取控制量为 NS。根据系统的运行特点,当控制系统的误差和误差变化同时改变正负号时,控制量也必须变号。因此,对于正误差,相应控制量可被对称地确定,如表 4.6 所示。根据表 4.6 能够写出相应的模糊条件语句。

3. 确定模糊化的解模糊策略,制定控制表

在求得误差和误差变化的模糊集 E 和 EC 之后,控制量的模糊集 U 可由模糊推理综合算法获得

$$U = E \times EC \cdot R \tag{4.27}$$

式中,R 为模糊关系矩阵。控制量的模糊集 U 可变换为精确值,见表 4.7。

表 4.7　模糊集 U 隶属函数的赋值——模糊控制表

U $\diagdown$ EC / E	-6	-5	-4	-3	-2	-1	0	$+1$	$+2$	$+3$	$+4$	$+5$	$+6$
-6	7	6	7	6	7	7	7	4	4	2	0	0	0
-5	6	6	6	6	6	6	6	4	4	2	0	0	0
-4	7	6	7	6	7	7	7	4	4	2	0	0	0
-3	6	6	6	6	6	6	6	3	2	0	-1	-1	-1
-2	4	4	4	5	4	4	4	1	0	0	-1	-1	-1
-1	4	4	4	5	4	4	1	0	0	0	-3	-2	-1
-0	4	4	4	5	1	1	0	-1	-1	-1	-4	-4	-4
$+0$	4	4	4	5	1	1	0	-1	-1	-1	-4	-4	-4
$+1$	2	2	2	2	0	0	-1	-4	-4	-3	-4	-4	-4
$+2$	1	1	1	-2	0	-3	-4	-4	-4	-3	-4	-4	-4
$+3$	0	0	0	-3	-3	-6	-6	-6	-6	-6	-6	-6	-6
$+4$	0	0	-2	-4	-4	-7	-7	-7	-6	-7	-7	-6	-7
$+5$	0	0	0	-2	-4	-4	-6	-6	-6	-6	-6	-6	-6
$+6$	0	0	0	-2	-4	-4	-7	-7	-7	-6	-7	-6	-7

在建造模糊控制系统时,首先需要把全部误差和误差变化由精确输入变换为模糊输入。这个过程就是我们已经知道的模糊化。而经综合计算的控制量模糊集合 U 最后要变换为精确输出,供执行控制用。我们已经知道,这个过程叫作解模糊或模糊判决。我们可以根据实际情况,采用有关模糊集和模糊控制参考书中的任何方法,实现模糊化和模糊判决。

4. 确定模糊控制器的参数

控制系统中误差和误差变化的实际范围称为量化变量的基本论域。在设计某个具体的模糊控制器过程中,所有输入变量和输出变量的论域都必须予以确定。譬如说,对于一个液位模糊控制器,需要首先确定液面位置的控制范围以及阀门的最大和最小容量等。这些控制要求将决定模糊控制器中 A/D 和 D/A 变换器的电压和电流变化范围。由于模糊控制器的量化因子和比例因子对模糊控制器的静态和动态特性影响较大,因此,必须合理地选择这两种因子。假设误差的基本论域为 $[-x, +x]$,误差的模糊集论域为 $\{-n, -n+1, \cdots, 0, \cdots, n-1, n\}$,那么,误差量化因子 k_1 可由下式确定

$$k_1 = \frac{n}{x} \tag{4.28}$$

误差变化的量化因子 k_2 和输出控制量的比例因子 k_3 可按上述同样的方法确定。

4.4.2 模糊控制器的控制规则形式

现有的模糊逻辑控制器(FLC),其控制规则一般具有下列形式

$$\text{IF(过程状态)} \qquad \text{THEN(控制作用)} \qquad\qquad (4.29)$$

这里(…)表示基本变量的一些模糊命题。这种语言虽然对于简单的、行为良好的过程是可以胜任的,但在表达控制知识方面却受到很大限制。不管怎样,按常规控制理论类推,以这种方式构成的 FLC 不过是一个将过程状态映射到控制作用的非线性增益控制器。

专家模糊控制器(EFC)则允许更复杂的分层规则,如

$$\text{IF(过程状态)} \qquad \text{THEN(中间变量 1)} \qquad\qquad (4.30)$$
$$\vdots \qquad\qquad\qquad \vdots$$
$$\text{IF(中间变量 } N) \quad \text{THEN(控制作用)} \qquad\qquad (4.31)$$

这里,中间变量代表一些隐含的不可测状态,它们能影响所采用的控制作用。以这种方式构成的规则使得用于确定控制作用的推理更清楚了一些,从而使简单的"激励-响应"控制系统前进了一步。

在更复杂层次,EFC 允许包含策略性知识。因此,就可以确定应用哪一低层规则的中间规则,即

$$\text{IF(过程状态 1)} \qquad \text{THEN(应用规则集 } A)$$
$$\vdots \qquad\qquad\qquad \vdots$$
$$\text{IF(过程状态 } N) \qquad \text{THEN(应用规则集 } B) \qquad (4.32)$$

也可有这类规则,它们用来确定低层规则的某一时间次序,即

$$\text{IF(过程状态)} \qquad \text{THEN(首先应用规则集 } A)$$
$$\text{(然后应用规则集 } B) \qquad (4.33)$$

上面所描述的规则全都是称为"事件驱动规则"的例子,都以所谓正向链接的模式处理,即这些规则只有在过程的状态同预先确定的条件相"匹配"时才加以应用。

此外,EFC 还允许问题的目标及约束函数作为规则的可能。这些目标驱动规则用于改变控制器的结构,比如说从一种控制模式转换为另一种控制模式。例如,希望将过程从一个稳定状态驱动到另一个稳定状态(也许是为了响应生产上所需的变化),那么就需要这类形式的规则

$$\text{IF(新目标)} \qquad \text{THEN(初始化规则组 1)}$$

这里(新目标)是当前目标同新目标之间差别的某种描述,而(初始化规则组 1)则指出应当采用完全不同的低层规则集。

此外,还有其他一些模糊控制规则的表示形式。

4.5 模糊控制系统的设计方法

随着求解对象(如受控系统)的不同,其问题要求、系统性质、知识类型、输入/输出条件和函数形式也不尽相同,因而对模糊系统(含模糊控制系统)的设计方法也可能不同。例如,对任意输入确定输出的系统,可按给定的逼近精度设计一个模糊系统,使其逼近某一给定函数,或者按所需精度用二阶边界设计模糊系统。又如,对于由输入/输出数据对描述的系统,

可用查表法、梯度下降法、递推最小二乘法和聚类法等方法来设计模糊系统。再如,可用试错法设计非自适应模糊系统。此外,还有语言平面法、专家系统法、CAD 工具法和遗传进化算法等模糊系统设计方法,均可用来设计模糊控制系统。

下面介绍其中几种模糊系统的设计方法。

4.5.1　模糊系统设计的查表法

假设给出如下输入/输出数据对

$$(x_0^p ; y_0^p), \quad p=1,2,\cdots,N \tag{4.34}$$

式中 $x_0^p \in U=[\alpha_1,\beta_1]\times\cdots\times[\alpha_n,\beta_n]\subset R^n$,$y_0^p \in V=[\alpha_y,\beta_y]\subset R$。根据以上 N 对输入/输出数据设计一个模糊系统 $f(x)$。用查表法设计模糊系统的步骤如下:

1. 把输入和输出空间划分为模糊空间

在每个区间 $[\alpha_i,\beta_i](i=1,2,\cdots,n)$ 上定义 N_i 个模糊集 $A_i^j(j=1,2,\cdots,N_i)$,且 A_i^j 在 $[\alpha_i,\beta_i]$ 上是完备模糊集,即对任意 $x\in[\alpha_i,\beta_i]$,都存在 A_i^j 使得 $\mu_{A_i^j}(x_i)\neq0$。例如,可选择 $\mu_{A_i^j}(x_i)$ 为四边形隶属度函数

$$\mu_{A_i^j}(x_i)=\mu_{A_i^j}(x_i;\ a_i^j,b_i^j,c_i^j,d_i^j)$$

其中,$a_i^1=b_i^1=a_i,c_i^j=a_i^{j+1}<b_i^{j+1}=d_i^j(j=1,2,\cdots,N_i-1),a^{N_i}=d^{N_i}=\beta_i$。

类似地,定义 N_y 个模糊集 $B^j,j=1,2,\cdots,N_y$,它们在 $[\alpha_i,\beta_i]$ 上也是完备模糊集。也选择 $\mu_{B^j}(y)$ 为四边形隶属度函数

$$\mu_{B^j}(y)=\mu_{B^j}(y;\ a^j,b^j,c^j,d^j)$$

其中,$a^1=b^1=a_j,c^j=a^{j+1}<b^{j+1}=d^j(j=1,2,\cdots,N_y-1),a^{N_y}=d^{N_y}=\beta_y$。

2. 由一个输入/输出数据对产生一条模糊规则

首先,根据每个输入/输出数据对 $(x_{01}^p,\cdots,x_{0n}^p;\ y_0^p)$,确定 $x_{0i}^p(i=1,2,\cdots,n)$ 隶属于模糊集 $A_i^j(i=1,2,\cdots,N_i)$ 的隶属度值和 y_0^p 隶属于模糊集 B^l 的隶属度值 $(l=1,2,\cdots,N_y)$,即计算 $\mu_{A_i^j}(x_{0i}^p)(j=1,2,\cdots,N_i;\ i=1,2,\cdots,n)$ 和 $\mu_{B^l}(y_0^p)(l=1,2,\cdots,N_y)$。

然后,对每个输入变量 $x_i(i=1,2,\cdots,n)$,确定使 x_{0i}^p 有最大隶属度值的模糊集,即,确定 $A_i^{j^*}$ 使得 $\mu_{A_i^{j^*}}(x_{0i}^p)\geqslant\mu_{A_i^j}(x_{0i}^p)(j=1,2,\cdots,N_y)$。类似地,确定 B^{l^*} 使得 $\mu_{B^{l^*}}(y_0^p)\geqslant\mu_{B^l}(y_0^p)(l=1,2,\cdots,N_y)$。最后可以得到下面的模糊 IF-THEN 规则

$$\text{如果 } x_1 \text{ 为 } A_1^{j^*} \text{ 且 }\cdots\text{ 且 } x_n \text{ 为 } A_n^{j^*},\text{则 } y \text{ 为 } B^{l^*} \tag{4.35}$$

3. 对步骤 2 中的每条规则赋予一个强度

由于输入/输出数据对的数量通常都比较大,且每对数据都会产生一条规则,所以很可能会出现有冲突的规则。即,规则的 IF 部分相同,而 THEN 部分不同。为了解决这一冲突,可赋予步骤 2 中的每条规则一个强度,从而使得一个冲突群中仅有一条规则具有最大强度。这样,不仅冲突问题解决了,而且规则数量也大大减少了。

规则的强度定义如下,假设规则(式(4.35))是由输入/输出数据对 $(x_0^p;\ y_0^p)$ 产生的,则其强度可定义为

$$D(规则) = \prod_{i=1}^{n} \mu_{A_i^{j^*}}(x_{0i}^p)\mu_{B^{l^*}}(y_0^p) \tag{4.36}$$

如果输入/输出数据对具有不同的可靠性且能用一个数来评价它的话,则可以把这一个信息也合并到规则强度中。具体来说,假定输入/输出数据对$(x_0^p; y_0^p)$的可靠程度为$\mu^p(\in[0,1])$,则由$(x_0^p; y_0^p)$产生的规则强度可定义为

$$D(规则) = \prod_{i=1}^{n} \mu_{A_i^{j^*}}(x_{0i}^p)\mu_{B^{l^*}}(y_0^p)\mu^p \tag{4.37}$$

4. 创建模糊规则库

模糊规则库由以下 3 个规则集合组成:

(1) 步骤 2 中产生的与其他规则不发生冲突的规则。

(2) 一个冲突规则群体中具有最大强度的规则,其中冲突规则群体是指那些具有相同的 IF 部分的规则。

(3) 来自专家的语言规则(主要指专家的显性知识)。

由于前两个规则集合是由隐性知识得到的,所以最终的规则库是由显性知识和隐性知识组成的。

直观上,可以把一个模糊规则库描述成一个两维输入情况下的可查询的表格。每个格子代表$[\alpha_1, \beta_1]$中的模糊集和$[\alpha_2, \beta_2]$中的模糊集的一个组合,由此可得到一条可能的规则。一个冲突规则群体是由同一个格子中的规则组成的。该方法也可以看作用恰当的规则来填充这个表格,这就是称其为查表法的原因。

5. 基于模糊规则库构造模糊系统

根据步骤 4 中产生的模糊规则库来构造模糊系统。例如,可以选择带有乘积推理机、单值模糊器、中心平均解模糊器的模糊系统。

4.5.2 模糊系统设计的梯度下降法

查表法第 1 步中的隶属函数是固定不变的,且不必根据输入/输出对进行优化。当对隶属函数进行优化后而选定时,就是模糊系统的另一种设计方法——梯度下降法。

1. 系统结构选择

采用查表法设计模糊系统时,首先由输入/输出数据对产生模糊 IF-THEN 规则,然后根据这些规则和选定的模糊推理机、模糊器、解模糊器来构造模糊系统。而采用梯度下降法设计模糊系统时,首先描述模糊系统的结构,然后允许模糊系统结构中的一些参数自由变化,然后根据输入/输出数据对确定这些自由参数。

设计模糊系统的结构就是选定模糊系统的形式。假定将要设计的模糊系统形式选为

$$f(x) = \frac{\sum_{l=1}^{M} \bar{y}^l \left[\prod_{i=1}^{n} \exp\left(-\left(\frac{x_i - \bar{x}_i^l}{\sigma_i^l}\right)^2\right)\right]}{\sum_{l=1}^{M} \left[\prod_{i=1}^{n} \exp\left(-\left(\frac{x_i - \bar{x}_i^l}{\sigma_i^l}\right)^2\right)\right]} \tag{4.38}$$

式中,M是固定不变的,$\bar{y}^l$、$\bar{x}_i^l$和σ_i^l是自由变化的参数(令$\sigma_i^l = 1$)。尽管模糊系统的结构已经选定为式(4.38),但是由于参数$\bar{y}^l$、$\bar{x}_i^l$和σ_i^l还未确定,所以模糊系统并未设计好。一

且参数 $\bar{y}^l$、$\bar{x}_i^l$ 和 σ_i^l 确定了,模糊系统也就设计好了。即设计模糊系统和确定 $\bar{y}^l$、$\bar{x}_i^l$ 和 σ_i^l 是等价的。

把式(4.38)中的模糊系统表述为一个前馈网络有助于以某种最优的方式确定这些参数。具体来讲,从输入 $x \in U \subset R^n$ 到输出 $f(x) \in V \subset R$ 的映射可以根据下面的运算得到。

首先,输入 x 根据一个乘积高斯算子运算而变成 $z^l = \sum_{l=1}^{M} \left[\prod_{i=1}^{n} \exp\left(-\left(\frac{x_i - \bar{x}_i^l}{\sigma_i^l}\right)^2\right) \right]$,然后 z^l 再通过一个求和运算和一个加权求和运算得到 $b = \sum_{l=1}^{M} z^l$ 和 $a = \sum_{l=1}^{M} \bar{y}^l z^l$,最后,计算模糊系统的输出 $f(x) = a/b$。

2. 系统参数设计

参数设计就是由式(4.34)给定的输入/输出数据对设计出一个形如式(4.38)的模糊系统 $f(x)$,使得下面的拟和误差最小

$$e^p = \frac{1}{2}\left[f(x_0^p) - y_0^p\right]^2 \tag{4.39}$$

设计任务是确定参数 $\bar{y}^l$、$\bar{x}_i^l$ 和 σ_i^l 使式(4.39)中的 e^p 最小。接下来,分别用 e、f 和 y 来表示 e^p、$f(x_0^p)$ 和 y_0^p。

下面用梯度下降法来确定参数,具体地讲,就是用下面的算法来确定 $\bar{y}^l$

$$\bar{y}^l(q+1) = \bar{y}^l(q) - a \left.\frac{\partial e}{\partial \bar{y}^l}\right|_q \tag{4.40}$$

式中,$l=1,2,\cdots,M$;$q=1,2,3,\cdots$;a 为定步长。如果 q 趋于无穷时,$\bar{y}^l(q)$ 收敛,则由式(4.40)可知,在收敛的 $\bar{y}^l$ 处有 $\frac{\partial e}{\partial \bar{y}^l}=0$,这表明收敛点 $\bar{y}^l$ 是 e 的一个局部极小点。由图 4.12 可知,$f(e$ 亦如此)仅通过 a 依赖于 $\bar{y}^l$,其中,$f=a/b$,$a = \sum_{l=1}^{M} \bar{y}^l \bar{z}^l$,$b = \sum_{l=1}^{M} \bar{z}^l$,$\bar{z}^l = \prod_{i=1}^{n} \exp\left(-\left(\frac{x_i - \bar{x}_i^l}{\sigma_i^l}\right)^2\right)$,因此,根据复合函数求导规则有

$$\frac{\partial e}{\partial \bar{y}^l} = (f-y)\frac{\partial f}{\partial a}\frac{\partial a}{\partial \bar{y}^l} = (f-y)\frac{1}{b}z^l \tag{4.41}$$

把式(4.40)代入式(4.39),即可得 $\bar{y}^l$ 的学习算法为

$$\bar{y}^l(q+1) = \bar{y}^l(q) - a\frac{f-y}{b}z^l \tag{4.42}$$

式中,$l=1,2,\cdots,M$;$q=0,1,2,\cdots$。

用下式确定 $\bar{x}_i^l$

$$\bar{x}_i^l(q+1) = \bar{x}_i^l(q) - a\left.\frac{\partial e}{\partial \bar{x}_i^l}\right|_q \tag{4.43}$$

式中,$i=1,2,\cdots,n$;$l=1,2,\cdots,M$;$q=0,1,2,\cdots$。由图 4.12 可以看出,$f(e$ 亦如此)仅通过 z^l 依赖于 $\bar{x}_i^l$,所以,根据复合函数求导规则,有

$$\frac{\partial e}{\partial \bar{x}_i^l} = (f-y)\frac{\partial f}{\partial z^l}\frac{\partial z^l}{\partial \bar{x}_i^l} = (f-y)\frac{\bar{y}^l - f}{b}z^l\frac{2(x_{0i}^p - \bar{x}_i^l)}{\sigma_i^{l2}} \tag{4.44}$$

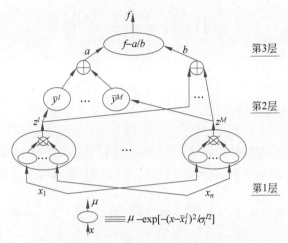

图 4.12　模糊系统的网络示意图

把式(4.44)代入式(4.43),可得 $\bar{x}_i^l$ 的学习算法为

$$\bar{x}_i^l(q+1) = \bar{x}_i^l(q) - \frac{f-y}{b}(\bar{y}^l(q)-f)z^l \frac{2(x_{0i}^p - \bar{x}_i^l(q))}{\sigma_i^{l2}(q)} \tag{4.45}$$

式中,$i=1,2,\cdots,n$;$l=1,2,\cdots,M$;$q=0,1,2,\cdots$。

用同样的步骤,可得 σ_i^l 的学习算法为

$$\sigma_i^l(q+1) = \sigma_i^l(q) - a\left.\frac{\partial e}{\partial \sigma_i^l}\right|_q$$

$$= \sigma_i^l(q) - a\frac{f-y}{b}(\bar{y}^l(q)-f)z^l \frac{2(x_{0i}^p - \bar{x}_i^l(q))^2}{\sigma_i^{l3}(q)} \tag{4.46}$$

式中 $i=1,2,\cdots,n$;$l=1,2,\cdots,M$;$q=0,1,2,\cdots$。

学习算法式(4.42)、式(4.45)和式(4.46)完成的是一个误差反向传播程序。为了训练 $\bar{y}^l$,标准误差 $(f-y)/b$ 被反向传播到 $\bar{y}^l$ 所在层,则 $\bar{y}^l$ 可用式(4.42)来调整。这里,z^l 是 $\bar{y}^l$ 的输入(参见图 4.12),为了训练 $\bar{x}_i^l$ 和 σ_i^l,标准误差 $(f-y)/b$ 与 $\bar{y}^l-f$ 及 z^l 的乘积被反向传播到第一层的处理单元(其输出为 z^l),则 $\bar{x}_i^l$ 和 σ_i^l 可分别用式(4.45)和式(4.46)来调整,余下变量 $\bar{x}_i^l, x_{0i}^p$ 和 σ_i^l(即式(4.45)和式(4.46)右边的除 $\frac{f-y}{b}(\bar{y}^l-f)z^l$ 以外的变量)也可局部得到。因此,也称这一算法为误差反向传播学习算法。

3. 设计步骤

用梯度下降法设计模糊系统的步骤如下:

(1) 结构的确定和初始参数的设置。选择形如式(4.38)的模糊系统并确定 M。M 越大,产生的参数越多,运算也就越复杂,但给出的逼近精度越高。设定初始参数 $\bar{y}^l(0)$,$\bar{x}_i^l(0)$ 和 $\sigma_i^l(0)$。这些初始参数可能是根据专家的语言规则确定的,也可能是由均匀的覆盖输入/输出空间的相应的隶属度函数确定的。

(2) 给出输入数据并计算模糊系统的输出。对于给定的输入/输出数据对 (x_0^p, y_0^p),$p=1,2,\cdots$,在学习的第 q($q=0,1,2,\cdots$)阶段,把输入 x_0^p 作为图 4.12 中的模糊系统的输入层,然后计算第 1 层~第 3 层的输出,即计算

$$z^l = \prod_{i=1}^{n} \exp\left(-\left(\frac{x_{0i}^p - \bar{x}_i^l(q)}{\sigma_i^l(q)}\right)^2\right) \tag{4.47}$$

$$b = \sum_{l=1}^{M} z^l \tag{4.48}$$

$$a = \sum \bar{y}^l(q) z^l \tag{4.49}$$

$$f = a/b \tag{4.50}$$

(3) 调整参数。采用学习算法式(4.42)、式(4.45)和式(4.46)计算要调整的参数 $\bar{y}^l(q+1)$,$\bar{x}_i^l(q+1)$,$\sigma_i^l(q+1)$,其中 $y = y_0^p$,z^l,b,a,f 等都属于步骤(2)中算出的 z^l,b,a,f。

(4) 令 $q = q+1$,返回步骤(2)重新计算,直至误差 $|f - y_0^p|$ 小于一个很小的常数 ε,或直至 q 等于一个预先指定的值。

(5) 令 $p = p+1$,返回步骤(2)重新计算。即用下一个输入/输出数据对 (x_0^{p+1}, y_0^{p+1}) 来调整参数。

(6) 如果有必要的话,令 $p=1$,并重新计算步骤(2)~步骤(5),直至所设计的模糊系统令人满意。对于在线控制和动态辨识问题,这一步是不可行的,因为该问题给出的输入/输出数据对是以实时方式一一对应的;而对于模式识别问题,因为其输入/输出数据对是离线的,所以这一步是可行的。

4.5.3   模糊系统设计的递推最小二乘法

梯度下降算法试图使式(4.39)中的 e^p 达到最小,但它仅考虑了某一输入/输出数据对 $(x_0^p; y_0^p)$ 的拟和误差。即这种学习算法是在某一时刻通过调整参数以拟和输入/输出数据对的。另一种学习算法能使所有由 $1 \sim p$ 的输入/输出数据对的拟和误差之和达到最小。现在的目标是设计一个模糊系统 $f(x)$,使得下式最小

$$J_p = \sum_{j=1}^{p} [f(x_0^j) - y_0^j]^2 \tag{4.51}$$

此外,还要递推地设计该模糊系统,即如果 f_p 就是使 J_p 最小的模糊系统,则 f_p 应该可以被表述为 f_{p-1} 的函数。

用递推最小二乘法设计模糊系统的步骤如下。

(1) 假设 $U = [\alpha_1, \beta_1] \times \cdots \times [\alpha_n, \beta_n] \subset R^n$。在每个区间 $[\alpha_i, \beta_i]$($i = 1, 2, \cdots, n$)上定义 N_i 个模糊集 $A_i^{l_i}$($l_i = 1, 2, \cdots, N_i$),它们在 $[\alpha_i, \beta_i]$ 是完备模糊集。如果可选 $A_i^{l_i}$ 为四边形模糊集:$\mu_{A_i^{l_i}}(x_i) = \mu_{A_i^{l_i}}(x_i; a_i^{l_i}, b_i^{l_i}, c_i^{l_i}, d_i^{l_i})$,其中,$a_i^1 = b_i^1 = a_i$,$c_i^j \leqslant a_i^{j+1} < d_i^j \leqslant b_i^{j+1}$($j = 1, 2, \cdots, N_i - 1$),$c_i^{N_i} = d_i^{N_i} = \beta_i$。

(2) 根据如下形式的 $\prod_{i=1}^{n} N_i$ 条模糊 IF-THEN 规则来构造模糊系统

$$\text{IF } x_1 \text{ 为 } A_1^{l_1}, \text{且 } x_n \text{ 为 } A_n^{l_n}, \text{THEN } y \text{ 为 } B^{l_1 l_2 \cdots l_n} \tag{4.52}$$

其中,$l_i = 1, 2, \cdots, N_i$($i = 1, 2, \cdots, n$),$B^{l_1 l_2 \cdots l_n}$ 是中心为 $\bar{y}^{l_1 l_2 \cdots l_n}$(可自由变化)的任意模糊集。具体地讲,就是选择带有乘积推理机、单值模糊器、中心平均解模糊器的模糊系统。即

所设计的模糊系统为

$$f(x) = \frac{\sum\limits_{l_1=1}^{N_1} \sum\limits_{l_2=1}^{N_2} \cdots \sum\limits_{l_n=1}^{N_n} \bar{y}^{l_1 l_2 \cdots l_n} \left[\prod\limits_{i=1}^{n} \mu_{A_i}l_i(x_i) \right]}{\sum\limits_{l_1=1}^{N_1} \sum\limits_{l_2=1}^{N_2} \cdots \sum\limits_{l_n=1}^{N_n} \left[\prod\limits_{i=1}^{n} \mu_{A_i}l_i(x_i) \right]} \tag{4.53}$$

其中，$y^{-l_1 l_2 \cdots l_n}$ 是要设计的自由参数，$A_i^{l_i}$ 在步骤 1 中给定。然后将自由参数 $y^{-l_1 l_2 \cdots l_n}$ 放到 $\prod\limits_{i=1}^{n} N_i$ 维向量中

$$\theta = (\bar{y}^{1\cdots1}, \cdots, \bar{y}^{N_1 1\cdots1}, \bar{y}^{121\cdots1}, \cdots, \bar{y}^{N_1 21\cdots1}, \cdots, \bar{y}^{1N_2\cdots N_n}, \cdots, \bar{y}^{N_1 N_2\cdots N_n})^{\mathrm{T}} \tag{4.54}$$

则式(4.53)可变为

$$f(x) = b^{\mathrm{T}}(x)\theta \tag{4.55}$$

其中

$$b(x) = \big(b^{1\cdots1}(x), \cdots, b^{N_1 1\cdots1}(x), b^{121\cdots1}(x), \cdots, b^{N_1 21\cdots1}(x), \cdots,$$

$$b^{1N_2\cdots N_n}(x), \cdots, b^{N_1 N_2\cdots N_n}(x) \big)^{\mathrm{T}} \tag{4.56}$$

$$b^{l_1\cdots l_n}(x) = \frac{\prod\limits_{i=1}^{n} \mu_{A_i}l_i(x_i)}{\sum\limits_{l_1=1}^{N_1} \cdots \sum\limits_{l_n=1}^{N_n} \left[\prod\limits_{i=1}^{n} \mu_{A_i}l_i(x_i) \right]} \tag{4.57}$$

(3) 根据以下过程选择初始参数 $\theta(0)$。如果专家(显性知识)能提供与式(4.52)的 IF 部分相同的语言规则，则选择 $y^{-l_1 l_2 \cdots l_n}(0)$ 为这些语言规则的 THEN 部分的模糊集中心，否则，在输出空间 $V \subset R$ 上任意选择 $\theta(0)$(如，选定 $\theta(0)=0$ 或 $\theta(0)$ 中的元素在 V 上的均匀分布)。由此可知，最初的模糊系统是由显性知识组建而成的。

(4) 当 $p=1,2,\cdots$ 时，用以下递推最小二乘法计算参数 θ

$$\theta(p) = \theta(p-1) + K(p)[y_0^p - b^{\mathrm{T}}(x_0^p)\theta(p-1)] \tag{4.58}$$

$$K(p) = P(p-1)b(x_0^p)[b^{\mathrm{T}}(x_0^p)P(p-1)b(x_0^p) + 1]^{-1} \tag{4.59}$$

$$P(p) = P(p-1) - P(p-1)b(x_0^p)[b^{\mathrm{T}}(x_0^p)P(p-1)b(x_0^p) + 1]^{-1}b^{\mathrm{T}}(x_0^p)P(p-1) \tag{4.60}$$

式中，$\theta(0)$ 是在步骤 3 中选定的，$P(0) = \sigma I (\sigma$ 是一个很大的常数)。在所设计的形如式(4.53) 的模糊系统的参数 $y^{-l_1 l_2 \cdots l_n}$ 等于 $\theta(p)$ 中的对应元素。

4.5.4 模糊系统设计的聚类法

聚类法意味着把一个数据集合分割成不相交的子集或组，一组中的数据应具有同其他数据区分开来的性质。首先，应对输入/输出数据对按输入点的分布进行分组，然后每组仅用一条规则来描述。例如，把 6 对输入/输出数据分成 2 组，每组分别为 2 对和 4 对，然后产生出两条用于构造模糊系统的规则。

最近邻聚类法是一种最简单的聚类算法。在此算法中，首先把第一个数据作为第一组的

聚类中心。接下来,如果一个数据距该聚类中心的距离小于某个预定值,就把这个数据放到此组中,即该组的聚类中心应是和这个数据最接近的;否则,把该数据设为新一组的聚类中心。

用最近邻聚类法设计模糊系统的步骤如下:

(1) 从第一个输入/输出数据对$(x_0^1;y_0^1)$开始,把x_0^1设为一个聚类中心x_c^1,并令$A^1(1)=y_0^1,B^1(1)=1$,设定半径r。

(2) 假定考虑第k对输入/输出数据$(x_0^k;y_0^k)(k=2,3,\cdots)$时,已经存在聚类中心分别为$x_c^1,x_c^2,\cdots,x_c^m$的$M$个聚类。分别计算$x_0^k$到这$M$个聚类中心的距离$|x_0^k-x_c^l|(l=1,2,\cdots,M)$。设这些距离中最小的距离为$|x_0^k-x_c^{l_k}|$,即$x_c^{l_k}$为$x_0^k$的最近邻原则聚类。

① 如果$|x_0^k-x_c^{l_k}|>r$,则把x_0^k作为一个新的聚类中心$x_c^{M+1}=x_0^k$,令$A^{M+1}(k)=y_0^k$,$B^{M+1}(k)=1$,并令$A^l(k)=A^l(k-1)(l=1,2,\cdots,M)$。

② 如果$|x_0^k-x_c^{l_k}|\leqslant r$,则做如下计算

$$A^{l_k}(k)=A^{l_k}(k-1)+y_0^k \tag{4.61}$$

$$B^{l_k}(k)=B^{l_k}(k-1)+1 \tag{4.62}$$

当$l\neq l_k,l=1,2,\cdots,M$时,令

$$A^l(k)=A^l(k-1) \tag{4.63}$$

$$B^l(k)=B^l(k-1) \tag{4.64}$$

(3) 如果x_0^k并未建立一个新的聚类,则根据k对输入/输出数据$(x_0^j;y_0^j)(j=1,2,\cdots,k)$设计如下模糊系统

$$f_k(x)=\frac{\sum_{l=1}^{M}A^l(k)\exp\left(-\frac{|x-x_c^l|^2}{\sigma}\right)}{\sum_{l=1}^{M}B^l(k)\exp\left(-\frac{|x-x_c^l|^2}{\sigma}\right)} \tag{4.65}$$

如果x_0^k建立了一个新的聚类,则所设计的模糊系统为

$$f_k(x)=\frac{\sum_{l=1}^{M+1}A^l(k)\exp\left(-\frac{|x-x_c^l|^2}{\sigma}\right)}{\sum_{l=1}^{M+1}B^l(k)\exp\left(-\frac{|x-x_c^l|^2}{\sigma}\right)} \tag{4.66}$$

(4) 令$k=k+1$,返回步骤(2)。

从式(4.61)~式(4.64)可以看出,变量$B^l(k)$等于第l组中已使用了k对输入/输出数据后的输入/输出数据对的数目,$A^l(k)$等于第l组中输入/输出数据对的输出值的总和。所以,如果每个输入/输出数据对都建立了一个聚类中心,所设计的模糊系统式(4.66)就变成了最优的模糊系统。因为最优的模糊系统可以看作用一条规则来对应一个输入/输出数据对,所以模糊系统式(4.65)和式(4.66)就可以看作用一条规则来对应一组输入/输出数据对。由于每个输入/输出数据对都有可能产生一个新的聚类,因此所设计的模糊系统中规则的数目在设计过程中也是不断变化的。组(或规则)的数目取决于输入/输出数据对中输入点的分布及半径r。

半径r确定了模糊系统的复杂性。r越小,所得到的组的数目就越多,使模糊系统越复

杂；当 r 较大时，所设计的模糊系统会比较简单但缺乏力度。实际中，可以通过试错法找到一个适当的半径 r。

4.6 模糊控制器的设计实例与实现

上节所讨论的模糊控制器的设计内容是比较原则性的，在实际控制系统设计中，可能把设计系统分得较细（如分为 8 步），也可能分得比较粗（如 4 步），而在每一步骤中有包括两个以上的子步骤。不过，无论采用哪种设计方法，其指导思想原则是一致的。控制系统的设计是针对实际应用的受控对象进行的，其设计过程与受控对象密不可分。随着受控对象的不同和控制要求的高低，控制系统可能比较复杂，也可能比较简单。模糊控制系统的设计也不例外。下面介绍两个模糊控制器的实例，其设计思想和方法可供其他受控对象参考。

4.6.1 造纸机模糊控制系统的设计与实现

典型的长网纸机抄造工段的工艺流程如图 4.13 所示。打浆车间送来的浓纸浆在混合箱与清水混合稀释后形成浓纸浆；经过除砂装置去除浆料中尘埃和浆团，通过网前箱流布在铜网上。纸浆在铜网上经自然滤水，形成湿纸页，经压榨部脱水后，连续经过两组烘缸干燥，最后经压光作为品纸，上卷筒卷取。

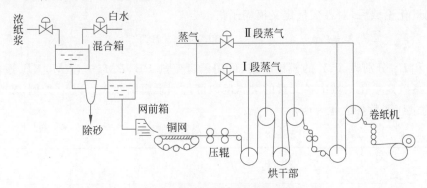

图 4.13 造纸机抄造工艺流程

成纸水分[纸页中含水量（%）]是纸页最重要的质量指标之一。水分过高会导致水分不均匀，容易出现气泡、水斑等各种纸病；水分过低，则会导致纸页发脆，强度减弱，甚至断纸，同时还会多用蒸气，使能耗增加。如果在工艺允许的条件下，将水分控制在接近国家标准的上限，就可获得明显的经济效益。

在长达 10m 的纸机流程中，影响成纸水分的因素很多，其中最主要的是湿纸页在烘干部的热传递情况和成纸定量水分的耦合。由于蒸气压力是可测量的，一般将它取为成纸水分的控制变量。烘干部有 3 组共 20 多只直径为 1m 左右的烘缸，要定量准确地描述纸页在烘干过程中的机理是十分困难的，因此，采用模糊控制器控制成纸水分较为合适和可行。

1. 模糊控制器设计

实时模糊控制器的设计，通常可分为离线和在线两部分。离线设计就是根据操作人员的先验知识，确定模糊控制规则到生成模糊控制查询表的完整过程，它包括输入量量化，确定模糊子集和模糊关系矩阵，进行模糊判决，并建立控制输出查询表等内容。

关于成纸水分控制的先验知识可定性归纳为:

(1) 如果成纸水分含量低于给定值,就需要减少进入烘缸的蒸气,降低烘缸温度,使水分值升高;反之,则增加蒸气量,使水分值降低。

(2) 由于湿纸页通过Ⅰ段烘缸(第1、2组)后,水分值已降低到10%以下,只是施胶后再干燥。所以在水分值偏离给定值不大时,只需调节Ⅱ段(第3组)烘缸的蒸气量;但在偏离较大时,应同时调节Ⅰ段、Ⅱ段烘缸的蒸气量。

(3) 由于烘缸升温快而降温相对慢些,因而开气和关气的速度要求应该不同,关气应快一些。

根据上述先验知识,模糊控制器离线设计可按下述步骤进行:

(1) 量化。

设 e 和 ec 分别代表偏差和偏差变化率,取其基本论域为

$$E = [e_{\min}, e_{\max}] \text{ 和 } EC = [ec_{\min}, ec_{\max}] \tag{4.67}$$

将基本论域量化为

$$E \Rightarrow X = \{x_1, x_2, \cdots, x_{p_1}\}$$
$$EC \Rightarrow Y = \{y_1, y_2, \cdots, y_{p_2}\} \tag{4.68}$$

(2) 确定模糊子集。

得到量化论域后,对各变量定义模糊子集。令

$$X = \{\underset{\sim}{A_i}\}_{(i=1,2,\cdots,n)} \quad \text{和} \quad Y = \{\underset{\sim}{B_j}\}_{(j=1,2,\cdots,m)} \tag{4.69}$$

式中,A_i 和 B_i 分别为 X、Y 的模糊子集,可用语言变量 $PB, PM, \cdots, \widetilde{NM}, \widetilde{NB}$ 等表示。对各模糊子集确定量化论域中各元素的隶属函数可得到隶属函数表。以 x 为例,X 的各元素对 $\{A_i\}$ 的隶属函数如表 4.8 所示。

表 4.8 x_i 对 $\{A_i\}$ 的隶属函数表

$\mu_{B_i}(x)$ \ x_i A_i	x_1	x_2	$\cdots$	x_i	$\cdots$	x_n
NB	$\mu_{NB}(x_1)$	$\mu_{NB}(x_2)$	$\cdots$	$\mu_{NB}(x_i)$	$\cdots$	$\mu_{NB}(x_n)$
$\vdots$	$\vdots$	$\vdots$	$\vdots$	$\vdots$	$\vdots$	$\vdots$
PB	$\mu_{PB}(x_1)$	$\mu_{PB}(x_2)$	$\cdots$	$\mu_{PB}(x_i)$	$\cdots$	$\mu_{PB}(x_n)$

设 μ_1、μ_2 分别为Ⅰ段、Ⅱ段蒸气的控制量,相应的论域为

$$\begin{cases} Z_1 = \{\underset{\sim}{C_{1k1}}\} & (k_1 = 1,2,\cdots,l_1) \\ Z_2 = \{\underset{\sim}{C_{2k2}}\} & (k_2 = 1,2,\cdots,l_2) \end{cases} \tag{4.70}$$

(3) 确定模糊关系与控制输出模糊子集。

根据操作经验,设定一组模糊控制规则为

$$\text{IF } \underset{\sim}{A_i} \text{ THEN IF } \underset{\sim}{B_j} \text{ THEN } \underset{\sim}{C_{1ij}} \text{ AND } \underset{\sim}{C_{2ij}}$$
$$(i=1,2,\cdots,n; j=1,2,\cdots,m) \tag{4.71}$$

或写成

$$\text{IF } \underset{\sim}{A_i} \text{ THEN IF } \underset{\sim}{B_j} \text{ THEN } \underset{\sim}{C_{1ij}} \text{ AND IF } \underset{\sim}{A_i} \text{ THEN IF } \underset{\sim}{B_j} \text{ THEN } \underset{\sim}{C_{2ij}}$$

其模糊关系为

$$\underset{\sim}{R_1} = \bigcup_{i,j} \left(\underset{\sim}{A_i} \times \underset{\sim}{B_j} \times \underset{\sim}{C_{1ij}} \right) \quad \underset{\sim}{R_2} = \bigcup_{i,j} \left(\underset{\sim}{A_i} \times \underset{\sim}{B_j} \times \underset{\sim}{C_{2ij}} \right) \tag{4.72}$$

即

$$\begin{cases} \mu_{\underset{\sim}{R_1}}(x,y,z_1) = \bigvee_{i,j} \left(\mu_{\underset{\sim}{A_i}}(x) \wedge \mu_{\underset{\sim}{B_j}}(y) \wedge \mu_{\underset{\sim}{c_{1ij}}}(z_1) \right) \\ \mu_{\underset{\sim}{R_2}}(x,y,z_2) = \bigvee_{i,j} \left(\mu_{\underset{\sim}{A_i}}(x) \wedge \mu_{\underset{\sim}{B_j}}(y) \wedge \mu_{\underset{\sim}{c_{2ij}}}(z_2) \right) \end{cases} \tag{4.73}$$

当给定 $x = \underset{\sim}{A_i}, y = \underset{\sim}{B_j}$ 时,则由模糊合成规则推理得到

$$\begin{cases} \underset{\sim}{C_{1ij}} = (\underset{\sim}{A_i} \times \underset{\sim}{B_j}) \circ \underset{\sim}{R_1} \\ \underset{\sim}{C_{2ij}} = (\underset{\sim}{A_i} \times \underset{\sim}{B_j}) \circ \underset{\sim}{R_2} \end{cases} \tag{4.74}$$

即

$$\begin{cases} \mu_{\underset{\sim}{C_{1ij}}}(z_1) = \bigvee_{i,j} \left[\left(\mu_{\underset{\sim}{A_i}}(x) \wedge \mu_{\underset{\sim}{B_j}}(y) \right) \wedge \mu_{\underset{\sim}{R_1}}(x,y,z_1) \right] \\ \mu_{\underset{\sim}{C_{2ij}}}(z_1) = \bigvee_{i,j} \left[\left(\mu_{\underset{\sim}{A_i}}(x) \wedge \mu_{\underset{\sim}{B_j}}(y) \right) \wedge \mu_{\underset{\sim}{R_2}}(x,y,z_2) \right] \end{cases} \tag{4.75}$$

(4) 进行模糊判决,并生成控制输出查询表。

若采用最大隶属度判决法,由模糊子集 $\underset{\sim}{C_{1ij}}$、$\underset{\sim}{C_{2ij}}$ 确定输出 μ 时,即当存在 z_1^*, z_2^*,且 $\mu_{\underset{\sim}{C_{1ij}}}(z_1^*) \geqslant \mu_{\underset{\sim}{C_{1ij}}}(z_1), \mu_{\underset{\sim}{C_{2ij}}}(z_1^*) \geqslant \mu_{\underset{\sim}{C_{2ij}}}(z_2)$,则取 $\mu_1^* = z_1^*$ 和 $\mu_2^* = z_2^*$;若有相邻多点同时为最大值时,则 μ^* 取这些点的平均值。

离线计算(3)与(4)项,便得到控制输出查询表,实时控制时直接查表得到 z。

(5) 成纸水分模糊控制的通用算法。

为了适用于那些烘干部只有一段蒸气控制水分的纸机,可以先假设成纸水分只由Ⅱ段蒸气控制,根据式(4.72)和式(4.73)计算得到 $\underset{\sim}{C_{2ij}^*}$,然后得到量化值 z_2^*。如果由Ⅰ段、Ⅱ段蒸气同时控制,则实际有

$$z_i = \lambda_i z_2^* \quad (i = 1,2) \tag{4.76}$$

式中,$\lambda \leqslant 1$,为调整因子,可根据实际情况进行调整。

2. 模糊控制器的在线实现

在系统设计时,令

$$x = [-6, -5, \cdots, 0, \cdots, +5, +6], \quad x \in X$$
$$y = [-6, -5, \cdots, 0, \cdots, +5, +6], \quad y \in Y$$
$$z_1 = [-4, -3, \cdots, 0, \cdots, +3, +4], \quad z_1 \in Z_1$$
$$z_2 = [-7, -6, \cdots, 0, \cdots, +6, +7], \quad z_2 \in Z_2$$

由于实时采样得到的偏差 e_i、偏差变化率 ec_i 都是各自论域上的确定量,考虑到偏差在高分辨率的模糊集上变化时所引起的输出变化比较剧烈;而采用低分辨率的模糊集时,情况恰好相反,因而从实际的控制目的出发,本系统采用了"分段量化"法,即在不同论域采用不同的量化公式来量化偏差 e_i。具体算式为

$$-0.7 \leqslant e_i < +0.7, \quad x_i = C_{\text{int}}(4 * e_i)$$

$$0.7 \leqslant e_i < 1.5, \quad x_i = 3$$

$$1.5 \leqslant e_i < 3.5, \quad x_i = C_{\text{int}}(e_i)$$

$$3.5 \leqslant e_i, \quad x_i = 6$$

由于对称性,在 $e_i < -0.7$ 的范围依次类推,不再赘述。对各模糊子集用表 4.9 所给的语言变量描述。表中偏差量 x_i 和偏差变化率 y_i 各选用了 7 个模糊子集来描述它们在论域范围内的所有可能状态。同理,控制变量 z_{1i} 和 z_{2i} 分别用 5 个和 7 个模糊子集来描述。

表 4.9　语言变量描述

变量	集合	模 糊 子 集							论域
x_i	$\underset{\sim}{A_i}$								$x_i \in X$
y_i	$\underset{\sim}{B_i}$	PB	PM	PS	ZE	NS	NM	NB	$y_i \in Y$
z_{2i}	$\underset{\sim}{C_{2i}}$								$z_{2i} \in Z_2$
z_{1i}	$\underset{\sim}{C_{1i}}$								$z_{1i} \in Z_1$

对于模糊论域 X、Y、Z_2 上的各元素,规定它对模糊子集 $\{\underset{\sim}{A_i}\}$、$\{\underset{\sim}{B_j}\}$、$\{\underset{\sim}{C_{2k}}\}$ 的隶属函数,其中 $\mu_{\underset{\sim}{A_i}}(x)$ 如表 4.10 所示。并根据式(4.72)~式(4.75)给出的合成推理规则进行推理运算,最后由最大隶属函数判决原则,可得到供模糊控制器动态控制时在线查询用的模糊控制表 4.11。表 4.11 是假设烘干部只有Ⅱ段蒸气的情况下得到的,要将它用于有两段蒸气的情况,必须经过变换。取 $\lambda_1 = 0.5$,$\lambda_{21} = 0.7$,$\lambda_{22} = 0.8$,则

表 4.10　x_i 对 $\{\underset{\sim}{A_i}\}$ 的隶属函数

$\mu_{A_i}(x)$ ＼ x_i / A_i	-6	-5	-4	-3	-2	-1	0	1	2	3	4	5	6
PB										0.1	0.4	0.8	1.0
PM									0.2	0.7	1.0	0.7	0.2
PS							0.3	0.8	1.0	0.5	0.1		
ZE					0.1	0.6	1.0	0.6	0.1				
NS			0.1	0.5	1.0	0.8	0.3						
NM	0.2	0.7	1.0	0.7	0.2								
NB	1.0	0.8	0.4	0.1									

$$\begin{cases} z_1 = \lambda_1 z_2^* \\ z_2 = \begin{cases} \lambda_{21} z_2^* & z_2^* > 0 \text{ 时} \\ \lambda_{22} z_2^* & z_2^* \leqslant 0 \text{ 时} \end{cases} \end{cases} \tag{4.77}$$

式中,λ_{21}、λ_{22} 的不同体现了先验知识(3)。由式(4.77)和表 4.11 可以得到Ⅰ段、Ⅱ段蒸气的模糊控制表,即表 4.12。

表 4.11　模糊状态表

c_2^*＼x_i／y_i	NB	NM	NS	ZE	PS	PM	PB
NB	PB	PB	PB	PM	PS		ZE
NM	PB	PB	PB	PM	PS		ZE
NS	PB	PB	PB	PS	ZE		NM
ZE	PB	PB	PB	ZE			
PS		PM	ZE	NS		NB	
PM		ZE	NS	NM		NB	
PB		ZE	NS	NM		NB	

表 4.12　模糊控制表

z_2^*＼x_i／y_i	−6	−5	−4	−3	−2	−1	0	+1	+2	+3	+4	+5	+6
−6	+7	+7	+6	+6	+4	+4	+4	+2	+1	+1	0	0	0
−5	+7	+7	+6	+6	+4	+4	+4	+2	+1	+1	0	0	0
−4	+7	+7	+6	+6	+4	+4	+4	+2	+1	+1	0	0	0
−3	+6	+6	+6	+6	+5	+5		+2	+2		−2	−2	−2
−2	+6	+6	+6	+6	+4	+4	+1	0	0	−3	−4	−4	−4
−1	+6	+6	+6	+6	+4	+4	+1	0	−3		−4	−4	−4
0	+6	+6	+6	+6	+4	+1	0	−1	−4		−6	−6	−6
+1	+4	+4	+4	+3	−1	0	−1	−4	−4		−6	−6	−6
+2	+4	+4	+4	+2	0	0	−1	−4	−4		−6	−6	−6
+3	+2	+2	+2	0	0	0	−1	−3	−3		−6	−6	−6
+4	0	0	−1	−1	−3	−4	−4	−4	−4		−6	−7	−7
+5	0	0	0	−1	−1	−2	−4	−4	−4		−6	−7	−7
+6	0	0	0	−1	−1	−1	−4	−4	−4		−6	−7	−7

　　从模糊控制表得到的只是控制量的等级 z,在实时控制时,z 乘上比例因子 k_n 加上原稳态输出值作为控制器的输出。比例因子的选择直接影响到模糊控制器的性能。由于在生产不同纸张品种时,所需蒸气量不同,加上各种因素的影响,控制变量的静态工作点并非一成不变,因而取

$$k_u = \begin{cases} |\,J_0/N_u\,|, & J_0 \geqslant 5\text{mA} \\ |\,(10-J_0)/N_u\,|, & J_0 < 5\text{mA} \end{cases} \tag{4.78}$$

式中,J_0 为静态工作点;N_u 为控制量在模糊论域中的最大值。

　　在小偏差时,为消除余差,应考虑积分作用。整个成纸水分模糊控制系统结构图如图 4.14 所示。

4.6.2　直流调速系统模糊控制器的设计

　　下面介绍一个由晶闸管控制的直流电动机调速系统模糊控制器的设计。把受控对象直流电动机视为一阶惯性环节,其函数取为 $e^{-0.25s}/(s+1)$。需要设计一个模糊控制器对本

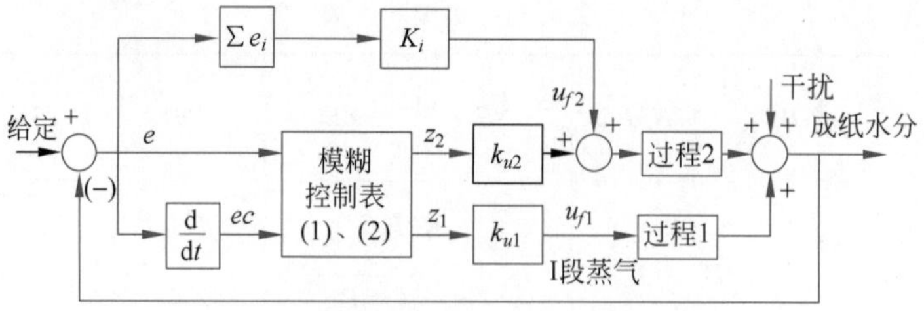

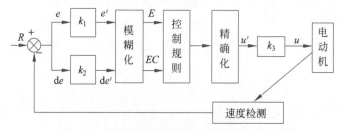

图 4.14　成纸水分控制系统结构图

调速系统进行控制,允许转速误差为±2r/s。考虑到本例的设计指标不高,所以模糊控制器的设计可以采用较为简单的系统。根据设计步骤,首先确定模糊控制系统的结构,然后进行模糊化、模糊控制规则以及精确化计算等过程的设计。

1. 系统结构设计

根据要求,直流电动机速度控制系统可以设计成一个二维的单输出模糊控制系统,系统结构如图 4.15 所示。其输入、输出语言变量为误差 e、误差变化 ec 和控制输出增量 u。

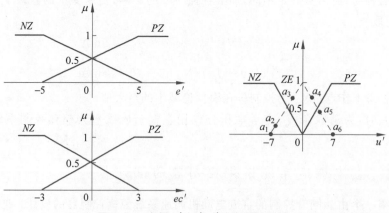

图 4.15　直流传动速度控制系统的模糊控制结构图

2. 模糊化设计

针对以上 3 个语言变量,在其论域内确定每个变量的语言值个数、各语言值的隶属函数。考虑到此系统控制精度要求不高,允许有一定的误差裕度,只对误差变量取两个语言值,即负偏差(NZ)、正偏差(PZ),误差变化变量也取两个语言值,即负偏差变化率(NZ)、正偏差变化率(PZ)。为了实现较快的控制效果,控制量采用增量方式。因此,对控制量以增量方式进行模糊化,并在其论域内取 3 个语言值,即正增量(PS)、零增量(ZE)、负增量(NS)。3 个变量的隶属函数分布如图 4.16 中的实线所示。

图 4.16　变量 e'、ec'、u' 的隶属函数图

3. 控制器规则设计

控制规则是根据人的控制经验经一定的处理后得出的。控制规则的多少与被控制系统的精度、输入/输出变量数目、每一变量的语言值数目等因素有关。由于本系统控制比较简单,其控制规则仅有 4 条。

规则 1:如果误差 e' 是 NZ,且误差变化 ec' 是 NZ,则控制为 ZE;

规则 2:如果误差 e' 是 NZ,且误差变化 ec' 是 PZ,则控制为 NS;

规则 3:如果误差 e' 是 PZ,且误差变化 ec' 是 NZ,则控制为 PS;

规则 4:如果误差 e' 是 PZ,且误差变化 ec' 是 PZ,则控制为 ZE。

有了模糊化算法、模糊控制规则,模糊控制器就可以对任意输入状态进行模糊逻辑推理,最终得到输出控制增量的模糊子集。设某一时刻,$e'=3$,$ec'=1$,则有

$$\mu_{NZ}(3)=0.2,\mu_{PZ}(3)=0.8,\mu_{NZ}(1)=0.33,\mu_{PZ}(3)=0.67$$

由规则 1 可得 $u'_1=(\mu_{NZ}(3)\wedge\mu_{NZ}(1))/ZE=0.2/ZE$;

由规则 2 可得 $u'_2=(\mu_{NZ}(3)\wedge\mu_{NZ}(1))/NS=0.2/NS$;

由规则 3 可得 $u'_3=(\mu_{PZ}(3)\wedge\mu_{NZ}(1))/PS=0.33/PS$;

由规则 4 可得 $u'_4=(\mu_{PZ}(3)\wedge\mu_{PZ}(1))/ZE=0.67/ZE$。

最后的输出控制增量为 4 条推理结果的合成,即

$$u'=u'_1\bigcup u'_2\bigcup u'_3\bigcup u'_4=0.2/NS+0.67/ZE+0.33/PS$$

此时由模糊控制器推理得出的模糊控制增量 u' 的形状如图 4.16 中的点线所示。

4. 精确化计算

由模糊控制推理机制得出的模糊控制增量是一个模糊子集,它无法对精确的模拟或数字系统进行控制。因此,必须进行精确化计算得出此模糊子集中最有代表意义的确定值作为系统的控制输出。本例采用重心法进行精确化计算。为便于计算,取有限个点进行计算,并认为控制增量 PS 大于 7 和 NS 小于 -7 部分的面积可以抵消。则离散点就选择点线的拐点处($a_1=-7$,$a_2=-5.6$,$a_3=-2.31$,$a_4=2.31$,$a_5=4.69$,$a_6=7$)进行计算,即

$$u'=\frac{\sum\limits_{i=1}^{6}a_iu_i}{\sum\limits_{i=1}^{6}a_i}$$

$$=\frac{0.2\times(-7)+0.2\times(-5.6)+0.67\times(-2.31)+0.67\times2.31+0.33\times4.69+0.33\times7}{0.2+0.2+0.67+0.67+0.33+0.33}$$

$$=0.56$$

4.7　小结

本章讨论了模糊数学和模糊逻辑推理的主要概念及其用于控制时的表示方法。

4.1 节着重介绍模糊控制的数学基础,包括模糊集合、模糊关系及其运算、模糊逻辑推理方法等。

4.2 节介绍模糊推理与模糊判决的主要方法。典型的模糊推理方法有模糊近似推理、单输入模糊推理和多输入模糊推理等;模糊判决方法包括重心法、最大隶属度法、系数加权

平均法和隶属度限幅平均法等。

4.3 节讨论模糊控制和模糊控制系统的原理与结构。在理论上,模糊控制器由 N 维模糊关系 R 表示。模糊逻辑控制器的一般由输入定标、输出定标、模糊化、模糊决策和模糊判决(解模糊)等部分组成。模糊控制系统中的模糊控制器由模糊化接口、知识库、推理机和模糊判决接口四个基本单元组成,详细讨论了各组成部分的作用和工作机理等。

4.4 节探讨模糊控制器的设计问题,其设计步骤包括选择模糊控制器的结构、选取模糊控制规则、确定解模糊策略、制定控制规则表和确定模糊控制器的参数等,接着简要讨论了现有模糊逻辑控制器的控制规则形式。

4.5 节特别关注模糊控制器的设计方法。随着求解对象(如受控系统)的不同,其问题要求、系统性质、知识类型、输入/输出条件和函数形式也不尽相同,因而对模糊系统(含模糊控制系统)的设计方法也可能不同。例如,对任意输入确定输出的系统,可按给定的逼近精度设计一个模糊系统,使其逼近某一给定函数,或者按所需精度用二阶边界设计模糊系统。又如,对于由输入/输出数据对描述的系统,可用查表法、梯度下降法、递推最小二乘法和聚类法等方法来设计模糊系统。再如,可用试错法设计非自适应模糊系统。此外,还有语言平面法、专家系统法、CAD 工具法和遗传进化算法等模糊系统设计方法,均可用来设计模糊控制系统。

4.6 节通过两个实例,即造纸机模糊控制系统和直流调速模糊控制系统,讨论了模糊控制器的设计与实现问题。给出的控制试验结果显示出模糊控制技术的有效性。

通过本章的学习,读者能够对模糊控制器的结构有个比较全面的了解。通过不同控制思想的集成来构造新的控制器结构,不但是重要的,而且是有效的。希望对模糊集和模糊控制有更详细了解的读者,可参阅现有的文献资料,尤其是最新发表的研究成果。

习题 4

4-1　什么是模糊性? 它的对立含义是什么? 试举例说明。

4-2　模糊控制的理论基础是什么? 什么是模糊逻辑? 它与二值逻辑有何关系?

4-3　模糊控制与专家系统有何相同和不同之处?

4-4　什么是模糊集合和隶属函数? 模糊集合有哪些基本运算? 满足哪些规律?

4-5　考虑语言变量 hot,若把此语言变量定义为

$$\mu_{\text{hot}}(x) = \begin{cases} 0, & 0 \leqslant x < 50 \\ [1+(x-10)^{-2}]^{-1}, & 50 \leqslant x < 100 \end{cases}$$

试确定"Not So Hot"、"Very Hot"及"More Or Less Hot"的隶属函数。

4-6　设论域 $U = \{u_1, u_2, u_3\}$,X、Y、Z 是该论域上的 3 个模糊集合,已知

$$X = 0.5/u_1 + 0.4/u_2 + 0.8/u_3$$

$$Y = 0.3/u_1 + 0.9/u_2 + 0.6/u_3$$

$$Z = 0.2/u_1 + 1.0/u_2 + 0.1/u_3$$

试求模糊集合 $R = X \cap Y \cap Z$、$S = X \cup Y \cup Z$ 和 $T = X \cup Y \cap Z$。

4-7　设有下列两个模糊关系

$$R_1 = \begin{bmatrix} 0.2 & 0.8 & 0.4 \\ 0.4 & 0 & 1 \\ 1 & 0.5 & 0 \\ 0.7 & 0.6 & 0.5 \end{bmatrix}, \quad R_2 = \begin{bmatrix} 0.7 & 0.3 \\ 0.4 & 0.8 \\ 0.2 & 0.9 \end{bmatrix}$$

试求出 R_1 与 R_2 的复合关系 $R_1 \circ R_2$。

4-8　已知论域 $X = \{x_1, x_2, x_3, x_4\}$ 和 $Y = \{y_1, y_2, y_3\}$，A 是论域 X 上的模糊集：$A = (0.2 \quad 0.5 \quad 0.1 \quad 0.8)$，$R$ 是 X 到 Y 上的一个模糊变换

$$R = \begin{bmatrix} 0.3 & 0.2 & 0.8 \\ 0.6 & 0.1 & 0.9 \\ 0.1 & 0.8 & 0.2 \\ 1.0 & 0.5 & 0.7 \end{bmatrix}$$

试通过模糊变换 R 求 A 的像 B。

4-9　什么是模糊推理？它有哪些推理方法？

4-10　假设一控制系统的输入语言控制规则为："当误差 e 为 A 且误差变化率 ec 为 B 时，输出控制量 u 为 C"。其中模糊子集 A、B、C 分别为

$$A = \frac{0.8}{e_1} + \frac{0.3}{e_2} + \frac{0.5}{e_3}, \quad B = \frac{0.2}{ec_1} + \frac{0.6}{ec_2}, \quad C = \frac{0.3}{u_1} + \frac{0.9}{u_2} + \frac{0.5}{u_3}$$

现已知

$$A^* = \frac{0.4}{e_1} + \frac{0.7}{e_2} + \frac{0.1}{e_3}, \quad B^* = \frac{0.1}{ec_1} + \frac{0.5}{ec_2}$$

试求当误差 e 为 A^* 且误差变化率 ec 为 B^* 时输出控制量 u 的模糊值 C^*。

4-11　模糊控制器由哪些部分组成？各部分的作用和工作机理是什么？

4-12　什么叫模糊判决？常用的模糊判决方法有哪些？

4-13　设模糊控制系统经过模糊逻辑推理后得到的输出模糊集为

$$U = 0.1/-7 + 0.3/-6 + 0.8/-5 + 1.0/-4 + 0.7/-3 + 0.5/-2 + 0.2/-1$$

试用重心法和最大隶属度法算出推理结果的精确值 u^*。

4-14　模糊控制器的设计包括哪些内容？应该注意哪些问题？

4-15　模糊系统有哪几种设计方法？

4-16　试用 MATLAB 为下列两系统设计模糊控制器，使其稳态误差为零，超调量不大于 1%，输出上升时间 3s。假定被控对象的传递函数分别为：

(1) $G_1(s) = \dfrac{e^{-0.5s}}{(s+1)^2}$

(2) $G_2(s) = \dfrac{4.2}{(s+0.5)(s^2+1.6s+8.5)}$

4-17　某个模糊逻辑控制器具有以下 3 条模糊控制规则

规则 1：IF X 是 A_1 和 Y 是 B_1，THEN Z 是 C_1

规则 2：IF X 是 A_2 和 Y 是 B_2，THEN Z 是 C_2

规则 3：IF X 是 A_3 和 Y 是 B_3，THEN Z 是 C_3

各输入和输出的隶属函数如下：

$$\mu_{A_1}(x)=\begin{cases}\dfrac{3+x}{3} & (-3\leqslant x\leqslant 0)\\[2mm]1 & (0\leqslant x\leqslant 3)\\[2mm]\dfrac{6-x}{3} & (3\leqslant x\leqslant 6)\end{cases}\quad,\quad \mu_{A_2}(x)=\begin{cases}\dfrac{x-2}{3} & (2\leqslant x\leqslant 5)\\[2mm]\dfrac{9-x}{4} & (5\leqslant x\leqslant 9)\end{cases}$$

$$\mu_{A_3}(x)=\begin{cases}\dfrac{x-6}{4} & (6\leqslant x\leqslant 10)\\[2mm]\dfrac{13-x}{3} & (0\leqslant x\leqslant 13)\end{cases}\quad,\quad \mu_{B_1}(x)=\begin{cases}\dfrac{y-1}{4} & (1\leqslant y\leqslant 5)\\[2mm]\dfrac{7-y}{4} & (5\leqslant y\leqslant 7)\end{cases}$$

$$\mu_{B_2}(x)=\begin{cases}\dfrac{y-5}{3} & (5\leqslant y\leqslant 8)\\[2mm]\dfrac{12-y}{4} & (8\leqslant y\leqslant 12)\end{cases}\quad,\quad \mu_{B_3}(x)=\begin{cases}\dfrac{y-8}{4} & (8\leqslant y\leqslant 12)\\[2mm]\dfrac{15-y}{3} & (12\leqslant y\leqslant 15)\end{cases}$$

$$\mu_{C_1}(x)=\begin{cases}\dfrac{z+3}{2} & (-3\leqslant z\leqslant -1)\\[2mm]1 & (-1\leqslant z\leqslant 1)\\[2mm]\dfrac{3-z}{2} & (1\leqslant z\leqslant 3)\end{cases}\quad,\quad \mu_{C_2}(x)=\begin{cases}\dfrac{z-1}{3} & (1\leqslant z\leqslant 4)\\[2mm]\dfrac{7-z}{3} & (4\leqslant z\leqslant 7)\end{cases}$$

$$\mu_{C_3}(x)=\begin{cases}\dfrac{z-5}{2} & (5\leqslant z\leqslant 7)\\[2mm]1 & (7\leqslant z\leqslant 9)\\[2mm]\dfrac{11-z}{2} & (9\leqslant z\leqslant 11)\end{cases}$$

设模糊变量 X 和 Y 的传感器的读数分别为 x_0 和 y_0，并设 $x_0=3,y_0=6,X,Y$ 和 Z 是离散论域，即 $x,y,z=1,2,\cdots$。试求：

(1) 利用推理中 max-min 复合规则，用 R_p 为模糊隐含，求合成控制动作。

(2) 求出最终输出隶属函数。

4-18　对某种产品的质量进行抽查评估。现随机选出 5 个产品 x_1,x_2,x_3,x_4,x_5 并进行检验，它们质量情况分别为

$$x_1=80,\quad x_2=72,\quad x_3=65,\quad x_4=98,\quad x_5=53$$

这就确定了一个模糊集合 Q，表示该组产品的"质量水平"这个模糊概念的隶属程度。试写出该模糊集。

4-19　举例说明模糊控制系统的应用。

4-20　模糊控制是否仍然有广泛的应用？试举例说明模糊控制系统的应用。

第 **5** 章

分布式控制系统

随着计算机技术和人工智能的发展以及互联网(Internet)和万维网(world wide web, WWW)的出现与发展,集中式系统已不能完全适应科学技术的发展需要。并行计算和分布式处理等技术(包括分布式人工智能)应运而生,并在过去 20 多年中获得快速发展。近 10 多年来,真体(agent)和多真体系统(MAS)的研究成为分布式人工智能研究的一个热点,引起计算机、人工智能、自动化等领域科技工作者的浓厚兴趣,为分布式系统的综合、分析、实现和应用开辟了一条新的有效途径,促进人工智能和计算机软件工程的发展,并为智能控制开辟了一个新的分支——多真体控制(multi-agent control)。本章将介绍真体和多真体系统及多真体控制系统的基本概念,探讨多真体控制系统原理,并讨论多真体控制系统的设计与实现问题。

5.1 分布式人工智能与真体

计算机技术的快速发展为人工智能提供了一个很好的试验应用平台,人工智能的许多新概念、新理论和新方法又指导计算机技术向新水平发展。近代计算机通信、计算机网络、计算机信息处理的发展以及经济、社会和军事领域对信息技术提出的更高要求,促进分布式人工智能(distributed artificial intelligence,DAI)的开发与应用。分布式人工智能系统能够克服单个智能系统在资源、时空分布和功能上的局限性,具备并行、分布、开放和容错等优点,因而获得很快的发展,得到越来越广泛的应用。

5.1.1 分布式人工智能

分布式人工智能的研究源于 20 世纪 70 年代末期。当时主要研究分布式问题求解(distributed problem solving,DPS),其研究目标是要建立一个由多个子系统构成的协作系统,各子系统间协同工作对特定问题进行求解。在 DPS 系统中,把待解决的问题分解为一些子任务,并为每个子任务设计一个问题求解的任务执行子系统。通过交互作用策略,把系统设计集成为一个统一的整体,并采用自顶向下的设计方法,保证问题处理系统能够满足顶部给定的要求。

1. 分布式人工智能的特点

分布式人工智能系统具有如下特点:

(1)分布性。整个系统的信息,包括数据、知识和控制等,无论在逻辑上或者物理上都是分布的,不存在全局控制和全局数据存储。系统中各路径和节点能够并行地求解问题,从而提高子系统的求解效率。

(2)连接性。在问题求解过程中,各个子系统和求解机构通过计算机网络相互连接,降低了求解问题的通信代价和求解代价。

(3)协作性。各子系统协调工作,能够求解单个机构难以解决或者无法解决的困难问题。例如,多领域专家系统可以协作求解单个领域或者单个专家系统无法解决的问题,提高求解能力,扩大应用领域。

(4)开放性。通过网络互连和系统的分布,便于扩充系统规模,使系统具有比单个系统广大得多的开放性和灵活性。

(5)容错性。系统具有较多的冗余处理节点、通信路径和知识,能够使系统在出现故障时,仅仅降低响应速度或求解精度,以保持系统正常工作,提高工作可靠性。

(6)独立性。系统把求解任务归约为几个相对独立的子任务,从而降低了各个处理节点和子系统问题求解的复杂性,也降低了软件设计开发的复杂性。

2. 分布式人工智能的分类

分布式人工智能一般分为分布式问题求解和多真体系统(multi-agent system,MAS)两种类型。DPS研究如何在多个合作的和共享知识的模块、节点或子系统之间划分任务,并求解问题。MAS则研究如何在一群自主的 agent 间进行智能行为的协调。两者的共同点在于研究如何对资源、知识、控制等进行划分。两者的不同点在于,DPS往往需要有全局的问题、概念模型和成功标准;而 MAS 则包含多个局部的问题、概念模型和成功标准。DPS的研究目标在于建立大粒度的协作群体,通过各群体的协作实现问题求解,并采用自顶向下的设计方法。MAS却采用自底向上的设计方法,首先定义各自分散自主的 agent,然后研究怎样完成实际任务的求解问题;各个 agent 之间的关系并不一定是协作的,也可能是竞争甚至是对抗的关系。

上述对分布式人工智能的分类并非绝对和完善。有些人认为 MAS 基本上就是分布式人工智能,DPS 仅是 MAS 研究的一个子集,他们提出,当满足下列三个假设时,MAS 就成为 DPS 系统:①agent 友好;②目标共同;③集中设计。显然,持这种看法的人极大地扩大了 MAS 的研究和应用领域。正是由于 MAS 具有更大的灵活性,更能体现人类社会智能,更适应开放的和动态的世界环境,因而引起许多学科及其研究者的热烈兴趣和高度重视。

目前对 agent 和 MAS 的研究有增无减,仍是一个研究热点。要研究的问题包括 agent 的概念、理论、分类、模型、结构、语言、推理和通信等。

5.1.2　真体及其特性

agent 在英语中是个多义词,主要含有主动者、代理人、作用力(因素)或媒介物(体)等。在信息技术,尤其是人工智能和计算机领域,可把 agent 看作能够通过传感器感知其环境,并借助执行器作用于该环境的任何事物。对于人 agent,其传感器为眼睛、耳朵和其他感官,其执行器为手、腿、嘴和其他身体部分。对于机器人 agent,其传感器为摄像机和红外测距器等,而各种电机则为其执行器。对于软件 agent,则通过编码位的字符串进行感知和作

用。图5.1表示agent通过传感器和执行器与
环境的交互作用。

1. agent的译法

目前国内信息科学学术界对agent尚无
公认的统一译法。有的译为主体、智能主体或
智能体,也有的使用原文而不译为中文。还有
些人把agent译为代理、媒体、个体或实体。
那些沿用英文原文的学者,采取了比较慎重的
态度,以便国内同行们继续研究它的译法,争

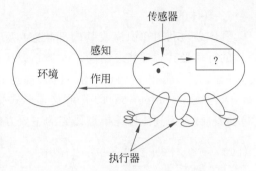

图5.1　agent与环境的交互作用

取翻译得更加确切和完美。因此,大家可就agent的译法畅所欲言,经过讨论或争论,求同
存异,最终获得共识。

基于上述认识,特建议把agent译为"真体",其理由如下:

(1)一种比较普遍的观点认为,agent是一种通过传感器感知其环境,并通过执行器作
用于该环境的实体。这个实体也可叫作"真体"。因此,可以把"真体"定义为一种从感知序
列到实体动作的映射。

(2)"主体"是用得较多的一种译法。译为"主体"可能是考虑到agent具有自主性。但
是,agent还具有交互性、协调性、社会性、适应性和分布性等特性;这些特性不可能在译名
上全部反映出来,仅反映出自主特性是片面的。此外,在汉语中,"主体"有其明确的含义;
它一般指事物的主要部分,例如,中央十层大厦是这个建筑群的主体。在哲学上,"主体"指
有认识和实践能力的人;其对立面是客体,指主体以外的客观事物,是主体认识和实践的对
象。"主体"的这些含义不能反映agent的本意。

(3)"代理"是另一种译法,过去用得较多,现在已较少使用。译为"代理"是受到社会科
学和管理科学的影响。在汉语中,"代理"也有其明确的含义,指暂时代人担任某种负责职
务,如代理总统、代理省长、代理校长等。在法律上,"代理"指受委托代表当事人进行某种活
动,如诉讼、签订合同、纳税等。可见,"代理"的含义也不能表示出agent的原义。

(4)agent的读音为"艾金特"或"爱金体",其相近发音为"艾真体"或"爱真体"把agent
译为真体,不仅发音相近,而且含有一定的物理意义,即某种"真体"或事物。"真体"能够在
十分广泛的领域内得到认可。例如,它可以表示具有某些智能行为的某种个体或实体;也
可以表示控制系统中的对象、过程或装置;还可以表示程序和系统或子系统等。真体所处
的环境,可以是实时环境,也可以是虚拟世界。

(5)历史上,把英文或其他外文名词术语按发音或其近似发音翻译成中文的成功先例
很多。例如,把motor译为摩托、电机,taxi译为的士,bus译为巴士,tractor译为拖拉机,
modern译为摩登,robust译为鲁棒等。也有不按音译而搞意译而又词不达意的译例。譬
如,世界各种语言都把斯洛伐克语"robota"音译为"罗伯特",而只有中文译为"机器人"。这
种译法未能表示robota的真切含义,导致了国人对机器人的误解。可见,如果找不到一个
确切和公认的译法,那么,采用音译或准音译,仍不失为一良策。

鉴于以上理由和其他一些理由,建议把"agent"译为"真体",并在本书的后续部分使用
这一译法。因此,可把多agent系统(MAS)译为多真体系统,把intelligent agent译为智能
真体。

2. 真体的要素

真体必须利用知识修改其内部状态(心理状态),以适应环境变化和协作求解的需要。真体的行动受其心理状态驱动。人类心理状态的要素有认知(信念、知识、学习等)、情感(愿望、兴趣、爱好等)和意向(意图、目标、规划和承诺等)三种。着重研究信念(belief)、愿望(desire)和意图(intention)的关系及其形式化描述,力图建立真体的 BDI(信念、愿望和意图)模型,已成为真体理论模型研究的主要方向。

图 5.2　BDI 关系图

信念、愿望、意图与行为具有某种因果关系,如图 5.2 所示。其中,信念描述真体对环境的认识,表示可能发生的状态;愿望从信念直接得到,描述真体对可能发生情景的判断;意图来自愿望,制约真体,是目标的组成部分。

布拉特曼(Bratman)的哲学思想对心理状态研究产生深刻影响。1987 年,他从哲学角度研究行为意图,认为只有保持信念、愿望和意图的理性平衡,才能有效地实现问题求解。他还认为,在某个开放的世界(环境)中,理性真体的行为不能由信念、愿望及两者组成的规划直接驱动,在愿望和规划间还存在一个基于信念的意图。在这样的环境中,这个意图制约了理性真体的行为。理性平衡是使理性真体的行为与环境特性相适应,环境特性不仅包括环境客观条件,而且涉及环境的社会团体因素。对于每种可能的感知序列,在感知序列所提供证据和真体内部知识的基础上,一个理想的理性真体的期望动作应使其性能测度为最大。

在过去的十多年中,在真体和 MAS 的建模方面进行大量研究工作,几乎所有研究工作都以实现布拉特曼的哲学思想为目标。不过,这些研究都未能完全实现布拉特曼的哲学模型,仍然存在一些尚待进一步研究和解决的问题,如真体模型与结构的映射关系、建造真体系统的计算复杂性以及真体问题求解与心理状态关系的表示等问题。

3. 真体的特性

真体与分布式人工智能系统一样具有协作性、适应性等特性,此外,真体还具有自主性、交互性以及持续性等重要性质。

(1) 行为自主性。真体能够控制它的自身行为,其行为是主动的、自发的和有目标和意图的,并能根据目标和环境要求对短期行为做出规划。

(2) 作用交互性。也叫反应性,真体能够与环境交互作用,能够感知其所处环境,并借助自己的行为结果,对环境做出适当反应。

(3) 环境协调性。真体存在于一定的环境中,感知环境的状态、事件和特征,并通过其动作和行为影响环境,与环境保持协调。环境和真体是对立统一体的两方面,互相依存,互相作用。

(4) 面向目标性。真体不是对环境中的事件做出简单的反应,它能够表现出某种目标指导下的行为,为实现其内在目标而采取主动行为。这一特性为面向真体的程序设计提供了重要基础。

(5) 存在社会性。真体存在于由多个真体构成的社会环境中,与其他真体交换信息、交互作用和通信。各真体通过社会承诺,进行社会推理,实现社会意向和目标。真体的存在及其每一行为都不是孤立的,而是社会性的,甚至表现出人类社会的某些特性。

(6) 工作协作性。各真体合作和协调工作,求解单个真体无法处理的问题,提高处理问题的能力。在协作过程中,可以引入各种新的机制和算法。

（7）运行持续性。真体的程序在起动后，能够在相当长的一段时间内维持运行状态，不随运算的停止而立即结束运行。

（8）系统适应性。真体不仅能够感知环境，对环境做出反应，而且能够把新建立的真体集成到系统中而无须对原有的多真体系统进行重新设计，因而具有很强的适应性和可扩展性。也可把这一特点称为开放性。

（9）结构分布性。在物理上或逻辑上分布和异构的实体（或真体），如主动数据库、知识库、控制器、决策体、感知器和执行器等，在多真体系统中具有分布式结构，便于技术集成、资源共享、性能优化和系统整合。

（10）功能智能性。真体强调理性作用，可作为描述机器智能、动物智能和人类智能的统一模型。真体的功能具有较高智能，而且这种智能往往是构成社会智能的一部分。

5.1.3 真体的结构

1. 真体的结构特点

真体系统是个高度开放的智能系统，其结构如何将直接影响到系统的智能和性能。例如，一个在未知环境中自主移动的机器人需要对它面对的各种复杂地形、地貌、通道状况及环境信息做出实时感知和决策，控制执行机构完成各种运动操作，实现导航、跟踪、越野等功能，并保证移动机器人处于最佳的运动状态。这就要求构成该移动机器人系统的各个真体有一个合理和先进的体系结构，保证各真体自主地完成局部问题求解任务，显示出较高的求解能力，并通过各真体间的协作完成全局任务。

人工智能的任务就是设计真体程序，即实现真体从感知到动作的映射函数。这种真体程序需要在某种称为结构的计算设备上运行。这种结构可以是一台普通的计算机，或者可能包含执行某种任务的特定硬件，还可能包括在计算机和真体程序间提供某种程度隔离的软件，以便在更高层次上进行编程。一般地，体系结构使得传感器的感知对程序可用，运行程序并把该程序的作用选择反馈给执行器。可见，真体、体系结构和程序之间具有如下关系：

$$真体＝体系结构＋程序$$

计算机系统为真体的开发和运行提供软件和硬件环境支持，使各个真体依据全局状态协调地完成各项任务。具体地说：

（1）在计算机系统中，真体相当于一个独立的功能模块、独立的计算机应用系统，它含有独立的外部设备、输入/输出驱动装备、各种功能操作处理程序、数据结构和相应输出。

（2）真体程序的核心部分叫作决策生成器或问题求解器，起到主控作用，它接收全局状态、任务和时序等信息，指挥相应的功能操作程序模块工作，并把内部工作状态和执行的重要结果送至全局数据库。真体的全局数据库设有存放真体状态、参数和重要结果的数据库，供总体协调使用。

（3）真体的运行是一个或多个进程，并接受总体调度。特别是当系统的工作状态随工作环境而经常变化时以及各真体的具体任务时常变更时，更需要搞好总体协调。

（4）各个真体在多个计算机 CPU 上并行运行，其运行环境由体系结构支持。体系结构还提供共享资源（黑板系统）、真体间的通信工具和真体间的总体协调，使各真体在统一目标下并行协调地工作。

2. 真体的结构分类

根据上述讨论,把真体看作从感知序列到实体动作的映射。根据人类思维的不同层次,可把真体分为下列几类。

(1) 反应式真体。

反应式(reflex 或 reactive)真体只简单地对外部刺激产生响应,没有任何内部状态。每个真体既是客户,又是服务器,根据程序提出请求或做出回答。图 5.3 表示反应式真体的结构示意图,图中,真体的条件-作用规则使感知和动作连接起来。把这种连接称为一条条件-作用规则。

(2) 慎思式真体。

慎思式(deliberative)真体又称为认知式(cognitive)真体,是个具有显式符号模型的基于知识的系统。其环境模型一般是预先知道的,因而对动态环境存在一定的局限性,不适于未知环境。由于缺乏必要的知识资源,在真体执行时需要向模型提供有关环境的新信息,而这往往是难以实现的。

慎思式真体的结构如图 5.4 所示。真体接收的外部环境信息,依据内部状态进行信息融合,以产生修改当前状态的描述;然后,在知识库支持下制订规划,再在目标指引下,形成动作序列,对环境发生作用。

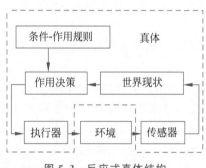

图 5.3 反应式真体结构

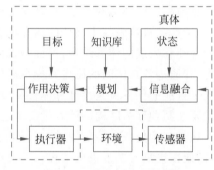

图 5.4 慎思式真体结构

(3) 跟踪式真体。

简单的反应式真体只有在现有感知基础上才能做出正确的决策。随时更新内部状态信息要求把两种知识编入真体的程序,即关于世界如何独立地发展真体的信息以及真体自身作用如何影响世界的信息。图 5.5 给出一种具有内部状态的反应式真体的结构图,表示现有的感知信息如何与原有的内部状态相结合以产生现有状态的更新描述。与解释状态的现有知识的新感知一样,也采用了有关世界如何跟踪其未知部分的信息,还必须知道真体对世界状态有哪些作用。具有内部状态的反应式真体通过找到一条条件与现有环境匹配的规则进行工作,然后执行与规则相关的作用。这种结构叫作跟踪世界真体或跟踪式真体。

(4) 基于目标的真体。

仅仅了解现有状态对决策来说往往是不够的,真体还需要某种描述环境情况的目标信息。真体的程序能够与可能的作用结果信息结合起来,以便选择达到目标的行为。这类真体的决策基本上与前面所述的条件-作用规则不同。反应式真体中有的信息没有明确使用,而设计者已预先计算好各种正确作用。对于反应式真体,还必须重写大量的条件-作用规则。基于目标的真体在实现目标方面更灵活,只要指定新的目标,就能够产生新的作用。图 5.6 表示基于目标真体的结构。

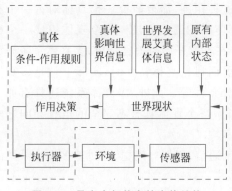

图 5.5 具有内部状态的真体结构

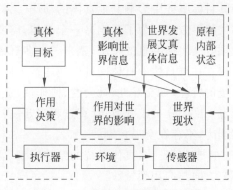

图 5.6 一个具有显式目标的真体

（5）基于效果的真体。

只有目标实际上还不足以产生高质量的作用。如果一个世界状态优于另一个世界状态，那么它对真体就有更好的效果（utility）。

因此，效果是一种把状态映射到实数的函数，该函数描述了相关的满意程度。一个完整规范的效果函数允许对两类情况做出理性的决策。第一，当真体只有一些目标可以实现时，效果函数指定合适的交替。第二，当真体存在多个瞄准目标而不知哪个一定能够实现时，效果（函数）提供了一种根据目标的重要性来掂估成功可能性的方法。因此，一个具有显式效果函数的真体能够做出理性的决策；不过，必须比较由不同作用获得的效果。图 5.7 给出一个完整的基于效果的真体结构。

（6）复合式真体。

复合式真体即在一个真体内组合多种相对独立和并行执行的智能形态，其结构包括感知、动作、反应、建模、规划、通信和决策等模块，如图 5.8 所示。真体通过感知模块来反映现实世界，并对环境信息做出一个抽象，再送到不同的处理模块。若感知到简单或紧急情况，信息就被送入反射模块，做出决定，并把动作命令送到行动模块，产生相应的动作。

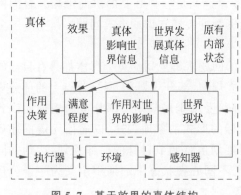

图 5.7 基于效果的真体结构

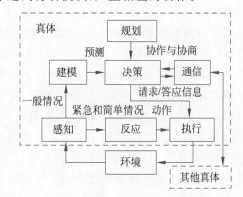

图 5.8 复合式真体的结构

5.2 多真体系统

上面所研究的真体都是单个真体在一个与它的能力和目标相适应的环境中的反应和行为。通过适当的真体反应能够影响其他真体的作用。每个真体能够预测其他真体的作用，在其目标服务中影响其他真体的动作。为了实现这种预测,需要研究一个真体对另一个真体的建模方法。为了影响另一个真体,需要建立真体间的通信方法。多个真体组成一个松散耦合又协作共事的系统,就是一个多真体系统。在本章开始时曾经指出,多真体系统研究如何在一群自主的真体间进行智能行为协调。在前面讨论真体特性时,实际上就是多真体系统的特性,如交互性、社会性、协作性、适应性和分布性等。此外,多真体系统还具有如下特点:数据分布或分散,计算过程异步、并发或并行,每个真体具有不完全的信息和问题求解能力,不存在全局控制。

本节将研究多真体系统的结构模型、协作机制、通信、规划等问题,并讨论多真体系统的研究方向与应用领域。

5.2.1 多真体系统的模型和结构

1. 多真体系统的基本模型

在多真体系统的研究过程中,适应不同的应用环境而从不同角度提出了多种类型的多真体模型,包括理性真体的 BDI 模型、协商模型、协作规划模型和自协调模型等。

(1) BDI 模型。

这是一个概念和逻辑上的理论模型,它渗透于其他模型中,成为研究真体理性和推理机制的基础。在把 BDI 模型扩展至多真体研究时,提出了联合意图、社会承诺、合理行为等描述真体行为的形式化定义。联合意图为真体建立复杂动态环境下的协作框架,对共同目标和共同承诺进行描述。当所有真体都同意这个目标时,就一起承诺去实现该目标。联合承诺用以描述合作推理和协商。社会承诺给出了社会承诺机制。

(2) 协商模型。

协商思想产生于经济活动理论,它主要用于资源竞争、任务分配和冲突消解等问题。多真体的协作行为一般是通过协商产生的。虽然各个真体的行动目标是要使自身效用最大化,然而在完成全局目标时,就需要各真体在全局上建立一致的目标。对于资源缺乏的多真体动态环境,任务分解、任务分配、任务监督和任务评价就是一种必要的协商策略。合同网协议是协商模型的典型代表,主要解决任务分配、资源冲突和知识冲突等问题。

(3) 协作规划模型。

多真体的规划模型主要用于制订其协调一致的问题求解规划。每个真体都具有自己的求解目标,考虑其他真体的行动与约束,并进行独立规划(部分规划)。网络节点上的部分规划可以用通信方式协调所有节点,形成所有真体都接受的全局规划。部分全局规划允许各真体动态合作。真体的相互作用以通信规划和目标的形式抽象地表达,以通信元语描述规划目标,相互告知对方有关自己的期望行为,利用规划信息调节自身的局部规划,达到共同目标。另一种协作规划模型为共享规划模型,它把不同心智状态下的期望定义为一个公理集合,指挥群体成员采取行动以完成所分配的任务。

(4) 自协调模型。

该模型是为适应复杂控制系统的动态实时控制和优化而提出的。自协调模型随环境变化自适应调整行为,是建立在开放和动态环境下的多真体模型。该模型的动态特性表现在系统组织结构的分解重组和多真体系统内部的自主协调等方面。

2. 多真体系统的体系结构

多真体系统的体系结构影响单个真体内部的协作智能的存在,其结构选择影响系统的异步性、一致性、自主性和自适应性的程度,并决定信息的存储方式、共享方式和通信方式。体系结构中必须有共同的通信协议或传递机制。对于特定的应用,应选择与其能力要求相匹配的结构。下面简介几种常见的多真体系统的体系结构。

(1) 真体网络。

在该体系结构下,无论是远距离或短距离的真体,其通信都是直接进行的。该类多真体系统的框架、通信和状态知识都是固定的。每个真体必须知道:应在什么时候把信息发送至什么地方,系统中有哪些真体是可合作的,它们具有什么能力等。不过,把通信和控制功能都嵌入每个真体内部,要求系统中每一真体都拥有关于其他真体的大量信息和知识。而在开放的分布式系统中,这往往是难以实现的。此外,当真体数目较大时,这种一一交互的结构将导致系统效率低下。

(2) 真体联盟。

在该结构下,若干近程真体通过助手真体进行交互,而远程真体则由各个局部真体群体的助手真体完成交互和消息发送。这些助手真体能够实现各种消息发送协议。当某真体需要某种服务时,它就向其所在的局部真体群体的助手真体发出一个请求,该助手真体以广播形式发送该请求,寻找请求与其他真体能力匹配;一旦匹配成功,就把该请求发给匹配成功的真体。这种结构中,一个真体无须知道其他真体的详细信息,比真体网络有较大的灵活性。

(3) 黑板结构。

本结构与联盟系统的区别在于:黑板结构中的局部真体群体共享数据存储于黑板,即真体把信息放在可存取的黑板上,实现局部数据共享。在一个局部真体群体中,控制外壳真体负责信息交互,而网络控制真体负责局部真体群体之间的远程信息交互。黑板结构中的数据共享要求群体中的真体具有统一的数据结构或知识表示,因而限制了多真体系统中真体设计和建造的灵活性。

5.2.2　多真体系统的协作、协商和协调

协作是多真体研究的核心问题之一。多真体的协调是真体间通过对资源和目标的合理安排,调整各自的行为,以求最大可能地实现各自或系统的目标。协调是一种动态行为,是真体对环境及其他真体的适应,它往往通过改变真体的心智状态来实现。协作则是保持非对抗真体间行为协调的特例,它通过适当的协调,合作完成共同目标。

1. 多真体的协作方法

对策和学习是真体协作的内在机制。真体通过交互对策,在理性约束下选择基于对手或联合策略的最佳响应行动。真体的行动选择又必须建立在对环境和其他真体行动了解的基础上,因而需要利用学习方法建立并不断修正对其他真体的信念。真体的协作均贯穿着对策和学习的思想。下面介绍几种协作方法。

(1) 决策网络和递归建模。

采用决策网络(又称作用图)来建立真体的动态模型。作用图是决策问题的一种图知识表示,可以看作增加了决策节点和效益节点的贝叶斯网络。作用图中有三类节点,即自然节

点、决策节点和效益节点。自然节点表示真体世界不确定性信念的随机变量或特性。决策节点表示对真体行动的选择，代表真体的能力。效益节点代表真体的偏好。节点间的连接体现相互依赖关系。根据对环境和其他真体的观察信息和贝叶斯学习方法来修正模型，即修正对其他真体可能行为的信念，并预测它们的行为。

递归建模方法是真体获取环境知识、其他真体知识和状态知识，并在此基础上建立递归决策模型。利用动态规划方法求解真体行为决策的表达。

(2) Markov 对策。

在多真体系统中，真体间相互作用并随时间不断变化，系统中每个真体都面临一个动态决策问题。在单真体系统中真体的动态决策其实是一个 Markov 过程，而在多真体系统中真体的 Markov 决策过程的扩展形式就是随机对策，也即 Markov 对策。因此，Markov 对策可以看作是 Markov 决策过程在多真体协作环境中的扩展。在 Markov 对策中，每个真体面临的是一个不同的 Markov 决策过程，这些真体的 Markov 决策过程通过它们的支付函数(payment function)以及依赖于真体联合行为的系统动态特性连接起来。

Markov 对策以 Nash 平衡点(Nash equilibrium)作为协作的目标，从而将真体协作过程的收敛性和稳定性引入到真体协作的研究中。

(3) 真体学习方法。

多真体的协作，从本质上说是每个真体学习其他真体的行动策略模型而采取相应的最优反应。学习内容包括环境内的真体数、连接结构、真体间的通信类型、协调策略等。主要的学习方法包括假设回合、贝叶斯学习和强化学习等。这些学习方法都与对策论有关。

在假设行动中，一个学习真体假设其他真体采取静态策略，通过其他真体采取的某种行动的次数进行计数，可以得到其他真体采取该行动的一个大致概率。这些概率(即是这个真体的信念)是其他真体的混合策略。在每一回合，真体选取一个行动作为它对其他真体策略的信念的最优反应。并不能保证假设行动收敛到一个 Nash 平衡点，但在增加对对策结构的一些约束后，可以保证其收敛。

贝叶斯学习是学习真体从对另一个真体可能采取的策略的初始信念开始，不断根据贝叶斯法则更新信念。贝叶斯方法被应用到条件学习中，一个真体在过去记录条件下学习其他真体的策略。这种学习方法不同于假设行动中研究的静态策略，行动策略的识别比静态策略要困难得多。

强化学习是多真体的主要学习方法。

(4) 决策树和对策树。

以对策论为框架的多真体交互，虽然在理论上非常引人注目，但在实现时却遇到很多问题，例如，真体在对策过程中如何推理出其策略。建立定义在扩展决策树上的信息集合和相应的行为函数，然后从形式化的行为公理可以推导真体每一步的行动。该方法的实质是将对策理论和对策过程形式化，以实现真体的自动推理过程。

对策树的一种重要形式是扩展形式对策的表达。扩展形式对策也是一种动态对策，它指明了所有真体的执行序列以及它们最终支付的一个扩展形式对策，是一个有限节点的对策树。树中每个节点表示一个真体的执行步骤，一个节点的分支对应于节点表示的真体的可能行为，在树的末端节点指明了真体的支付。在有限时间区间具有有限行动和状态的随机对策均可表示为扩展形式对策，即对策树。

2. 多真体的协商技术

协商是多真体系统实现协同、协作、冲突消解和矛盾处理的关键环节,其关键技术有协商协议、协商策略和协商处理三种。

(1) 协商协议。

协商协议主要研究真体通信语言(ACL)的定义、表示、处理和语义解释。协商协议的最简单形式为

协商通信消息:(〈协商元语〉,〈消息内容〉)

其中,协商元语即为消息类型,其定义一般以对话理论为基础。消息内容包括消息的发送者、消息编号、消息发送时间等固定信息以及与协商应用的具体领域有关的信息描述。

(2) 协商策略。

该策略用于真体决策及选择协商协议和通信消息,包括一组与协商协议相对应的元级协商策略和策略的选择机制两部分内容。协商策略可分为破坏协商、拖延协商、单方让步、协作协商、竞争协商5类。只有后两类协商策略才有意义。对于竞争策略,参与协商者坚持各自的立场,在协商中表现出竞争行为,力图使协商结果有利于自身的利益。对于协作策略,各真体应动态和理智地选择适当的协商策略,在系统运行的不同阶段表现出不同的竞争或协作行为。策略选择的一般方法是:考虑影响协商的多方面因素,给出适当的策略选择函数。

(3) 协商处理。

协商处理包括协商算法和系统分析两方面,前者用于描述真体在协商过程中的行为(包括通信、决策、规划和知识库操作),后者用于分析和评价真体协商的行为和性能,回答协商过程中的问题求解质量、算法效率和系统的公平性等问题。

协商协议主要处理协商过程中真体间的交互,协商策略主要修改真体内的决策和控制过程,而协商处理则侧重描述和分析单个真体和多真体协商社会的整体协作行为。后者描述了多真体协商的宏观层面,而前两者则刻画了真体协商的微观方面。

3. 多真体的协调方法

真体间的负面交互关系导致冲突,一般包括资源冲突、目标冲突和结果冲突。为实现冲突消解,必须研究真体的协调。真体间的正面交互关系表示真体的规划和重叠部分,或某个真体具有其他真体所不具备的能力,各真体间可通过协作取得成功。

真体间的不同协作类型将导致不同的协调过程。当前主要有4种协调方法,即基于集中规划的协调、基于协商的协调、基于对策的协调和基于社会规划的协调。

(1) 基于集中规划的协调。

如果多真体系统中至少有一真体具备其他真体的知识、能力和环境资源知识,那么该真体可作为主控真体对该系统的目标进行分解,对任务进行规划,并指示或建议其他真体执行相关任务。这种基于集中规划的协调方法特别适用于环境和任务相应固定、动态行为集可预计和需要集中监控的情况,如机器人协调和智能控制等。

(2) 基于协商的协调。

本协调方法属于分布式协调,系统中没有作为规划的主控真体,协调是真体间交换信息、讨论和达成共识的方式,具体协商方法有合同网协商、功能精确的合作(FA/C)和基于对策论的协商等。例如,合同网采用市场机制进行任务通告、投标和签订合同来实现任务

分配。

（3）基于对策论的协调。

此协调方法包括无通信协调和有通信协调两类。无通信协调是在没有通信情况下，真体根据对方及自身的效益模型，按照对策论选择适当行为。这种协调方式中，真体至多也只能达到协调的平衡解。在基于对策论的有通信协调中则可得到协作解。

（4）基于社会规划的协调。

这是一类以每个真体都必须遵循的社会规则、过滤策略、标准和惯例为基础的协调方法。这些规则对各真体的行为加以限制，过滤某些有冲突的意图和行为，保证其他真体必需的行为方式，从而确保本真体行为的可行性，以实现整个真体系统的社会行为的协调。这种协调方法比较有效。

5.2.3 多真体系统的学习与规划

1. 多真体的学习

机器学习的研究和应用已获得很大进展，多真体的研究促进机器学习新的发展。多真体系统具有分布式和开放式等特点，其结构和功能都很复杂。对于一些应用，在设计多真体系统时，要准确定义系统的行为以适应各种需求是相当困难的，甚至是无法做到的。这就要求多真体系统具有学习能力，学习能力是衡量多真体系统和其他智能系统的重要特征之一。

在人工智能领域对机器学习的研究已有多年，尽管真体的研究时间还不算太长，过去很长时间内也不把机器学习与真体挂钩，但其实质为单真体学习。近年来，以互联网为实验平台，设计和实现了具有某种学习能力的用户接口真体和搜索引擎真体，表明单真体学习已获新的进展。与单真体学习相比，多真体学习比较新颖，发展也很快。单真体学习是多真体学习的基础，许多多真体学习方法也是单真体学习方法的推广和扩充。例如，上述用户接口真体和搜索引擎真体中的学习已被认为是多真体学习，因为在人机协作系统中，人也是一个真体。

多真体学习要比单真体学习复杂得多，因为前者的学习对象处于动态变化中，且其学习离不开真体间的通信。为此，多真体学习需付出更大的代价。当前在多真体学习领域，强化学习和在协商过程中学习已引起关注。结合动态编程和有师学习，以期建立强大的机器学习系统。只给计算机一个目标，然后计算机不断与环境交互以达到该目标。

多真体学习有许多需要深入研究的课题，包括多真体学习的概念和原理、具有学习能力的 MAS 模型和体系结构、适应 MAS 学习特征的新方法以及 MAS 多策略和多观点学习等。

2. 多真体的规划

规划是连接精神状态（如打算、设想等）与执行动作的桥梁，关于规划和动作的研究是真体研究的一活跃领域。MAS 中的规划与经典规划有所不同，需要反映环境的持续变化。

对 MAS 的规划研究，目前主要方法有二：其一，一种可在世界状态间转换的抽象结构，如与或图；其二，一类复杂的真体精神状态。这两种方法都在一定程度上降低了经典规划中解空间的搜索代价，能够有效地指导资源受限型真体的决策过程。其中，第一种方法的应用更广，其常用做法是把真体的规划库定义为一个与或图结构，库中每条规划包括 4 部分：①规划目标；②规划前提；③由规划序列和规划子目标组成的规划体；④规划结果。

5.3 多真体控制系统的工作原理

基于多真体系统(MAS)的控制是智能控制的一个新的研究领域,近年来取得一些进展。但是,该领域的研究成果仍然不够多,真正用于控制的实例更不多见。本节主要探讨基于真体控制(简称真体控制,agent-based control)和基于多真体系统控制(简称多真体系统控制或 MAS 控制,MAS-based control)的基本原理,包括控制机理、结构和模型等。

5.3.1 MAS 控制系统的基本原理和结构

图 5.1 表示真体通过传感器和执行器与环境的交互作用,实际上,那也是一个闭环控制系统,其作用原理可由图 5.9 表示,它与传统控制及其他控制一样,都具有反馈作用机理。

当采用多真体系统进行控制时,其控制原理随着真体结构的不同而有所差异。迄今为止,尚难以给出一个通用的或统一的多真体控制系统结构。图 5.10 表示一种反应式多真体控制系统原理结构图,它由多层真体构成,即由多个面向任务的专用真

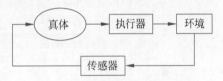

图 5.9 基于真体的控制原理

体模块组成。与慎思式真体系统不同之处在于本控制系统没有功能分解,只有任务划分;各专用真体模块负责执行具体任务,完成具体的动作或行为。在系统底层的专用真体模块是基本模块,完成比较初级的任务,而比较高层的真体模块,执行更复杂的任务。此外,每个专用真体模块可独立工作;高层真体模块可与底层真体模块的任务子集协同工作。例如,如果图 5.10 为一移动机器人的 MAS 控制系统,那么底层专用真体模块(真体1)执行避障任务,机器人能够借助传感器识别障碍物,并通过决策层指挥执行器,使机器人绕过(避开)有关障碍物。第 2 层的真体 2 执行运动功能,它能够影响真体 1 的输入和输出,使机器人避开障碍移向目标。……第 n 层的真体 n 用于探索和辨识机器人当前所处的环境(不仅仅是障碍物),建立环境模型,使机器人沿着一条理想的或满意的优化路径到达预定目的地。

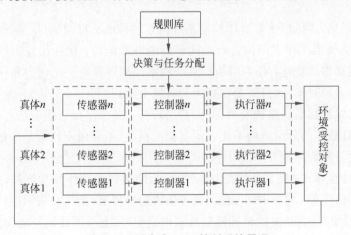

图 5.10 反应式 MAS 控制系统原理

图 5.11 给出一种用于具有触觉传感器的 7 自由度冗余机械手规划和控制的反应式多真体系统结构,每个真体控制一个关节,并计算相应连杆的传感器信息。称这种真体为关节

真体,它反映传感数据集成和该关节的运动生成;真体间通过通信协调各关节的运动和优化总体规划。

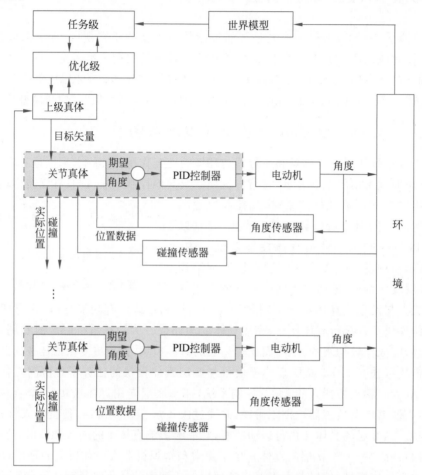

图 5.11　一个机械手规划和控制的反应式多真体系统结构

从图 5.11 可见,本机械手多真体控制系统由 3 层构成。反应层(底层)的作用由关节真体考虑,能够在机械手工作空间内进行面向目标的避障运动;优化层应用所有机械手的知识对机械手的运动进行优化;任务层执行复杂的路径规划算法。优化层和任务层的计算需要比反应层多得多的时间,而且需要在更大的时区上集成。

反应式多真体控制系统结构简单,开发费用较低;但也存在一些不足之处,如没有学习和规划能力,而且简单的分层结构不能表示复杂的模型,不宜用于比较复杂的控制系统。

对于具有比较复杂控制任务的系统,需要采用慎思式或复合式 MAS 控制系统结构。图 5.12 表示一种复合式 MAS 分层控制系统结构,除感知和动作等功能外,还具有建模、规划、推理、通信和协作等功能。图中,自上而下依次为协作层(模块)、规划层(模块)和控制层(模块);各层(模块)具有相应的精神模型或知识模型,从上至下分别是协作模型、自体模型和对象模型。

在介绍各模型之前,先对下列符号加以说明:

Believe——信念;

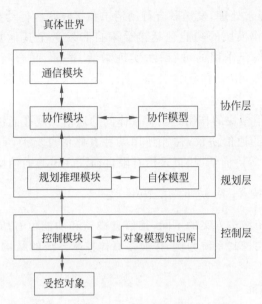

图 5.12 复合式 MAS 分层控制系统结构

Int——意图,已在前面说明过;

Goal——目标,真体可能的目标,每个目标对应于实现该目标的动作序列(规划);

Plan——规划,用于实现目标和意图的可采用的动作序列;

MB——互信念,每个真体具有的信念;

JG——联合目标,多真体成员的共同目标;

LInt——联合意图,真体承诺或选择的联合目标;

JP——联合规划,多真体联合目标和联合意图的实现形式,实际上为联合动作序列;

SL——社会规范,每个真体必须遵循的规则,通过约束规划表示。

现在对各模型的含义说明于下。

(1) 协作模型。包括真体组织结构模型、熟人模型(相关各真体状态和能力等)、协议模型(含真体通信协议和协商策略)以及本真体的 JP、JInt、JG、MB 和部分 SL 等。

(2) 自体模型。含本真体的精神状态(Goal、Believe、Int)及部分 SL、自身状态、规则库、中间结果暂存区等。

(3) 对象模型。涉及作用对象的参数、模型(数值或符号模型、神经网络或模糊模型等)、知识库、控制规则集等。

下面对图 5.12 中各层(模块)的功能加以简要说明。

(1) 控制模块。控制模块的功能包括感知、反应、通信、控制处理、任务执行等。感知功能涉及环境感知、信息采集、信息预处理。反应功能是指向执行部件发出执行动作指令;动作指令可以为由本层感知信息做出的实时反应,也可以是与上层交互后通过承诺和规划而由控制层发出。通信功能是与上层进行信息交换的能力。控制处理功能包括更新对象模型的参数、维护对象模型中的信息库以及运行状态判断和实时控制的计算等。任务执行功能涉及提交信息和任务、接受任务和执行任务等。

(2) 规划模块。规划模块的功能为:与控制层进行信息交互、获取控制层的信念和任务、发送任务至控制模块,维护自体模型,实现激活、选择、联合行动判断、承诺、规划、约束及相关控制流程,错误和异常处理,发送联合行动请求和接收联会行动指令等。

(3)协作模块。协作模块的功能包括接受来自和发送至其他真体的信息,接受下层的联合作用请求、评估联合作用的可行性,实现激活、选择、联合行动判断、协商、联合规划、约束及相关控制流程,错误和异常处理,对下层发送和接收联合规划和联合目标请求等。

(4)通信模块。通信模块的作用是负责真体间的通信。现在尚没有统一的通信协议标准。对于一些比较简单的通信协议,往往还用某种真体信息交换与协商原语,并以它为基础,结合 MAS 中真体对等协商情况,可采用有限自动机(FSM)通信协议。

5.3.2 MAS 控制系统的信息模型

随着 MAS 控制系统结构方案的不同,其信息模型和功能也有所差异。下面以图 5.12 所示的复合式 MAS 分层控制系统为例,按照多真体控制系统的结构,分 3 层阐述系统的分层真体模型及其功能。

1. 控制层模型与功能

本 MAS 控制系统真体的控制层模型如图 5.13 所示。图中的参数库、模型库和知识库组成控制层的对象(信息)模型。控制层的信息模型随着采用表示和推理方法的不同而具有多样性,图中的知识库和推理等都是可选择的。

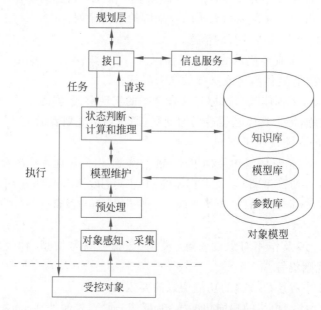

图 5.13 真体的控制层信息模型

对象感知、采集子模块(以下简称模块)用于传感信息采集,并把采集到的传感信息送至预处理模块进行信息预处理。

模型维护模块接收预处理过的信息和来自判断推理模块的决策信息,对对象模型中的参数库、模型库和知识库进行修正与更新。可在本模块中引入学习功能,使得对象库可以通过学习得到各模型和参数,也可以接收规划层的维护要求。

状态判断、计算和推理模块是控制层的核心模块,执行判决、计算、推理和评估等任务,并向受控对象发出执行指令。接口用于与规划层进行通信。信息服务模块用于对规划层提供信息服务，以便规划层能够及时获得控制层的状态信息。

2. 规划层模型与功能

真体规划层模型示于图 5.14，其自体模型包含 SL、PlanLib、Ints、Goals 和 Beliefs。当前规划栈 plans 起到中间结果库（当前数据库）的作用。规划层的主要功能包括规划、一致性处理、跟踪、信念维护、事件监控、任务执行、动作调度、信息接口和信息服务等。这些功能由相应子模块负责实现。

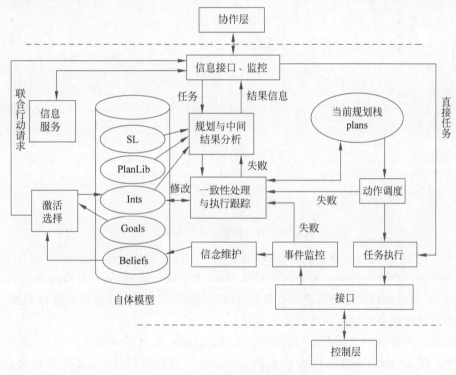

图 5.14 真体的规划层信息模型

规划与中间结果分析模块用于处理当前意图，并对照 SL 和 PlanLib 给出规划 plans。一致性处理与执行跟踪模块处理规划与自体模型以及已规划行动的一致性，检验所接受的 JP 中的分配任务是否与当前任务有冲突，同时处理跟踪、接受与处理调度和监控的失败，并对自体模型进行适当修改。信念维护模块根据实时事件更新维护信念。事件监控及任务执行模块分别通过控制层接口接受事件和发出动作指令。调度模块用于对规划进行动作调度。信息接口处理与协作层的信息交互。信息服务对协作层提供信息访问与交互服务及对自体模型进行维护。

3. 协作层模型与功能

真体协作层的信息模型如图 5.15 所示，它包括由 MB、JG、JInts、SL、Plib 和 JPLib 组成的协作模型及 JPlans 中间数据库。处理模块包括协商、联合规划、一致性检查、分解、信息服务、激活评估、与其他真体及规划层信息交互的接口等。

协商模块负责各真体间的协商，可发出联合规划的请求，接受联合规划的申请。如果本真体产生的联合规划协商成功，则可直接加入当前规划库 JPlans；若 JP 由其他真体产生或

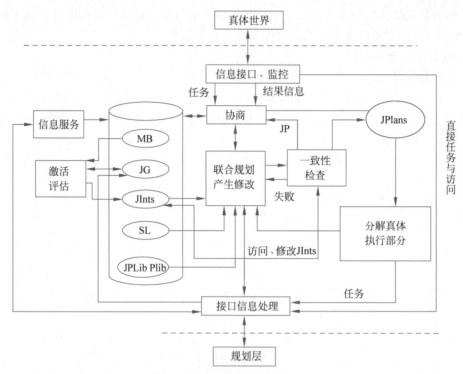

图 5.15 真体的协作层信息模型

本真体产生的 JP 协商没有成功,则转由联合规划产生修改模块处理。

联合规划产生修改模块一方面由本真体 JInts 产生联合规划,另一方面经协商后,若 JP 需要修改,则可由本模块进行修改;不管是否修改,都需经一致性检查模块进行处理。联合规划产生修改模块必要时可向低层进行咨询。

一致性检查模块用于检查 JP 是否同本真体的 JInts 和 JPlans 发生冲突,如有冲突,可返回重新产生 JP,或者必要时修改 JInts 和 JPlans。一致性检查只涉及本层不冲突,而对本 Plans 的检查则由规划层进行。

分解模块将 JPlans 的本地部分分解出来,由规划层去执行。信息服务模块对其他真体提供服务,通过直接访问规划层而提供多真体访问下层的通道,更新维护协作模型的部分信息。信息接口与通信模块的通信对象主要为多真体组,也包括人机接口。

5.4 MAS 控制系统的设计示例

本节通过两个实例介绍多真体控制系统的设计与实现。下面介绍基于 MAS 的多机械手装配系统的规划与控制。

本例提出了一个用于自主多机械手系统的分布式规划与控制结构。该系统由西班牙 Valladolid 大学自动与系统工程系开发。其控制结构用真体方法实现。配置一组分布式自主真体,并通过真体的协商、合作和协作来建立柔性装配系统的模型,以达到装配任务的目标。本示例的工作重点放在装配任务的分配和装配任务的执行上,将探讨的问题涉及真体模型、结构和通信机制、真体间的复杂交互作用以及分布式轨迹规划等。

1. 系统操作流程

面对全球经济的激烈竞争,迅速反应诸如客户需求、新技术和材料/产品成本等经济因素对于各个公司来说是至关重要的。市场的变化往往鼓励创造新产品或者要求对产品加以改进。伴随着频繁的产品变化,要求一个比目前的刚性自动化系统更为灵活的制造系统,即柔性制造系统(FMS);对柔性制造和装配系统的兴趣和需求与日俱增。

柔性制造系统有两方面重要的内容:自动化硬件和相应的规划与控制软件。软件是柔性制造系统的核心;一个适当的软件结构能够大大改善系统性能。因此,软件方面应成为关注的重点。通过多真体合作来实现局部和全局目标。运动规划是执行装配任务的关键。对于一个多机械手系统,寻求一条避碰路径/轨迹的计算复杂性随系统的自由度(DOF)总数成指数律增大。因此,大多数实际方法仅采用启发式解答,使问题易于得以处理。

图 5.16 表示一个用于多机械手 FMS 的基于真体的规划与控制系统的一般流程图和系统的全局操作。系统的输入为被装配产品的机械模型,而系统的输出为最后装配好的产品。

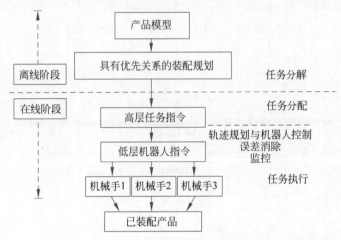

图 5.16　一个用于多机械手 FMS 的基于真体的规划与控制系统操作流程

从图 5.16 可知,离线阶段执行装配任务分解,生成一个由装配操作序列及各操作间优先关系的初步装配规划。作为输入的产品机械模型由零部件组成,所产生的初步装配规划以装配的可达性和稳定为基础;根据初步装配规划而进行的装配操作为任务级操作,这里实现的两个操作为"拾起/放置零件"和"插入零件";初始规划用作在线阶段的输入。

在线阶段把工作重点放在任务分配和任务执行上,在本阶段,团队(组)内的真体协作与协调工作以实现共同目标。任务分配把装配操作指定给适当的资源(机械手),任务级操作也映射为机械手能够理解和执行的低层操作。在任务执行期间,真体系统中加入了几个专门的真体:避障真体(用于避障轨迹规划)、容错真体(用于故障恢复)和监控真体(用于交错规划与执行)。

用于任务控制和协调的多真体规划和控制结构方案具有下列优点:

(1)齐次框架。考虑所有系统部件为一致的和齐次的,并以此进行建模。

(2)模块性与可量测性。对不同部件进行独立开发与实现。这种方法能够简化真体部件的开发/维护,而且使对真体的补充/删除变得更为容易。

（3）动态重构。快速重构系统的能力，及时反映市场条件的变化。

（4）分布控制。每个真体具有局部控制作用，并通过消息传递通信，具有协调其行动的能力。

（5）容错技术。在任务执行时进行故障检测、故障修复和执行监控，以使得系统性能更为鲁棒。

2. 系统硬件描述

本多机械手装配系统的硬件结构如图 5.17 所示。该系统由 3 台具有 5 个自由度的 ER-IX Scorbot 机械手组成，3 台机械手共用一个共同的工作空间，并在该空间同时（共同）执行装配操作。在该工作空间的中间设有一个伺服控制的旋转工作台，装配工作就在此工作台上进行。一条直线传送带作为零件进料器把零件送至机械手。还提供了一个缓冲区，以便暂时存放即将装配的零件。

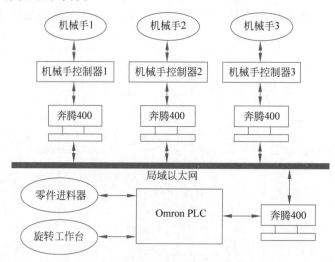

图 5.17　基于真体的控制系统硬件结构

这个基于真体的控制系统由 4 台奔腾 400 微机以分布方式加以实现。每个机械手都有低层控制器，而每一控制器又通过一个串行总线 RS-232 接至一台微机。旋转工作台和零件送料器由一台接至第 4 台微机的 Omron 可编程控制器进行控制。全部 4 台微机通过一个局部以太网络进一步连接起来。

3. 真体系统结构

本多真体控制例子是基于下列前提的：复杂问题可被分解为一些比较简单的具有较少相互依赖的子问题。系统具有的互相依赖越少，基于真体的方法就越成功。因此，问题分解和单个真体的设计就成为基于真体系统的最重要软件设计决策。本示例采用一种基于机器人和基于任务的混合分解方法，其真体结构表示于图 5.18。

现对各真体的功用说明如下：

（1）调度真体。负责对装配操作细节进行调度，并把这些装配操作指定给可供使用的机械手。

（2）机械手真体。负责单独机械手的低层控制，并把任务级装配操作变换为低层机器人指令。

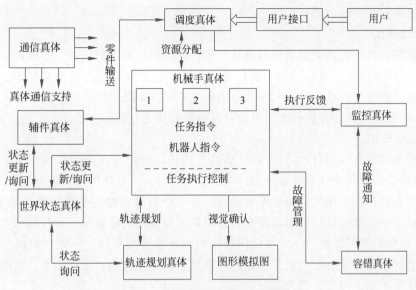

图 5.18 多真体控制系统的真体结构

（3）辅助装置真体。负责对辅助装置进行控制，即对本系统中的零件送料器和旋转工作台的控制。

（4）世界状态真体。包含系统所有组成部分的静态和动态信息，静态信息包括系统所有组成部分的几何的、运动学的和动力学信息，而动态信息包括系统组成部分的当前位型和任何动态信息。

（5）轨迹规划真体。负责产生 3 台机械手的避碰运动轨迹。

（6）容错真体。管理和协调故障恢复过程。

（7）通信真体。借助黑板结构处理真体系统中通过的和调度的消息。

（8）监控真体。监控任务规划与执行以改善资源利用。当系统出现故障时，它向容错真体发出通知。

（9）图形仿真真体。提供任务执行的可视确认。

4. 真体模块模型

本系统的典型真体模块结构模型见图 5.19。真体包括 2 个作用层：内作用层引导一个真体达到它的目标，而外作用层进行真体间的通信与合作以完成共同目标。要支持内层和外层两种作用，一个典型的真体一般包含下列模块：

（1）通信模块。

通信模块负责管理和控制各真体间的通信，它同时支持对等直接通信和通过黑板结构的通信。通信模块本身又包括一个低层网络接口和一个高层通信协议。通信模块管理两类消息：状态消息和指令消息，状态消息包含系统组成部分的动态信息，而指令消息包含其他信息，如几何信息、运动学信息和动力学信息或执行指令等。指令通信由优先权消息实现，

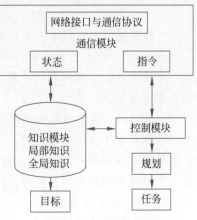

图 5.19 真体模块模型

一个黑板结构对指令通信进行管理。

(2) 知识模块。

知识模块向真体提供关于真体自身和环境(其他真体)的信息资源。本模块具有一个知识库,用于存储真体执行其作用所必要的数据和知识。该知识库包括两类知识:局部知识库包括涉及真体能力的信息及其自身状态的信息;全局知识库包括其他真体据之进行工作的信息,在任务分配和任务执行期间真体与其他各真体进行合作与协作。

(3) 控制模块。

控制模块检测真体的行为,它以目标驱动方式进行操作。当某个真体被指派一个任务集合时,该集合内的每个任务被变换为一个目标集合。一旦真体的能力能够满足要求,该真体就能够达到目标。真体的目标被映射(变换)为一个能够由控制模块达到的规划原本集,该原本用必需的参数和低层机器人指令进行编码。控制模块能够独立运行或与其他真体协作运行,本系统的控制模块由一组用面向目标的编程范例开发的 C++程序组成。本多机械手系统中的所有真体都有它们的装在 PC-奔腾机内的 3 个模块;除机械手真体的控制模块是装在机械手控制器内为一例外。

5. 真体间的通信

对知识的表示、询问和操作能力对基于真体系统是至关重要的,本系统应用知识询问与操作语言 KQML 来表示消息和协议,本系统存在两种通信:指令通信和状态通信。

(1) 指令通信(非周期通信)。

黑板结构已用于实现通信真体内对指令通信的管理,根据优先性和时间标志来处理消息,高优先性指令消息将在低优先性信息之前发送,如果两条消息具有同样的优先性,那么具有较早时间标志的消息将被首先发送。真体间通过在黑板上传送指令消息进行相互通信。通信真体负责处理消息分派,发送消息至它的接收者,又把答复消息送回发送者。图 5.20 表示这类通信是如何实现的。

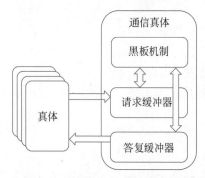

图 5.20　通信真体对指令消息的管理

属于这类指令通信的消息为:控制指令(与系统组成部分如机械手、旋转工作台和零件送料器等有关的指令)、信息请求指令(与真体的状态和知识有关的询问)和故障指令(故障报告等)。

(2) 世界状态真体与机械手真体间的状态通信(周期通信)。

在任务执行期间,机械手真体需要更新其他机械手真体的状态信息以便规划避碰轨迹。该信息一定要在每个时间即时更新以反映各机械手的当前状态。在任务执行过程中该状态信息由轨迹规划真体所用。

(3) 世界状态真体与其他真体间的状态通信(非周期通信)。

一个非机械手真体无论何时改变它的状态,它都会把它的当前状态发送至世界状态真体。这是以非周期形式进行的,以便减少从世界状态真体选择不需要的状态。图 5.21 表示世界状态真体如何管理状态通信。

6. 在线避碰轨迹规划

由于 3 台机械手共用同一工作空间,因而 3 台机械手间可能发生碰撞。为了避免机械

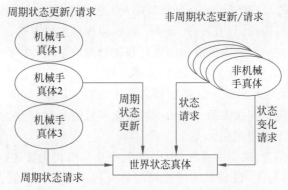

图 5.21 世界状态真体对状态通信的管理

手间及机械手与环境间发生碰撞,开发了一个基于真体的避碰系统。该系统是以机械手增量运动(manipulator incremental motion,MIM)概念为基础的,如图 5.22 所说明的:每个机械手的轨迹被分为小步(沿着轨迹每步移动几个毫米),这些步的计算由轨迹规划真体进行协调,并且在执行装配期间几乎实时地执行。这样,就允许产生无碰撞的任务执行,即使机械手的轨迹是预先未知的。

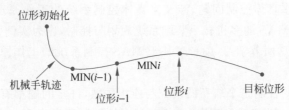

图 5.22 机械手增量运动示意图

已开发的分布式轨迹规划系统中,每个机械手真体计算自身的增量运动;轨迹规划真体对每个机械手指定一个优先权值,按预先确定的次序计算下一步的机械手增量运动,对优先权的管理既是动态的也是交互的。在计算每个机械手的优先权时,要考虑很好因素,诸如装配顺序、机械手与其目标位置间的距离、机械手与零件间的距离、机械手的优先权的历史和机械手故障情况等;一旦每个机械手的优先权确定之后,机械手的下一步增量运动就得以计算。机械手增量运动的计算是以人工势场技术为基础的。

当每个时刻的机械手优先权和最好的机械手增量运动计算之后,就能够得到机械手的完全运动。

实验结果表明,本多真体控制系统的结构是机器人(机械手)柔性装配的合适框架。系统由一组自主真体进行建模,通过合作策略实现共同目标。真体以设计好的通信格式和协议进行通信,交换信息。本方法可望推广应用至其他柔性制造系统。

5.5 小结

多真体系统是分布式人工智能研究的新领域。本章全面地研究了真体性质、结构、通信等问题以及多真体系统,是本领域研究的入门材料,为研究真体控制和 MAS 控制提供重要基础。

5.1节讨论分布式人工智能agent。分布式人工智能系统能够克服单智能系统在资源、时空分布和功能上的局限性,具有并行、分布、开放、协作和容错等优点,因而获得广泛应用。多真体系统研究如何在一群自主的真体间进行智能行为的协调,具有更大的灵活性,更能体现人类社会智能,更加适应开放的和动态的世界环境。

对agent的译法至今尚未统一。多数研究者采用英文原文agent,也有译为智能体、主体、个体、实体或代理等。在深入研究agent的含义和已有各种译法的基础上,我们建议把agent译为真体,并在本书中试用。

着重研究真体的信念、愿望和意图(BDI)的关系及其形式化描述,力图建立真体的BDI模型,这是研究真体的要素,也是真体理论模型研究的主要方向。真体具有一系列重要特性,这是真体得到发展和广泛应用的主要保证。

真体、体系结构和程序具有"真体＝体系结构＋程序"的关系。根据人类思维的不同层次,可以把真体分为反应式、慎思式、跟踪式、基于目标的、基于效果的和复合式真体。本章给出了这些真体的结构,具有较大的参考价值。

5.2节研究了多真体系统,讨论多真体系统的基本模型和体系结构,探讨了多真体的协作方法、协商技术和协调方式,简介了多真体的学习与规划问题。

5.3节开始探讨多真体控制问题,涉及多真体控制系统的工作原理、结构和信息模型。5.4节通过一个基于MAS的多机械手装配系统规划与控制,作为实例介绍多真体控制系统的设计与实现。通过这两节学习,读者对基于MAS控制系统的工作原理、设计及实现将有一个比较明晰的了解。

由于基于MAS的控制是个崭新的研究与应用领域,许多问题都有待进一步深入探讨。本章中提出和归纳的一些思路和观点,希望对多真体控制研究者和广大师生能起到某些参考作用。

习题 5

5-1　分布式人工智能系统有何特点? 试与多真体系统的特性加以比较。

5-2　什么是真体? 你对agent的译法有何见解?

5-3　真体在结构上有何特点? 在结构上又是如何分类的? 每种结构的特点为何?

5-4　多真体系统有哪几种基本模型? 其体系结构又有哪几种?

5-5　试说明多真体系统的协作方法、协商技术和协调方式。

5-6　为什么多真体系统需要学习与规划?

5-7　选择一个你熟悉的领域,编写一页程序来描述真体与环境的作用。说明环境是否是可访问的、确定性的、情节性的、静态的和连续的。对于该领域,采用何种真体结构为好?

5-8　改变房间的形状和摆设物的位置,添加新家具。试测量该新环境中各真体,讨论如何改善其性能,以求处理更为复杂的地貌。

5-9　多真体控制系统与传统控制系统有何共同之处?

5-10　多真体控制系统从结构上看是否有不同的类型? 试举例说明。

5-11　试举例介绍一个多真体控制系统的分层信息模型。

5-12　基于MAS的多机械手装配系统涉及哪些问题? 试分别说明之。

第二篇

基于数据的智能控制

第 **6** 章

神经控制系统

人工神经网络(artificial neural networks,ANN)在过去20多年中得到大力研究并取得重要进展,成为动态系统辨识、建模和控制的一种新型的和令人感兴趣的工具。

本章将首先介绍人工神经网络的特性、结构、模型和算法;接着讨论神经控制的典型结构;然后研讨神经控制系统的设计与示例;最后分析神经控制系统的稳定性。

6.1 人工神经网络概述

本节将简要介绍与讨论人工神经网络(ANN)的特性、ANN与控制的关系、人工神经网络的基本类型和学习算法、人工神经网络的典型模型以及基于神经网络的知识表示与推理等。

人工神经网络研究的先锋——麦卡洛克(McCulloch)和皮茨(Pitts),曾于1943年提出"似脑机器"(mindlike machine),这种机器可由基于生物神经元特性的互连模型来制造。这就是神经(学)网络的概念。他们构造了一个表示大脑基本组分的神经元模型,对逻辑操作系统表现出通用性。随着大脑和计算机研究的进展,研究目标已从"似脑机器"变为"学习机器",为此一直关心神经系统适应律的赫布(Hebb)提出了学习模型。罗森布拉特(Rosenblatt)开发并命名了感知器(perceptron),感知器是一组可训练的分类器。到20世纪60年代初期,关于学习系统的专用设计指南有威德罗(Widrow)等提出的Adaline(adaptive linear element,自适应线性元)以及斯坦巴克(Steinbuch)等提出的学习矩阵。由于感知器的概念简单,因而在开始介绍时对它寄予了很大希望。然而,不久之后明斯基(Minsky)和帕伯特(Papert)从数学上证明了感知器不能实现复杂逻辑功能。

20世纪70年代,格罗斯伯格(Grossberg)和科霍恩(Kohonen)对神经网络研究做出了重要贡献。以生物学和心理学证据为基础,格罗斯伯格提出几种具有新颖特性的非线性动态系统结构。该系统的网络动力学由一阶微分方程建模,而网络结构为模式聚集算法的自组织神经实现。基于神经元组织自行调整各种各样模式的思想,科霍恩发展了他在自组织映射方面的研究工作。沃博斯(Werbos)开发了一种反向传播算法。霍普菲尔德(Hopfield)在神经元交互作用的基础上引入一种递归型神经网络,这种网络就是有名的Hopfield网络。在20世纪80年代中叶,帕克(Parker)和鲁姆尔哈特(Rumelhart)等重新发现了反向传播算法——一种前馈神经网络的学习算法。近10多年来,神经网络已在从家用电器到工业对象的广泛领域找到它的用武之地。

6.1.1　神经元及其特性

神经网络的结构是由基本处理单元及其互连方法决定的。

与神经生理学类比,连接机制结构的基本处理单元往往称为神经元。每个神经元网络

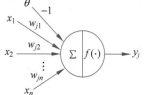

模型模拟一个生物神经元,如图 6.1 所示。该神经元单元由多个输入 $x_i(i=1,2,\cdots,n)$ 和一个输出 y 组成。中间状态由输入信号的权和表示,而输出为

$$y_j(t) = f\left(\sum_{i=1}^{n} w_{ji} x_i - \theta_j\right) \tag{6.1}$$

图 6.1　神经元模型

式中,θ_j 为神经元单元的偏置(阈值);w_{ji} 为连接权系数(对于激发状态,w_{ji} 取正值,对于抑制状态,w_{ji} 取负值);n 为输入信号数目;y_j 为神经元输出;t 为时间;$f(\cdot)$ 为输出变换函数,叫作激发或激励函数,往往采用二值函数 0 和 1,或 S 形函数,见图 6.2,这 3 种函数都是连续和非线性的。一种二值函数见图 6.2(a),可由下式表示:

$$f(x) = \begin{cases} 1, & x \geqslant x_0 \\ 0, & x < x_0 \end{cases} \tag{6.2}$$

一种常规的 S 形函数见图 6.2(b),可由下式表示:

$$f(x) = \frac{1}{1 + \mathrm{e}^{-ax}}, \quad 0 < f(x) < 1 \tag{6.3}$$

常用双曲正切函数(见图 6.2(c))取代常规 S 形函数,因为 S 形函数的输出均为正值,而双曲正切函数的输出值可为正或负。双曲正切函数如下式所示:

$$f(x) = \frac{1 - \mathrm{e}^{ax}}{1 + \mathrm{e}^{-ax}}, \quad -1 < f(x) < 1 \tag{6.4}$$

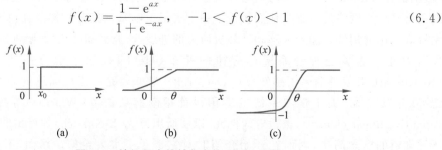

图 6.2　神经元中的某些变换(激发)函数

人工神经网络的下列特性对控制是至关重要的:

(1) 并行分布处理。神经网络具有高度的并行结构和并行实现能力,因而具有较好的耐故障能力和较快的总体处理能力。这特别适于实时控制和动态控制。

(2) 非线性映射。神经网络具有固有的非线性特性,这源于其近似任意非线性映射(变换)能力。这一特性给非线性控制问题带来新的希望。

(3) 通过训练进行学习。神经网络是通过系统过去的数据记录进行训练的。一个经过适当训练的神经网络具有归纳数据的能力,因此,神经网络能够解决那些由数学模型或描述规则难以处理的控制过程问题。

(4) 适应与集成。神经网络能够适应在线运行,并能同时进行定量和定性操作。神经

网络的强适应和信息融合能力使得网络过程可以同时输入大量不同的控制信号,解决输入信息间的互补和冗余问题,并实现信息集成和融合处理。这些特性特别适于复杂、大规模和多变量系统的控制。

(5)硬件实现。神经网络不仅能够通过软件而且可借助硬件实现并行处理。近年来,一些超大规模集成电路硬件实现已经问世,而且可从市场上购到。这使得神经网络成为具有快速和大规模处理能力的实现网络。

显然,由于神经网络具有学习和适应、自组织、函数逼近和大规模并行处理等能力,因而具有用于智能控制系统的潜力,特别适用于非线性控制系统和解决含有不确定性的控制问题。

神经网络在模式识别、信号处理、系统辨识和优化等方面的应用,已有广泛研究。在控制领域,已经取得许多成果,把神经网络应用于控制系统,处理控制系统的非线性和不确定性以及逼近系统的辨识函数等。

根据控制系统的结构,可把神经控制的应用研究分为几种主要方法,如监督式控制、逆控制、神经自适应控制和预测控制等。

6.1.2 人工神经网络的基本类型和学习算法

1. 人工神经网络的基本特性和结构

人脑内含有极其庞大的神经元(有人估计为 1000 多亿个),它们互连组成神经网络,并执行高级的问题求解智能活动。

人工神经网络由神经元模型构成;这种由许多神经元组成的信息处理网络具有并行分布结构。每个神经元具有单一输出,并且能够与其他神经元连接;存在许多(多重)输出连接方法,每种连接方法对应一个连接权系数。严格地说,人工神经网络是一种具有下列特性的有向图:

(1)对于每个节点 i 存在一个状态变量 x_i。

(2)从节点 j 至节点 i,存在一个连接权系统数 w_{ij}。

(3)对于每个节点 i,存在一个阈值 θ_i。

(4)对于每个节点 i,定义一个变换函数 $f_i(x_i, w_{ji}, \theta_i), i \neq j$;最一般的情况,此函数取 $f_i\left(\sum_j w_{ij} x_j - \theta_i\right)$ 形式。

人工神经网络的结构基本上分为两类,即递归(反馈)网络和前馈(多层)网络,简介如下。

(1)递归网络。

在递归网络中,多个神经元互连以组织一个互连神经网络,如图 6.3 所示。有些神经元的输出被反馈至同层或前层神经元,因此,信号能够从正向和反向流通。Hopfield网络、Elman 网络和 Jordan 网络是递归网络有代表性的例子。递归网络又叫作反馈网络。

图 6.3 中,V_i 表示节点的状态,x_i 为节点的输入(初始)值,x_i' 为收敛后的输出值,$i = 1, 2, \cdots, n$。

(2) 前馈网络。

前馈网络呈分层结构,由一些同层神经元间不存在互连的层级组成。从输入层至输出层的信号通过单向连接流通;神经元从一层连接至下一层,不存在同层神经元之间的连接,如图 6.4 所示。图中,实线指明实际信号流通,而虚线表示反向传播。前馈网络的例子有多层感知器(MLP)、学习向量量化(LVQ)网络、小脑模型连接控制(CMAC)网络和数据处理方法(GMDH)网络等。

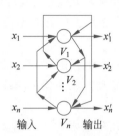

图 6.3   递归(反馈)网络

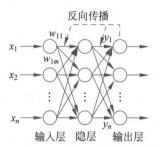

图 6.4   前馈(多层)网络

此外,还有混合型和网状神经网络结构。

在前向网络的同一层间神经元有互连的结构,称为混合型网络。这种在同层内的互连,可以限制同层内同时兴奋或抑制的神经元数目,该网络已完成待定的功能。

网状结构是相互结合型的结构,各个神经元都可能相互双向连接,所有神经元既是输入又是输出。该结构若某一时刻从神经元外施加一个输入,则各个神经元一边相互作用,一边进行信息处理,直到使网络所有神经元的活性度或输出值,收敛于某个平均值。

2. 人工神经网络的主要学习算法

神经网络主要通过两种学习算法进行训练,即指导式(有师)学习算法和非指导式(无师)学习算法。此外,还存在第三种学习算法,即增强学习算法,可以看作有师学习算法的一种特例。

(1) 有师学习。

有师学习算法能够根据期望的和实际的网络输出(对应于给定输入)间的差来调整神经元间连接的强度或权。因此,有师学习需要有个老师或导师来提供期望或目标输出信号。有师学习算法的例子包括 Delta 规则、广义 Delta 规则或反向(误差)传播算法以及 LVQ 算法等。其中,广义 Delta 规则是根据误差由输出层反向传至输入层,而输出则是由正向传播给出网络的最终响应。这种误差反向传播式学习规则,对于前馈网络的有师学习具有重要意义。下面设计一个有师学习算法调整神经网络权值的例题。

例 6.1   已知网络结构如图 6.5 所示,网络输入/输出如表 6.1 所示。其中,$f(x)$ 为 x 的符号函数,$f(\text{net})=f(w_1 * x_1 + w_2 * x_2 + w_3 * 1)$,bias 取常数 1,设初始值随机取成 $(0.75, 0.5, -0.6)$。利用误差传播学习算法调整神经网络权值。

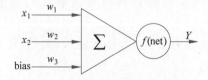

图 6.5   神经网络结构示例图

表 6.1　输入/输出训练参数表

训 练 序 号	x_1	x_2	Y
1	1.0	1.0	1
2	9.4	6.4	-1
3	2.5	2.1	1
4	8.0	7.7	-1
5	0.5	2.2	1
6	7.9	8.4	-1
7	7.0	7.0	-1
8	2.8	0.8	1
9	1.2	3.0	1
10	7.8	6.1	-1

解：本例说明了一种有师学习算法调整神经网络权值的过程,将第一组训练数据代入 $f(\text{net}) = f(w_1 * x_1 + w_2 * x_2 + w_3 * 1)$ 网络中。令 $f(\text{net})^1$ 表示第一组训练数据经过 $f(\text{net})$ 网络计算后的输出,则

$$f(\text{net})^1 = f(w_1 * x_1 + w_2 * x_2 + w_3 * 1)$$
$$= f(0.75 * 1 + 0.5 * 1 + (-0.6) * 1) = f(0.65) = 1$$

与输出 Y 值相符,无须调整权值。

同理,将第二组训练数据代入 $f(\text{net}) = f(w_1 * x_1 + w_2 * x_2 + w_3 * 1)$ 网络中,令 $f(\text{net})^2$ 表示第二组训练数据经过 $f(\text{net})$ 网络计算后的输出,则

$$f(\text{net})^2 = f(0.75 * 9.4 + 0.5 * 6.4 + (-0.6) * 1) = f(9.65) = 1$$

而输出 Y 值为 -1,需要用有师学习算法

$$w^t = w^{t-1} + c(d^{t-1} - \text{sign}(w^{t-1} * x^{t-1})) x^{t-1}$$

调整神经网络权值。其中 c 为学习因子,这里取 0.2；x 和 w 分别是输入和权值向量,t 为迭代次数,d^{t-1} 是第 $t-1$ 代的理想输出值。于是

$$w^3 = w^2 + 0.2(d^2 - \text{sign}(w^2 * x^2))x^2$$
$$= w^2 + 0.2((-1) - 1)x^2$$
$$= \begin{bmatrix} 0.75 \\ 0.50 \\ -0.60 \end{bmatrix} - 0.4 \begin{bmatrix} 9.4 \\ 6.4 \\ 1.0 \end{bmatrix} = \begin{bmatrix} -3.01 \\ -2.06 \\ -1.00 \end{bmatrix}$$

将第三组训练数据代入 $f(\text{net}) = f(w_1 * x_1 + w_2 * x_2 + w_3 * 1)$ 网络中,其中 $f(\text{net})^3$ 表示第三组训练数据代入 $f(\text{net})$ 网络计算的训练输出。$f(\text{net})^3 = f(-3.01 * 2.5 + (-2.06) * 2.1 + (-1.0) * 1) = f(-12.84) = -1$,与输出 Y 中的理想值不符,所以需要调整权值:

$$w^4 = w^3 + 0.2(d^3 - \text{sign}(w^3 * x^3))x^3$$
$$= w^3 + 0.2(1 - (-1))x^3$$
$$= \begin{bmatrix} -3.01 \\ -2.06 \\ -1.00 \end{bmatrix} + 0.4 \begin{bmatrix} 2.5 \\ 2.1 \\ 1.0 \end{bmatrix} = \begin{bmatrix} -2.01 \\ -1.22 \\ -0.60 \end{bmatrix}$$

经过 500 次迭代训练,最终可以得到一组权值 $(-1.3, -1.1, 10.9)$。利用这组权值和相应

的网络模型,不仅可以准确地区分已知数据(训练集),还可对未知数据进行预测,获得该神经网络的输出为$Y= f(w_1 * x_1 + w_2 * x_2 + w_3 * 1) = f(-1.3 * x_1 + (-1.1) * x_2 + 10.9)$。

(2) 无师学习。

无师学习算法不需要知道期望输出,在训练过程中,只要向神经网络提供输入模式,神经网络就能够自动地适应连接权,以便按相似特征把输入模式分组聚集。无师学习算法的例子包括 Kohonen 算法和 Carpenter-Grossberg 自适应谐振理论(ART)等。无师学习规则主要为 Hebb 联想式学习规则、基于学习行为的突触联系和神经网络理论。突触前端与突触后端同时兴奋,活性度高的神经元之间的连接强度将得到增加。在 Hebb 学习规则的基础上,依据学习算法自行调整权重,其数学基础是输入与输出之间的某种相关计算。因此,Hebb 学习又称为相关学习或并联学习。

(3) 增强学习。

如前所述,增强学习是有师学习的特例。它不需要老师给出目标输出。增强学习算法采用一个"评论员"来评价与给定输入相对应的神经网络输出的优度(质量因数)。增强学习算法的一个例子是遗传算法(GA)。

6.1.3 人工神经网络的典型模型

迄今为止,有近 50 种人工神经网络模型被开发和应用。其中,很多神经网络模型经常用于控制。下面给出一些常用的神经网络模型:

(1) 自适应谐振理论(ART)。由 Grossberg 提出,是一个根据可选参数对输入数据进行粗略分类的网络。ART-1 用于二值输入,而 ART-2 用于连续值输入。ART 的不足之处在于过分敏感,输入有小的变化时,输出变化很大。

(2) 双向联想存储器(BAM)。由 Kosko 开发,是一种单状态互连网络,具有学习能力。BAM 的缺点为存储密度较低,且易于振荡。

(3) Boltzmann 机(BM)。由 Hinton 等提出,是建立在 Hopfield 网基础上的网络,具有学习能力,能够通过一个模拟退火过程寻求解答。不过,其训练时间比 BP 神经网络要长。

(4) 反向传播(BP)网络。最初由 Werbos 开发的反向传播训练算法是一种迭代梯度算法,用于求解前馈网络的实际输出与期望输出之间的最小均方差值。BP 神经网络是一种反向传递并能修正误差的多层映射网络。当参数适当时,此网络能够收敛到较小的均方差,是目前应用最广的网络之一。BP 神经网络的短处是训练时间较长,且易陷于局部极小。

在众多的神经网络模型中,BP 是一类经典的神经网络。下面利用 MATLAB 仿真环境,讨论 BP 神经网络的函数逼近能力。

例 6.2 已知输入向量$P = [0,1,2,3,4,5,6,7,8,9,10]$,输出目标向量$T = [0,1,2,3,4,3,2,1,2,3,4]$,试设计一个 BP 神经网络用于实现函数逼近,其中设定隐含层含有 5 个神经元。

解: 根据输入矩阵P和目标矩阵T构建一个神经网络,实现从输入到目标的逼近。

$$P = [0,1,2,3,4,5,6,7,8,9,10]$$
$$T = [0,1,2,3,4,3,2,1,2,3,4]$$

构建两层前馈神经网络,网络的输入层范围是$[0,10]$,隐含层由 5 个 tansig 神经元组成,输出层由 1 个 purelin 神经元组成。

net＝newff([0 10],[5 1],{'tansig' 'purelin'})

构建完神经网络后,得到网络输出 Y,并与逼近目标 T 一起表示于图6.6。其中"。"表示网络构建后未经训练的输出 Y,实线条表示需逼近的目标 T。

Y＝sim(net,P);
plot(P,T,P,Y,'o')

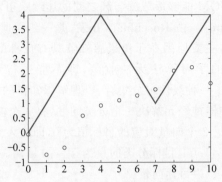

图6.6 未经训练的神经网络逼近效果

神经网络训练过程收敛曲线如图6.7所示。经过100次迭代后,网络的输出如图6.8所示,其中参数设置为

net.trainParam.epochs＝100;
net＝train(net,P,T);
Y＝sim(net,P);
plot(P,T,P,Y,'o')

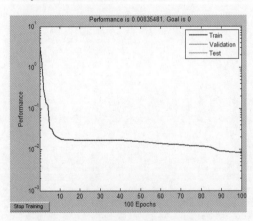

图6.7 神经网络训练过程收敛曲线

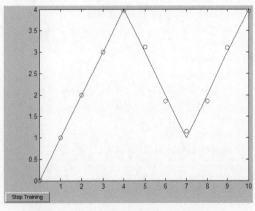

图6.8 训练后的神经网络函数逼近效果

(5) 对流传播网络(CPN)。由 Hecht-Nielson 提出,是一个通常由5层组成的连接网。CPN 可用于联想存储,其缺点是要求较多的处理单元。

(6) Hopfield 网。由 Hopfield 提出,是一类不具有学习能力的单层自联想网络。Hopfield 网模型由一组可使某个能量函数最小的微分方程组成,其缺点为计算代价较高,而且需要对称连接。

(7) Madaline 算法。Adaline 算法的一种发展,是一组具有最小均方差线性网络的组合,能够调整权值使期望信号与输出间的误差最小。此算法是自适应信号处理和自适应控制的得力工具,具有较强的学习能力,但是输入与输出之间必须满足线性关系。

(8)认知机(neocognition)。由 Fukushima 提出,是至今为止结构上最为复杂的多层网络。通过无师学习,认知机具有选择能力,对样品的平移和旋转不敏感。不过,认知机所用节点及其互连较多,参数也多且较难选取。

(9)自组织映射网(SOM)。由 Kohonen 提出,是以神经元自行组织以校正各种具体模式的概念为基础的网络。SOM 能够形成簇与簇之间的连续映射,起到向量量化器的作用。

(10)感知器(perceptron)。由 Rosenblatt 开发,是一组可训练的分类器,为最古老的ANN 之一,现已很少使用,主要原因在于单层感知器具有自身的局限性,若输入模式为线性不可分集合,则感知器的学习算法无法收敛,即不能进行正确的分类。为此,结合MATLAB 仿真环境,设计了一种线性可分集合,以理解感知器的分类能力。

例 6.3   采用单一感知器神经元解决一个分类问题,将 4 个输入向量分为 2 类。其中 2个向量对应的目标值为 1,另 2 个向量对应的目标值为 0,即输入向量为 $P=[-0.5,-0.5,0.3,0.0;-0.5,0.5,-0.5,1.0]$,目标分类向量为 $T=[1,1,0,0]$。

解:设 P 为输入向量,T 为目标向量

$$P=[-0.5,-0.5,0.3,0.0;-0.5,0.5,-0.5,1.0];$$
$$T=[1,1,0,0];$$

定义感知器神经元并对其初始化

```
net=newp([-0.5,0.5;-0.5,1],1);
net.initFcn='initlay';
net.layers{1}.initFcn='initwb';
net.inputWeights{1,1}.initFcn='rands';
net.layerWeights{1,1}.initFcn='rands';
net.biases{1}.initFcn='rands';
net=init(net);
echo off
k=pickic;
if k==2
    net.iw{1,1}=[-0.8161,0.3078];
    net.b{1}=[-0.1680];
end
echo on
plotpc(net.iw{1,1},net.b{1})
pause
```

训练感知器神经元;

```
net=train(net,P,T);
pause
```

利用训练完的感知器神经元分类;

```
p=[-0.5;0];
a=sim(net,p)
echo off
```

待程序运行结束后,可得当输入为 $p=[-0.5;0]$ 时,其输出 a 的分类结果为 1。在该单一感知器神经元分类过程中,图 6.9(a)表示以 P 为输入矢量的示意图,图 6.9(b)为单一感知器神经元将 4 个输入矢量分为两类的分类结果,其误差收敛和变化趋势如图 6.9(c)所示。

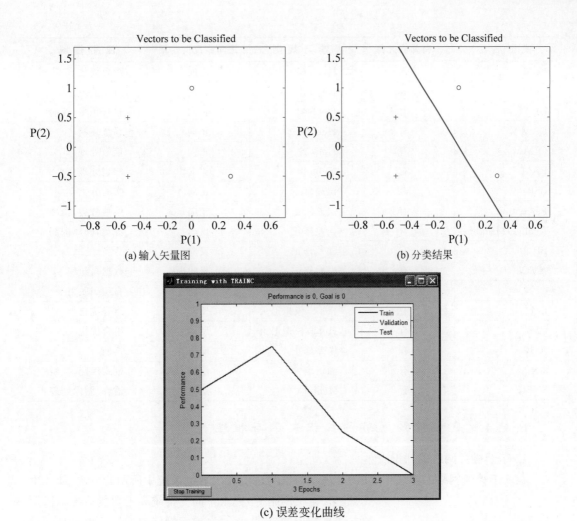

(a) 输入矢量图　　　　　　　　　　　(b) 分类结果

(c) 误差变化曲线

图 6.9　单一感知器神经元分类

根据 W. T. Illingworth 提供的综合资料,最典型的 ANN 模型(算法)及其学习规则和应用领域如表 6.2 所示。

表 6.2　人工神经网络的典型模型

模 型 名 称	有师或无师	学 习 规 则	正向或反向传播	应 用 领 域
AG	无	Hebb 律	反向	数据分类
SG	无	Hebb 律	反向	信息处理
ART-I	无	竞争律	反向	模式分类
DH	无	Hebb 律	反向	语音处理
CH	无	Hebb/竞争律	反向	组合优化
BAM	无	Hebb/竞争律	反向	图像处理
AM	无	Hebb 律	反向	模式存储
ABAM	无	Hebb 律	反向	信号处理
CABAM	无	Hebb 律	反向	组合优化

续表

模型名称	有师或无师	学习规则	正向或反向传播	应用领域
FCM	无	Hebb 律	反向	组合优化
LM	有	Hebb 律	正向	过程监控
DR	有	Hebb 律	正向	过程预测,控制
LAM	有	Hebb 律	正向	系统控制
OLAM	有	Hebb 律	正向	信号处理
FAM	有	Hebb 律	正向	知识处理
BSB	有	误差修正	正向	实时分类
Perceptron	有	误差修正	正向	线性分类,预测
Adaline/Madaline	有	误差修正	反向	分类,噪声抑制
BP	有	误差修正	反向	分类
AVQ	有	误差修正	反向	数据自组织
CPN	有	Hebb 律	反向	自组织映射
BM	有	Hebb/模拟退火	反向	组合优化
CM	有	Hebb/模拟退火	反向	组合优化
AHC	有	误差修正	反向	控制
ARP	有	随机增大	反向	模式匹配,控制
SNMF	有	Hebb 律	反向	语音/图像处理

6.1.4 基于神经网络的知识表示与推理

1. 基于神经网络的知识表示

在基于神经网络的系统中,知识的表示方法与传统人工智能系统中所用的方法(如产生式、框架、语义网络等)完全不同。传统人工智能系统中所用的方法是知识的显式表示,而神经网络中的知识表示是一种隐式的表示方法。在本节中,知识并不像在产生式系统中那样独立地表示为每一条规则,而是将某一问题的若干知识在同一网络中表示。

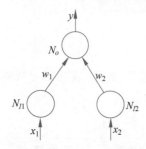

图 6.10 神经网络实现与逻辑

例 6.4 首先来看一个使用二层神经网络实现与逻辑(AND)的例子。如图 6.10 所示,x_1、x_2 为网络的输入,w_1、w_2 为连接边的权值,y 为网络的输出。

定义一个输入/输出关系函数

$$f(a) = \begin{cases} 0, & a < \theta \\ 1, & a \geqslant \theta \end{cases}$$

这里 $\theta = 0.5$。

根据网络的定义,网络的输出 $y = f(x_1 w_1 + x_2 w_2)$。只要有一组合适的权值 w_1、w_2,就可以使输入数据 x_1、x_2 和输出 y 之间符合与逻辑,如表 6.3 所示。

根据实验得到了如表 6.4 所示的几组 w_1 和 w_2 权值数据,读者不难验证。

表 6.3 网络输入/输出的与关系

输 入		输 出
x_1	x_1	y
0	0	0
0	1	0
1	0	0
1	1	1

表 6.4 满足与关系的权值

w_1	w_2
0.2	0.35
0.2	0.40
0.25	0.30
0.40	0.20

由此可见,权值数据对整个网络非常重要。是不是对于所有问题只需要固定一个二层网络的结构,然后寻找到合适的权值就行了呢? 若此方法可行,那么只需要依次记录下所有权值就可以表示整个网络了。接下来,假设其他条件不变,试用图 6.11 的网络来实现异或逻辑(XOR)。显然要实现异或逻辑,网络必须满足如下关系:

$$
\begin{aligned}
1 \cdot w_1 + 1 \cdot w_2 < t & \qquad w_1 + w_2 < t \\
1 \cdot w_1 + 0 \cdot w_2 \geqslant t & \qquad w_1 \geqslant t \\
0 \cdot w_1 + 1 \cdot w_2 \geqslant t & \Rightarrow \qquad w_2 \geqslant t \\
0 \cdot w_1 + 0 \cdot w_2 < t & \qquad\qquad 0 < t
\end{aligned}
\Rightarrow
\begin{aligned}
w_1 + w_2 < t < 2t \\
w_1 + w_2 \geqslant 2t \\
0 < t
\end{aligned}
\Rightarrow \varnothing
$$

由推导的结果可知,满足上述条件的 t 值是不存在的,即二层网络结构不能实现异或逻辑。如果在网络的输入和输出层之间加入一个隐含层,情况就不一样了。如图 6.12 所示,取权值向量 $(w_1, w_2, w_3, w_4, w_5)$ 为 $(0.3, 0.3, 1, 1, -2)$,按照网络的输入/输出关系:

$$ y = f(x_1 \cdot w_3 + x_2 \cdot w_4 + z \cdot w_5) $$

这里 z 为隐含节点 N_h 的输出,$z = f(x_1 \cdot w_1 + x_2 \cdot w_2)$,$f(\cdot)$ 为输入/输出关系函数,θ 均为 0.5。

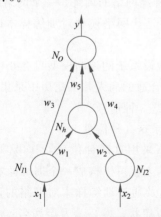

图 6.11 神经网络实现异或逻辑

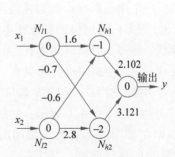

图 6.12 异或逻辑的神经网络表示

如果用产生式规则描述,则该网络代表下述 4 条规则:

$$ \text{IF } x_1 = 0 \quad \text{AND} \quad x_2 = 0 \quad \text{THEN} \quad y = 0 $$
$$ \text{IF } x_1 = 0 \quad \text{AND} \quad x_2 = 1 \quad \text{THEN} \quad y = 1 $$
$$ \text{IF } x_1 = 1 \quad \text{AND} \quad x_2 = 0 \quad \text{THEN} \quad y = 1 $$
$$ \text{IF } x_1 = 1 \quad \text{AND} \quad x_2 = 1 \quad \text{THEN} \quad y = 0 $$

当然,实现这种功能的网络并不唯一,如图 6.12 所示。网络的每个节点本身带有一个

起调整作用的阈值常量。各节点的关系为($f(\cdot)$为阈值函数,其中所有 θ 均取 0.5)

$$N_{h1} = f(x_1 * 1.6 + x_2 * (-0.6) - 1)$$
$$N_{h2} = f(x_1 * (-0.7) + x_2 * 2.8 - 2.0)$$
$$y = N_O = f(N_{h1} * 2.102 + N_{h2} * 3.121)$$

如何表示这些网络呢? 在有些神经网络系统中,知识是用神经网络所对应的有权向量图的邻接矩阵以及阈值向量表示的。对图 6.12 所示的实现异或逻辑的神经网络来说,其邻接矩阵为

$$
\begin{array}{c}
\begin{array}{ccccc} N_{I1} & N_{I2} & N_{h1} & N_{h2} & N_O \end{array} \\
\begin{array}{c} N_{I1} \\ N_{I2} \\ N_{h1} \\ N_{h2} \\ N_O \end{array}
\begin{bmatrix}
0 & 0 & 1.6 & -0.7 & 0 \\
0 & 0 & -0.6 & 2.8 & 0 \\
0 & 0 & 0 & 0 & 2.102 \\
0 & 0 & 0 & 0 & 3.121 \\
0 & 0 & 0 & 0 & 0
\end{bmatrix}
\end{array}
$$

相应的阈值向量为(0,0,-1,-2,0)。

此外,神经网络的表示还有很多种方法,这里仅以邻接矩阵为例。对于网络的不同表示,其相应的运算处理方法也随之改变。近年来,很多学者将神经网络的权值和结构统一编码表示成一维向量,结合进化算法对之进行处理,取得很好的效果。

2. 基于神经网络的知识推理

基于神经网络的推理是通过网络计算实现的。把用户提供的初始证据用作网络的输入,通过网络计算最终得到输出结果。基于神经网络的知识推理实质上是在一个已经训练成熟网络的基础上对未知样本做出反应或者判断。神经网络的训练是一个网络对训练样本内在规律学习的过程,而对网络进行训练的目的主要是让网络模型对训练样本以外的数据具有正确的映射能力。

例 6.5　一个用于医疗诊断的神经网络推理。假设系统的诊断模型只有 6 种症状、2 种疾病、3 种治疗方案。对网络的训练样本是选择一批合适的病人并从病历中采集如下信息:

(1) 症状:对每一症状只采集有、无及没有记录这 3 种信息。

(2) 疾病:对每一疾病也只采集有、无及没有记录这 3 种信息。

(3) 治疗方案:对每一治疗方案只采集采用、不采用这两种信息。其中,对"有""无""没有记录"分别用+1、-1、0 表示。这样对每一个病人就可以构成一个训练样本。

假设根据症状、疾病及治疗方案间的因果关系以及通过训练样本对网络的训练得到了如图 6.13 所示的神经网络。其中,$x_1, x_2, \cdots, x_6$ 为症状;x_7, x_8 为疾病名;x_9, x_{10}, x_{11} 为治疗方案;x_a, x_b, x_c 是附加层,这是由于学习算法的需要而增加的。在此网络中,$x_1, x_2, \cdots, x_6$ 是输入层;x_9, x_{10}, x_{11} 是输出层,两者之间以疾病名作为中间层。

下面对图 6.13 加以进一步说明。

(1) 这是一个带有正负权值 w_{ij} 的前向网络,由 w_{ij} 可构成相应的学习矩阵。当 $i \geqslant j$ 时,$w_{ij} = 0$;当 $i < j$ 且节点 i 与节点 j 之间不存在连接弧时,w_{ij} 也为 0;其余情况下,w_{ij} 为图中连接弧上所标出的数据。这个学习矩阵可用来表示相应的神经网络。

(2) 神经元取值为+1、0、-1,特性函数为一个离散型的阈值函数,其计算公式为

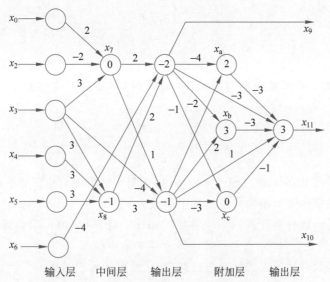

图 6.13 一个医疗诊断系统的神经网络模型

$$X_j = \sum_{i=0}^{n} w_{ij} x_i \tag{6.5}$$

$$x'_j = \begin{cases} +1, & X_j > 0 \\ 0, & X_j = 0 \\ -1, & X_j < 0 \end{cases} \tag{6.6}$$

其中，X_j 表示节点 j 输入的加权和；x_j 为节点 j 的输出。为计算方便，上式中增加了 $w_{0j}x_0$ 项，x_0 的值为常数 1，w_{0j} 的值标在节点的圆圈中，它实际上是 $-\theta_j$，即 $w_{0j} = -\theta_j$，θ_j 是节点 j 的阈值。

（3）图中连接弧上标出的 w_{ij} 值是根据一组训练样本，通过某种学习算法（如 BP 算法）对网络进行训练得到的。这就是神经网络系统所进行的知识获取。

（4）由全体 w_{ij} 的值及各种症状、疾病、治疗方案名所构成的集合，形成了该疾病诊治系统的知识库。

基于神经网络的推理是通过网络计算实现的。把用户提供的初始证据用作网络的输入，通过网络计算最终得到输出结果。例如，对上面给出的诊治疾病的例子，若用户提供的证据是 $x_1 = 1$（即病人有 x_1 这个症状），$x_2 = x_3 = -1$（即病人没有 x_2 与 x_3 这两个症状），当把它们输入网络后，就可算出 $x_7 = 1$，因为

$$0 + 2 \times 1 + (-2) \times (-1) + 3 \times (-1) = 1 > 0$$

由此可知，该病人患的疾病是 x_7。若给出进一步的证据，还可推出相应的治疗方案。

本例中，如果病人的症状是 $x_1 = x_3 = 1$（即该病人有 x_1 与 x_3 这两个症状），此时即使不指出是否有 x_2 这个症状，也能推出该病人患的疾病是 x_7，因为不管病人是否还有其他症状，都不会使 x_7 的输入加权和为负值。由此可见，在用神经网络进行推理时，即使已知的信息不完全，照样可以进行推理。一般来说，对每一个神经元 x_i 的输入加权和可分两部分进行计算，一部分为已知输入的加权和，另一部分为未知输入的加权和，即

$$I_i = \sum_{x_j \text{已知}} w_{ij} x_j$$

$$U_i = \sum_{x_j \text{未知}} |w_{ij} x_j|$$

当$|I_i| > U_i$时，未知部分不会影响x_i的判别符号，从而可根据I_i的值来使用特性函数

$$x_i = \begin{cases} 1, & I_i > 0 \\ -1, & I_i < 0 \end{cases}$$

由上例可看出网络推理的大致过程。一般来说，正向网络推理的步骤如下：

(1) 把已知数据输入网络输入层的各个节点。

(2) 利用特性函数分别计算网络中各层的输出。计算中，前一层的输出作为后一层有关节点的输入，逐层进行计算，直至计算出输出层的输出值。

(3) 用阈值函数对输出层的输出进行判定，从而得到输出结果。

上述推理具有如下特征：

(1) 同一层的处理单元(神经元)是完全并行的，但层间的信息传递是串行的。由于层中处理单元的数目要比网络的层数多得多，因此它是一种并行推理。

(2) 在网络推理中不会出现传统人工智能系统中推理的冲突问题。

(3) 网络推理只与输入及网络自身的参数有关，而这些参数又是通过使用学习算法对网络进行训练得到的，因此它是一种自适应推理。

以上仅讨论了基于神经网络的正向推理。也可实现神经网络的逆向及双向推理，它们要比正向推理复杂一些。

6.2 深层神经网络与深度学习

6.2.1 深层神经网络

深度学习与人工智能的分布式表示和传统人工神经网络模型有十分密切的关系。

1. 深度学习与分布式表示

分布式表示(distributed representation)是深度学习的基础，其前提是假定观测值处于不同因子的相互作用下。深度学习采用多重抽象的学习模型，进一步假定上述的相互作用关系可细分为多个层次：从低层次的概念学习得到高层次的概念，概念抽象的程度直接反映在层次数目和每一层的规模上。贪婪算法常被用来逐层构建该类层次结构，并从中选取有助于机器学习更有效的特征。

2. 深度学习与人工神经网络

人工神经网络受生物学发现的启发，其网络模型被设计为不同节点之间的分层模型。训练过程是通过调整网络参数和每一层的权重，使得网络输入特征数据时，其输出的网络计算结果与已有的样本观测结果一致，或者使误差达到可容忍的程度，这样的网络常被称为"训练好"。对于还没有发生的结果，自然没有样本观测数据，但此时人们往往希望提前知道这些结果的分布规律。此刻，若将合法数据输入"训练好"的网络，网络的输出就有理由被认

为是"可信的",或者说,与将要发生的真实结果之间误差会很小,从而实现了"预测"功能。类似地,也可以实现网络对数据的"分类"功能。许多成功的深度学习方法都涉及了人工神经网络,所以,不少研究者认为深度学习就是传统人工神经网络的一种发展和延伸。

2006年,加拿大多伦多大学的 Geoffrey Hinton 提出了两个观点:

(1) 多隐含层的人工神经网络具有非常突出的特征学习能力。用机器学习算法得到的特征来刻画数据,可以更加深层次地描述数据的本质特征,在可视化或分类应用中非常有效。

(2) 深度神经网络在训练上存在一定难度,但这些可以通过"逐层预训练"(layer-wise pre-training)来有效克服。

这些深层神经网络的思想促进了机器学习算法的发展,开启了深度学习在学术界和产业界的研究与应用热潮。

6.2.2 深度学习的定义与特点

深度学习(deep learning)算法不仅在机器学习中比较高效,在近年来的云计算、大数据并行处理研究中,其处理能力也已在某些识别任务上达到了几乎和人类相媲美的水平。

1. 深度学习的定义

深度学习是机器学习研究的一个新方向,源于对人工神经网络的进一步研究,通常采用包含多个隐含层的深层神经网络结构。

定义 6.1 深度学习算法是一类基于生物学对人脑进一步认识,将神经—中枢—大脑的工作原理设计成一个不断迭代、不断抽象的过程,以便得到最优数据特征表示的机器学习算法;该算法从原始信号开始,先做低级抽象,然后逐渐向高级抽象迭代,由此组成深度学习算法的基本框架。

2. 深度学习的一般特点

一般说来,深度学习算法具有如下特点:

(1) 使用多重非线性变换对数据进行多层抽象。该类算法采用级联模式的多层非线性处理单元来组织特征提取以及特征转换。在这种级联模型中,后继层的数据输入由其前一层的输出数据充当。按学习类型,该类算法又可归为:有监督学习,例如分类(classification);无监督学习,例如模式分析(pattern analysis)。

(2) 以寻求更适合的概念表示方法为目标。这类算法通过建立更好的模型来学习数据表示方法。对于学习所用的概念特征值或者数据的表示,一般采用多层结构进行组织,这也是该类算法的一个特色。高层的特征值由低层特征值通过推演归纳得到,由此组成了一个层次分明的数据特征或者抽象概念的表示结构;在这种特征值的层次结构中,每一层的特征数据对应着相关整体知识或者概念在不同程度或层次上的抽象。

(3) 形成一类具有代表性的特征表示学习(learning representation)方法。在大规模无标识的数据背景下,一个观测值可以使用多种方式来表示,例如图像、人脸识别数据、面部表情数据等,而某些特定的表示方法可以让机器学习算法学习起来更加容易。所以,深度学习算法的研究也可以看作是在概念表示基础上,对更广泛的机器学习方法的研究。深度学习一个很突出的前景便是它使用无监督的或者半监督的特征学习方法,加上层次性的特征提取策略,来替代过去手工方式的特征提取。

3. 深度学习的优点

深度学习具有如下优点:

(1) 采用非线性处理单元组成的多层结构,使得概念提取可以由简单到复杂。

(2) 每一层中非线性处理单元的构成方式取决于要解决的问题;同时,每一层的学习模式可以按需求调整为有监督学习或无监督学习。这样的架构非常灵活,有利于根据实际需要调整学习策略,从而提高学习效率。

(3) 学习无标签数据优势明显。不少深度学习算法通常采用无监督学习形式来处理其他算法很难处理的无标签数据。在现实生活中,无标签数据比有标签数据存在更普遍。因此,深度学习算法在这方面的突出表现,更凸显出其实用价值。

6.2.3 深度学习的常用模型

实际应用中,用于深度学习的层次结构通常由人工神经网络和复杂的概念公式集合组成。在某些情形下,也采用一些适用于深度生成模式的隐性变量方法。例如,深度信念网络、深度玻尔兹曼机等。至今已有多种深度学习框架,如深度神经网络、卷积神经网络和深度概念网络。

深度神经网络是一种具备至少一个隐含层的神经网络。与浅层神经网络类似,深度神经网络也能够为复杂非线性系统提供建模,但多出的层次为模型提供了更高的抽象层次,因而提高了模型的能力。此外,深度神经网络通常是前馈神经网络。常见的深度学习模型包含以下几类。

1. 自动编码器

深度学习最简单的方法自动编码器(auto encoder)就是一种尽可能重构输入的神经网络。为了实现这种重构,自动编码器必须捕捉可以代表输入数据的最重要的因素,类似于主成分分析(principal components analysis,PCA),它可以找到代表原信息的主要成分。自动编码器的基本过程可以简单地分为三步:

(1) 给定无标签数据,用无监督学习学习特征。在有监督学习中,训练样本是有标签的,可以根据当前输出与目标(标签)之间的误差去改变前面各层的参数直至收敛。而无监督学习方法是通过调整参数使得重构误差最小来学习特征。对于无标签数据,不能套用有监督学习方法,一般将输入信息通过一个编码器编码得到它的一种表示,再将这个表示通过解码器解码重构,如果得到的输出信息与输入信息是非常相似甚至相同的,就认为这种表示(特征)可以代表原输入。

(2) 通过编码器产生特征,训练下一层,然后逐层训练。将每一层的输出作为下一层的输入信号,最小化重构误差调整下一层的各参数,得到下一层的输出信息。训练当前层时,前面层的参数不再改变。

(3) 有监督微调。通过以上步骤,可以得到若干层结构,每一层都对应原始输入的不同表达。此时的自动编码器还不能用来分类数据,因为它只学会了如何去重构或者复现它的输入,还没有学习如何去连接一个输入和一个类。

为了实现分类,可以在自动编码器的最顶层添加一个分类器,然后通过标准的多层神经网络的监督训练方法(梯度下降法)去训练。一旦监督训练完成,自动编码器便可用来分类。

研究发现,在原有的特征中加入这些自动学习得到的特征可以大大提高精确度,得到更好的分类结果。在自动编码器的基础上加上稀疏性限制就得到稀疏自动编码器(Sparse Auto Encoder)。稀疏性限制就是限制每次得到的表达使其尽量稀疏,即神经元大部分的时间都是被抑制的,即神经元输出接近0。这种稀疏的表达往往比其他的表达要有效,正如人脑机制,外界的某类输入只是刺激某些神经元,其他的大部分的神经元其实是不会兴奋的。

2. 受限玻尔兹曼机

受限玻尔兹曼机(restricted boltzmann machine,RBM)是一类可通过输入数据集学习概率分布的随机生成神经网络,是玻尔兹曼机的一种变体,但限定模型必须为二分图。如图6.14所示,模型中包含:可视层,对应输入参数,用于表示观测数据;隐含层,可视为一组特征提取器,对应训练结果,该层被训练发觉在可视层表现出来的高阶数据相关性;图中每条边必须分别连接一个可视层单元和一个隐含层单元,为两层之间的连接权值。受限玻尔兹曼机大量应用在降维、分类、协同

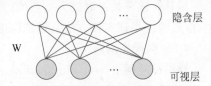

图 6.14 受限玻尔兹曼机(RBM)

过滤、特征学习和主题建模等方面。根据任务的不同,受限玻尔兹曼机可以使用监督学习或无监督学习的方法进行训练。

训练RBM,目的就是获得最优的权值矩阵,最常用的方法是最初由Geoffrey Hinton在训练"专家乘积"中提出的,被称为对比分歧(contrast divergence,CD)算法。对比分歧(CD)提供了一种最大似然的近似,被理想地用于学习RBM的权值训练。该算法在梯度下降的过程中使用吉布斯采样完成对权重的更新,与训练前馈神经网络中使用反向传播算法类似。

针对一个样本的单步对比分歧算法步骤可被总结为:

Step 1   取一个训练样本,计算隐含层节点的概率,在此基础上从这一概率分布中获取一个隐含层节点激活向量的样本。

Step 2   计算和的外积,称为"正梯度"。

Step 3   获取一个重构的可视层节点的激活向量样本,此后再次获得一个隐含层节点的激活向量样本。

Step 4   计算和的外积,称为"负梯度"。

Step 5   使用正梯度和负梯度的差,以一定的学习率更新权值。

类似地,该方法也可以用来调整偏置参数和。

深度玻尔兹曼机(deep boltzmann machine,DBM)就是把隐藏层的层数增加,可以看作多个RBM堆砌,并可使用梯度下降法和反向传播算法进行优化。

3. 深度信念网络

深度信念网络(deep belief network,DBN)是一个贝叶斯概率生成模型,由多层随机隐变量组成。上面的两层具有无向对称连接,下面的层得到来自上一层的自顶向下的有向连接,最底层单元构成可视层。也可以这样理解,深度信念网络就是在靠近可视层的部分使用贝叶斯信念网络(即有向图模型),并在最远离可视层的部分使用受限玻尔兹曼机的复合结构,常常被视为多层简单学习模型组合而成的复合模型。

深度信念网络可以作为深度神经网络的预训练部分,并为网络提供初始权重,再使用反向传播或者其他判定算法作为调优的手段。这在训练数据较为缺乏时很有价值,因为不恰

当的初始化权重会显著影响最终模型的性能,而预训练获得的权重在权值空间中比随机权重更接近最优的权重。这不仅提升了模型的性能,也加快了调优阶段的收敛速度。

深度信念网络中的内部层都是典型的RBM,可以使用高效的无监督逐层训练方法进行训练。当单层RBM被训练完毕后,另一层RBM可被堆叠在已经训练完成的RBM上,形成一个多层模型。每次堆叠时,原有的多层网络输入层被初始化为训练样本,权重为先前训练得到的权重,该网络的输出作为后续RBM的输入,新的RBM重复先前的单层训练过程,整个过程可以持续进行,直到达到某个期望中的终止条件。

尽管对比分歧是对最大似然的近似十分粗略,即对比分歧并不在任何函数的梯度方向上,但经验结果证实该方法是训练深度结构的一种有效的方法。

4. 卷积神经网络

卷积神经网络(convolutional neural networks,CNN)由一个或多个卷积层和顶端的全连通层(对应经典的神经网络)组成,同时也包括关联权重和缓冲层(pooling layer)。这一结构使得卷积神经网络能够利用输入数据的二维结构,与其他深度学习结构相比,卷积神经网络在图像和语音识别方面能够给出更优的结果。这一模型也可以使用反向传播算法进行训练,相比较其他深度、前馈神经网络,卷积神经网络需要估计的参数更少,使之成为一种颇具吸引力的深度学习结构。

卷积网络是为识别二维形状而特殊设计的一个多层感知器,这种网络结构对平移、比例缩放、倾斜或者其他形式的变形来说具有高度不变性。尤其在网络的输入是多维图像时,该结构表现出明显优势。因为图像可以直接作为网络的输入,所以避免了传统识别算法中复杂的特征提取和数据重建过程。

此外,循环神经网络已在自然语言处理中获得有效而广泛的应用。

6.2.4 深度学习应用举例

深度学习获得日益广泛的应用,已在模式识别、计算机视觉、语音识别、自然语言处理等领域取得了良好的应用效果。

截至2011年,前馈神经网络深度学习中的最新方法是交替使用卷积层(convolutional layers)和最大缓冲层(max-pooling layers)并加入单纯的分类层作为顶端,训练过程无须引入无监督的预训练。从2011年起,这一方法的GPU实现多次赢得各类模式识别竞赛的胜利,包括IJCNN 2011交通标志识别竞赛和其他比赛。已有的科研成果表明,深度学习算法在某些识别任务上几乎或者已经达到和人类表现相匹敌的水平。

2012年,《纽约时报》介绍了一个由Andrew Ng和Jeff Dean联合主持的一个项目——Google Brain,引起了人们的广泛关注。他们分别是当时在机器学习领域和大规模计算机系统方面的专家。该项目用16 000个CPU Core组成的并行计算平台训练一种称为"深度神经网络"(deep neural networks)的机器学习模型。新模型没有像以往的模型那样人为设定"抽象概念"边界,而是直接把海量数据投放到算法中,让系统自动从数据中学习,从而"领悟"事物的多项特征,并在语音识别和图像识别等领域获得了巨大的成功。同年11月,微软在中国天津的一次活动上公开演示了一个全自动的同声传译系统,讲演者用英文演讲,后台的计算机自动完成语音识别、英中机器翻译和中文语音合成等过程,效果非常流畅,其采用的核心技术正是深度学习算法。

2014 年 1 月,汤晓鸥研究团队发布了一个包含 4 个卷积及池化层的 DeepID 深度学习模型,在户外脸部检测数据库(labeled faces in the wild,LFW)上取得了当时最高 97.45% 的识别率;同年 6 月,该模型改进后在 LFW 数据库上获得了 99.15% 的识别率,比人眼识别更加精准。

2016 年 3 月,Google 人工智能团队 DeepMind 创造的 AlphaGo 的深度学习围棋人工智能模型以 4∶1 击败国际围棋冠军李世石,轰动世界。

2017 年 DeepMind 创造的 Master 程序在快棋比赛中再次表现出了对人类棋手的绝对优势。Master 与 60 位世界冠军和国内冠军对局 60 场,进行每 30 秒下一步的快棋比赛,以 60∶0 获得全胜。

深度学习已在自然语言处理、模式识别、智慧医疗领域获得了广泛与成功的应用。

6.3　神经控制的结构方案

神经控制器的结构随其分类方法的不同而有所不同。本节将简要介绍神经控制结构的典型方案,包括 NN 学习控制、NN 直接逆模控制、NN 自适应控制、NN 内模控制、NN 预测控制、基于 CMAC 的控制、多层 NN 控制和分级 NN 控制等。

6.3.1　NN 学习控制

当受控系统的动态特性未知或者仅部分已知时,需要寻找某些支配系统动作和行为的规律,使得系统能被有效地控制。在有些情况下,可能需要设计一种能够模仿人类作用的自动控制器。基于规则的专家控制和模糊控制是实现这类控制的两种方法,而神经网络(NN)控制是另一种方法,称为基于神经网络的学习控制、监督式神经控制,或 NN 监督式控制。图 6.15 给出一个 NN 学习控制的结构,包括一个导师(监督程序)和一个可训练的神经网络控制器(NNC)。在控制初期,监督程序作用较大;随着 NNC 训练的成熟,NNC 将对控制起到较大作用。控制器的输入对应由人接收(收集)的传感输入信息,用于训练的输出对应于人对系统的控制输入。

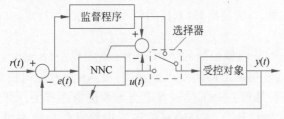

图 6.15　NN 监督式控制

实现 NN 监督式控制的步骤如下:

(1) 通过传感器和传感信息处理,调用必要的和有用的控制信息。

(2) 构造神经网络,选择 NN 类型、结构参数和学习算法等。

(3) 训练 NN 控制器,实现输入和输出之间的映射,以便进行正确的控制。在训练过程中,可采用线性律、反馈线性化或解耦变换的非线性反馈作为导师(监督程序)来训练 NN 控制器。

NN 监督式控制已被用于标准的倒摆小车控制系统。

6.3.2　NN 直接逆模控制与内模控制

1. NN 直接逆模控制

NN 直接逆模控制,顾名思义,采用受控系统的一个逆模型,与受控系统串接以使系统在期望响应(网络输入)与受控系统输出之间得到一个相同的映射。因此,该网络(NN)直接作为前馈控制器,而且受控系统的输出等于期望输出。本控制方案已用于机器人控制,即在 Miller 开发的 CMAC 网络中应用直接逆模控制将 PUMA 机器人操作手(机械手)的跟踪精度提高至 10^{-2}。这种方法在很大程度上依赖于作为控制器的逆模型的精确程度。由于不存在反馈,所以本方法鲁棒性不足。逆模型参数可通过在线学习调整,以期把受控系统的鲁棒性提高至一定程度。

图 6.16 给出 NN 直接逆模控制的两种结构方案。在图 6.16(a)中,网络 NN1 和 NN2 具有相同的逆模型网络结构,而且采用同样的学习算法。NN1 和 NN2 的结构是相同的,二者应用相同的输入、隐含层和输出神经元数目。对于未知对象,NN1 和 NN2 的参数将同时调整,NN1 和 NN2 将是对象逆动态的一个较好的近似。图 6.16(b)为 NN 直接逆模控制的另一种结构方案,图中采用了一个评价函数(EF)。

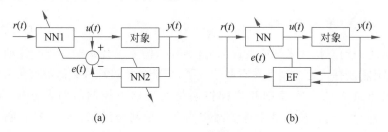

(a)　　　　　　　　　　　　　(b)

图 6.16　NN 直接逆模控制

2. NN 内模控制

在常规内模控制(IMC)中,受控系统的正模型和逆模型用作反馈回路内的单元。IMC 经全面检验表明其可用于鲁棒性和稳定性分析,而且是一种新的和重要的非线性系统控制方法,具有在线调整方便、系统品质好、采样间隔不出现纹波等特点,常用于纯滞后、多变量、非线性等系统。

图 6.17 表示基于 NN 内模控制的结构,其中,系统模型(NN2)与实际系统并行设置。反馈信号由系统输出与模型输出间的差得到,然后由 NN1(在正向控制通道上一个具有逆模型的 NN 控制器)进行处理;NN1 控制器应当与系统的逆有关。其中,NN1 为神经网络控制器,NN2 为神经网络估计器。NN2 充分逼近被控对象的动态模型,神经网络控制器 NN1 不是直接学习被控对象的逆动态模型,而是以充当状态估计器的 NN2 神经网络模型作为训练对象,间接学习被控对象的逆动态特性。

图 6.17 中,NN2 也是基于神经网络的但具有系统的正向模型。该图中的滤波器通常为一线性滤波器,而且可被设计满足必要的鲁棒性和闭环系统跟踪响应。

6.3.3　NN 自适应控制

NN 自适应控制与常规自适应控制一样,也分为两类,即自校正控制(STC)和模型参考

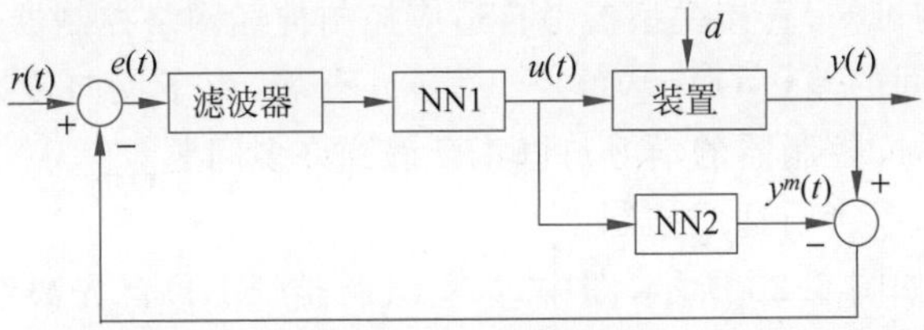

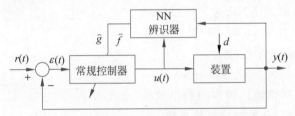

图 6.17 NN 内模控制

自适应控制(MRAC)。STC 和 MRAC 之间的差别在于：STC 根据受控系统的正/逆模型辨识结果直接调节控制器的内部参数，以期能够满足系统的给定性能指标；在 MRAC 中，闭环控制系统的期望性能是由一个稳定的参考模型描述的，而该模型又是由输入/输出对 $\{r(t), y^r(t)\}$ 确定的。本控制系统的目标在于使受控装置的输入 $y(t)$ 与参考模型的输出渐近地匹配，即

$$\lim_{t \to \infty} \| y^r(t) - y(t) \| \leqslant \varepsilon \tag{6.7}$$

式中，ε 为一指定常数。

1. NN 自校正控制

基于 NN 的自校正控制有两种类型：直接自校正控制和间接自校正控制。

(1) NN 直接自校正控制。

该控制系统由一个常规控制器和一个具有离线辨识能力的识别器组成，后者具有很高的建模精度。NN 直接自校正控制的结构基本上与直接逆控制相同。

(2) NN 间接自校正控制。

本控制系统由一个 NN 控制器和一个能够在线修正的 NN 识别器组成，图 6.18 表示 NN 间接自校正控制的结构。

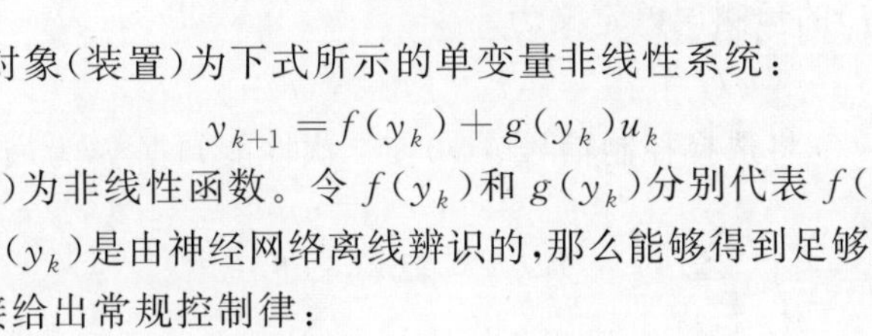

图 6.18 NN 间接自校正控制

一般，假设受控对象(装置)为下式所示的单变量非线性系统：

$$y_{k+1} = f(y_k) + g(y_k)u_k \tag{6.8}$$

式中，$f(y_k)$ 和 $g(y_k)$ 为非线性函数。令 $\hat{f}(y_k)$ 和 $\hat{g}(y_k)$ 分别代表 $f(y_k)$ 和 $g(y_k)$ 的估计值。如果 $f(y_k)$ 和 $g(y_k)$ 是由神经网络离线辨识的，那么能够得到足够近似精度的 $\hat{f}(y_k)$ 和 $\hat{g}(y_k)$，而且可以直接给出常规控制律：

$$u_k = [y_{d,k+1} - \hat{f}(y_k)]/\hat{g}(y_k) \tag{6.9}$$

式中，$y_{d,k+1}$ 为在 $(k+1)$ 时刻的期望输出。

2. NN 模型参考自适应控制

基于 NN 的模型参考自适应控制也分为两类，即 NN 直接模型参考自适应控制和 NN 间接模型参考自适应控制。

(1) NN 直接模型参考自适应控制。

从图 6.19 的结构可知,直接模型参考自适应控制神经网络控制器力图维持受控对象输出与参考模型输出之间的差 $e_c(t) = y(t) - y^m(t) \to \infty$。由于反向传播需要知道受控对象的数学模型,因而该 NN 控制器的学习与修正已遇到许多问题。

(2) NN 间接模型参考自适应控制。

该控制系统结构如图 6.20 所示,图中,NN 识别器(NNI)首先离线辨识受控对象的前馈模型,然后由 $e_i(t)$ 进行在线学习与修正。显然,NNI 能提供误差 $e_c(t)$ 或者其变化率的反向传播。

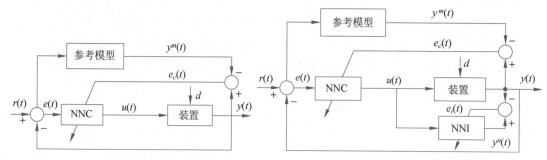

图 6.19　NN 直接模型参考自适应控制　　　　图 6.20　NN 间接模型参考自适应控制

6.3.4　NN 预测控制

预测控制是 20 世纪 70 年代发展起来的一种新的控制算法,是一种基于模型的控制,具有预测模型、滚动优化和反馈校正等特点。已经证明本控制方法对于非线性系统能够产生有希望的稳定性。

图 6.21 表示 NN 预测控制的一种结构方案,图中,神经网络预测器 NNP 为一神经网络模型,NLO 为一非线性优化器。NNP 预测受控对象在一定范围内的未来响应

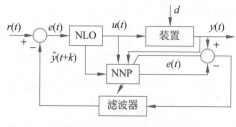

$$y(t+j \mid t), \quad j = N_1, N_1 + 1, \cdots, N_2$$

式中,N_1 和 N_2 分别叫作输出预测的最小和最大级别,是规定跟踪误差和控制增量的常数。

图 6.21　NN 预测控制

如果在时刻 $(t+j)$ 的预测误差定义为

$$e(t+j) = r(t+j) - y(t+j \mid t) \tag{6.10}$$

那么非线性优化器 NLO 将选择控制信号 $u(t)$ 使二次性能判据 J 为最小:

$$J = \sum_{j=N_1}^{N_2} e^2(t+j) + \sum_{j=1}^{N_2} \lambda_j \Delta^2 u(t+j-1) \tag{6.11}$$

式中,$\Delta u(t+j-1) = u(t+j-1) - u(t+j-2)$,而 λ 为控制权值。

算法 6.1

基于神经网络的预测控制算法步骤如下。

(1) 计算期望的未来输出序列:

$$r(t+j), \quad j = N_1, N_1 + 1, \cdots, N_2$$

(2) 借助 NN 预测模型,产生预测输出:

$$y(t+j \mid t), \quad j=N_1, N_1+1, \cdots, N_2$$

（3）计算预测误差：

$$e(t+j) = r(t+j) - y(t+j \mid t), \quad j=N_1, N_1+1, \cdots, N_2$$

（4）求性能判据 J 的最小值，获得最优控制序列：

$$u(t+j), \quad j=0,1,2,\cdots,N$$

（5）采用 $u(t)$ 作为第一个控制信号，然后转至步骤（1）。

值得说明的是，NLO 实际上为一最优算法，因此，可用动态反馈网络来代替由本算法实现的 NLO 和由前馈神经网络构成的 NNP。

6.3.5 基于 CMAC 的控制

由阿尔巴斯（Albus）开发的 CMAC 是近年来获得应用的主要神经控制器之一。

把 CMAC 用于控制有两种方案。方案一的结构如图 6.22 所示。在该控制系统中，指令信号反馈信号均用作 CMAC 控制器的输入。控制器输出直接送至受控装置（对象）。控制器的训练是以期望输出和控制器实际输出间的差别为基础的。系统工作分两阶段进行。第一阶段为训练控制器。当 CMAC 接收到指令和反馈信号时，它产生一个输出 u，此输出与期望输出 $\bar{u}$ 进行比较，如果二者存在差别，那么调整权值以消除该差别。经过这阶段的竞争，CMAC 已经学会如何根据给定指令和所测反馈信号产生合适的输出，用于控制受控对象。第二阶段为控制。当需要的控制接近所训练的控制要求时，CMAC 就能够很好地工作。这两个阶段工作的完成都无须分析装置的动力学和求解复杂的方程式。不过，在训练阶段，本方案要求期望的装置输入是已知的。

方案二的结构如图 6.23 所示。在本方案中，参考输出方块在每个控制周期产生一个期望输出。该期望输出被送至 CMAC 模块，提供一个信号作为对固定增益常规偏差反馈控制器控制信号的补充。在每个控制周期之末，执行一步训练。在前一个控制周期观测到的装置输出用作 CMAC 模块的输入。用计算的装置输入 u^* 与实际输入 u 之间的差来计算权值判断。当 CMAC 跟随连续控制周期不断训练时，CMAC 函数在特定的输入空间域内形成一个近似的装置逆传递函数。如果未来的期望输出在域内相似于前面预测的输出，那么，CMAC 的输出也会与所需的装置实际输入相似。由于上述结果，输出误差将很小，而且 CMAC 将接替固定增益常规控制器。

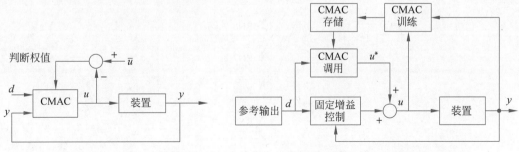

图 6.22 基于 CMAC 的控制（方案一）　　图 6.23 基于 CAMC 的控制（方案二）

根据上述说明，方案一为一闭环控制系统，因为除了指令变量外，反馈变量也用作 CMAC 模块的输入，加以编码，使得装置输出的任何变化能够引起装置接收到的输入的变化。方案一中权值判断是以控制器期望输出与控制器实际输出间的误差(而不是装置的期望输出与装置的实际输出间的误差)为基础的。如前所述,这就要求设计者指定期望的控制器输出,这也将出现问题,因为设计者通常只知道期望的装置输出。方案一中的训练可看作对一个适当的反馈控制器的辨识。在方案二中,借助于常规固定增益反馈控制器,CMAC模块用于学习逆传递函数。经训练后,CMAC成为主控制器。本方案中,控制与学习同步进行。本控制方案的缺点是需要为受控装置设计一个固定增益控制器。

6.3.6 多层 NN 控制和深度控制

从已学过的知识可知,多层神经网络控制器基本上是一种前馈控制器。考虑图 6.24 所示的一个普通的多层神经控制系统。该系统存在两个控制作用:前馈控制和常规馈控制。前馈控制由神经网络实现;前馈部分的训练目标在于使期望输出与实际装置输出间的偏差最小,该偏差作为反馈控制器的输入。反馈作用与前馈作用被分别考虑:特别关注前馈控制器的训练而不考虑反馈控制的存在。

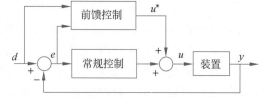

图 6.24　多层 NN 控制的一般结构

已提出多层 NN 控制器的 3 种结构:间接结构、通用结构和专用结构。

图 6.25 表示一种三层 NN 控制的通用结构,是一个深度模糊控制网络系统,其目标是开发一种基于模糊逻辑和神经网络实现拟人控制的方法。该系统包含 3 类子神经网络:模式识别神经网络 PN、模糊推理神经网络 RN 和 控制合成神经网络 CN。

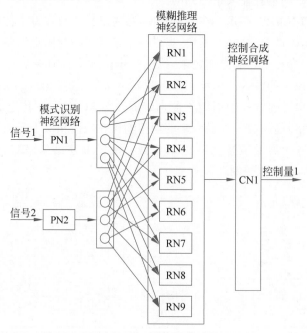

图 6.25　三层神经网络深度控制结构实例

模式识别神经网络 PN 实现输入信号的模糊化,将输入信号通过隶属度函数映射为模糊语义项的隶属度。图 6.25 示例中,有两个输入信号,每个信号分别对应 3 个模糊语义项。

模糊语义项描述了信号模式,语义项的隶属度为 0~1,表示输入信号符合语义项描述的程度。PN 被训练以替代隶属度函数。输入信号的模糊化完成后,语义项及其隶属度作为输入进入模糊推理神经网络 RN,并运用知识库内的规则集进行模糊推理。具体地,利用满足输入信号模糊语义项的规则进行推理,计算出每条决策规则的耦合强度。图 6.25 的示例有 9 条 if-then 的决策规则,每条规则对应一个 RN。对于一个输入信号,每条规则的条件只含有其一个模糊语义项;所以对于此示例,每个 RN 的输入是两个模糊语义项,分别来自两个不同的 SN。每个 RN 被训练以替代规则集中的决策规则。RN 输出规则的耦合度作为控制合成神经网络的输入。神经网络系统利用一系列步骤和控制模糊语义项的隶属度函数输出最终的控制量,这些步骤包括单个规则的推理、产生模糊控制量和解模糊,都使用 CN 网络替代完成。PN、RN 和 CN 网络构造完成后,即可连成如图 6.25 所示的深度模糊控制网络,在 3 个子网络分别训练的基础上进行全局训练,进一步优化控制效果,实现从采集状态信号到输出控制变量的全过程。

6.3.7　分级 NN 控制

图 6.26 表示一种基于神经网络的分级控制模型。图中,d 为受控装置的期望输出,u 为装置的控制输入,y 为装置的实际输出,u^* 和 y^* 为由神经网络给出的装置计算输入与输出。该系统可视为由 3 部分组成。

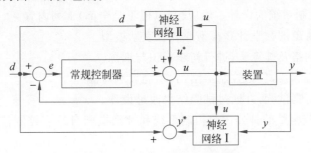

图 6.26　分级神经网络控制器

第一部分为常规外反馈回路。反馈控制是以期望装置输出 d 与由传感器测量的实际装置输出 y 之间的误差 e 为基础的,即以 $e=(d-y)$ 为基础。通常,常规外反馈控制器为一比例微分控制器。

第二部分是与神经网络 I 连接的通道,该网络为一受控对象的动力学内模型,用于监控装置的输入 u 和输出 y,且学习受控对象的动力学特性。当接收到装置的输入 u 时,经过训练,神经网络 I 能够提供一个近似的装置输出 y^*。从这个意义上看,这部分起到系统动态特性辨识器的作用。以误差 $d-y^*$ 为基础,这部分提供一个比外反馈回路快得多的内反馈回路,因为外反馈回路一般在反馈通道上有传感滞后作用。

第三部分是神经网络 II,它监控期望输出 d 和装置输入 u。这个神经网络学习建立装置的内动力学模型;当它收到期望输出指令 d 时,经过训练,能够产生一个合适的装置输入分量 u^*。该受控对象的分级神经网络模型按下列过程运作。传感反馈主要在学习阶段起作用,此回路提供一个常规反馈信号去控制装置。由于传感延时作用和较小的可允许控制增益,因而系统的响应较慢,从而限制了学习阶段的速度。在学习阶段,神经网络 I 学习系统动力学特性,而神经网络 II 学习逆动力学特性。随着学习的进行,内反馈逐渐接替外反馈的作用,成为主控制器。然后,当学习进一步进行时,该逆动力学部分将取代内反馈控制。最后的结果是,该装置主要由前馈控制器进行控制,因为装置的输出误差与内反馈一起几乎不复存在,从而提供处理随机扰动的快速控制。在上述过程中,控制与学习同步执行。两个神经网络起到辨识器的作用,其中一个用于辨识装置的动力学特性,另一个用于辨识装置的逆动力学特性。

基于分级神经网络模型的控制系统具有下列特点:

(1) 含有两个辨识器,其中一个用于辨识装置的动力学特性,另一个用于辨识装置的逆动力学特性。

(2) 存在一个主反馈回路,它对训练神经网络是很重要的。

(3) 当训练进行时,逆动力学部分变为主控制器。

(4) 控制效果与前馈控制的效果相似。

6.4 神经控制系统的设计与应用示例

对神经控制系统和神经控制器的设计,在许多情况下可以采用设计计算工具,如MATLAB工具箱等方法。但在实际应用中,根据受控对象及其控制要求,人们可以应用神经网络的基本原理,采用各种控制结构,设计出许多行之有效的神经控制系统。从已有的设计情况看来,神经控制系统的设计一般应包括(但不是全部)下列内容:

(1) 建立受控对象的数学计算模型或知识表示模型。

(2) 选择神经网络及其算法,进行初步辨识与训练。

(3) 设计神经控制器,包括控制器结构、功能表示与推理。

(4) 控制系统仿真试验,并通过试验结果改进设计。

下面分别以石灰窑炉的神经内模控制系统和神经模糊自适应控制器为例,讨论神经控制系统的设计问题。

6.4.1 石灰窑炉神经内模控制系统的设计

石灰窑炉的生产流程示意图如图 6.27 所示,该窑炉是一个长长的金属圆柱体,其轴线与水平面稍作倾斜,并能绕轴线旋转,所以又名回转窑。含有大约 30% 水分的 $CaCO_3$(碳酸钙),泥浆由左端输入回转窑。由于窑炉的坡度和旋转作用,泥浆在炉内从左向右慢慢下滑,而燃油和空气由右端上方喷入窑内燃烧,形成热气流由右向左流动,以使泥浆干燥、加热,并

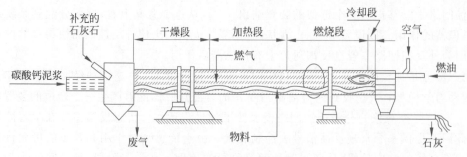

图 6.27 石灰窑炉示意图

发生分解反应。回转窑从左到右可分为干燥段、加热段、煅烧段和冷却段。最终生成的石灰由右端下方输出,而废气由左端下方排出。

在连续生产过程,原料和燃料不断输入,而产品和废气不断输出。在生产中首先要保证产品质量,包括 CaO 的含量、粒度、多孔性等指标,因此必须保证炉内有合适的温度分布。温度太低时碳酸钙不能完全分解,会残留在产品中;而温度过高会使生石灰的多孔性不好,浪费燃料,且容易损坏窑壁。在生产过程中,原料成分、含水量、进料速度、燃油成分、炉窑转速等生产条件经常会发生变化,而且有些参量的变化是无法实时测量的。在这种条件下,要保证稳定生产、高质量、低消耗、低污染,必须对自动控制提出很高的要求。

1. 石灰窑的数学模型

窑炉内发生的物理化学变化,可根据传热、传质过程来建立其数学模型。该石灰窑是一个分布参数的非线性动态系统,可以用二组偏微分方程来描述其数学模型:

$$\frac{1}{V_s}\frac{\partial X_i}{\partial t}+\frac{\partial X_i}{\partial z}=S_i，\quad i=1,2,3,4 \tag{6.12}$$

$$\frac{1}{V_g}\frac{\partial Y_j}{\partial t}+\frac{\partial Y_j}{\partial z}=G_j，\quad j=1,2,3,4,5 \tag{6.13}$$

式中,X_i 是固体的第 i 个状态变量;V_s 是固体沿轴线的运动速度;S_i 是与空间、固体的状态变量、气体的状态变量有关的一个非线性函数;z 代表沿轴方向的位置;t 代表时间;Y_j、V_g、G_j 分别是气体的状态变量、速度和非线性函数。该系统具有分离的边界条件,也就是说,固体状态变量的值在入料处(冷端)是已知的,而气体状态变量的值在出料处(热端)是已知的,即已知

$$X_i(z=0,t)，\quad i=1,2,3,4$$

$$Y_j(z=L,t)，\quad j=1,2,3,4,5$$

式中,L 是窑炉的长度。初始条件是系统在扰动前正常工作时状态变量的值,即

$$X_i(z,t=0)，\quad i=1,2,3,4$$

$$Y_j(z,t=0)，\quad j=1,2,3,4,5$$

因为固体的状态变化慢而气体的状态变化快,所以可以忽略气体状态的变化而把式(6.13)简化为

$$\frac{\partial Y_j}{\partial z}=G_j，\quad j=1,2,3,4,5$$

这些方程中有很多参数,必须通过机理分析、假设或大量实验来确定。应用该数学模型还需要测量所有的状态变量,而这在实际中是很难做到的。

2. 石灰窑的神经网络模型

上述通过机理分析建立数学模型的方法需要弄清系统内部的物理化学变化规律,并用严格的数学方程加以描述。从过程控制的角度看,这种建模方法不仅很难实现,而且也不是十分必要的。因为大多采用系统辨识方法,将对象看作一个"黑箱",不分析其内部的反应机理,而只研究控制变量和输出变量之间的相互关系。神经网络系统辨识方法就是其中的一种。

对石灰窑炉来说,主要的控制量有两个,一个是燃料流速 u_1,另一个是风量流速 u_2,这

是生产中的主要调节手段。把窑炉的热端温度 y_1 和冷端温度 y_2 选为受控量。因为这两点的温度决定了炉内的温度分布曲线,而温度分布曲线又是影响产品质量和能耗的关键因素。从实现的角度看,这 4 个变量是容易实时测量的。因此,石灰窑可近似为一个二输入二输出的非线性动态系统,其中 y_1 和 y_2 是相关的。

应用神经网络辨识方法,石灰窑的非线性自回归移动平均模型(NARMA)为

$$y^P(k) = f[y^P(k-1), \cdots, y^P(k-n); u(k-1), \cdots, u(k-m)] \tag{6.14}$$

式中

$$y(k) = [y_1(k), y_2(k)]^T$$

$$u(k) = [u_1(k), u_2(k)]^T$$

采样周期为 1.125min,根据经验和试验结果,选择 $n=m=2$ 已能足够精确地描述系统的动态特性。神经网络模型的结构与系统的结构相同,可表示为

$$y^M(k) = f[y^P(k-1), y^P(k-2); u(k-1), u(k-2)] \tag{6.15}$$

定义系统输出与模型输出之间的误差向量为

$$e(k, \theta) = y^P(k) - y^M(k, \theta) \tag{6.16}$$

则系统辨识的指标函数是

$$J(\theta) = \frac{1}{2T} \sum_{k=1}^{T} e^T(k, \theta) e(k, \theta) \tag{6.17}$$

神经网络选为有两个隐含层的 4 层前馈网络,即 $N^4(8, 20, 10, 2)$,隐含层的节点数是根据实验确定的,隐含层各神经元的激发函数均为双正切函数。图 6.28 给出了用神经网络辨识石灰窑模型的系统结构。

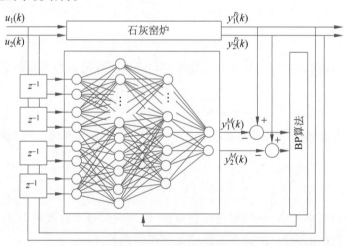

图 6.28　石灰窑的神经网络系统辨识

训练和检验神经网络模型需要大量能充分反映系统非线性特性的输入/输出样本。这里的输入/输出样本是在一个已被验证的机理模型上做仿真实验得到的。为了对系统充分激励,使训练样本能覆盖其全部工作范围,对系统分别输入正弦信号、阶跃信号和伪随机二进制信号(PRBS),其幅值分别为正常值的 $\pm 5\%$、$\pm 10\%$、$\pm 15\%$、$\pm 20\%$,得到 4000 组输入/输出数据 $\{u_1(k), u_2(k), y_1(k), y_2(k)\}$,$k=1,2,\cdots,4000$。将这些数据归一化,使它们都处于 $[-1, +1]$ 上。再用 BP 算法训练神经网络,直至均方根差 RMS<0.01。RMS 定义

如下：

$$\text{RMS} = \left\{ \frac{1}{2n} \sum_{k=1}^{N} [y^P(k) - y^M(k)]^T [yP(k) - yM(k)] \right\}^{\frac{1}{2}} \tag{6.18}$$

这里的样本长度 $N = 4000$。对这组样本迭代了 261 382 次，得到 RMS $= 0.009$。用另外 4000 组输入/输出样本作为检验集，对训练好的神经网络进行检验，得到 RMS $= 0.0065$。这说明该神经网络模型具有良好的泛化能力。

3. 石灰窑炉的内模控制

上面已详细介绍了石灰窑炉的生产过程、数学模型和神经网络模型，并给出了仿真实验结果，下面将讨论石灰窑炉的内模控制问题，并将着重介绍逆模型的辨识、内模控制的设计及控制仿真实验结果。

（1）逆模型的辨识。

由于把石灰窑炉看作二输入二输出的非线性动态系统，因此根据式(6.14)，该系统可用下面的 NARMA 方程描述：

$$y^P(k) = f[y^P(k-1), y^P(k-2); u(k-1), u(k-2)] \tag{6.19}$$

式中，$y(k) = [y_1(k), y_2(k)]^T$，$u(k) = [u_1(k), u_2(k)]^T$；$y_1$ 为炉窑热端温度，y_2 为炉窑冷端温度；u_1 为燃料流速，u_2 为风量流速。

石灰窑炉的逆模型可以用下面的 NARMA 方程描述：

$$u(k) = \hat{f}^{-1}[r(k+1); y^M(k), y^M(k-1); u(k-1)] \tag{6.20}$$

这里用 $r(k+1)$ 来代替 $y^M(k+1)$，因为 $y^M(k+1)$ 是 $u(k)$ 的作用结果，在 k 时刻尚不知道。

用间接法训练石灰窑炉的逆模型的系统结构图见图 6.29。为了克服间接法可能会使系统不稳定的缺点，在此之前先用直接法训练逆模型，获得了较好的初值。逆模型仍采用两个隐含层的前馈网络，其结构为 $N^4(8,20,12,2)$，激发函数仍为 $\tanh(x)$，学习算法也与训

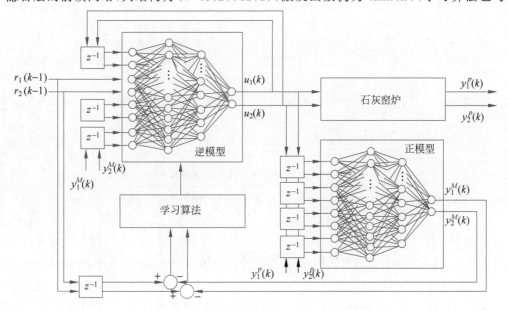

图 6.29 用间接法训练石灰窑炉的逆模型

练正模型时相同。但是逆模型的训练结果比正模型差,它对 4000 组样本迭代了 719 914 次(正模型为 261 382 次)才使 RMS 达到 0.0338(正模型为 0.0090),检验集样本的 RMS＝0.0262(正模型为 0.0065)。

(2) 内模控制的设计。

图 6.30 是石灰窑炉内模控制系统的方框图。图中 NN_C 是神经网络逆模型,作为控制器,NN_M 是神经网络正模型。这里 F 设计为 $2/(1-z^{-1})$,它是一个积分器,目的在于消除静态误差。控制系统的跟踪仿真实验和抗干扰仿真实验结果表明,本神经内模控制系统具有良好的跟踪性能和抗干扰性能。

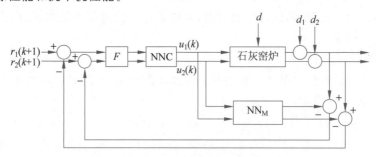

图 6.30 石灰窑炉内模控制系统框图

6.4.2 神经模糊自适应控制器的设计

1. 控制器结构和工作原理

综合反馈误差学习法和直接自适应控制的特点,提出的神经网络在线学习模糊自适应控制结构如图 6.31 所示。它由一个普通的反馈控制器(FC)和一个神经控制器(NNC)组成,两控制器的输出信号之和作为实际控制量对系统进行控制,即

$$u(k)=u_{\mathrm{n}}(k)+u_{\mathrm{f}}(k) \tag{6.21}$$

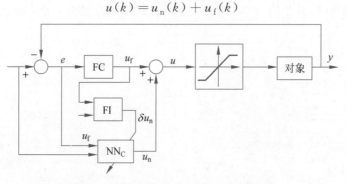

图 6.31 神经模糊自适应控制系统结构

式中,u_{f} 是反馈控制器的输出;u_{n} 神经控制器的输出,通常可描述为

$$u_{\mathrm{n}}(k)=NN[r(k),e(k),w(k),\theta(k),\sigma(x)] \tag{6.22}$$

其中,r 是参考输入;e 为系统跟踪误差;$w(k)$、$\theta(k)$ 分别是神经网络的连接权和神经元的输入偏置;$\sigma(\cdot)$ 为神经元激发函数,取其形式为对称 Sigmoid 函数(即双正切函数)。

反馈控制器 FC 起着监控作用,在 NNC 训练初期,FC 对系统实施启动控制,并保证闭环系统的稳定性。神经控制器 NNC 是一个在线学习的自适应控制器,其作用是综合系统的参考输入和跟踪误差,利用模糊推理机 FIE 的输出信号进行学习,不断逼近被控对象的逆动力学模型,使 FC 的输出及其变化趋于零,从而逐步取消 FC 的作用,实现对系统的高精度跟踪控制。这两个过程是同时进行的。

在控制初期,神经控制器 NNC 未经训练,反馈控制器起主要作用,NNC 通过 FIE 的输出信号不断得到训练,并逐渐在控制行为中占据主导地位,最终取代反馈控制器单独对系统实施高精度控制。当系统受到干扰或对象发生变化时,反馈控制器重新起作用,通过补偿控制,消除上述因素对控制系统的影响,同时为 NNC 提供训练误差。这种控制策略使学习与控制同时进行,且完备性好,具有良好的鲁棒性以及适应对象和环境变化的能力。

2. 神经控制器及其训练

由于一个 3 层神经网络就具有任意逼近能力,因此,NNC 采用一个单隐含层线性输出前馈网络,其模型结构如图 6.32 所示,输入/输出关系可描述为

$$u_n(k) = W_{OH}^T(k)\sigma[W_{HI}^T(k)X_1(k) + \theta_H(k)] \tag{6.23}$$

式中,$X_1 = \{r, e(k), \cdots, e(k-m+1)\}$ 是网络的输入向量;$W_{OH}(k)$、$W_{HI}(k)$ 分别是 NNC 输出层到隐含层和隐含层到输入层的权值矩阵;$\theta_H(k)$ 是隐含单元的输入偏置。

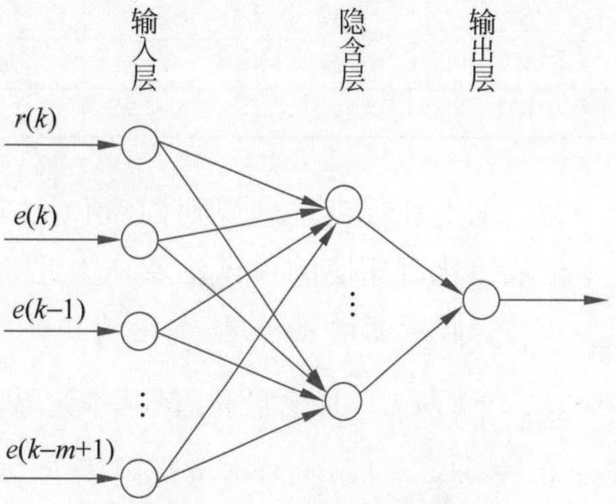

图 6.32　NNC 模型结构

根据反馈误差学习法,网络权值的学习规则为

$$\frac{dw(t)}{dt} = \eta(t)\left(\frac{\partial u_n(t)}{\partial w(t)}\right)^T u_f(t) \tag{6.24}$$

式中,η 为学习步长;$u_f(t)$ 为学习误差,即反馈控制器的输出信号。研究表明,在学习期间无外部干扰的情况下,基于上述学习规则的神经控制方案能大幅度降低系统的跟踪误差,取得更好的控制效果。然而,在实际系统中,干扰和误差是实际存在的。另外,在 NNC 训练初期,由于系统存在较大的跟踪误差,直接采用 FC 的输出信号训练神经网络时,常常使网络的输出产生振荡或进入饱和状态,造成系统响应缓慢或控制初期输出产生抖动。

由于工业控制系统实际上存在惯性,通常不能从某个状态跃变到另一个状态,因此,无须要求控制器的输出从某个初始值一次跃变到最终的期望值。

为改善神经网络的学习效果,使 NNC 的输出变化与系统的运动特性相匹配,根据误差和误差变化,将系统的最终目标分解成若干分目标。控制系统在每个采样周期中实现对一个分目标的跟踪。经过若干控制周期后,系统即可平滑地到达最终目标状态。在分目标跟踪过程中,神经控制器的学习误差不再基于系统的最终目标误差,而是基于该时刻系统所应消除的分目标误差。采用分目标学习方式,不仅能使 NNC 在每个采样周期中的学习目标易于实现,保证系统的跟踪控制更符合工业过程地实际,而且可有效避免 NNC 的输出产生振荡或进入饱和的状态。

分目标学习误差由模糊推理机的一组模糊规则给出,如表 6.5 所示。表中符号 PB、PM、PS、0、NS、NM、NB 分别表示正大、正中、正小、零、负小、负中、负大。表中的模糊关系不再是传统意义上的模糊控制策略,而是每一控制周期中用于 NNC 训练的分目标学习

误差。这样,NNC 在学习中,逐步跟踪系统的逆动力学模型,并产生一个自适应控制信号,使系统输出跟踪给定的参考信号。它消除的不单是系统的输出误差,而是误差和误差变化的综合影响,从而避免了反馈误差学习法可能造成的 NNC 的输出产生振荡或进入饱和状态。

表 6.5　分目标学习误差规则表

$\dot{U}_f$ ＼ $\begin{array}{c}\delta\\U_f\end{array}$	NB	NM	NS	0	PS	PM	PB
NB	PB	PB	PB	PM	PM	PS	0
NM	PB	PB	PM	PM	PS	0	NS
NS	PB	PM	PM	PS	0	NS	NM
0	PM	PM	PS	0	NS	NM	NM
PS	PM	PS	0	NS	NM	NM	NB
PM	PS	0	NS	NM	NM	NB	NB
PB	0	NS	NM	NM	NB	NB	NB

为实现上述模糊推理规则,必须对 FIE 的输入变量进行模糊化处理,即将输入变量从基本论域转化到相应的模糊论域。为此,引入 FC 输出变量 u_f 及其变化变量 $\dot{u}_f$ 的量化因子 K_{u_f}、$K_{\dot{u}_f}$。假定变量 u_f 的基本论域和模糊论域分别为 $(-u_{fm}, u_{fm})$ 和 $(-n_{u_f}, -n_{u_f}+1, \cdots, 0, \cdots, n_{u_f}-1, n_{u_f})$,且变量 $\dot{u}_f$ 的基本论域和模糊论域分别为 $(-\dot{u}_{fm}, \dot{u}_{fm})$ 和 $(-n_{\dot{u}_f}, -n_{\dot{u}_f}+1, \cdots, 0, \cdots, n_{\dot{u}_f}-1, n_{\dot{u}_f})$,则量化因子 K_{u_f}、$K_{\dot{u}_f}$ 可由下式确定:

$$K_{u_f} = \frac{n_{u_f}}{u_{fm}}$$

$$K_{\dot{u}_f} = \frac{n_{\dot{u}_f}}{\dot{u}_{fm}}$$

FC 的实时输出信号 u_f 及其变化 $\dot{u}_f$ 经量化后的模糊变量 $U_f(k)$、$\dot{U}_f(k)$ 分别为

$$U_f(k) = K_{u_f} u_f(k)$$

$$\dot{U}_f(k) = K_{\dot{u}_f} \dot{u}_f(k)$$

模糊变量 $U_f(k)$、$\dot{U}_f(k)$ 的论域、模糊子集及其隶属函数 μ 的定义如图 6.33 所示。为改善模糊推理机的输出特性,FIE 输出变量 δ 的论域、模糊子集及其隶属函数的定义如图 6.34 所示。当系统偏差较大时,模糊集隶属函数的分辨率较低,FIE 的输出变化比较缓慢,可保

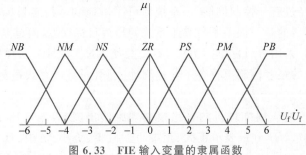

图 6.33　FIE 输入变量的隶属函数

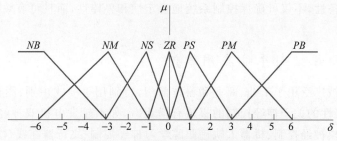

图 6.34　FIE 输出变量的隶属函数

证 NNC 的学习比较平稳;当系统偏差较小时,模糊集隶属函数的分辨率较高,有利于提高 NNC 学习的收敛精度。

在控制过程中,系统根据每一采样时间 FC 的输出信号及其变化,由图 6.33 确定各模糊集的隶属度,然后利用模糊推理规则表 6.5,确定图 6.34 中 FIE 输出变量 δ 所有可能的模糊隶属集,并以重心法进行模糊判决,得到分目标学习误差 ΔE:

$$\Delta E = \frac{\sum\limits_{\delta=-6}^{6} \delta \mu(\delta)}{\sum\limits_{\delta=-6}^{6} \mu(\delta)}$$

为提高模糊判决精度,上式中离散计算步长取为 0.1。与模糊量化过程相反,ΔE 必须还原到其基本论域中,方可用于 NNC 的学习。为此,将 ΔE 乘以一个比例因子 K_δ:

$$\delta_e(k) = K_\delta \Delta E(k)$$

量化因子和比例因子均是用于论域变换的变量,其大小对控制系统的动态性能影响较大,选配时应兼顾响应速度和超调量。

确定分目标学习误差后,定义 NNC 的训练误差函数如下:

$$E = \frac{1}{2} \delta_e^2$$

综上分析,可归纳出神经网络在线学习模糊自适应控制的算法如下:

(1) 初始化 FC 及 NNC 的结构、参数及各种训练参数。

(2) 在时刻 k,采样 $y(k)$、$r(k)$,并计算系统输出偏差。

(3) 计算反馈控制器 FC 的输出信号 $u_f(k)$ 及其变化量 $\dot{u}_f(k)$。

(4) 根据模糊推理规则,求出 NNC 分目标学习误差 $\delta_e(k)$。

(5) 若 $\delta_e(k) > \varepsilon$,则修正 NNC 的权值,否则,继续下一步。

(6) 构造 NNC 的输入向量 $X_I = \{r(k+1), e(k), \cdots, e(k-m+1)\}$,并计算其输出 $u_n(k)$。

(7) 计算控制器输出 $u(k)$,并送给被控对象,产生下一步输出 $y(k+1)$。

(8) 令 $k = k+1$,对 $\{y(k)\}$,$\{u(k)\}$,$\{e(k)\}$ 进行移位处理,返回步骤(2)。

在控制过程中,NNC 利用模糊推理机的分目标学习误差进行学习和在线调整,逐渐使 FC 的输出趋于零,从而在控制中占据主导地位,最终取消 FC 的作用。随着 NNC 权值的调整,当分目标学习误差收敛到一个给定精度时,NNC 的训练暂告结束。此时,NNC 已能很好地代表对象的逆动力学特性,完全取代 FC,对系统实行高品质控制。当系统出现干扰或对象发生变化时,反馈控制器 FC 重新起作用,NNC 也将重新进入学习状态。这种控制策略具有良好的完备性,不仅可确保控制系统地稳定性和鲁棒性,而且可有效提高系统地精度和自适应能力。

6.4.3　神经控制系统应用举例

神经网络已被广泛用于工业、商业和科技部门,特别用于模式识别、图像处理和信号辨识等领域,有代表性的关于神经控制的报道有增无减,如水轮发电机双神经元同步控制、加热炉前馈补偿内模神经控制、机器人轨迹跟踪学习神经控制、飞行器在线自适应神经控制以及电力系统能源功率优化神经控制等都是应用神经控制的成功范例。限于篇幅,感兴趣的读者可参考相关文献。本节将介绍一个神经控制的例子,即水轮发电机双神经元同步控制系统。

1. 水轮发电机的同步控制

水轮发电机并网运行的理想条件为

$$\Delta u = 0, \quad \Delta f = 0, \quad \Delta\varphi = 0 \tag{6.25}$$

式中,Δu、Δf 和 $\Delta\varphi$ 分别为发电机与电网间的电压差、频率差和相位差。此外,并网连接时间应尽可能短。在这些条件下同步控制系统能够实现快速和无冲击并接。要满足这些控制条件,采用一种具有频率跟踪和位相跟踪的复合控制方案,其结构如图 6.35 所示。图中,f_N 和 φ_N 为电网的频率和相位,f_G 和 φ_G 为发电机的频率和相位。

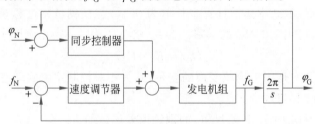

图 6.35　复合控制系统的结构

发电机的负载动态特性如下式所示:

$$T_a \frac{\mathrm{d}x}{\mathrm{d}t} + e_g x = m_t - m_{go} \tag{6.26}$$

式中,x 为发电机的负载电流;T_a 为发电机组时间常数和负载时间常数之和;e_g 为发电机负荷的自调节系数;m_t 为水力驱动力矩;m_{go} 为接通和断开引起的负载力矩的变化。

水轮发电机控制系统的传递函数为

$$G(s) = \frac{1}{T_y s + 1} \cdot \frac{e_y - (e_{qy} e_h - e_{qh} e_y) T_w s}{e_{qh} T_w s + 1} \cdot \frac{1}{T_a s + e_g - e_x} \tag{6.27}$$

式中,T_y 为电-液驱动系统的时间常数;T_w 为水压转换系统的水流时间常数;e_y、e_{qy}、e_h、e_{qh} 和 e_x 为与水力矩、水量、水高度、发电机转速和叶片开度有关的常数或系数。

2. 双神经元同步控制

水轮发电机双神经元同步控制系统的结构如图 6.36 所示,图中,N_f 和 N_φ 为频率神经元和相位神经元;$K_f > 0$ 和 $K_\varphi > 0$ 为神经元的比例系数,$Z_f(t)$ 和 $Z_\varphi(t)$ 为性能指标;x_i 为神经元输入,w_i 为 x_i 的权系数,$i = 1, 2, \cdots, 5$。

神经元模型学习算法如下:

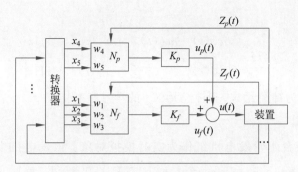

图 6.36 双神经元同步控制系统

$$u(t) = K \sum_{i=1}^{n} w'_i(t) x_i(t) \tag{6.28}$$

$$w'_i(t) = w_i(t) \Big/ \sum_{i=1}^{n} |w_i(t)| \tag{6.29}$$

$$w_i(t+1) = w_i(t) + d[r(t) - y(t)] u(t) x_i(t), \quad i = 1, 2, \cdots, n \tag{6.30}$$

式中，K 和 d 为待定常数；神经元的输入 $x_i(t)$ 取 $i = 3$，即

$$\begin{cases} x_1(t) = r(t) \\ x_2(t) = r(t) - y(t) \\ x_3(t) = x_2(t) - x_2(t-1) \end{cases} \tag{6.31}$$

据式(6.28)至式(6.31)以及图 6.27 所示结构，可求得下列神经元同步控制算法。

对于神经元 N_f：

$$\begin{cases} u_f(t) = \dfrac{K_f \sum\limits_{i=1}^{3} [w_i(t) x_i(t)]}{\sum\limits_{i=1}^{3} |w_i(t)|} \\[2mm] w_i(t+1) = w_i(t) + d_f [f_N(t) - f_G(t)] x_i(t) \\ \qquad\qquad\qquad\qquad i = 1, 2, 3 \\ x_1(t) = f_N(t) \\ x_2(t) = f_N(t) - f_G(t) \\ x_3(t) = x_2(t) - x_2(t-1) \end{cases} \tag{6.32}$$

对于神经元 N_φ：

$$\begin{cases} u_\varphi(t) = \dfrac{K_\varphi \sum\limits_{i=4}^{5} [w_i(t) x_i(t)]}{\sum\limits_{i=4}^{5} |w_i(t)|} \\[2mm] w_i(t+1) = w_i(t) + d_\varphi [\varphi_N(t) - \varphi_G(t)] x_i(t) \\ \qquad\qquad\qquad\qquad i = 4, 5 \\ x_4(t) = \varphi_N(t) - \varphi_G(t) \\ x_5(t) = x_5(t-1) + x_4(t) \end{cases} \tag{6.33}$$

神经控制器的总输出为

$$u(t) = \begin{cases} u_f(t) + u_\varphi(t), & |x_2(t)| \leqslant 1\text{Hz} \\ u_f(t), & |x_2(t)| > 1\text{Hz} \end{cases} \tag{5.34}$$

式中，d_f 和 d_φ 分别为神经元 N_f 和神经元 N_φ 的学习速率。

3. 实时动态模拟

选取水电站的某台水轮发电机组作为实时模拟对象。该发电机组的模型参数如下：$e_{qy}=1, e_{qh}=0.5, e_h=1.5, e_y=1, e_g-e_x=0.25, T_y=0.8s, T_w=1.5s, T_a=8s$。把这些参数代入式(6.27)，可得模拟对象的传递函数

$$G(s) = \frac{1}{0.8s+1} \cdot \frac{1-1.5s}{0.75s+1} \cdot \frac{1}{8s+0.25} \tag{6.35}$$

对水轮发电机的自动起动、100%卸载和空载状态进行神经元同步控制实时模拟试验。模拟时采用式(6.32)至式(6.34)的神经元同步控制算法，并选择参数 $K_f=5, K_\varphi=1/65\,536, d_f=4, d_\varphi=2$，采样周期 $\tau=0.04s$。当频差的绝对值 $|\Delta f|<1\text{Hz}$ 时，相位控制器投入运行。图 6.37(a)～(c)表示出该模拟试验结果，图中，F 为发电机组频率，V 为叶片开度，φ 为相位差。

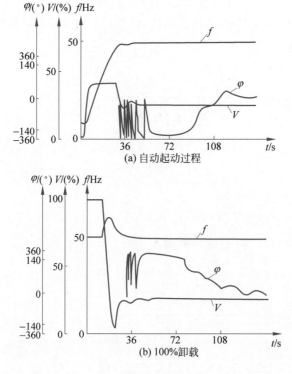

图 6.37　神经元同步控制实时动态模拟曲线

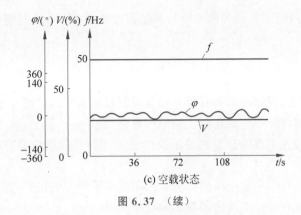

图 6.37　（续）

从图 6.37 可知：①自动起动 70s 后，达到显著的相位控制作用，然后相位趋近其同步点；120s 后，$\Delta\varphi\approx0$。②100% 卸载 60s 后，相位控制明显起作用，而且 $\Delta\varphi$ 很快趋于 0。③在空载状态，相位差在 $\Delta\varphi=0$ 附近很慢地摆动，而且提供了大约每分钟 8 次的并网机会。

本模拟结果表明，该水轮发电机双神经元同步控制具有良好的控制效果，可被直接用于控制水电站的水轮发电机。

6.5　小结

本章 6.1 节简介人工神经网络的基础知识，包括神经元的特性、人工神经网络的特点、基本类型、学习算法、典型模型及基于神经网络的知识表示与推理。

6.2 节概括深层神经网络和深度学习的基本原理，探讨深度学习与人工智能的分布式表示及传统人工神经网络模型的关系，讨论深度学习的定义、一般特点和优点，逐一介绍自动编码器、受限玻尔兹曼机、深度信念网络和卷积神经网络等深度学习常用模型，并简介深度学习应用情况。

6.3 节以控制工程师熟悉的语言和图示归纳神经控制器的各种基本结构方案，包括基于神经网络的学习控制器、基于神经网络的直接逆控制器、基于神经网络的自适应控制器、基于神经网络的内模控制器、基于神经网络的预测控制器、基于神经网络的自适应强化控制器、基于小脑模型（CMAC）的控制器、多层神经网络控制器以及分级神经网络控制器等。这些结构方案可用于构成更复杂的神经控制器。

6.4 节讨论神经控制系统的设计及其实现，即石灰窑炉神经内模控制系统设计及神经网络模糊自适应控制器的设计。

McCulloch 和 Pitts 自 1943 年开始研究 ANN 以来，已经做出许多努力来开发各种有效的 ANN，用于模式识别、图像和信号处理和监控。然而，由于技术的现实性，尤其是计算机技术和 VLSI 技术当前水平的局限性，这些努力并非总是有收获的。随着计算机软件和硬件技术的进展，20 世纪 80 年代以来出现了一股开发 ANN 的新热潮。可是，许多把 ANN 应用于控制领域的努力仍然尚未取得突破性进展。其主要困难在 VLSI 意义上的人工神经网络的设计和制造问题仍未获得重大突破。要解决这一问题，研究人员可能还需要继续走一段很长的路。人工神经网络与模糊逻辑、专家系统、自适应控制，甚至 PID 控制的集成，有希望为智能控制创造出更加优良的智能制品。

MATLAB 神经网络工具箱等内容将与其他程序原理和方法一起在第 14 章进行介绍。

习题 6

6-1 为什么说人工神经网络具有诱人的发展前景和潜在的广泛应用领域？

6-2 人工神经网络有哪些结构和主要学习算法？

6-3 深度学习与人工智能分布式表示及传统人工神经网络模型有何关系？深度学习的特点和优点是什么？

6-4 深度学习具有哪些常用模型？你是否知道深度学习应用的一般情况？

6-5 考虑一个具有阶梯型阈值函数的神经网络，假设

(1) 用常数乘以所有的权值和阈值；

(2) 用常数加上所有权值和阈值。

试说明网络性能是否会变化。

6-6 构建一个神经网络，用于计算含有 2 个输入的 XOR 函数。指定所用神经网络单元的种类。

6-7 假定有个具有线性激励函数的神经网络，即对于每个神经元，其输出等于常数 c 乘以各输入权之和。

(1) 设该网络有个隐含层。对于给定的权 W，写出输出层单元的输出值，此值以权 W 和输入层 I 为函数，而对隐含层的输出没有任何明显的叙述。试证明：存在一个不含隐含单位的网络能够计算上述同样的函数。

(2) 对于具有任何隐含层数的网络重复进行上述计算，从而给出线性激励函数的结论。

6-8 试实现一个分层前馈神经网络的数据结构，为正向评价和反向传播提供所需信息。应用这个数据结构，写出一个神经网络输出作为例子，并计算该网络适当的输出值。

6-9 有哪些比较有名和重要的人工神经网络及其算法？试举例介绍。

6-10 神经学习控制有哪几种类型？它们的结构为何？

6-11 神经自适应控制有哪几种类型？试述它们的工作原理。

6-12 神经直接逆模控制和神经内模控制的主要区别是什么？

6-13 试述神经预测控制的工作原理和控制算法。

6-14 多层神经控制和分级神经控制有何异同点？试比较之。

6-15 设受控对象的参考模型由下列三阶差分方程描述：

$$y_m(k+1) = 0.8y_m(k) + 1.2y_m(k-1) + 0.2y_m(k-2) + r(k)$$

式中，$r(k)$ 为有界参考输入。受控过程的动态方程为

$$y(k+1) = -\frac{0.8y(k)}{1+y^2(k)} + u(k)$$

试用间接自适应神经控制方法进行过程控制，并绘出 $r(k) = \sin(2\pi k/2s)$ 时的控制响应曲线。

6-16 给定训练集 $\left(\begin{pmatrix} 1 \\ 1 \end{pmatrix}, -1\right)$, $\left(\begin{pmatrix} -1 \\ -1 \end{pmatrix}, 1\right)$, $\left(\begin{pmatrix} 1 \\ -1 \end{pmatrix}, 1\right)$, $\left(\begin{pmatrix} -1 \\ 1 \end{pmatrix}, -1\right)$，用感知器训练学习权值，画出所求分界面。

6-17　举出一个你知道的神经控制系统,并分析其工作原理和运行效果。

6-18　已知 $z = \cos 2\pi x \cdot \cos 2\pi y$

(1) 用三层 BP 神经网络逼近 z,画出网络的结构,并标出网络的输入和输出。

(2) 写出逼近的准则。如何才能逼近 z? 为什么?

(3) 写出网络各层节点的数学表达式以及各层节点输出值的范围。

(4) BP 网络为何是非线性网络?

(5) BP 网络是静态网络还是动态网络,是全局逼近网络还是局部逼近网络? 为什么?

6-19　试分析 NARMA-L2 控制器,用于控制悬浮磁铁与磁铁间的距离 $y(t)$,Plant 仿真模型如图 6.38 所示。

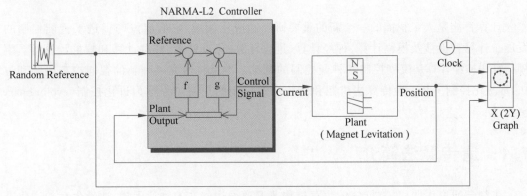

图 6.38　Plant 仿真模型

第 **7** 章

进化控制系统

计算智能是人工智能的一个新的重要研究和应用领域,它们启发与促进了智能控制的发展。计算智能涉及模糊计算、神经计算、进化计算、免疫计算、粒群计算和蚁群计算等。模糊计算和神经计算是模糊控制和神经控制的基础。本章将研究一种新的智能控制机制和方法,即进化控制。基于遗传算法机制和传统反馈机制的控制过程称为进化控制(evolutionary control)。

7.1 遗传算法简介

生物学研究表明,生物群体的生存过程普遍遵循达尔文的物竞天择、适者生存的进化准则,群体中的个体根据对环境的适应能力强弱而被大自然选择或淘汰。进化过程的结果反映在个体结构上,其染色体包含若干基因,相应的表现型和基因型的联系体现了个体的外部特性与内部机理间的逻辑关系。生物通过个体间的选择、交叉、变异来适应大自然环境。生物染色体用数学方式或计算机方式表示就是一串数码,仍叫染色体,有时也叫个体。适应能力用对应一个染色体的数值来衡量;染色体的选择或淘汰问题被转换为求最大还是最小问题来进行研究。

20 世纪 60 年代以来,如何模仿生物来建立功能强大的算法,进而将它们运用于解决复杂的优化问题,逐渐成为生物学界和信息学界,特别是生物信息学界的研究热点。进化计算(evolutionary computation)正是在这一背景下应运而生的。进化计算包括遗传算法(genetic algorithms,GA)、进化策略(evolution strategies)、进化编程(evolutionary programming)和遗传编程(genetic programming),其中,遗传算法最为重要。

将进化计算,特别是遗传算法机制和传统的反馈机制用于控制过程,可实现一种新的控制——进化控制。

7.1.1 遗传算法的基本原理

遗传算法是模仿生物遗传学和自然选择机理,通过人工方式构造的一类优化搜索算法,是对生物进化过程进行的一种数学仿真,是进化计算的一种最重要形式。遗传算法与传统数学计算模型是截然不同的,它为那些难以找到传统数学模型的难题提供了一个解决方法;同时进化计算和遗传算法借鉴了生物科学中的某些知识,这也体现了人工智能这一交叉学科的特点。自从霍兰德(Holland)于 1975 年在他的著作 *Adaptation in Natural and*

Artificial Systems（自然和人工系统中的适应）中首次提出遗传算法以来，经过 40 多年的研究，遗传算法现在已发展到一个比较成熟的阶段，并且在实际中得到越来越广泛的应用。下面将介绍遗传算法的基本机理和求解步骤，使读者了解什么是遗传算法，它是如何工作的。

霍兰德的遗传算法通常称为简单遗传算法（SGA）。现以此作为主要讨论对象，加上适应的改进，来分析遗传算法的结构和机理。

首先介绍遗传算法的主要概念。在讨论中将结合旅行商问题（TSP）来说明：设有 n 个城市，城市 i 和城市 j 之间的距离为 $d(i,j)$，$i,j=1,\cdots,n$。TSP 问题是要寻求一条遍访每个城市恰好一次的回路，使其路径总长度为最短。

1. 编码与解码

许多应用问题的结构很复杂，但可以化为简单的位串形式编码表示。将问题结构变换为位串形式编码表示的过程叫作编码；反之，将位串形式编码表示变换为原问题结构的过程叫作解码或译码。把位串形式编码表示叫染色体，有时也叫个体。

遗传算法过程简述如下。

首先在解空间中取一群点，作为遗传开始的第一代。每个点（基因）用一个二进制数字串表示，其优劣程度用一目标函数——适应度函数（fitness function）来衡量。

遗传算法最常用的编码方法是二进制编码，其编码方法如下。

假设某一参数的取值范围是 $[A,B]$，$A<B$。我们用长度为 l 的二进制编码串来表示该参数，将 $[A,B]$ 等分成 2^l-1 个子部分，记每一个等分的长度为 δ，则它能够产生 2^l 种不同的编码，参数编码的对应关系如下：

$$00000000 \ \cdots \ 00000000=0 \quad \longrightarrow \quad A$$
$$00000000 \ \cdots \ 00000001=1 \quad \longrightarrow \quad A+\delta$$
$$\vdots$$
$$11111111 \ \cdots \ 11111111=2^l-1 \longrightarrow B$$

其中

$$\delta=\frac{B-A}{2^l-1}$$

假设某一个体的编码是

$$X：x_l x_{l-1} x_{l-2} \cdots x_2 x_1$$

则上述二进制编码所对应的解码公式为

$$x=A+\frac{B-A}{2^l-1} \cdot \sum_{i=1}^{l} x_i 2^{i-1} \tag{7.1}$$

二进制编码的一个缺点是长度较大，对很多问题用其他编码方法可能更有利。其他编码方法有浮点数编码方法、格雷码、符号编码方法、多参数编码方法等。

浮点数编码方法是指个体的每个染色体用某一范围内的一个浮点数来表示，个体的编码长度等于其问题变量的个数。因为这种编码方法使用的是变量的真实值，所以浮点数编码方法也叫作真值编码方法。对于一些精度要求较高的多维连续函数优化问题，用浮点数编码来表示个体将会有一些益处。

格雷码是其连续的两个整数所对应的编码值之间只有一个码位是不相同的，其余码位

都相同。例如十进制数 7 和 8 的格雷码分别为 0100 和 1100,而二进制编码分别为 0111
和 1000。

符号编码方法是指个体染色体编码串中的基因值取自一个无数值含义、只有代码含义
的符号集。这个符号集可以是一个字母表,如{A,B,C,…};也可以是一个数字序号表,如
{1,2,3,…};还可以是一个代码表,如{$x_1,x_2,x_3,…$}等。

例如,对于销售员旅行问题,就采用符号编码方法,按一条回路中城市的次序进行编码,
例如码串 134567829 表示从城市 1 开始,依次是城市 3,4,5,6,7,8,2,9,最后回到城市 1。
一般提法为:从城市 w_1 开始,依次经过城市 $w_2,…,w_n$,最后回到城市 w_1,我们就有如下
编码表示:

$$w_1 w_2 … w_n$$

由于是回路,因此记 $w_{n+1}=w_1$。它其实是 1,2,…,n 的一个循环排列。要注意 $w_1,w_2,…,$
w_n 是互不相同的。

2. 适应度函数

度量染色体对问题适应能力的函数,叫适应度函数(fitness function)。通过适应度函
数来决定染色体的优劣程度,它体现了自然进化中的优胜劣汰原则。对优化问题,适应度函
数就是目标函数。TSP 的目标是路径总长度为最短,自然地,路径总长度就可作为 TSP 问
题的适应度函数

$$f(w_1 w_2 … w_n) = \frac{1}{\sum\limits_{j=1}^{n} d(w_j, w_{j+1})} \tag{7.2}$$

其中 $w_{n+1}=w_1$。

适应度函数要有效反映每一个染色体与问题的最优解染色体之间的差距,若一个染色
体与问题的最优解染色体之间的差距小,则对应的适应度函数值之差就小,否则就大。适应
度函数的取值大小与求解问题对象的意义有很大关系。

3. 遗传操作

简单遗传算法的遗传操作主要包括三种:选择(selection)、交叉(crossover)、变异
(mutation)。改进的遗传算法大量扩充了遗传操作,以达到更高的效率。

选择操作也叫复制(reproduction)操作,根据个体的适应度函数值所度量的优劣程度决
定它在下一代是被淘汰或被遗传。一般地说,选择将使适应度较大(优良)的个体有较大的
存在机会,而适应度较小(低劣)的个体继续存在的机会也较小。简单遗传算法采用赌轮选
择机制,令 Σf_i 表示群体的适应度值之总和,f_i 表示群体中第 i 个染色体的适应度值,它产
生后代的能力正好为其适应度值所占份额 $f_i/\Sigma f_i$。

交叉操作的简单方式是将被选择出的两个个体 P1 和 P2 作为父母个体,将二者的部分
码值进行交换。假设有如下 8 位长的两个个体:

| 1 | 0 | 0 | 0 | 1 | 1 | 1 | 0 | P1 |

| 1 | 1 | 0 | 1 | 1 | 0 | 0 | 1 | P2 |

产生一个 1~7 的随机数 c,假如现在产生的是 3,将 P1 和 P2 的低三位交换:P1 的高五位

与 P2 的低三位组成数串 10001001，这就是 P1 和 P2 的一个后代 Q1 个体；P2 的高五位与 P1 的低三位组成数串 11011110，这就是 P1 和 P2 的另一个后代 Q2 个体。其交换过程如图 7.1 所示。

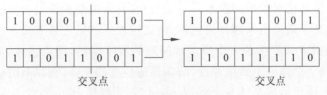

图 7.1　交叉操作示意图

变异操作的简单方式是改变数码串的某个位置上的数码，先以最简单的二进制编码表示方式来说明；二进制编码表示的每一个位置的数码只有 0 与 1 这两个可能，例如有如下二进制编码表示：

1	0	1	0	0	1	1	0

其码长为 8，随机产生一个 $1\sim 8$ 的整数 k，假如现在 $k=5$，对从右往左的第 5 位进行变异操作，将原来的 0 变为 1，得到如下数码串（第 5 位的数字 1 是被变异操作后出现的）：

1	0	1	1	0	1	1	0

二进制编码表示的简单变异操作是将 0 与 1 互换：0 变异为 1，1 变异为 0。

现在对 TSP 的变异操作做个简单介绍，随机产生一个 $1\sim n$ 的数 k，决定对回路中的第 k 个城市的代码 w_k 作变异操作；又产生一个 $1\sim n$ 的数 w_k，并将 w_k 加到尾部，得到

$$w_1\ w_2\ \cdots\ w_{k-1}\ w_k\ w_{k+1}\ \cdots\ w_n w_k$$

这个串有 $n+1$ 个数码，注意数 w_k 在此串中重复了，必须删除与数 w_k 重复的数，以得到合法的染色体。

7.1.2 遗传算法的求解步骤

1. 遗传算法的特点

遗传算法是一种基于空间搜索的算法，它通过自然选择、遗传、变异等操作以及达尔文适者生存的理论，模拟自然进化过程，实现问题求解。遗传算法的求解过程也可看作最优化过程。需要指出的是：遗传算法并不能保证得到的是最佳答案，但通过一定的方法，可以将误差控制在允许范围内。遗传算法具有以下特点：

（1）遗传算法是对参数集合的编码而非针对参数本身进行进化。

（2）遗传算法是从问题解的编码组开始搜索而非从单个解开始搜索。

（3）遗传算法利用目标函数的适应度函数信息进行搜索而非利用导数或其他辅助信息来指导搜索。

（4）遗传算法利用选择、交叉、变异等算子而不是利用确定性规则进行随机操作。

遗传算法利用简单的编码技术和繁殖机制来表现复杂的现象，从而解决非常困难的问题。它不受搜索空间的限制性假设的约束，不必要求诸如连续性、导数存在和单峰等假设，能从离散的、多极值的、含有噪声的高维问题中以很大的概率找到全局最优解。由于它固有的并行性，遗传算法非常适用于大规模并行计算，已在优化、机器学习和并行处理等领域得

到越来越广泛的应用。

2. 遗传算法的框图

遗传算法类似于自然进化,通过作用于染色体上的基因寻找优良的染色体来求解问题。与自然界相似,遗传算法对求解问题本身一无所知,它所需要的仅是对算法所产生的每个染色体进行评价,并基于适应值来选择染色体,使适应性好的染色体有更多的繁殖机会。在遗传算法中,通过随机方式产生若干个所求解问题的数字编码,即染色体,形成初始群体;通过适应度函数给每个个体一个数值评价,淘汰低适应度的个体,选择高适应度的个体参加遗传操作;经过遗传操作后的个体集合形成下一代新的群体,再对这个新群体进行下一轮进化。这就是遗传算法的基本原理。

简单遗传算法的求解步骤如下:

(1)初始化群体。

(2)计算群体上每个个体的适应度值。

(3)按由个体适应度值所决定的某个规则选择将进入下一代的个体。

(4)按概率 P_c 进行交叉操作。

(5)按概率 P_c 进行突变操作。

(6)若没有满足某种停止条件,则转步骤(2),否则进入下一步。

(7)输出群体中适应度值最优的染色体作为问题的满意解或最优解。

简单遗传算法框图如图 7.2 所示。

算法的停止条件最简单的有如下两种:①完成了预先给定的进化代数则停止;②群体中的最优个体在连续若干代均无改进或平均适应度函数连续若干代基本没有改进时停止。

也可将遗传算法的一般结构表示为如下形式:

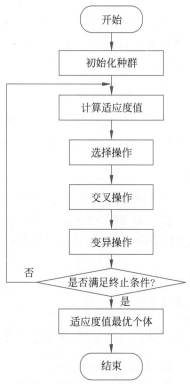

图 7.2　简单遗传算法框图

```
Procedure:Genetic Algorithms
begin
t←0;
initialize P(t);
evaluate P(t);
while(not termination condition) do
begin
  recombine P(t) to yield C(t);
  evaluate C(t);
  select P(t+1) from P(t) and C(t);
  t←t+1;
end
end
```

一般遗传算法的主要步骤如下:

(1)随机产生一个由确定长度的特征字符串组成的初始群体。

(2)对该字符串群体迭代地执行下面的步骤①和步骤②,直到满足停止标准:①计算群体中每个个体字符串的适应度值；②应用复制、交叉和变异等遗传算子产生下一代群体。

（3）把在后代中出现的最好的个体字符串指定为遗传算法的执行结果，这个结果可以表示问题的一个解。

基本的遗传算法框图由图7.3给出，其中 GEN 是当前代数。

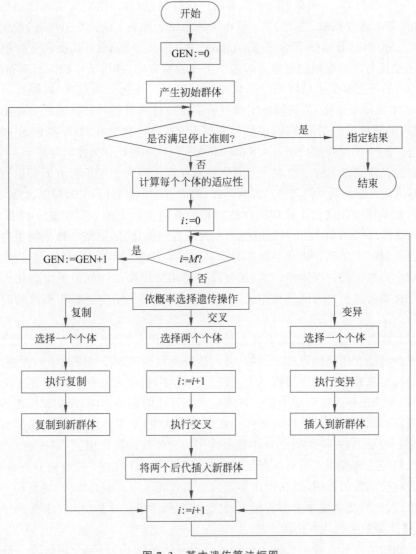

图7.3　基本遗传算法框图

7.2　进化控制基本原理

7.2.1　进化控制原理与系统结构

进化控制是建立在进化计算（尤其是遗传算法）和反馈机制的基础上的，本节将对进化控制的基本思想和进化控制系统的一般结构进行研讨。

1. 进化控制及基本思想

进化控制源于生物的进化机制。20 世纪 90 年代末,即在遗传算法等进化计算思想提出 20 年后,在生物医学界和自动控制界出现了研究进化控制的苗头。1998 年,埃瓦尔德(Ewald)、萨斯曼(Sussmam)和维森特(Vicente)等把进化计算原理用于病毒性疾病控制。1997—1998 年,蔡自兴、周翔提出机电系统的进化控制思想,并把它应用于移动机器人的导航控制,取得初步研究成果,并于 2000 年在国际会议上发表了论文"一种新的控制方法——进化控制"。2001 年,日本学者 Seiji Yasunobu 和 Hiroaki Yamasaki 提出一种把在线遗传算法的进化建模与预测模糊控制结合起来的进化控制方法,并用于单摆的起摆和稳定控制。2002 年,郑浩然等把基于生命周期的进化控制时序引入进化计算过程,以提高进化算法的性能。2003 年媒体报道称,英国国防实验室研制出一种具有自我修复功能的蛇形军用机器人,该机器人的软件依照遗传算法,能够使机器人在受伤时依然在"数字染色体"的控制下继续蜿蜒前进。2004 年,泰国的 Somyot Kaiwanidvilai 提出一种把开关控制与基于遗传算法的控制集成起来的混合控制结构。近 10 年,进化控制在理论研究和应用两方面都取得了长足进展。尽管对进化控制的研究尚待继续深入开展,但已有一个良好的开端,渴望有更大的发展。

进化控制是建立在进化计算和反馈控制相结合的基础上的。反馈是一种基于刺激-反应(或感知-动作)行为的生物获得适应能力和提高性能的途径,也是各种生物生存的重要调节机制和自然界基本法则。进化是自然界的另一适应机制,相对于反馈而言,进化更着重于改变和影响生命特征的内在本质因素,通过反馈作用所提高的性能需要由进化作用加以巩固。自然进化需要漫长的时间来巩固优越的性能,而反馈作用却能够在很短的时间内加以实现。

从控制角度看,进化计算的基本概念和要素(如编码与解码、适应度函数、遗传操作等)中都或多或少地隐含了反馈原理。例如,可把适应度函数视为控制理论中的性能目标函数,对给定的目标信息和作用效果进行反馈。经过比较评判,并据评判结果指导进化操作。又如,遗传操作中的选择操作实质上是一种维持优良性能的调节作用,而交叉操作和变异操作则是两种提高和改善性能可能性的操作。在编码方式中,反馈作用不够直观,但其启发知识实质上也是一种反馈,一种类似 PID 中微分作用的先验性前馈作用。

进化机制与反馈控制机制的结合是可行的,对这种结合的进一步理论分析和研究(如反馈作用对适应度函数的影响、进化操作算子的控制和表示方式的选取等)将有助于对进化计算收敛可控性、时间复杂度等方面的深入研究,并有利于进化计算中一些基本问题的解决。

2. 进化控制系统的基本结构

进化控制的研究开发者们已提出多种进化控制系统结构,但至今仍缺乏一般(通用)的和公认的结构模式。结合研究体会,下面给出两种比较典型的进化控制系统结构。

第一种称为直接进化控制结构,它是由遗传算法(GA)直接作用于控制器,构成基于GA 的进化控制器;进化控制器对受控对象进行控制,再通过反馈形成进化控制系统。图 7.4(a)表示这种进化控制系统的结构原理图。在许多情况下,进化控制器为混合控制器。

第二种称为间接进化控制,它是由进化学习机制(进化控制器)作用于系统模型,综合系统状态输出与系统模型输出作用于进化(学习)控制器,再由闭环反馈构成进化控制系统,如图 7.4(b)所示。与第一种结构相比,本结构比较复杂,但控制性能优于第一种结构。

在实际研究和应用中,进化控制系统往往采用混合结构。例如,采用进化计算与模糊预

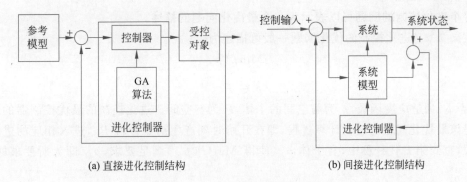

(a) 直接进化控制结构　　　　　　　　　(b) 间接进化控制结构

图 7.4　进化控制系统的基本结构

测控制的结合、遗传算法与开关控制的集成以及进化机制与神经网络的综合控制等。不过,
它们的控制系统结构仍然是以图 7.4 所表示的结构为基础而发展起来的。实际上它们属于
复合控制。

7.2.2　进化控制的形式化描述

在运用进化计算方法解决某个任务时,其本质就是在任务的解空间中寻找某种次优解。
如果在进化计算的实现中引入反馈就形成一种进化控制的机制,在运用这一思想解决控制
问题时,可得到一种进化控制系统的解决方案,如图 7.5 所示。

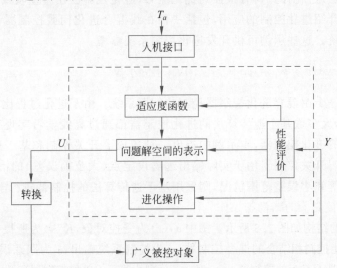

图 7.5　进化控制系统的一种解决方案

进化控制系统可以由如下定义来描述。

定义 7.1　一个进化控制系统可由六元组 $(T_a, f, \&, X, P, Y)$ 来描述。其中,T_a 为给
定任务,f 为适应度函数,$\&$ 为进化操作算子,P 为解空间表示,U 为控制作用,Y 为广义受
控对象输出或反馈信息。

这里 T_a 不是一种以数值形式给定的待跟踪量,而是一种任务的抽象描述,需要进化控
制器将任务描述转化为控制目标的数学描述。一般说来,f 的设计就是为了实现这一目标。
P 代表整个解空间,P 中的最佳个体和控制作用 U 相对应。值得指出的是,进化控制过程
是一个动态调节过程,这里的每一个参数均与相应的进化代数 k 对应。

一个进化控制的问题可以表示为一个最优化问题的描述。

定义 7.2 进化控制的优化问题一般可描述为

$$
\begin{cases}
\underset{u}{\mathrm{Min}}f(p) \\
p \in P
\end{cases}
\tag{7.3}
$$

式中,$f(p)$ 为适应度函数,p 为解空间的个体,P 为解空间。进化控制的最优控制器的求解过程是该最优化问题的迭代计算过程,即在开始时刻产生初始种群 P_0,进入相应的进化操作过程,直到第 k 代种群中,有个体 p_{ki} 使得 $\underset{p_{ki} \in P_k}{\mathrm{Min}} f(p_{ki})$ 满足要求,p_{ki} 即为所要求的 U,即 $U = p_{ki}$。

由于复杂系统的进化控制过程可以转化为一个简洁的优化问题的求解过程,这样就为复杂系统的通用解决方案提供了一条可行的途径。

值得指出的是,这里的进化不是特指某一具体的进化算法,而是指模拟自然进化机制的方法的总称。进化算法当然是模拟这一机制的理想计算机的实现方法;此外,不同的研究开发者可以采用不同的形式来实现进化控制机制。

7.3　进化控制系统示例

由于遗传算法/进化计算具有很强的优化能力,进化控制已在一些领域获得比较成功的应用。本节举例介绍进化控制的应用,包括一种在线混合进化伺服控制器和一个移动机器人的进化控制系统。这些示例可供开发进化控制系统参考。

7.3.1　一种在线混合进化伺服控制器

本示例介绍一个由混合进化控制器控制的伺服系统。由于进化过程比较慢和学习期间产生不稳定响应,大多数基于遗传算法的进化控制器都通过离线学习实现控制。要研发具有在线学习能力的进化控制器,本示例中提出一种集成了开关控制和基于遗传算法的控制的混合控制结构。开关控制器用于实际输出远离设定点(大范围误差)的情况,要避免不稳定响应。对于中等和小误差范围情况,则采用基于遗传算法的控制器进行学习。

1. 混合 GA 控制器的结构与操作

混合控制器的结构如图 7.6 所示。图中,$G(s)$ 为受控对象,$K(s)$ 为所提出的由开关控制和基于 GA 的智能控制相结合的混合控制器,y 为控制系统输出,e 为跟踪误差,r 为参考(给定)输入,$C(p)$ 为基于 GA 的控制器,u_{GA} 和 u_B 分别为基于 GA 的控制器和开关控制器的输出。

如果误差 e 的阈值为 E_m,那么基于 GA 控制器的多模态控制算法可由下列规则表示:

IF $|e(k)| \geqslant E_m$

THEN [进入开关控制模态]

ELSE [进入 GA 控制器模态]

可对开关控制模态和 GA 控制模态描述如下:

(1) 开关控制模态。

IF $e > E_m$　　THEN $u_B = U_m$

IF $e < -E_m$　　THEN $u_B = -U_m$

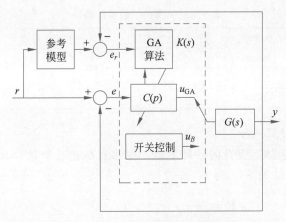

图 7.6 基于 GA 的混合控制器的结构

式中,U_m 为恒定输入。

（2）基于 GA 的控制模态。

$C(p)$ 为一指定结构的控制器,其结构在 GA 优化开始之前就被指定。在工业应用中,控制系统中的大多数控制器具有诸如 PID 和超前-滞后作用这样的基本结构。控制器的参数 p 的设定要力图使被估计的目标函数为最大值,例如,对于 PID 控制器,其传递函数为

$$C(p) = K_p + \frac{K_i}{s} + \frac{K_d s}{\tau s + 1} \tag{7.4}$$

控制器的参数空间为

$$p = [K_p, K_i, K_d, \tau] \tag{7.5}$$

2. 通过遗传算法进行在线优化

将用一个遗传算法来在线估计最优的控制器参数。假设参考输入是事先给出的,受控装置重复执行一个在规定的持续时间内结束的具体运动,这些条件与迭代学习控制问题中的公理一样。在规定控制器 $C(p)$ 的结构之后,应用 GA 校正控制器的参数以获得最大的适应度函数。

基于遗传机理,得到一个更好的候选解群体。该遗传算法如下所述。

（1）编码与解码。

要求解优化问题,控制器参数向量 p 应编码为一以字符串命名的染色体。称代中的染色体为群体。基于二进制编码方法,参数向量的每个元素被编码为由 0 和 1 组成的字符串。所需要的解 R_i 如下:

$$R_i = \frac{p_i^U - p_i^L}{2^{l_i} - 1} \tag{7.6}$$

式中,p^U 为控制器参数 p 的上限,p^L 为控制器参数 p 的下限,l_i 为二进制码的长度。

下面举个例子来说明编码过程。

假设 $p = [p_1 \ p_2]$,而最优控制参数 p^* 的范围为

$$0.8 \leqslant p_1 \leqslant 4.0, \quad 2 \leqslant p_2 \leqslant 8.0$$

二进制码的长度为 $l_1 = l_2 = 5$。

据式(7.6)可计算得 $R_1 = 0.103, R_2 = 0.1935$。因此可对 p_1 和 p_2 编码,如表 7.1 所示。

表 7.1　p_1 和 p_2 的参数编码

p_1 值	0.800	0.903	…	4.00
p_1 代码	00000	00001	…	11111
p_2 值	2.0000	2.1935	…	8.0000
p_2 代码	00000	00001	…	11111

(2) 适应度函数及其选择。

适应度是估计染色体适宜性的一种度量。据多目标遗传算法(MOGA)概念可写出适应度函数 F 及其代价 C 如下：

$$F = \frac{1}{C+h} \tag{7.7}$$

$$C = w_1 \int_0^T e^2 \mathrm{d}t + w_2 M + w_3 U \tag{7.8}$$

$$e = r - y$$

式中，w_1、w_2 和 w_3 为权重因子，M 为最大上超调量，U 为最大下超调量，h 为一个小正数，T 为重复参考输入的周期。

所提出的这个适应度函数是要使均方差、最大上超调量和最大下超调量同时为最小。式(7.8)中的误差 e 可被辨识为实际输出与对指令信号的期望响应之差，期望响应可由一参考模型指定，如图 7.6 所示。于是，反馈控制器的任务就是要使过程输出与参考模型输出之差为 0。一般上，规定参考模型为简单的一阶或二阶函数。下面的例子为一个一阶参考模型：

$$\frac{y_r}{r} = G_r(s) = \frac{1}{\tau s + 1} \tag{7.9}$$

模型参考误差为

$$e_r = (y_r - y) \tag{7.10}$$

因此，要使实际输出与对指令信号的期望响应之差为最小，就用 e_r 替代式(7.8)中的 e。

基于适应度函数，为每一染色体指定一适应度值。在每一步，即每一代，所有染色体的适应度值均被估计。具有最大适应度值的染色体被保留作为当前这一代的解，并传递至下一代。一般的选择方法是对每个染色体指定一个选择概率，定义每个染色体的概率 P_j 为

$$P_j = P\,[被选择的染色体 j] = \frac{F_j}{\sum_{i=1}^{\text{PopSize}} F_i} \tag{7.11}$$

式中，F 为适应度值，PopSize 为群体规模(该种群中的染色体数量)。

(3) 遗传算子。

建立下一代新群体的任务由遗传算子来执行，遗传算法的基本算子为复制操作。交叉操作和变异操作。交叉算子随机地选择一个沿着两个染色体长度上的点，然后通过在交叉点折断这两个染色体而分裂为两块；接着，把一个染色体的头部与另一个染色体的尾部匹配而形成新的染色体；通过改变染色体上某个单块的值，交叉操作形成一个新的染色体。复制操作仅复制现存的染色体而形成一个新的染色体。

作用于遗传算子的染色体从群体中选择，该选择取决于式(7.11)的选择概率 P_j，具有较高适应度值的染色体意味着有更好的被选择机会。复制、交叉或变异操作类型的选择，由

预先指定的操作概率决定。遗传算法的复制操作、变异操作和交叉操作描述如下：

(a) Reputation

Parent1：00101101110101

Same as parent

New population

00101101110101

(b) Mutation

Parent1：00101101110101

Random bit 1→0

New population

1：00001101110101

(c) Crossover

Parent1：001011**01110101**

Parent2：010010**11011110**

Random bit

New population

1：001011**11011110**

2：010010**01110101**

本遗传算法框图如图 7.7 所示。

3. 伺服系统的控制

假设伺服系统受控装置的模型为

$$G(s) = \frac{1}{s(s+1)} \qquad (7.12)$$

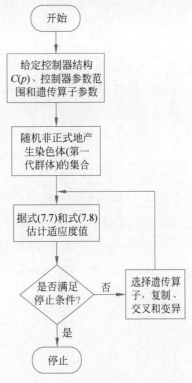

图 7.7 智能控制器的遗传算法框图

为了说明所提出的混合 GA 控制器的控制性能，进行了计算机仿真实验。本仿真研究中选用的参考模型如下：

$$G_r(s) = \frac{1}{0.3s+1} \qquad (7.13)$$

本研究中选择具有一阶微分滤波器结构的 PID 作为基于 GA 的控制器，该控制结构如式(7.4)所示，即

$$C(p) = K_p + \frac{K_i}{s} + \frac{K_d s}{\tau s + 1}, \qquad p = [K_p, K_i, K_d, \tau]$$

遗传参数指定如下：群体规模=10，$0 < K_p < 10$，$0 < K_i < 10$，$0 < K_d < 10$，$0 < \tau < 10$，交叉概率=0.6，变异概率=0.1，复制概率=0.3。最优控制参数在第 25 代得到。图 7.8 表示第 25 代时参考模型的期望响应和由控制器控制的实际输出；由进化控制器控制的输出响应由实线表示，而参考模型（即期望输出）响应由虚线表示。图 7.9 说明适应度值的收敛情况。图 7.10 表示第 1 代（由虚线表示）和第 30 代（由实线表示）的输出响应；从响应曲线可以看出，经过进化过程，时域响应得到改善。

图 7.11(a)给出当不存在开关控制和参数（染色体）不好时 GA 控制器的不稳定输出响应；这时控制器（染色体）的参数为 $p = [2.25, 4.70, 1.12, 2.67]$。由于该不稳定响应，这种控制器实际上无法应用。不过，在混合控制器的情况下，当采用同样的控制器参数时，输出响应就变为稳定的，如图 7.11(b)所示。当误差变大（即开始出现不稳定或非期望响应）时，加入开关控制就会使响应变为稳定响应。从图可以清楚地看出，开关控制器与基于 GA 控制器的

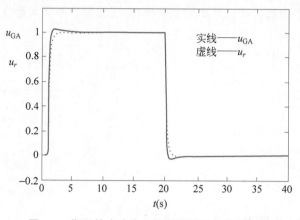

图 7.8　期望输出响应和控制器控制的输出响应

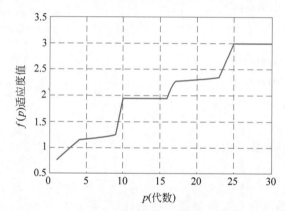

图 7.9　遗传算法中适应度值与遗传代数的关系

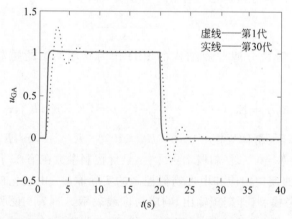

图 7.10　在第 1 代和第 30 代时最佳染色体的输出响应

集成能够避免不稳定响应；即使 GA 控制器（染色体）具有不稳定的参数，也能获得稳定响应。

为了研究混合 GA 控制器的进化机制，假定式(7.12)受到的扰动如下：

$$G_r(s) = \frac{1}{s(0.4s+1)} \tag{7.14}$$

在仿真研究中，名义受控装置的传递函数在第 30 代时受到的扰动变为式(7.14)形式。原有的最优控制器执行高的最大上超调和下超调响应，而 GA 将不断改善 PID 控制器并在

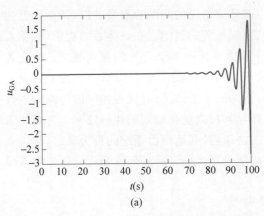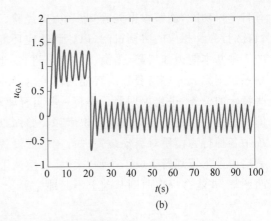

图 7.11 不同控制器参数（染色体）下的控制输出响应

第 60 代执行一个更好的响应。求得新的最优 GA 控制器如下：

$$C(p) = 9.8086 + \frac{0.0281}{s} + \frac{5.2976}{0.6441s + 1} \tag{7.15}$$

进化控制器在第 60 代时的输出响应如图 7.12 实线所示，其中虚线表示参考模型。图 7.13 说明 GA 控制器在第 30 代受到扰动后适应度值新的收敛情况。

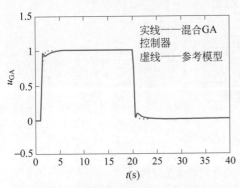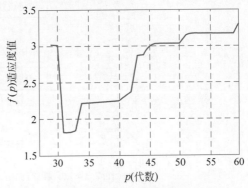

图 7.12 受控装置在第 30 代受到扰动后在 第 60 代得到的输出响应

图 7.13 受控装置在第 30 代受到扰动后遗传 算法中适应度值与代数的关系

本研究应用基于 GA 的混合控制器解决了 GA 控制器进化过程中产生的不稳定问题，在出现大误差范围时，采用开关控制来防止产生不稳定和非期望响应。在 GA 控制器中，通过 GA 的进化作用，获得准最优控制器参数，借助所提出的技术实现了通过 GA 的在线学习。仿真研究结果表明本研究提出的方法的可行性、适应性和学习能力。

7.3.2　一个移动机器人进化控制系统

在我们提出和研究的进化控制系统中，以移动机器人的进化控制为示例，进一步设计和实现了进化控制思想。下面对该机器人进化控制系统加以讨论。

1. 进化控制系统的体系结构

我们提出的是基于功能/行为集成的移动机器人进化控制系统，其体系结构如图 7.14 所示。该系统由进化规划模块和基于行为的控制模块组成。这种综合体系结构的优点是既具有基于行为系统的实时性，又保持了基于功能系统的目标可控性；同时该体系结构还具有自学习功能,能够根据先验知识、历史经验、当前环境情况的判断和自身状况,调整自己的目标、行为及相应的协调机制,以达到适应环境、完成任务的目的。在该体系结构中,机器人的一些基本能力如避障、平衡、漫游、前进、后退等,由系统中基于行为的模块提供;进化规划系统则完成一些需要较高智能的任务,如路径规划及任务的生成和协调等。为了完成一些特定的任务,进化规划器只需将一些目标驱动行为的状态激活,并设置相应的协调器参数即可达到。系统中同时设有知识库和经验库以指导和提高进化规划的执行效率。为缓和系统中各种行为模块对驱动装置进行竞争而设置的协调器,其结构由系统的行为确定,其协调策略由进化规划器生成。这种"柔性"的协调策略能根据机器人所处环境和执行任务的不同而调整,并能在一定原则基础上不断地完善。

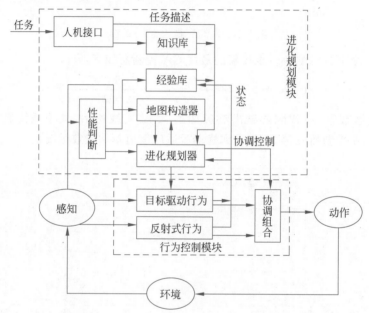

图 7.14　规划、行为综合的进化控制体系结构

2. 进化规划器的结构与算法

本移动机器人进化控制系统的实现包括逻辑设计与物理实现两部分,逻辑设计以进化规划器与各种反射行为的实现为核心。

在本系统中进化规划器的结构如图 7.15 所示。具体运行过程是:离线进化算法模块根据先验知识对机器人运动路线做出离线规划,机器人再据规划路线移动,其运动姿态由运动规划模块保障;当遇到未知障碍时,启动反射式行为,使机器人避障;然后启动在线进化

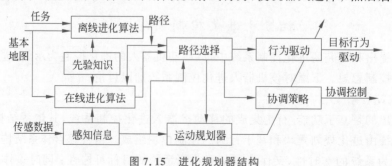

图 7.15　进化规划器结构

规划,计算新的路径,再由运动规划器保障实施,以保持路径跟踪的鲁棒性。

离线与在线进化计算的实现形式描述如下。

（1）编码方式。

机器人移动路径由起始节点至目标节点的线段连接而成,一条路径描述如图 7.16 所示。

图 7.16 路径的基因表示

其中,m_i 表示节点的坐标值,b_i 表示节点是否可行的状态。

（2）评估函数。

用 eval_f 和 eval_u 分别对可行路径与不可行路径进行评价。可行路径评价表达式如下:

$$\mathrm{eval}_f(p) = w_d \, \mathrm{dist}(p) + w_s \, \mathrm{smooth}(p) + w_c \, \mathrm{clear}(p)$$

其中,w_d、w_s、w_c 分别代表路径长度、光滑度和安全度;$\mathrm{dist}(p) = \sum_{i=1}^{n-1} d(m_i, m_{i+1})$ 表示路径总长,$d(m_i, m_{i+1})$ 表示两相邻点 m_i 和 m_{i+1} 的距离;$\mathrm{smooth}(p) = \max_{i=2}^{n-1} S(m_i)$ 表示节点的最大曲率;$\mathrm{clear}(p) = \max_{i=2}^{n-1} C_i$,其中 $C_i = \begin{cases} g_i - \tau, & g_i \geqslant \tau \\ e^{a(\tau - g_i) - 1}, & \text{其他} \end{cases}$,$g_i$ 为线段 $\overline{m_i m_{i+1}}$ 至所有检测到的障碍物的距离,τ 为定义安全距离的参数。

不可行路径评价表达式如下:

$$\mathrm{eval}_u(p) = \mu + \eta$$

其中,μ 代表整个路径与障碍物的相交次数,η 代表每条线段与障碍物的平均相交次数。为了实现上的方便,在总的路径排序时,规定任何一条可行路径的适应值大于不可行路径的适应值。

（3）进化操作。

根据问题的实际,定义了几种交叉、变异、选择及节点的移动、删除、增加、平滑等操作。

3. 运动规划算法

运动规划器的目的在于给出具体的规划路径之后,如何求得合适的速度控制量 u_r 和驾驶角度控制 u_θ,保持路径跟踪的鲁棒性。系统中采用如下控制模型:

$$\begin{bmatrix} v \\ w \end{bmatrix} = \begin{bmatrix} v_r \cos\theta_e + K_x \theta_e \\ w_r + v_r(K_y Y_e + K_\theta \sin\theta_e) \end{bmatrix} \tag{7.16}$$

其中,v 和 w 分别为应施加的速度和角速度值,v_r 和 w_r 分别为当前的速度与角速度,θ_e 和 Y_e 分别为当前姿态与参考姿态偏差,K_r、K_y、K_θ 为正常数。

7.4 小结

本章讨论了进化控制。

7.1 节介绍了进化控制的基础。进化控制是建立在进化计算(尤其是遗传算法)和反馈机制的基础上的。首先讨论了作为进化控制基础的遗传算法的基本原理和求解方法。遗传算法是模仿生物遗传学和自然选择机理,通过人工方式构造的一类优化搜索算法,是对生物进化过程进行的一种数学仿真,是进化计算的一种最重要形式。接着对遗传算法的一些基本概念,如编码方法、适应度函数和遗传操作等加以介绍,并进一步讨论了遗传算法的特点、算法框图和计算步骤。

7.2节着重讨论了进化控制的基本思想,提出了进化控制系统的结构和形式化描述。以移动机器人进化控制系统为例,进一步探究系统的体系结构和进化控制器的结构及运动规划算法。

7.3节给出进化控制的两个实例,以求进一步说明进化控制器的设计和参数选择。对进化控制的探讨是作者的一种尝试,提出的控制思想和方法需要进一步研究、修正和发展。

习题 7

7-1　什么是进化计算?进化计算的理论基础是什么?

7-2　什么是遗传算法的实质?试述遗传算法的基本原理和求解步骤。

7-3　试说明进化控制的实质,并简单介绍进化控制的工作原理。

7-4　如何对进化控制进行形式化描述?是否还有别的方法能够更好地描述进化控制?

7-5　分析移动机器人进化控制系统的体系结构,探讨其控制算法。

第**8**章

免疫控制系统

本章讨论免疫控制系统：首先讨论免疫算法和人工免疫系统原理，接着探讨免疫控制的基本原理，最后举例介绍免疫控制系统。

8.1　免疫算法和人工免疫系统原理

生物系统中的自然信息处理系统可分为 4 种类型，即脑神经系统、遗传系统、免疫系统和内分泌系统。自然免疫系统是一个复杂的自适应系统，能够有效地运用各种免疫机制防御外部病原体的入侵。通过进化学习，免疫系统对外部病原体和自身细胞进行辨识。自然免疫系统具有许多研究课题，有不少理论和数学模型解释了免疫学现象，也有一些计算机模型仿真了免疫系统的部分机制。从生物学角度研究免疫系统的整体特性，寻找解决科学和工程实际问题的智能方法，是智能科学技术的一个新的研究领域，这种研究方法具有不同的称呼，包括人工免疫系统、基于免疫的系统和免疫学计算等。

把免疫机制和计算方法用于控制系统，即可构成免疫控制系统。下面首先介绍人工免疫系统的结构、免疫算法的原理和设计方法，然后讨论免疫控制系统的结构和计算流程，最后分析几种典型的免疫控制实例。

8.1.1　免疫算法的提出和定义

免疫是生物体的特异性生理反应，由具有免疫功能的器官、组织、细胞、免疫效应分子及基因等组成。免疫系统通过分布在全身的不同种类的淋巴细胞识别和清除侵入生物体的抗原性异物。当生物系统受到外界病毒侵害时，就激活自身的免疫系统，其目标是保证整个生物系统的基本生理功能得到正常运转。当人工免疫系统受到外界攻击时，内在的免疫机制被激活，其目标是保证整个智能信息系统的基本信息处理功能得到正常运作。免疫算法具有良好的系统响应性和自主性，对干扰有较强的维持系统自平衡的能力，自体/异体的抗原识别机制使免疫算法具有较强的模式分类能力。此外，免疫算法还模拟了免疫系统的学习-记忆-遗忘的知识处理机制，使其对分布式复杂问题的分解、处理和求解表现出较高的智能性和鲁棒性。

1. 免疫算法的提出

根据伯内特（Burnet）的细胞克隆选择学说（clonal selection theory）和杰尼（Jerne）的免疫网络学说，生物体内先天具有针对不同抗原特性的多样性 B 细胞克隆，抗原侵入机体后，在 T 细胞的识别和控制下,选择并刺激相应的 B 细胞,使之活化、增殖,并产生特异性抗体结合抗原;同时,抗原与抗体、抗体与抗体之间的刺激和抑制关系形成的网络调节结构维持着免疫平衡。随着理论免疫学和人工免疫系统的发展,人们相继提出了几种免疫网络学说。杰尼提出了独特型网络(idiotypic network),以描述抗体之间、抗体与抗原之间的相互作用。艾世古如(Ishiguro)等提出一种互联耦合免疫网络模型。唐(Tang)等提出一种与免疫系统中 B 细胞和 T 细胞之间相互反应相似的多值免疫网络模型。赫曾伯格(Herzenberg)等提出一种更适合于分布式问题的松耦合网络结构。利安德鲁(Leandro)和费尔南多(Fernando)提出使用克隆选择原理进行人工机器的学习和优化研究。基于这些自然免疫学说,可以创建一定的算法来模拟免疫机制,这种算法称为免疫算法。

人工免疫系统是由免疫学理论和观察到的免疫功能、原理和模型启发而产生的适应性系统。这方面的研究最初从 20 世纪 80 年代中期的免疫学研究发展而来。1990 年,伯西尼(Bersini)首次使用免疫算法来解决实际问题。20 世纪末,福里斯特(Forrest)等将免疫算法应用于计算机安全领域。同期,亨特(Hunt)等将免疫算法应用于机器学习领域。

近年来,越来越多的研究者投身到免疫算法的研究行列。自然免疫系统显著的信息处理能力对计算技术有不少重要的启发。一些研究者基于遗传算法已经提出一些模仿生物机理的免疫算法,人工免疫系统的应用问题也得到了研究。有的学者还研究了控制系统与免疫机制的关系。

免疫算法的关键在于系统对受侵害部分的屏蔽、保护和学习控制。设计免疫算法可从两种思路来考虑:一种是用人工免疫系统的结构模拟自然免疫系统的结构,类似于自然免疫机理的流程设计免疫算法,包括对外界侵害的检测、人工抗体的产生、人工抗体的复制、人工抗体的变异和交叉等;另一种是不考虑人工免疫系统的结构是否与自然免疫系统的结构相似,而着重考察两系统在相似的外界有害病毒侵入下,其输出是否相同或类似,侧重对免疫算法的数据分析,而不是流程上的直接模拟。由于免疫机制与进化机制紧密相关,所以免疫算法往往利用进化计算来优化求解。

2. 免疫算法的有关定义

目前对免疫算法和相关问题还没有明确、统一的定义,以下定义仅供进一步讨论参考。

定义 8.1 **免疫算法**是模仿生物免疫学和基因进化机理,通过人工方式构造的一类优化搜索算法,是对生物免疫过程的一种数学仿真,是免疫计算的一种最重要形式。

还有其他定义方法。例如:把免疫概念及理论应用于遗传算法,在保留原算法优点的前提下,力图有选择和有目的地利用待解问题中的一些特征信息或知识来抑制其优化过程中出现的退化现象,这种算法称为免疫算法。

定义 8.2 **人工免疫系统**是由免疫学理论和观察到的免疫功能、原理和模型启发而产生的适应性系统。可通过免疫算法进行人工免疫系统的计算和控制。

斯塔拉布(Starlab)给出的定义为:人工免疫系统是一种数据处理、归类、表示和推理策略的模型,它依据似是而非的生物范式,即自然免疫系统。达斯格普塔(Dasgupta)给出的定义为:人工免疫系统由生物免疫系统启发而来的智能策略所组成,主要用于信息处理和问题求解。蒂米斯(Timmis)给出的定义为:人工免疫系统是一种由理论生物学启发而来的计算范式,它借鉴了一些免疫系统的功能、原理和模型,并用于复杂问题的求解。斯塔拉布仅从数据处理的角度对人工免疫系统进行定义;后两者则着眼于生物隐喻机制的应用,强调了人工免疫系统的免疫学机理,因而更为贴切。

定义 8.3 免疫系统在受到外界病菌的感染后,能够通过自身的免疫机制恢复健康,以保持正常工作的一种特性或属性称为**免疫系统的鲁棒性**。

定义 8.4 **抗原**(antigen)指所有可能错误的基因,即非最佳个体的基因;**疫苗**(vaccine)是根据进化环境或待解问题的先验知识得到的对最佳个体基因的估计;**抗体**(antibody)是指根据疫苗修正某个个体的基因所得到的新个体。

8.1.2 免疫算法的步骤和框图

目前还没有统一的免疫算法及其框图。下面首先介绍一种含有免疫算子(immune operator)的免疫算法。生物体的免疫功能主要由参与免疫反应的细胞完成的。免疫细胞主要有两类,即淋巴细胞和非淋巴细胞。前者对抗原反应有明显的专一性,是特异性免疫反应的主要细胞;后者摄取和处理抗原,并把处理后的抗原提供给淋巴细胞,其作用在于参与非特异性免疫反应,能参与特异性免疫反应。免疫算子也有两种——全免疫算子和目标免疫算子,它们的作用分别对应非特异性免疫和特异性免疫。全免疫是指群体中每个个体在变异操作后对其每个环节都进行一次免疫操作,主要应用于个体进化的初始阶段,而在其后的进化过程中基本上不产生作用。目标免疫指个体在变异操作后,经过一定判断仅在作用点处产生免疫反应,其作用一般伴随群体进化的全过程。

免疫算法的实际操作过程:①具体分析待求解的问题,提取出最基本的特征信息;②处理该特征信息,并把它转化为一种问题求解方案;③以适当形式把此方案变换为免疫算子以实施具体操作。免疫算法框图如图 8.1 所示。

本免疫算法是在合理提取疫苗的基础上借助疫苗接种和免疫选择两个操作来完成的。疫苗接种用于提高适应度,免疫选择用于防止群体退化。图 8.1 所示的免疫算法,其执行步骤如下:

第 1 步:随机产生初始父代种群 A_l;

第 2 步:根据先验知识抽取疫苗;

第 3 步:若当前群体内包含最佳个体,则算法结束运行,否则继续;

第 4 步:对于当前的第 k 代父代种群 A_k,进行交叉操作,得到种群 B_k;

第 5 步:对 B_k 进行变异操作,得到种群 C_k;

第 6 步:对 C_k 进行疫苗接种操作,得到种群 D_k;

第 7 步:对 D_k 进行免疫选择操作,得到新一代父代种群 A_{k+1},然后转至第 3 步。

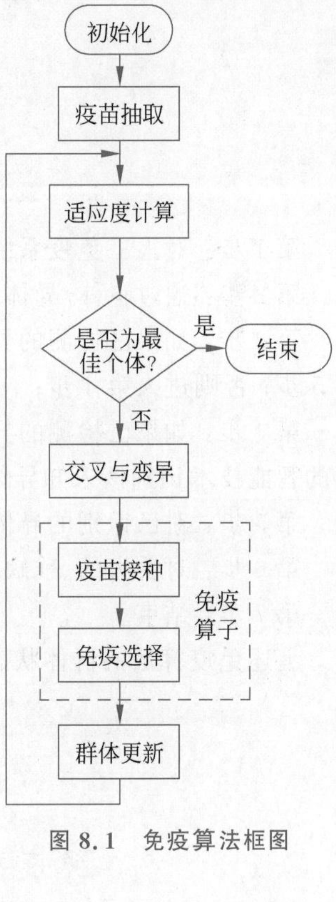

图 8.1 免疫算法框图

一般来说,免疫算法的处理对象是自体和异体,通过抗体对未知的异体进行学习和识别,实现免疫作用。这种检测、识别和消除异体的免疫算法框图如图 8.2 所示,其计算步骤如下:

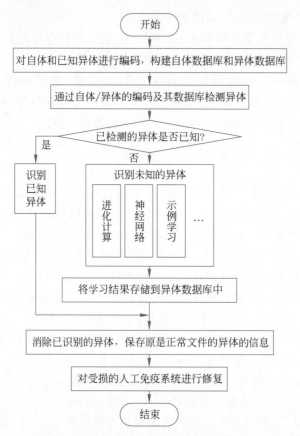

图 8.2　通过自体和异体检测、识别和消除异体的免疫算法框图

第 1 步：对人工免疫系统的自体和已知异体进行编码，构建自体数据库和异体数据库；

第 2 步：通过自体/异体的编码及构建其数据库从抗原中检测异体；

第 3 步：如果已检测的异体是已知的，就通过异体数据库直接识别已知的异体，并转至第 5 步；否则进入第 4 步；

第 4 步：如果已检测的异体是未知的，用进化计算、神经网络、示例学习等具有学习能力的智能技术识别该未知异体，并将学习的结果存储到异体数据库中；

第 5 步：对已识别的异体进行消除，在消除原本是正常组件的异体时先保存其信息；

第 6 步：对丢失的、残缺的或已消除的正常组件进行系统修复。

第 7 步：结束。

上述免疫算法的群体状态转移情况可由图 8.3 表达。

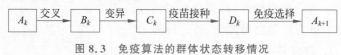

图 8.3　免疫算法的群体状态转移情况

8.1.3　人工免疫系统的结构

随着控制任务和所用控制技术方案的不同，免疫控制器和免疫控制系统的结构也不同。目前已经提出多种人工免疫系统的结构方案。基于正常模型的人工免疫系统的 3 层是指固

有免疫计算层、适应性免疫计算层和并行免疫计算层。

对一种基于文件的人工免疫系统建立正常模型,用其正常组件文件的时空属性唯一确定该人工免疫系统的正常状态。正常模型为人工免疫系统的可信建模奠定基础,可提高人工免疫系统的性能。下面介绍这种3层人工免疫系统的结构,见图8.4。

在图8.4中,第1层是固有免疫计算层,用来检测所有的自体和异体,并识别所有已知的异体;第2层是适应性免疫计算层,用BP网络、RBF网络等神经网络对未知的异体进行识别、学习和记忆,然后消除所有被人工免疫系统看作威胁的异体;第3层是并行免疫计算层,这一层为人工免疫系统提供了改善效率的辅助工具,是受自然免疫系统中用作生物基础组织的并行免疫细胞和分子启发而来的。

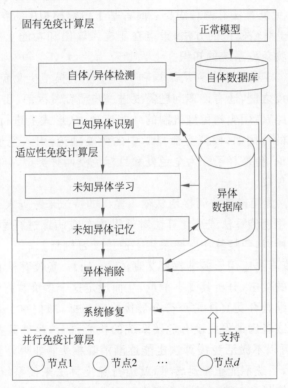

图8.4 人工免疫系统的3层结构

自体数据库设计为正常模型的数据集,该自体数据库用来在人工免疫系统中100%检测自体和异体。

所有已知异体的特征存储在异体数据库中,该异体数据库用来识别所有已知的异体和大多数未知异体。对于未知异体,用神经网络学习它们。与该未知异体最相似的已知异体将用作学习的样本,以选择该未知异体的最佳类似物。

人工免疫系统中所有受损文件在被识别为异体并要将删除时,将记录在临时数据库中。通过该临时数据库和自体数据库,受损的人工免疫系统能最大可能地被自动修复。

并行免疫计算层的节点是计算机主机,其中 d 表示节点的总数。人工免疫系统的并行免疫计算层为固有免疫计算层和适应性免疫计算层提供高性能的计算基础组织,解决有限计算和负载平衡的问题。

　　一台主机的计算能力和资源总是有限的,高负荷的计算是不可靠的、易摧毁的,并且是高风险的。当移动机器人等系统的免疫信息处理量超过单个处理器的负载能力时,便调用并行免疫计算层;并行免疫计算层还能用来实现数据的多备份和系统恢复。

　　对于移动机器人等系统的每个功能模块,其相应的免疫子系统监视和保护这个模块,以维护每个功能模块的局部免疫和移动机器人的整体免疫。免疫计算模块建立在移动机器人等系统的功能模块上,成为一系列相对独立的免疫计算体。

8.1.4　免疫算法的设计方法和参数选择

1. 免疫算法的主要设计方法

　　前面提到的设计免疫算法有两种思路:前者基于白箱模拟的方法,重点在于结构和机理上的模拟;后者基于黑箱模拟的方法,重点在于输入输出和功能上的模拟。前一种免疫算法的设计依赖于生物免疫系统的知识。

　　(1)白箱模拟法。现在很难做到从结构和机理上完全模拟生物免疫机制,因为人类还没有完全解开生物免疫之谜,还有许多问题需要进一步研究。因而,目前不少研究者往往是按照白箱模拟法的思路,借用生物免疫机制的一些概念,从形式上进行一定的模拟,以实现对系统人工免疫的目的。例如,模拟生命科学中的免疫理论,引入免疫算子来改进遗传算法。根据生物免疫理论,免疫算子分为全免疫和目标免疫两种类型,分别对应生命科学的非特异性免疫和特异性免疫。

　　(2)黑箱模拟法。黑箱模拟法间接地从输入输出的特征来考查人工系统对自然系统的模拟。免疫算法常采用遗传算法或进化算法对外界攻击或病毒进行学习,产生与外界攻击或病毒相克的抗体。所以,免疫算法一般采用了遗传学习机制。

　　作为例子,把免疫算法应用于多维教育艾真体(agent)。免疫算法首先检测外来的侵害对于多维教育艾真体的攻击,分析其受害节点,从而设定这个多维教育艾真体的最优修复目标;然后判断当前多维教育艾真体是否符合最优修复目标,即把整个系统的信息损失降为最小。如果外界攻击或者病毒侵扰没有危及系统的核心部分,虽然某些环节失灵但整体仍能正常运转,那么就可以不激活免疫算法也能逐渐消除损失;如果外界攻击或者病毒侵扰危及系统的核心部分,系统不能正常运转了,就运行免疫算法来使系统的整体损失最小化,保证系统核心部分的恢复和正常运转。若多维教育艾真体符合最优修复目标,则把最优结果及其参数存储到知识库中,以供下次直接调用,接着输出结果。否则,就查询知识库,看看是否能找到可参考的现成解决方案。若存在这个解决方案,则直接调用这个方案,并输出结果。否则,启动这个免疫算法的进化进程:首先设定种群及其进化参数,然后通过对受害节点种群按遗传、变异、交叉等进化原则迭代相互计算和操作,最终收敛为最优结果,即系统整体的最小损失解。在遗传算法运行时,受害部分只有输入,输出被算法屏蔽,这样就能保证损失不会扩大或者病毒不会蔓延。如果算法迭代超过上限,就被迫终止算法,并记录其最优结果及其参数;否则每进化一次后,重新返回判定系统是否达到最优修复目标这一步,进入下一轮算法计算过程。这个免疫算法对每一次免疫遗传算法操作的最优结果进行收集、保存和整理,下次遇到类似情况时,无须计算就能直接调用知识库中的最优结果。

2. 免疫算法的种类和参数选择

　　近年来,特别是1997年人工免疫学研究在国际上兴起之后,国内外已经提出并发展了一些免疫算法。不同免疫算法的分析和比较主要从以下两方面进行研究：①自然免疫系统的免疫学理论和方法；②计算机算法的分析量度。

免疫学说主要有反向选择原理、进化学说、克隆选择理论、疫苗学说和免疫网络理论等。根据这些不同的免疫学说提出 5 种不同的免疫算法。

（1）反向选择算法。福雷斯特基于反向选择原理提出反向选择算法检测异常,其算法主要包括两步。首先,产生监测器集合,其中每个监测器与被保护的数据都不匹配；然后,不断地将集合中每个监测器与被保护的数据相比较,如果监测器与被保护的数据相匹配,就判定该数据发生了变化。

（2）免疫遗传算法。丘恩(Chun)提出一种免疫算法,实质上是改进的遗传算法。

（3）克隆选择算法。德卡斯特罗(De Castro)基于免疫系统的克隆选择理论提出克隆选择算法,它是模拟免疫系统学习过程的进化算法。

（4）基于疫苗的免疫算法。焦李成、王磊等基于免疫系统的理论提出基于疫苗的免疫算法。

（5）基于免疫网络的免疫算法。纳如阿基(Naruaki)基于主要组织相溶性复合体(MHC)和免疫网络理论提出一种自适应优化的免疫算法,用于解决多艾真体中每个艾真体的工作域分配问题。

从计算机算法的量度来分析,可以考查免疫算法及其优化算法的以下参数。

（1）变异率。免疫算法是一种多峰值搜索算法,变异操作在该算法中显得尤为重要。算法通过变异操作来维持群体的多样性,使算法最终收敛于多个峰值或者收敛于全局最优点。变异值的取值既不能太大也不能太小：若变异值太小,则变异操作的效果不明显,群体的多样性不能保证,因而不能收敛于全部峰值；若变异值太大,则群体的稳定性很差,搜索过程难以长时间稳定地收敛,容易出现振荡。合适的变异率既可搜索到全部峰值,又可保持稳定收敛的状态。

（2）选择阈值。选择阈值是免疫算法基于比率选择操作的一个重要参数,它与变异率配合,能够有效地保证群体的多样性,防止过程陷入个别极值,对免疫算法的多峰值搜索能力影响很大。选择阈值不宜太大,若太大,该阈值的限制作用失效,则搜索过程容易陷入几个适应度较大的峰值,降低群体的多样性,因而难以找到所有峰值。当然,此值也不宜太小,若太小,将使适应度对期望繁殖率的影响削弱太多,导致搜索难以找到几个较大峰值。

（3）抗体生命周期。免疫系统的抗体群中,克隆抗体具有一定的寿命,将这种免疫抗体生命周期引入优化算法,可以用于动态环境中的种群个体的不同适应性的标度。在大范围内具有适应性的个体将具有较长的寿命,而只能在小范围内适应的个体的寿命较短。

（4）误差。计算复杂性是解决一个数学形式问题所必需的固有计算资源的量度。它是不变的,因为计算复杂性仅仅依赖于这个问题,而独立于用来解决这个问题的特定算法。对于自然界本身的计算(自然计算)及其模拟计算的问题,其信息是局部的。也就是说,这些信息不能唯一地标识一个数学问题的物理状态或者实例。而且,这些信息受误差影响。例如,在多维教育免疫网络中,想知道受害部分的情况,就通过各种传感器测量数据。因为测量数目是有限的,因而得到的信息是局部的,而且这些测量不可避免地受误差影响。

（5）解群体的规模。解群体的规模(即群体中解个体的数目)一直是随机搜索算法的一个重要参数,它是影响算法并行性的决定性因素之一。若规模太小,则并行搜索的范围太小,难以找到所有峰值;若规模太大,又会不必要地延长搜索过程所需的时间。因此,针对不同问题特点,选择适当的群体规模无疑会提高算法的效率和性能。

8.2　免疫控制基本原理

8.2.1　免疫控制的系统结构

1. 免疫控制的四元结构

在第1章中我们介绍了智能控制的四元交集结构,把智能控制看作自动控制(AC)、人工智能(AI)、信息论(IT)和运筹学(OR) 4个学科的交集。在智能控制四元交集结构的基础上,我们又提出了免疫控制的四元交集结构,认为免疫控制(IMC)是智能控制论(ICT)、人工免疫系统(AIS)、生物信息学(BIN)和智能决策系统(IDS) 4个子学科的交集,如图8.5所示,见文献[23]与文献[252]。与智能控制的四元结构相似,也可以由下列交集公式或合取公式表示免疫控制的结构:

$$IMC = AIS \bigcap ICT \bigcap BIN \bigcap IDS \tag{8.1}$$

$$IMC = AIS \wedge ICT \wedge BIN \wedge IDS \tag{8.2}$$

式中,各子集(或合取项)的含义如下:

AIS 即人工免疫系统(artificial immune system);

ICT 即智能控制论(intelligence cybernetics 或 intelligent control theory);

IDS 即智能决策系统(intelligent decision system);

BIN 即生物信息学(bio-informatics);

IMC 即免疫控制(immune control);

$\bigcap$ 和 $\wedge$ 分别表示交集和连词"与"符号。

2. 免疫控制系统的一般结构

免疫控制器因控制任务和采用智能技术的不同,其体系结构也可能有所不同。不过,免疫控制器通常为反馈控制,并一般由三层构成,即底层、中间层和顶层,如图8.6所示。反馈信息由控制目标和控制要求决定。控制器底层包括执行模块和监控模块,用于执行控制程序和监控执行结果及系统异常。中间层包括控制模块和计算模块,计算模块用于信号综合、免疫计算和其他智能计算,而控制模块则向执行模块发出控制指令。顶层为智能模块,是控制器的决策层,提供免疫算法类型、系统任务和相关智能技术,用于模拟人类的决策行为。

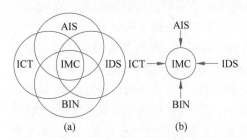

图 8.5　免疫控制的四元结构

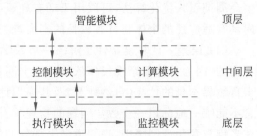

图 8.6　免疫控制器的一般结构

图8.7表示免疫控制系统的结构框图。图中的免疫控制器与图8.6一致。一般来说,免疫控制为反馈控制,其具体反馈信号视控制对象和系统要求而定。

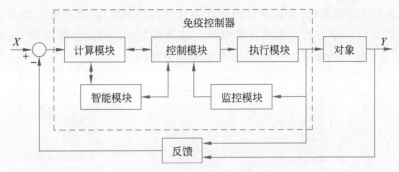

图 8.7 免疫控制系统原理框图

图 8.8 表示基于正常模型免疫 PID 控制系统结构。图中,计算模块为自体/异体检测模块,智能模块为未知异体学习模块,监控模块为异体消除模块,而这里的控制器为 PID 控制器。也就是说,本免疫控制器以 PID 控制器为中心,以免疫机制为核心技术,对受控对象实行免疫控制。

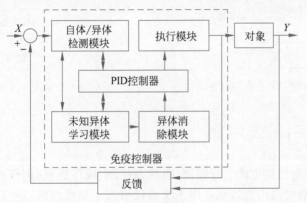

图 8.8 基于正常模型免疫 PID 系统结构

8.2.2 免疫控制的自然计算体系和系统计算框图

1. 免疫控制的自然计算体系结构

自然界中,一些生物,如人类、哺乳动物、鸟类、昆虫、蚊子和农作物等,它们的免疫系统中存在自然计算。基于自然计算的映射模型,2003 年我们提出了一种用于免疫控制的自然计算结构,如图 8.9 所示。免疫系统提供高级的控制策略,它们由自然免疫系统激发,能够反映环境。

免疫控制主要应用于异常检测、故障诊断和系统故障恢复等。来自环境的传感信息和免疫控制系统的正常模型被编码为人工免疫系统的自体或异体。因此,免疫控制的目的是使异体之和为最小直至 0 以及人工免疫系统中出现的自体为最大直至 100%,分别称这两个作用为免疫化和正常化(标准化)。

2. 免疫控制系统的计算框图

如前所述,根据控制对象和控制要求的不同,可能采用不同类型的免疫算法。不过,从一般计算原理看,各种免疫控制系统的计算都是一致的。图 8.10 给出免疫控制系统的一般计算框图。首先是要搜索系统的控制任务,明确要求,并用于设置系统的控制目标;然后,控制系统自动选择控制策略,采用相应的最佳或合适的控制算法,选择并确定出应采取的智能控制;最后,系统经运行而产生出计算结果。这个结果可以通过包括反馈、前馈和其他方法反复调整,直至满意为止。图中未表示出这种调整作用。

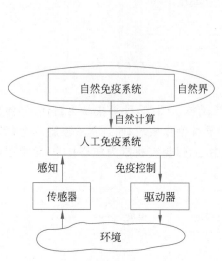

图 8.9 免疫控制的自然计算体系结构

图 8.10 免疫控制系统的一般计算框图

8.3 免疫控制系统示例

近年来,免疫控制已在生产过程控制、机器人控制、顺序控制、伺服控制、噪声控制等方面得到一些比较成功的应用。这些应用系统不仅引入了免疫机制,还与神经网络、自适应、反馈等机制结合,以期获得更好的控制效果。

下面简介一个免疫控制的实例。本免疫系统引入一种免疫反馈机制、一种具有扰动抑制作用的电动机免疫反馈 PID 控制器,并提出一种基于免疫反馈机制的规则。

8.3.1 扰动抑制和最优控制器的性能指标

为了提高具有扰动输入的控制系统的性能,引入了扰动抑制约束。而具有扰动抑制的最优控制器的设计,必须满足一定的性能指标。

1. 扰动抑制条件

图 8.11 为一具有扰动的控制系统原理图。图中,$G(s)$ 表示受控对象的传递函数,$K(s,c)$ 表示控制器的传递函数,w 为扰动抑制环节的增益系数,$E(s)$ 和 $Y(s)$ 分别表示控制系统的参考(给定)输入和控制系统输出,$E(s)$ 表示控制器的误差输入,$d(s)$ 为扰动输入。

扰动抑制约束可由下式给出:

$$\max_{d(t)\in D} \frac{\|Y\|}{\|d\|} = \left\| \frac{w(s)}{1+K(s,c)G(s)} \right\|_\infty < \delta \tag{8.3}$$

其中,$\delta<1$ 是表示期望扰动抑制水平的常数;$\|\cdot\|_\infty$ 表示规范型 H_∞,由下式定义:

$$\|G(s)\|_\infty = \max_{\omega\in[0,\infty)} |G(j\omega)| \tag{8.4}$$

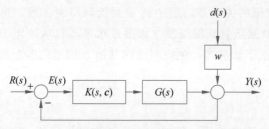

图 8.11　具有扰动的控制系统原理图

这样，扰动抑制约束变为

$$\left\| \frac{w(s)}{1+K(s,c)G(s)} \right\|_\infty = \max_{\omega \in [0,\infty)} \left(\frac{w(j\omega)w(-j\omega)}{1+K(j\omega,c)G(j\omega,c)K(-j\omega,c)G(-j\omega,c)} \right)^{0.5}$$
$$= \max_{\omega \in [0,\infty)} (\sigma(\omega,c))^{0.5} \tag{8.5}$$

控制器 $K(s,c)$ 表示为

$$K(s,c) = c_1 + c_2/s + c_3 s \tag{8.6}$$

控制器参数矢量 c 为

$$c = [c_1, c_2, c_3]^{\mathrm{T}} \tag{8.7}$$

因此，扰动抑制条件由 $\max\limits_{\omega \in [0,\infty)} (\sigma(\omega,c))^{0.5} < \delta$ 给出。

2. 最优控制器设计的性能指标

把最优控制器设计的性能指标定义为误差的时间加权平方的积分（integral of the time-weighted square of the error，ITSE），并由下式表示：

$$PI = \int_0^\infty t(E(t))^2 \mathrm{d}t \tag{8.8}$$

$$E(s) = \frac{B(s)}{A(s)} = \frac{\sum\limits_{j=0}^m b_j s^{m-1}}{\sum\limits_{i=0}^n a_i s^{n-1}} \tag{8.9}$$

式中，$E(s)$ 包含控制器 (c) 和受控对象的参数，对于一个 n 阶系统，其性能指标 PI 可通过调整矢量 c 最小化为

$$\lim_c PI(c) \tag{8.10}$$

本例提出的最优校正是应用免疫算法找到矢量 c，使得 ITSE 性能指标为最小，而约束 $\max\limits_{\omega \in [0,\infty)} (\sigma(\omega,c))^{0.5} < \delta$ 是通过实编码免疫算法来满足的。

8.3.2　基于免疫算法的扰动抑制问题

免疫系统中各细胞具有不同的作用。抗体与抗原在免疫系统中形成对立统一的关系。本系统采用免疫算法来实现约束优化校正，并用适应度函数来评价免疫扰动抑制，即用惩罚函数用来解决约束优化选择问题。

1. 免疫细胞的作用

本系统用于直流电动机伺服系统的速度控制，主要控制集中在 T 细胞调节回路。图 8.12 表示人工免疫系统各细胞间的关系，即 B 细胞与辅助 T 细胞、抑制 T 细胞和杀伤 T 细胞的

作用关系以及它们与抗原的关系等。图中的 η 为扰动抑制参数。当 B 细胞表面上的某个抗体约束住一个抗原，B 细胞就获得激发。该激发水平不仅取决于 B 细胞的抗体与那个抗原的匹配程度，而且取决于该抗体与免疫网络内其他 B 细胞的匹配程度。

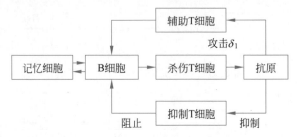

图 8.12　免疫系统中各细胞的动态关系

抗体实际上为三维 Y 形分子，由两种蛋白质链组成。抗体还具有两个用于匹配抗原的抗体决定簇。B 细胞的激发水平也取决于它与免疫网络内其他细胞 B 的亲和力。这个网络就是由与系统中其他 B 细胞具有亲和力的 B 细胞形成的。

如果激发水平提高到大于给定阈值，那么 B 细胞就长大；如果激发水平降至低于给定阈值，该 B 细胞就死亡。B 细胞与有亲和力的邻近细胞越多，那么它从这个网络得到的激发就越大；反过来也如此。一个 B 细胞的激发水平部分地与其抗体约束抗原的程度有关。需要同时考虑抗体与抗原间的匹配强度及该 B 细胞与其他 B 细胞的目标亲和力和敌对力。

2. 对基于免疫算法的扰动抑制的评价方法

对于约束优化校正，考虑采用免疫算法，即免疫算法的记忆细胞使性能指标 $PI(c)$ 为最小，而免疫算法的网络使扰动抑制约束 $\alpha(\omega, c)$ 为最大，如图 8.13 所示。开始时，记忆细胞含有由设计者指定的搜索域内的控制器参数，然后，从变化频率 ω 开始，这些参数被变换至网络。

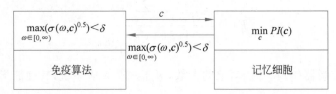

图 8.13　用于最优参数选择的基于免疫算法的计算结构

对免疫网络内每个记忆细胞个体，经过一定的代数，免疫网络使扰动抑制约束最大。接着，该最大值可能要与对应的记忆细胞个体联系。那些满足扰动抑制约束的记忆细胞个体将不受处罚。在评价记忆的适应度函数时，具有较高适应度值的个体被自动选择，而那些被处罚的个体将不再参与进化过程。

为实现免疫过程，采用竞争选择、算法交叉和变异操作。

对于基于免疫的表示，控制器参数采用浮点编码，并与免疫网络的一个个体连接。对于免疫网络的记忆细胞，一个个体只由一个基因（频率为 ω）构成。

3. 适应度函数

一种惩罚函数方法用来解决约束优化选择问题。令 ITSE 的性能指标为 $PI(c)$。免疫网络每个个体的适应度值 $c_i(i=1, 2, \cdots, n)$ 由评价函数 $\Gamma(c_i)$ 决定：

$$\Gamma(c_i) = -(PI_n(c_i) + \Phi(c_i)) \tag{8.11}$$

式中，n 表示免疫网络群体的大小；$\varPhi(c_i)$ 为惩罚函数，讨论于下。

令扰动抑制约束为 $\max(\alpha(\omega,c_i))^{0.5}$，每个记忆细胞个体的适应度值 $\omega_j(j=1,2,\cdots,$
$m)$ 由评价函数确定，$\varOmega(\omega_j)$ 表示为

$$\varOmega(\omega_j)=\alpha(\omega,c_i) \tag{8.12}$$

其中，m 表示记忆细胞群体大小。

个体 c_i 的惩罚度由惩罚函数 $\varPhi(c_i)$ 进行计算：

$$\varPhi(c_i)=\begin{cases}m_2, & c_i \text{ 不稳定时}\\ m_1\max\alpha(\omega,c_i), & \max(\alpha(\omega,c_i))^{0.5}>\delta \text{ 时}\\ 0, & \max(\alpha(\omega,c_i))^{0.5}<\delta \text{ 时}\end{cases} \tag{8.13}$$

如果个体 c_i 不满足系统特征方程的稳定性测试，那么 c_i 是一个不稳定的个体，并以一个很大的正常数 M_2 进行惩罚，c_i 不再继续其进化过程。如果 c_i 满足系统的稳定性测试，但不满足扰动抑制约束，那么 c_i 是一个不可实现的个体，并以 $M_1\max\alpha(\omega,c_i)$ 进行惩罚，$c_i(i=1,2,\cdots,n)$ 是被调整的正常数。否则，个体 c_i 是可行的和不受惩罚的。

8.3.3 选择最优参数的计算步骤

由于一个好的抗体编码设计能够提高控制器的工作效率，所以免疫网络中抗体的编码是十分重要的。这里提出 3 种抗体：①1 型抗体编码后仅用于表示 PID 控制器的比例增益 $P(c1)$；②2 型抗体编码后仅用于表示 PID 控制器的积分增益 $I(c2)$；③3 型抗体编码后仅用于表示 PID 控制器的微分增益 $D(c3)$，如图 8.14 所示。1 型抗体的 k 轨迹点表示位于通道 1 上的 P 增益。也就是说，1 型抗体的第 1 个轨迹点的值意味着位于通道 1 上的 P 增益是由通道 2 得到的。另外，抗体 2 的 n 轨迹点表示增益 $I(c2)$，用于校正具有扰动抑制函数的 PID 控制器。

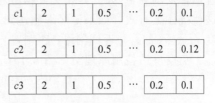

图 8.14 免疫算法抗体轨迹点中的 PID 增益优化选择分配结构

已知具有传递函数 $G(s)$ 的受控对象、具有固定结构和传递函数 $C(s,c)$ 的控制器及权函数 $w(s)$，决定误差信号 $E(s)$ 和扰动抑制约束 $\alpha(\omega,c)$。指定控制器参数的下限和上限。设定免疫网络和记忆细胞的参数，包括交叉概率、变异概率、种群大小和最大代数。

该计算方法和过程可由下列 6 个步骤加以描述。

步骤 1：初始化和识别抗原。

免疫系统识别抗原的入侵，该抗体反应优化问题中的输入数据或扰动。也就是说，初始化网络的群体 $c_i(i=1,2,\cdots,n)$ 和记忆细胞 $\omega_j(j=1,2,\cdots,m)$，并设置网络的代数为 $g_1=1$，其中 g_1 表示网络的代数。

步骤 2：从记忆细胞产生抗体。

免疫系统产生能够在过去有效杀伤抗原的抗体；这是通过从记忆细胞调出过去成功的解决方案来执行的。对于网络群体的每个个体 c_i，通过记忆细胞计算 $\alpha(\omega,c)$ 的最大值。如果没有网络的个体满足约束 $\max\alpha(\omega,c_i)^{0.5}$ 个 $<\delta$，那么就假设不存在可行的解，而且算法停止执行。在这种情况下，必须建议采用新的控制器结构。

步骤 **3**：为寻求最优解而计算。

由式(9.21)和式(9.22)计算每个网络个体 c_i 的适应度值。

步骤 **4**：区别淋巴细胞。

B 淋巴细胞(匹配抗原的抗体)扩散至记忆细胞,以便迅速对下一个入侵做出反应。也就是说,应用比赛选择个体,并把基因算子(交叉和变异算子)应用于网络个体。

步骤 **5**：抗体的模拟与排除。

期望的抗体模拟值 η_k 为

$$\eta_k = \frac{m_{\varphi k}}{\sigma_k} \tag{8.14}$$

式中, σ_k 为抗体的浓度,并由亲和力计算：

$$\frac{具有相同引合力\, m_{\varphi k}\, 的抗体之和}{抗体之和} \tag{8.15}$$

应用上式,免疫系统能够控制淋巴细胞群体内抗体的浓度和种类。如果抗体得到一个比抗原高的亲合力,那么该抗体得到激发。不过,过高的抗体浓度被抑制。通过这个函数,免疫系统能维持搜索方向的多样性和局部最小。也就是说,对网络的每个个体 c_i 应用记忆细胞计算 $\max(\alpha(\omega, c_i))$,并初始化群体内每个个体 $\omega_j(j=1,2,\cdots,m)$ 的基因。

步骤 **6**：模拟抗体。

要获取未知抗原,需要在骨缝中产生新的淋巴细胞,以替代步骤 5 中被排除的抗体。通过遗传复制算子(如变异和交叉算子)这一步能够产生抗体的多样性。这些遗传算子可望比这代抗体更有效。如果记忆细胞达到了最大的代数,那么就停止运算并把最好的个体适应度 $\max(\alpha(\omega, c_i))$ 返回网络;否则置 $g_2 = g_1 + 1$,并转至步骤 3。

免疫反馈控制原理图见图 8.15。

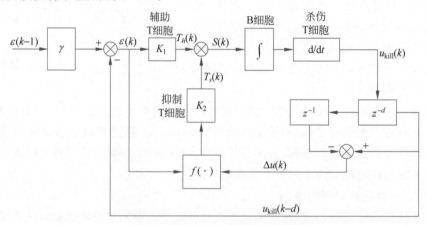

图 8.15　直流伺服速度控制系统原理图

8.3.4　免疫反馈规则与免疫反馈控制器的设计

在前面讨论的基础上,下面研究免疫反馈规则与免疫反馈控制器的设计问题。

1. 免疫反馈规则

定义第 k 代的外部输入为

$$\varepsilon(k) = \gamma \varepsilon(k-1) - u_{\text{kill}}(k-d) \tag{8.16}$$

其中,γ 是外部物质的增殖因子,$u_{kill}(k)$ 是杀伤 T 细胞的数量,d 是死亡时间。受到外部刺激的来自辅助 T 细胞的输出定义为

$$T_h(k) = K_1 \varepsilon(k) \tag{8.17}$$

其中,K_1 是刺激因子,符号为正。抑制 T 细胞对 B 细胞的作用为

$$T_s(k) = K_2 f[\Delta u_{kill}(k)] \varepsilon(k) \tag{8.18}$$

其中,K_2 是抑制因子,符号为正;$\Delta u_{kill}(k)$ 定义为 $\Delta u_{kill}(k) = u_{kill}(k-d) - u_{kill}(k-d-1)$;$f(\cdot)$ 是非线性函数,引入负责杀伤 T 细胞和第 $(k-d)$ 代外部输入的反作用。函数 $f(\cdot)$ 定义为

$$f(x) = 1.0 - \exp(-x^2/a)$$

其中,a 是一个参数,改变函数形式。

B 细胞接受的总激励为

$$S(k) = T_h(k) - T_s(k) \tag{8.19}$$

B 细胞的活动通过对 $S(k)$ 积分给出。假设杀伤 T 细胞的输出量由 B 细胞活动微分给出,即由 $S(k)$ 经积分再微分后得到:

$$u_{kill}(k) = K_1 \varepsilon(k) - K_2 f[\Delta u_{kill}(k)] \varepsilon(k) = K\{1 - \eta_0 f[\Delta u_{kill}(k)]\} \varepsilon(k) \tag{8.20}$$

其中,$K = K_1$ 和 $\eta_0 = K_2/K_1$。参数 K 控制响应速度,参数 η_0 控制稳定作用。因此,免疫反馈规则的性能极大地依赖于这些参数的选择。

2. 免疫反馈控制器的设计

基于免疫反馈规则的反馈控制器 IMF 方框图如图 8.16 所示。把 k 作为采样数,把控制误差 $e(k)$ 作为 IMF 的输入:

$$e(k) = y_d(k) - y(k) \tag{8.21}$$

式中,$y_d(k)$ 为期望系统输出即控制系统输入,$y(k)$ 为受控对象输出,即控制系统实际输出。用杀伤 T 细胞 u_{kill} 的量作为受控对象的输入。离散 PID 控制规则如下式所示:

$$u_{PID}(k) = K_p \left(1 + \frac{K_i}{z-1} + K_d \frac{z-1}{z}\right) e(k)$$

式中,K_p、K_i、K_d 分别为增益系数、积分作用系数、微分作用系数;z 是零阶保持器,$zu(k) = u(k+1)$。

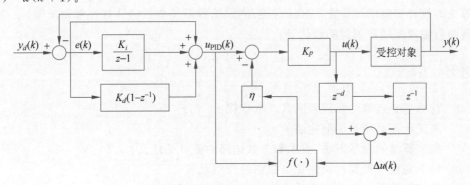

图 8.16 免疫反馈控制器方框图

考虑以 PID 型控制器输出 $u_{PID}(k)$ 作为外部输入 $\varepsilon(k)$ 的量,从图 8.16 可得到 IMF 控制器如下:

$$u(k) = K_p \{ u_{PID}(k) - \eta f[u_{PID}(k) \cdot \Delta u(k)] \}$$
$$= K_p u_{PID}(k) \{ 1 - \eta f[\Delta u(k)] \}$$
$$= K_p \{ 1 - \eta f[\Delta u(k)] \} \left(1 + \frac{K_i}{z-1} + K_d \frac{z-1}{z} \right) e(k) \qquad (8.22)$$

式中,η 为抑制参数。各系数满足下列关系:

$$(K_p, K_i, K_d) > 0, \qquad \eta \geqslant 0$$

可见,若 $0 < \eta f[\Delta u(k)] \leqslant 1$,起负反馈作用;若 $\eta f[\Delta u(k)] > 1$,则起正反馈作用。抑制系数 η 的上限保持控制系统稳定,当 $\eta = 0$,IMF 控制器与传统的 PID 控制论一样。

PID 控制器已广泛应用于包括电动机控制的过程闭环控制。不过,对于含有扰动的控制环,很难获得最优的 PID 增益。由于 PID 控制器的增益必须通过手工反复试验校正,因此以往的 PID 控制器的校正可能不涉及含有复杂动力学(如大时延、逆反应和高度非线性等)的受控对象。最优控制器能够对电动机进行实际控制,本示例注重研究具有扰动抑制的 PID 控制器的校正问题。P、I、D 参数以抗体进行编码,在选择过程中是随机配位的,使受控对象获得最优收益。通过选择控制器的增益可使目标函数最小。对本免疫控制系统进行了仿真实验,包括参数变化扰动抑制的反应和免疫网络对参数学习平均值的反应等。实验结果表明,所建议的控制器能够有效地用于控制系统。

8.4 小结

免疫控制是建立在生物免疫机制和反馈机制的基础上的。8.1 节首先讨论了免疫算法及其定义,接着介绍了免疫算法的结构框图和计算步骤,给出人工免疫系统的一般结构;然后探讨了免疫算法的设计方法、技术和参数选择。

8.2 节提出了免疫控制系统的结构和计算框图。在智能控制"四元交集结构理论"的基础上,认为免疫控制是智能控制论、人工免疫系统、生物信息学和智能决策系统四个子学科的交集。此外,还研究了免疫控制系统的原理、基于正常模型免疫 PID 系统结构、免疫控制的自然计算体系结构和免疫控制系统的一般计算框图。

8.3 节以一个用于直流电动机伺服系统的免疫速度控制为例,讨论了免疫控制的免疫反馈规则和免疫反馈控制器的设计,包括扰动抑制条件和最优控制器设计的性能指标、基于免疫算法的扰动抑制的评价方法和适应度函数、选择最优参数的计算过程和步骤,以及免疫反馈规则与免疫反馈控制器的设计等。

习题 8

8-1 什么是免疫算法?请说明其求解步骤。

8-2 人工免疫系统是如何构成的?

8-3 免疫算法的设计方法、技术和参数选择的要点是什么?

8-4 什么是免疫控制?试述免疫控别的作用原理。

8-5 免疫控制系统的结构理论为何?它是如何发展来的?

8-6 试举例说明免疫控制器的结构,并分析免疫控制器的设计。

8-7 在直流电动机伺服系统的免疫速度控制示例中,免疫反馈规则与免疫反馈控制器的设计是如何进行的?

第 **9** 章

网络控制系统

如果说智能控制系统是控制论、系统论、信息论和运筹学交互结合的产物,那么当今网络时代的信息技术则发展了计算机网络通信的新方向和新技术,为信息论增添了新的内涵。随着计算机网络技术、移动通信技术和智能传感技术的发展,计算机网络已迅速发展成为世界范围内广大软件用户的交互接口,软件技术也阔步走向网络化,通过现代高速网络为客户提供各种网络服务。智能控制的发展也离不开这个大趋势,计算机网络通信技术的发展为智能控制用户界面向网络靠拢提供了技术基础,智能控制系统的知识库和推理机也都逐步和网络智能接口交互起来。于是,网络控制系统应运而生,网络控制已成为智能控制一个新的富有生命力的重要研究方向,并在近年来获得突破性发展,得到日益广泛的应用。

本章将讨论网络控制系统的定义、分类与体系结构,网络控制系统的建模与性能评价标准,网络控制系统稳定性和控制器设计方法,网络控制系统的调度,网络控制系统的仿真与工程实践以及网络控制系统的应用实例等。

9.1 网络控制系统的结构与特点

9.1.1 网络控制系统的一般原理与结构

网络控制与传统控制有何区别? 为什么要研究与应用网络控制? 网络控制系统的工作原理和体系结构是什么? 本节将探讨这些问题。

1. 网络控制系统的定义

21 世纪以来,自动化与工业控制技术需要更深层次的通信技术与网络技术。一方面,现代工厂与智能传感器、控制器、执行器分布在不同的空间,其通信需要数据通信网络来实现,这是网络环境下典型的控制系统。另一方面,通信网络的管理与控制也要求更多地采用控制理论与策略。集中式控制系统和集散式控制系统都有一些共同的缺点,即随着现场设备的增加,系统布线十分复杂,成本大大提高,抗干扰性较差,灵活性不够,扩展不方便等。为了从根本上解决这些问题,必须采用分布式控制系统来取代独立控制系统。分布式控制系统就是将控制功能下放到现场节点,不需要一个中央控制单元进行集中控制和操作,通过智能现场设备来完成控制和通信任务。分布式控制系统可以分为现场总线控制系统和网络控制系统,前者可以看作是后者的初级阶段。

网络控制系统(networked control systems,NCS),又称为网络化的控制系统,即在网络环境下实现的控制系统,是指在某个区域内一些现场检测、控制及操作设备和通信线路的集合,以提供设备之间的数据传输,使该区域内不同地点的设备和用户实现资源共享和协调操作。广义的网络控制系统包括狭义的在内,而且还包括通过企业信息网络以及 Internet 实现对工厂车间、生产线甚至现场设备的监视与控制等。

这里的"网络化"一方面体现在控制网络的引入使现场设备控制进一步趋向分布化、扁平化和网络化,其拓扑结构参照计算机局域网,包含星状、总线型和环状等几种形式。另一方面,现场控制与上层管理相联系,将孤立的自动化孤岛连接起来形成网络结构。其中,由于企业资源计划在维持和增强企业竞争力方面的重要作用,已成为工厂自动化系统中不可缺少的组成部分,能提供灵活的制造解决方案,使系统能够对消费者的需求做出快速反应。

对网络控制系统一般有两种理解:一是对网络的控制(control of network);二是通过网络对系统的控制(control through network)。这两种理解都离不开控制和网络,但侧重点不同。前者是指对网络路由、网络数据流量等的调度与控制,是对网络自身的控制,可以利用运筹学和控制理论的方法来实现;后者是指控制系统的各节点(传感器、控制器和执行器等)之间的数据不是传统的点对点式传输,而是通过网络来传输,是一种分布式控制系统,可通过建立其数学模型用控制理论的方法进行研究。

2. 传统控制与网络控制的不同结构

传统控制系统,包括智能控制系统、经典 PID 控制和近代控制系统,都采用如图 9.1 所示的原理结构。

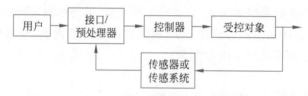

图 9.1　传统控制系统的原理结构

在这些传统控制系统中,用户与受控对象间的信息传输是比较直接的,不必通过其他装置或系统作为媒介。传统控制中的"反馈"作用,也是比较直接的,一般不必传至用户端。至于各种控制系统中的"基于"什么的控制,如基于神经网络的控制、基于知识的控制等,它们指的是控制机理,是以什么原理为控制基础的。但是,本章所研究的"网络控制",并非以网络作为控制机理,而是以网络为控制媒介,用户对受控对象的控制、监控、调度和管理,必须借助网络及其相关浏览器、服务器,如图 9.2 所示。无论客户端在什么地方,只要能够上网(有线或无线上网)就可以对现场设备(包括受控对象)进行控制和监控。网络控制,其控制机理可为从经典 PID 控制至各种近代控制(如自适应控制、最优控制、鲁棒控制、随机控制等)和智能控制(如模糊控制、神经控制、学习控制、专家控制,进化控制等)以及它们的集成。

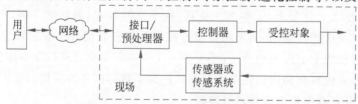

图 9.2　网络控制的原理示意图

图9.3表示网络控制系统的一般结构。

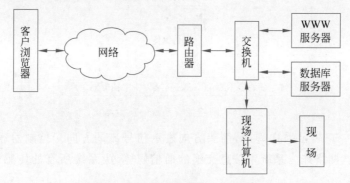

图9.3　网络控制系统的一般结构

从图9.3可知,客户通过浏览器与网络连接。客户的请求通过网络与现场(服务端)连接,局域网(企业网)通过路由器和交换机(还有防火墙)接入网络,服务端的现场计算机(即上位机)通过局域网与服务器及数据库服务器实现互连。网络服务器响应客户请求,向客户端下载客户端控件。路由器还把客户端的各种连接请求映射到局域网内不同服务器上,实现局域网服务器与客户端的连接。网络控制的客户端,以网络浏览器为载体而运行,向现场服务器发出控制指令,接收现场受控过程信息和视频数据流,并加以显示。

3. 网络控制系统结构的分类

网络控制系统作为控制和网络的交叉学科涉及内容相当广泛,总体来说可以从网络角度和控制角度进行研究。

在一个网络控制系统中,受控对象、传感器、控制器和驱动器可以分布在不同的物理位置,它们之间的信息交换由一个公共网络平台完成,这个网络平台可以是有线网络、无线网络或混合网络。目前常用的网络环境有 DeviceNet、Ethernet、Firewire、Internet、WLAN (wireless local area network)、WSN (wireless sensor network) 和 WMN (wireless mesh network) 等。

网络控制系统的结构有两大类: 直接结构和分级结构,分别如图9.4和图9.5所示。

图9.4　直接结构的网络控制系统

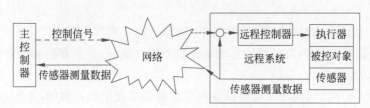

图9.5　分级结构的网络控制系统

对于网络控制系统,无论哪种结构,都可以抽象表示为图9.6所示的结构形式。

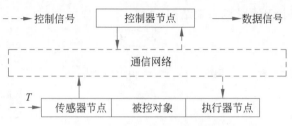

图 9.6　网络控制系统的典型结构

在图 9.6 中,T 表示采样周期,箭头方向表示信号流动方向。控制器通过网络实现对被控对象的控制,网络作为系统中信息交换的通信媒体,为系统所有的传感器、执行器和控制器所共享。

9.1.2　网络控制系统的特点与影响因素

1. 网络控制系统的特点

传统的计算机控制系统中,通常假设信号传输环境是理性的,信号在传输过程中不受外界影响,或者其影响可以忽略不计。网络控制系统的性质很大程度上依赖于网络结构及相关参数的选择,这里包括传输速率、接入协议(MAC)、数据包长度、数据量化参数等。将计算机网络系统应用于控制系统中代替传统的点对点式的连线,具有简单、快捷、连线减少、可靠性提高、容易实现信息共享、易于维护和扩展、降低费用等优点。正因为如此,近几年来以现场总线为代表的网络控制系统得到了前所未有的快速发展和广泛应用。

与传统计算机控制系统相比,网络控制系统具有如下一些特点:

(1)允许对事件进行实时响应的时间驱动通信,且要求有高实时性与良好的时间确定性。

(2)要求有很高的可用性,在存在电磁干扰和地电位差的情况下能正常工作。

(3)要求有很高的数据完整性。

(4)控制网络的信息交换频繁,且多为短帧信息传输。

(5)具有良好的容错能力、可靠性,且安全性较高。

(6)控制网络的通信协议简单、实用,工作效率高。

(7)控制网络构建模块化,结构分散化。

(8)节点设备智能化,控制分散化,功能自治性。

(9)与信息网络通信效率高,方便实现与信息网络的无缝集成。

此外,由于网络控制存在的一些固有问题,网络控制系统也存在一些相关的需要研究与解决的问题。

2. 网络控制系统的影响因素

在网络控制系统中,网络环境的影响通常是无法忽略的,其主要影响因素如下:

(1)信道带宽限制。

任何通信网络单位时间内所能够传输的信息量都是有限的。例如,基于 IEEE 802.11a、IEEE 802.11b 和 IEEE 802.11g 协议的无线网络带宽指标分别为 11Mbps、54Mbps 和 22Mbps。在许多应用系统中,带宽的限制对整个网络控制系统的运行会有很大的影响,例如,用于安全需求的无人驾驶系统、传感网络、水下控制系统以及多传感-多驱动系统等,对该类系统,如何在有限带宽的限制下，设计出有效的控制策略，保证整个系统的动态性能，是一个需要重点解决的问题。

（2）采样延迟。

通过网络传送一个连续时间信号，首先需要对信号进行采样，经过编码处理后通过网络传送到接收端，接收端再对其进行解码。不同于传统的数字控制系统，网络控制系统中信号的采样频率通常是非周期的且是时变的。因此，如果采样是周期性的，当传感器到控制器端网络处于忙状态时，势必会导致在传感器端存储大量待发信息。此时，需要根据网络的现行状态及时调整采样频率，以缓解网络传输压力，保证网络环境的良好状态。在网络控制系统中，除了控制器计算带来的延迟外，信号通过网络传输也会导致时间延迟。图 9.7 表示具有延迟的网络控制系统的典型结构。

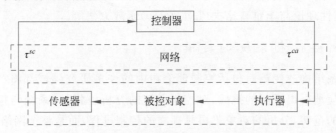

图 9.7　具有延迟的网络控制系统典型结构

整个闭环系统中，信号从传感器到驱动器经历的时间延迟通常包括以下几部分：

① 等待时间 τ^w。数据在被传送出去之前的等待时间，其诱导原因是网络的拥塞现象。

② 数据的打包延迟 τ^f。

③ 网络传输延迟 τ^p。由于传输速率以及传输距离的限制因素，信号通过物理媒介进行传播往往需要一定的时间。

用 τ^{sc} 表示从传感器端到控制器端的时间延迟，用 τ^{ca} 表示从控制器端到执行器的时间延迟，总的网络延迟可表示为 $\tau = \tau^{sc} + \tau^{ca}$。

（3）数据丢包。

在基于 TCP 协议的网络中，未到达接收端的数据往往会被多次重复发送。而对于网络控制系统，由于系统数据的实时性要求比较高，因此，旧数据的重复发送对网络控制系统并不适用。在实际的网络控制系统中，当新的采样数据或控制数据到达，未发出的旧信号将被删除。另外，由于网络拥塞或数据的破坏等原因，可能导致到达终点的数据与传送端传送的数据不吻合。这些现象都被视为网络数据的丢失，即数据丢包。

（4）单包传输与多包传输。

网络中数据的传输存在两种情况，即单包传输与多包传输。单包传输需要先将数据打在一个数据包里，然后进行传输。而多包传输允许传感器数据或控制数据被分在不同的数据包内传输。传统的采样系统通常假设对象输出与控制输入同时进行传送，而该假设不适合多包传输类型的网络控制系统。对于多包传输网络，从传感器发送的数据包到达控制器端的时间是不同的，可在控制器端设置缓冲器，此时，控制器开始计算时刻为最后一个分数据包到达的时刻。然而，由于数据丢包现象的存在，一组传感信息可能仅有一部分到达控制器端，其他数据包已丢失。

9.2　网络控制系统的建模与性能评价标准

网络控制系统会更多地受到网络环境的影响,例如,网络延迟、数据丢包、错序以及单包与多包传输等,都将直接影响闭环系统的性能。不同的网络选型,如 CAN、DeviceNet、Ethernet 或 MSN 等,上述网络参数的影响权重将有所不同。对于一个受控对象,当采样不同类型网络环境时,所导致的网络控制系统的数学模型描述将有所不同。研究网络控制系统的性质,首先应该建立数学模型。近年来,考虑到网络延迟的性质,数据丢失的概率分布以及单包或多包传输等情况,基于离散时间系统与连续时间系统结构,给出了网络控制系统模型建立的方法,并在建立模型的基础上研究了系统的性能分析。采用的分析方法涉及随机系统理论、稳定性理论与李雅普诺夫(Lyapunov)函数方法等。

9.2.1　网络控制系统的建模

控制网络体系结构的变革对包括控制理论在内的许多研究领域都将产生重大影响,对传统控制理论相应地提出了新的挑战,对控制系统的分析也将从"系统与控制"的概念转变到"网络和控制"的范畴,分析的对象不再是孤立的控制过程,而是整个网络控制系统的稳定性分析、调度管理和鲁棒性问题等。

1. 网络传输延迟对控制系统建模的影响

由于连接到通信介质上的每个设备都是一个信息源,而通信介质是分时复用的,待发送信息只有等到网络空闲时才能被发送出去,这就不可避免地导致了传输延迟的发生。每个控制网络可以由多个控制系统构成,其中有一部分是闭环控制系统。由于这些闭环控制系统是通过网络形成闭环的,因此称之为闭环网络控制系统。由于信息传输延迟的存在,相应地就把延迟环节引入了这些系统。图 9.8 为考虑各种传输延迟的网络控制系统结构图,其中 $\tau^{sc_1},\tau^{sc_2},\cdots,\tau^{sc_R}$ 为传感器到控制器的传输延迟,$\tau^{ca_1},\tau^{ca_2},\cdots,\tau^{ca_M}$ 为控制器到执行器的传输延迟。

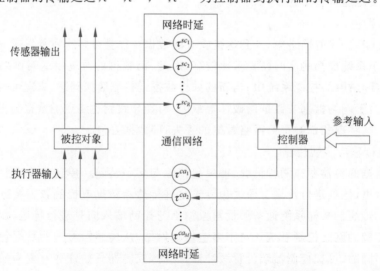

图 9.8　考虑各种传输延迟的网络控制系统结构图

由于网络控制系统中传输延迟的存在不但会降低系统的控制性能,而且还是引起系统不稳定的一个潜在因素,因此,设计控制器时如果没有考虑信息的传输延迟,而把按无延迟情况设计出的控制器用于实际的网络控制系统中,将使系统的性能大打折扣,甚至引起系统的不稳定。一般可认为,当时间延迟远小于采样周期时,时延的影响可以忽略不计;但当时间延迟相对于采样周期而言不能忽略时,设计闭环网络控制系统的控制器就必须考虑信息的传输延迟。时延可能是固定的、有界的甚至是随机的,这取决于所采用的网络协议和所选用的硬件以及网络的负载情况等。

传输延迟的这种特殊性,使得网络控制系统的分析与综合变得异常复杂。尤其是随机时变性导致网络控制系统为一时变的分布式不确定系统,而对于这类系统,目前尚无有效的方法对其进行分析与设计。

2. 网络控制系统的数学模型

下面从控制系统的角度对网络控制系统进行研究,分析和建立网络控制系统模型,设计控制算法,以满足和提高网络控制系统的性能。

设 NCS 中受控对象的连续状态方程为

$$\begin{cases} \dot{x}(t) = Ax(t) + Bu(t-\tau) \\ y(t) = Cx(t) \end{cases} \tag{9.1}$$

根据节点的不同工作方式,可以得到不同的系统离散时间模型。为了对 NCS 进行建模,首先对系统做出如下假设,并将对其中的几条假设来进行建模分析。

(1) 传感器节点采用时间驱动方式,对被控对象的输出进行等周期采样,采样周期为 h;

(2) 控制器节点采用时间驱动方式而执行器节点采用事件驱动方式;

(3) 控制器和执行器节点均采用事件驱动方式,即信息的到达时间即为相应节点的动作时间;

(4) 整个控制回路总的时间延迟 $0 < \tau_k = \tau_k^{sc} + \tau_k^c + \tau_k^{ca} < h$,且 τ_k 为固定的或随机的;

(5) 整个控制回路总的时间延迟 $0 < \tau_k = \tau_k^{sc} + \tau_k^c + \tau_k^{ca} < mh, m > 1$,且 τ_k 为固定的或随机的。

由此假设可得其离散时间模型为

$$x(k+1) = \Phi x(k) + \Gamma u(k-\tau_k) \tag{9.2}$$

其中

$$\Phi = e^{Ah}, \quad \Gamma = \int_0^1 e^{Ah} \, dt \cdot B$$

由此假设可得其离散时间模型为

$$\begin{cases} x(k+1) = \Phi x(k) + \Gamma_0 u(k) + \Gamma_1 u(k-1) \\ y(k) = Cx(k) \\ u(k) = -L(\tau_k) \cdot x(k) \end{cases} \tag{9.3}$$

其中

$$\Gamma_0 u(\tau_k) = \int_0^{l-\tau_k} e^{At} \, dt \cdot B, \quad \Gamma_1 u(\tau_k) = \int_{l-\tau_k}^l e^{At} \, dt \cdot B$$

对于以上离散时间模型:

① 当 τ_k 为固定值,即网络时延固定时,可以通过设计合适的控制策略如极点配置或最

优化方法得到状态反馈矩阵 $L(\tau_k)$;

② 当 τ_k 为随机值,即在每个采样周期,τ_k 是变化的时,除非预先知道 τ_k 的值,否则无法得到 $L(\tau_k)$。

在由现场总线组成的控制网络中,可以通过时钟同步和在数据信息中加盖时间戳的方法得到 τ_k^{sc},而在一般情况下可以认为 τ_k^c 为固定值。但由于在控制器得到来自传感器的信息并进行控制输出计算时,τ_k^{ca} 预先未知,因为 τ_k^{ca} 是在控制量通过网络传输到执行器端后才可能得到的。

对于假设(5),如果 $0 < \tau_k < mh, m > 1$,则可能出现 k 时刻发出的信息比 $k+1$ 时刻发出的后到的情况,有两种方法处理此问题:方法一是在发送端和接收端设置缓冲区,严格按时间先后顺序对数据进行排列,以保证其先后顺序;方法二是对于先发送而后到的信息,由于不再进行控制量的计算,因此直接将其抛弃。这里的建模考虑了用第一种方法来处理此问题。

在图 9.9 中,$k-1$ 时刻执行器节点所用的控制信号为 $u_{x_{k-3}}$,k 时刻所用的控制信号为 $u_{x_{k-2}}$,$k+1$ 时刻所用的控制信号也为 $u_{x_{k-2}}$,$k+2$ 时刻所用的控制信号为 u_{x_k}……这里控制器采用事件驱动方式,即 $x(k)(k=0,1,2,\cdots)$ 一旦到达控制器节点,控制器立即计算出控制量 u,这里用 u_{x_k} 表示这个控制量是由 $x(k)$ 计算得到的。

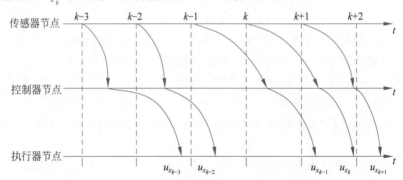

图 9.9   NCS 控制器为事件驱动的时序图

k 时刻的网络延时 τ_k 定义为:假定 k 时刻控制器端的控制量为 $u_{x_{k-p}}$,则 $\tau_k = P$,且 $(\tau_k)_{\max} = n$,则可得 NCS 离散时间模型为

$$x(k+1) = \Phi x(k) + \beta_0 \Gamma u_{x_k} + \beta_1 \Gamma u_{x_{k-1}} + \cdots + \beta_n \Gamma u_{x_{k-n}} \tag{9.4}$$

其中

$$\Phi = e^{Ah}, \quad \Gamma = \int_0^1 e^{Ah} dt \cdot B, \quad \beta_0, \beta_1, \cdots, \beta_n \in \{0,1\}, \quad \sum_{i=0}^n B_i = 1 \tag{9.5}$$

也就是说,在采样时刻 k,执行器端的控制量为 $u_{x_k}, u_{x_{k-1}}, \cdots, u_{x_{k-n}}$ 中的一个。

以上从控制角度分析了 NCS 常见的建模形式。可以看出,由于网络延时的存在,使得网络控制系统的分析变得复杂,尤其是当时延为随机情况时,此时系统为一随机不确定系统,正是由于 τ_k 这种随机时变性和不确定性更增加了 NCS 分析和设计的难度和挑战性。

9.2.2   网络控制系统的性能评价标准

1. 网络服务质量

网络资源总是有限的,只要存在抢夺网络资源的情况,就会出现服务质量的要求。服务质量是相对网络业务而言的,在保证某类业务的服务质量的同时,可能就是在损害其他业务的服务质量。

网络服务质量(quality of service,QoS)的关键指标主要包括可用性、吞吐量、时延、时延变化(包括抖动和漂移)和丢失。

(1) 可用性。

可用性是当用户需要时网络即能工作的时间百分比,主要是设备可靠性和网络存活性相结合的结果,对它起作用的还有一些其他因素,包括软件稳定性以及网络演进或升级时不中断服务的能力。

(2) 吞吐量。

吞吐量是在一定时间段内对网上流量(或带宽)的度量,对 IP 网而言可以从帧中继网借用一些概念。根据应用和服务类型,服务水平协议(SLA)可以规定承诺信息速率(CIR)、突发信息速率(BIR)和最大突发信号长度,承诺信息速率是应该予以严格保证的,对突发信息速率可以有所限定,以在容纳预定长度突发信号的同时容纳从语音到视频以及一般数据的各种服务。一般讲,吞吐量越大越好。

(3) 时延。

时延指一项服务从网络入口到出口的平均经过时间。许多服务,特别是话音和视像等实时服务都是高度不能容忍时延的,当时延为 200~250ms 时,交互式会话是非常麻烦的。为了提供高质量语音和会议电视,网络设备必须能保证低的时延。产生时延的因素很多,包括分组时延、排队时延、交换时延和传播时延。

(4) 时延变化。

时延变化是指同一业务流中不同分组所呈现的时延不同,高频率的时延变化称作抖动,而低频率的时延变化称作漂移。抖动主要是由于业务流中相继分组的排队等候时间不同引起的,是对服务质量影响最大的一个问题;某些业务类型,特别是语音和视频等实时业务是极不容忍抖动的。分组到达时间的差异将在语音或视频中造成断续。漂移是任何同步传输系统都有的一个问题,在 SDH 系统中是通过严格的全网分级定时来克服漂移的,在异步系统中,漂移一般不是问题。漂移会造成基群失帧,使服务质量的要求不能满足。

(5) 丢包。

不管是比特丢失还是分组丢失,对分组数据业务的影响比对实时业务的影响都大。在通话期间,丢失一比特或一个分组的信息,用户往往注意不到,在视像广播期间,这在屏幕上可能造成瞬间的波形干扰,然后视像很快恢复如初。即便是用传输控制协议(TCP)传送数据也能处理丢失,因为传输控制协议允许丢失的信息重发。事实上,一种叫作随机早丢(RED)的拥塞控制机制在故意丢失分组,其目的是在流量达到设定阈值时抑制 TCP 传输速率,减少拥塞,同时还使 TCP 流失去同步,以防止因速率窗口的闭合引起吞吐量摆动。但分组丢失多了,会影响传输质量。所以,要保持统计数字,当超过预定阈值时就向网络管理人员告警。

2. 系统控制性能

系统控制性能(quality of performance,QoP)包括稳定性、快速性、准确性、超调量、偏差和振荡。

(1) 稳定性。

稳定性是控制系统最重要的特性之一,它表示控制系统承受各种扰动,保持其预定工作状态的能力。不稳定的系统是无用的系统,只有稳定的系统才有可能获得实际应用。前几节讨论的控制系统动态特性、稳态特性分析计算方法,都是以系统稳定为前提的。

(2) 快速性。

快速性是指当系统的输出量与输入量之间产生偏差时,消除这种偏差的快慢程度。快速性好的系统,它消除偏差的过渡过程时间就短,就能复现快速变化的输入信号,因而具有较好的动态性能。

(3) 超调量。

超调量是控制系统动态性能指标中的一个,是线性控制系统在阶跃信号输入下的响应过程曲线,也就是阶跃响应曲线分析动态性能的一个指标值。

(4) 偏差。

偏差是指被调参数与给定值的差。对于稳定的定值调节系统来说,过渡过程的最大偏差就是被调参数第一个波峰值与给定值的差 A,随动调节系统中常采用超调量这个指标。

(5) 振荡。

在振荡过程中,如果能量不断损失,则其振荡将逐渐减小,称衰减振荡;如果能量没有损失,或由外部补充的能量恰能抵消所失能量,则其振荡将维持不变,称等幅振荡;如果外部补充的能量大于耗去的能量,则其振幅将逐渐增大,称增幅振荡。

9.3 网络控制系统稳定性与控制器设计方法

9.3.1 网络控制系统的稳定性

1. 网络控制系统稳定性概念

在网络控制系统的分析与设计中,系统的稳定性是系统的一种结构性质,关系到系统能否正常工作,是首要考虑的问题之一。按照系统设计的不同要求,NCS 具有不同的稳定性概念。

网络控制有其自身的特点。在网络系统的分析与设计中,以下因素必须加以考虑:

(1) 网络控制系统中存在网络诱导时延,它包括传感器到控制器之间的时延、控制器到执行器之间的时延和控制器的计算时延等。网络诱导时延主要是由共享传输介质引起的。

时延的存在使得系统的分析和综合变得更加复杂和困难,同时,时延的存在也往往是系统不稳定和系统性能变差的原因之一。网络时延有多种,从时延的方式上划分,有固定时延、时变时延和随机时延;从时延的大小上划分,有短时延(小于或等于一个采样周期)和长时延(大于一个采样周期)。目前,在系统的分析与设计中,考虑居多的是随机短时延和定长时延;对于随机时延的研究还比较有限。

(2) 网络控制系统中的数据包流失。网络传输是不完全可靠的传输方式,有些数据包在传输过程中,不仅存在时延,更严重的是,有些数据包会在传输过程中被丢失。因此,在研究网络控制系统性能的问题上,必须考虑数据包的丢失。

此外,网络控制系统不同于以往的连续系统或离散系统,控制系统采样率的选择也是影响系统控制性能的一个重要因素。

网络控制系统稳定性的定义同一般系统的定义方式相仿,有渐近稳定和指数稳定等。

由于网络控制系统自身的特点,在分析稳定性时要考虑的情况比较多,针对不同的模型都有其相应的稳定性定义。我们会在下面几节中分别加以介绍。

网络控制系统的稳定性主要涉及网络本身的稳定性以及控制系统的稳定性。网络系统本身的稳定性是通过每个节点队列中的信息量来定义的,如果该信息量大于某一常数或者随时间的增长趋于无穷大,则称该网络是不稳定的。网络系统的不稳定将有可能直接导致整个网络控制系统的不稳定。但也有这样一种情况,即在一个系统中,网络系统本身是稳定的,但整个网络控制系统却不是稳定的。对一个 NCS 而言,控制策略的目的有两个:一是要保证 NCS 的稳定性,二是要使被控系统满足更高的性能指标。

一般,通用的网络控制系统设计方法有两种路线:

(1) 在不考虑网络诱导时延和数据包丢失的情况下,直接涉及控制系统的控制策略,然后考虑时延和数据包丢失等因素,设计系统节点的信息调度方法,以期将这些因素对系统性能的影响降低到最低限度;

(2) 针对某种控制网络的服务质量,设计系统的控制策略,以期使系统满足一定的性能指标。

2. 影响网络控制系统稳定性的因素

由于控制网络中对网络控制系统稳定性产生影响的因素主要有传输时延、数据包丢失等因素,因此,这里将对此做进一步的深入分析。

(1) 网络传输时延对系统稳定性的影响。

在网络化环境下,由于控制系统的前向通道和反馈通道都引入了控制网络环节,所以不可避免地会在控制回路中产生前向时延和反馈时延,如图 9.10 所示。

由于时延的存在,系统的前向通道和反馈通道就不能保证系统的正常、稳定的工作。前向通道的时延相当于被控设备在这段时间内没有接收到任何的控制信息,而反馈通道的时延则相当于系统没有

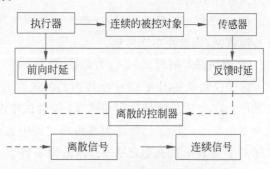

图 9.10 具有时延的网络控制系统结构

负反馈,所以和开环系统一样,容易导致系统发散。而且,由于系统中有时延,控制信息不能实时地传递给被控设备,输出信息也不能实时地反馈给控制器,从而使整个系统的稳定性和过渡过程的性能变差,信息传递的连续性遭到破坏,系统输出响应严重变形。网络的引入必然会造成网络传输时延的产生,而传输试验的不确定性是造成数据时序错乱和数据包丢失的主要因素,另外网络传输时延会降低系统的性能,使系统的稳定范围变窄,甚至使系统变得不稳定。

一般来说,网络所引起的时延是时变的,可以看作某种随机过程。从控制的角度来说,这种变化时延的系统不再是时不变系统,从而使系统的分析与设计变得困难。当然也可以通过某些措施使变化的时延成为恒定的时延,如通过在控制器端和执行器端引入缓冲区的办法,把随机时延变成定长时延。

(2) 数据包丢失对系统稳定性的影响。

当设计和使用网络控制系统时,不仅要考虑网络时延,还要考虑数据包丢失的情况。由

于网络控制系统存在一个具有不可靠传输路径特性的网络,在传输过程中,数据包会产生传输时延,严重的甚至会出现丢失的情况。

尽管大部分网络协议都有重发机制,以避免数据丢失,但这样的机制一般只能保证有限时间内的重发,当超出时间范围时,就不再重发,数据包就丢失了。一般而言采用反馈控制系统允许部分数据的丢失,但过多的数据包丢失有可能引起系统的不稳定,所以,研究在数据包以一定的速率丢失的情况下是否能保证系统的稳定性是很有意义的。

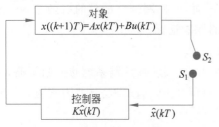

图 9.11　异步动态系统结构图

一段存在数据包丢失的网络可以看成一段闭合率为 r 的开关线路。当开关闭合时,数据开始传输;当开关打开时,数据丢失。其模型即为一个异步动态系统,如图 9.11 所示。

(3) 同时具有时延和数据包丢失的网络控制系统的稳定性。

考虑网络只存在于传感器和控制器之间的情形,此时系统的结构如图 9-12 所示。其中 x、$\hat{x}$ 分别为被控对象的状态及其在接收端的镜像,u 为控制器的输出。对该系统进行如下假设:

① 网络控制系统的各节点具有固定的优先级。

② 传感器节点为时间驱动,以固定的周期 h 采样对象的状态,且采用单包传输,控制器节点为事件驱动。

③ 传感器有新的数据后,立即尝试向网络传输数据,若此刻网络中有优先级高的节点在传输数据,则放弃本次传输。

④ 网络诱导时延 $\tau_k < h$,为常数,简记 τ。

设受控对象如图 9.12 中上框内的公式所示,由假设可知,传感器的数据 x_k 的传输有 3 种情况:①x_k 成功地传输到传感器;②尝试传输时,有优先级高的节点在传输数据,传感器放弃本次发送;③x_k 已发送但在传输过程中丢失。情况①为传输成功标记为事件 S_1;情况②和③均表示数据包已丢失,标记为事件 S_2。因此图 9.12 所示的网络结构可等效为图 9.13 所示的系统。

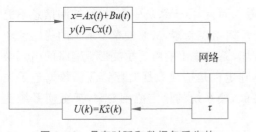

图 9.12　具有时延和数据包丢失的
网络控制系统结构图

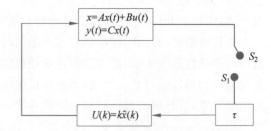

图 9.13　具有时延和数据包丢失的
网络控制系统等效结构

9.3.2　网络控制系统的控制器设计方法

近年来,分析和设计网络控制器逐渐由单变量到多变量、由确定到随机、由经典控制理论到智能控制理论和高级控制算法发展,就设计思想来说,常用的控制器设计可分为以下两大类:

（1）在不考虑网络诱导时延和数据包丢失的情况下，直接设计控制系统的控制策略，然后考虑时延和数据包丢失等因素，设计系统节点的信息调度方法，以期将这些因素对系统性能的影响降低到最低限度。

例如，首先忽略网络时延，使用常规的 PID 控制或 PI 控制策略设计一个控制器，接下来考虑其实际应用中的情况，引入模糊自适应调节器或 Smith 预估器等，为已有的控制器添加一个补偿环节，可以较好地提高系统性能。

（2）针对某种控制网络的服务质量，设计系统的控制策略，以期使系统满足一定的性能指标。另外，从设计过程中所用到的方法出发，可将目前常采用的网络控制系统的控制器设计归纳如下：确定性控制设计方法、随机控制设计方法、智能控制设计方法、鲁棒控制设计方法。

① 确定性控制设计方法。

应用确定性设计方法应首先将随机时变延迟通过在控制器和执行器之间设置缓冲区转化为固定延迟，然后针对转化后的固定延迟设计控制器。这种方法的优点是可用已有的确定性系统设计和分析方法对闭环网络控制系统进行设计和分析，不受延迟特性变化的影响。但若将所有延迟转化为最大固定延迟，则人为地将传输延迟扩大化，以降低系统应有的控制性能。

② 随机控制设计方法。

应用随机控制的方法关键在于对网络延时的合理建模和估计，假定时延符合某种统计规律并且相互独立，从概率分布的角度将网络延时作为系统中的随机变量或随机过程，设计随机最优控制率。

③ 智能控制设计方法。

确定性控制方法和随机性控制方法都是基于时延和被控对象的精确数学模型之上的，而在实际的 NCS 中，往往存在诸多的不确定性，智能控制对解决该类变化问题有较好的适应能力，目前多采用智能控制策略来解决时延的不确定和时延补偿问题，以提高系统的鲁棒性。诸如应用遗传算法、模糊控制、预测控制、神经网络控制等对网络控制系统时延控制器设计，在实际应用中，均取得了较好的控制效果。

④ 鲁棒控制设计方法。

鲁棒控制理论是针对实际工程中模型不确定性发展起来的，因此对于此类问题可以直接应用鲁棒控制器的设计方法来解决。采用该方法的关键是要将时延环节转化为一个不确定块，同时可以考虑受控对象本身的不确定性，然后针对转化后的系统设计鲁棒控制器，这样设计出的控制器能够同时保证 NSC 的鲁棒稳定性和鲁棒性能指标（该性能指标是确定性的性能指标，而不是概率意义上的性能指标）。由于 NCS 实际为采样控制系统，所以其等价模型为离散形式，要使用采样系统鲁棒控制器的设计理论。当然，在系统的采样时间远小于系统的时间常数的情况下，也可以近似地将整个采样系统看作一个准连续系统。

9.4　网络控制系统的调度

网络控制系统的研究一般包括两方面的内容：一方面是对网络的控制；另一方面是通过网络进行控制。其中，网络控制调度可以在网络结构与通信介质等物理性质确定的情况下,有效地提高网络的服务质量,因此是网络控制系统中研究如何提高网络服务质量的一种受到普遍重视的方法。

9.4.1　网络控制系统的调度方法

1. 网络调度问题

指网络中的节点在共享网络资源中发送数据并且发生碰撞时,规定数据包以怎样的优先级(顺序)和何时发送数据包的问题。研究的内容包括:①设计介质层网络的通信协议,称为协议层调度;②设计应用层的节点优化调度算法,称为应用层调度。

2. 协议层调度

指数据链路层通过一个链路活动调度器控制现场装置对总线的访问,通常是网络接口设备按照特定的协议规范来决定那些并发数据包的发送顺序。该调度的特点是通过特定的网络协议来实现某些调度算法的,因此调度缺乏灵活性,只能适应少数的算法。

网络协议是调度研究的基础,了解现有网络协议特点对改进工作很必要。根据控制网络的时间延迟特性,网络可分为三类,即随机网络、有界网络和常值网络。信息在网络上传输产生的时延,如果是随机的,则网络为随机网络;如果是有界的,则为有界网络;如果维持定值,则为常值网络。Ethernet、令牌网和CAN分别是它们的典型代表。

3. 应用层调度

指上层(传输层以上)的应用程序根据需要来主动地决策数据的发送规则,该规则与具体的网络协议无关。网络仅用于传输数据,不能实现调度决策。目前应用层的网络调度方法主要有以下4种。

(1) 借用CPU的调度方法。

目前借用CPU的网络调度方法主要有两种:

① 静态调度:对于调度算法而言,各任务的发送规则是事先确定的,如时限、计算时间、优先权关系、任务释放时间等,以RM(rate monotonic)算法及其衍生算法为代表。

② 动态调度:任务的时间约束关系并没有完全确定,新任务的到达时间是未知的,在网络资源充足的环境下,系统仍然能够保证所有的任务时限,以EDF(earliest deadline first)算法及其衍生算法为代表。

(2) 设计网络调度协议。

借鉴单处理器动态调度的思想,结合控制系统的特点,设计开发新的网络节点数据发送规则,其特点是在网络控制系统稳定的前提下,保证网络节点的动态优化调度。

典型方法是Walsh等提出的一种给时间关键信息动态分配网络资源的TOD(try-once-discard)协议。

(3) 调度与控制协同设计。

指在网络控制系统设计中,将系统控制与网络优化统一考虑,研究在满足系统控制指标条件下的网络调度方法以及同时满足系统控制指标优化和网络可调度性的采样周期的选择方法。

(4) 反馈控制实时调度。

一般实时调度算法是一种开环调度算法,即一旦调度确立,就不能根据连续的反馈进行相应的调整。反馈控制实时调度指将反馈控制的思想应用到实时调度算法中,根据网络反馈回来的信息来调节任务或调度器的参数,从而有效地提高网络系统的传输性能。该研究方法的难点在于分布式环境中,如何有效地同步获取反馈信息。

9.4.2 网络控制系统调度的时间参数

NCS 调度中所涉及的相关基本概念可通过图 9.14 所示的实时网络传输任务的时间参数图加以说明。

(1) 到达时间(a_i):数据包形成,开始加入发送队列,准备发送。此为一个发送周期的开始。

(2) 开始发送时刻(s_i):数据包开始发送的时刻。

(3) 阻塞时间(b_i):数据包达到后,等待直至开始发送所需要的时间,即 $b_i = s_i - a_i$。网络数据包的传输中任务是非抢优的,b_i 由两部分组成:

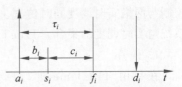

图 9.14　实时网络传输任务的时间参数图

$b_{h,i}$ 为等待所有更高优先级的任务传输完毕的时间。

$b_{l,i}$ 为正在发送的较低优先级的任务发送完毕所需要的时间,其最大值分别记为 $\overline{b}_i$,$\overline{b}_{h,i}$,$\overline{b}_{l,i}$。

(4) 传输时间(c_i):数据包由源地址经网络传送到目的地址所需要的时间,一般由数据包的大小和网络介质的速率决定。

(5) 完成时间(f_i):一次传输结束的时间。

(6) 传输时延(τ_i):数据包到达队列至数据包完成数据包传输之间的时间。显然 $\tau_i = b_i + c_i = f_i - a_i$。

(7) 时限(d_i):为保证 NCS 的性能,传输必须在某个时间之前完成,该时间就称为时限。

(8) 网络占用率(U)。

$$U = \sum_{i=1}^{N} \frac{c_i}{p_i} \tag{9.6}$$

其中 NCS 中 N 个对象的传感器按周期 p_i 发送数据。

(9) 可调度性:指网络控制系统的所有数据传输都能在任务时限内完成。

9.5　网络控制系统的仿真与工程实现

网络控制系统是一种全分布式实时反馈控制系统,其设计与研究涉及设计系统控制与网络调度两方面,目前集成的控制与调度仿真工具很少。本节首先介绍目前最具代表性的基于 MATLAB/Simulink 的网络控制系统理想仿真平台 TrueTime 的功能,然后以一个基于网络的嵌入式控制器和系统实验为例来说明网络控制系统工程实现的基本思想和具体过程。

9.5.1　网络控制系统的仿真平台

网络控制系统具有很强的实时性要求。网络控制系统中的闭环回路,各种信息的传送都是通过串行网络实现的,通信网络的引入,使得网络控制系统的分析与设计复杂化。由于网络带宽的限制以及控制系统的时限要求,控制任务的信息传递必须在一定的时间内完成,否则信息将产生丢失和较大的时延,从而降低系统的控制性能,严重时将导致系统失稳。网络控制系统的性能不仅取决于控制算法的设计,而且取决于网络资源的调度。网络控制系统是涉及控制、实时调度、网络通信等多领域的复杂系统,需要对各部分综合研究,这对分析与设计提出了新的挑战,因此网络控制系统的研究工具显得尤其重要。目前较为熟悉的仿真工具 MATLAB/Simulink,可以实现控制系统与实时调度的仿真研究,但很少有工具支持控制与网络实时调度同时仿真。最新开发的 TrueTime 是较为理想的工具,可以实现控制系统与实时调度的集合。TrueTime 所涉及的基本概念如下。

1. 任务

在利用 TrueTime 进行网络控制系统仿真中,经常出现"任务"的概念。任务是 TrueTime 的主要概念之一,用于描述周期和非周期的活动。周期活动,如控制器的输入与输出任务;非周期活动,如通信任务,驱动控制器的事件等。在 TrueTime 中运行的任务需要用户预先定义,每个任务由一系列任务属性和一系列代码函数组成。属性包括任务名字,释放时间(执行时间和执行时间预算),相对截止期和绝对截止期,优先级(如果使用固定优先级调度),周期(对周期任务)等。其中某些属性,如释放时间和绝对截止期常常是在仿真中由模块内核更新。其他属性,如周期和优先级在仿真中一般不变,但也可在任务执行时,通过访问模块内核来改变。

2. 中断和中断柄

中断有两种方式:外部中断和内部中断。外部中断与 Kernel 模块的外部中断通道相连,当相应的通道信号改变值时(如信息到达网络)中断被触发。外部中断可用于模拟对旋转的电动机进行采样的电机控制器,或模拟当测量值通过网络到达时执行的分布式控制器;内部中断与计时器关联,可以创建一个周期计时器或单触发计时器,一旦计时器时间到,相应的中断就被触发。模块内核也可以使用计时器当中断柄,当计时器溢出时执行中断柄。当内部中断和外部中断同时发生时,用户定义的中断柄也会被调用去执行。

3. 优先级和调度

在仿真中,有 3 类截然不同的优先级:中断级(最高优先级)、Kernel 级和任务级(最低优先级)。对每个任务和中断柄,可以单个指定优先执行或非优先执行。对中断级,根据固定的优先级来调度;对任务级,可使用动态优先级进行调度。一个任务的优先级是由用户定义的优先级函数给定的,优先级函数是一个任务的属性函数。优先级函数的属性-返回值类型表明了调度策略的类型,如一个返回优先级数字的优先级函数意味着固定优先级调度,而返回截止期的优先级函数意味着是截止期调度。通常,使用的调度方案是预先定义优先级函数。

4. 代码

与任务和中断柄相关的代码函数,在仿真中由内核模块调度并执行。这些代码函数通常分成几个段,这些代码段的开始与其他任务和环境相互联系和影响。这种执行方式使得我们可以为输入/输出时延建模、模块化访问共享资源。每段的仿真执行时间由代码函数返回,可以是恒定的、随机的,甚至由数据结构决定。Kernel 模块将仿真中代码段和代码函数保存在适当的变量中,在下一段当任务运行到与前一段数据相关的数据时恢复。这意味着,来自较高优先级中断的优先任务可能引起的实际时延比代码函数中预计的执行时间更长。

9.5.2 网络控制系统的工程实现

下面通过一个基于网络的嵌入式控制器和系统实验,来展现网络控制系统工程实现的基本思想和具体过程。此示例描述了一种与机器人通信并控制机器人的统一方法。这种统一是以应用诸如浏览器、Java 语言和各种蜂窝通信等网络技术为基础的。

1. 嵌入式网络控制器

该系统应用所提出的网络结构开发出 3 种网络控制器。第一种控制器应用 Java 程序,而且在一般的网络浏览器(如 HotJava)内执行。第二种控制器开发能够访问机器人的浏览器,机器人控制的用户接口被嵌入浏览器内,因而能够用与设计主页一样的方法设计控制器。第三种控制器是在个人数字助理(PDA)顶上开发一个袖珍的浏览器,是一个具有小显示器的手柄控制器。

(1) Java 程序控制器。

该控制器工作在 HotJava 浏览器上,Java 程序实时显示办公室的地图及地图内的许多机器人。此外,该控制器还含有一个用于监控和远程会议的电视界面和手柄控制器。

(2) 访问机器人的网络浏览器。

本控制器通过对摄像机 VC-C3 的控制实现对办公室环境的监控,通过主页左侧的控制器改变视角。例如,对于移动机器人 Nomad200,当从机器人顶上观察摄像机视图时,可使用手柄进行控制。网络浏览器处理主页描述的一个特别标记符;该标记符的形式如下:

```
< tag    host = "hostname"
        port = "portnumber"
        id = "idnumber">
```

其中,tag 为标记符名,host 为真体服务器 AgentServer 的主机名(IP 地址),port 为与 AgentServer 连接的通信口名,id 为与协议 To 对应的机器人编号。

主页描述如下:

```
< title > web-Top page </ title >
Web-Top Camera Controller
< hr >
Media Center 2F(center) </ P >
< camera host = "imctut01. imc. sut. ac. jp"
        port = "19000"
        Id = "1">
< vision host = "imctut01. imc. sut. ac. jp"
        port = "19000"
        Id = "1">
< DD > Black Button: change angle
< DD > Gray Button: zoom in, zoom out
< hr >
< address >
hiraishi@imc. sut. ac. jp
< address >
```

标记符 camera 标识 VC-C3 真体,标记符 vision 处理电视会议真体。网络浏览器理解这些标记符,然后 VC-C3 执行控制,并显示摄像机观察到的画面。

(3) 应用 PDA 顶上的浏览器。

所用的 PDA 带有电话和键盘,通过拨键来控制机器人。当浏览器连接至 AgentServer 时,它就接收诸如机器人位置等地图信息,并在小显示器上列出一些活动的机器人,然后在该表列中选择一台机器人;浏览器还提供手柄控制器。

2. 通信速度实验

为了评估本系统的网络结构,应用 UDP 和 TCP 协议进行了通信速度随浏览器数量变化的实验,并与接收时间加以比较。测量了每幅图像(160b×120b)的接收时间。浏览器通过对 AgentServer 发送图像指令从电视会议直接得到该幅图像。服务器 AgentServer 和浏览器运行在 Sun Ultra2 工作站上,而且接至 100Mb 的以太网。

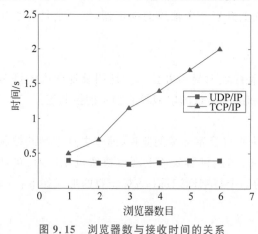

图 9.15 浏览器数与接收时间的关系

图 9.15 给出实验结果。对于 TCP/IP 协议情况,接收时间随浏览器数的增大而增加;对于 UDP/IP 协议情况,接收时间是稳定的,即使浏览器数增大接收时间也不增加。在本网络结构中,信息、图像和地图返回至具有 UDP/IP 协议的浏览器,而且来自浏览器的指令被并行处理。这表明本网络结构能够对每台连接的浏览器提供同样的性能。每幅图像的接收时间为 0.3s,这对于通过观察摄像机视图进行控制机器人是足够快的。

9.6 网络控制系统的应用举例

为了探讨网络控制系统在实际生产中的应用,本节介绍烟草包装的网络测控系统和热电厂集散控制系统两个例子,探讨了网络控制在实际生产中的结构与配置情况以及系统的监控和连接。

9.6.1 烟草包装的网络测控系统

目前,烟草包装的网络测控系统在卷烟厂的应用十分广泛,且是一种非常具有代表性的网络控制系统。下面介绍它的工作原理和系统功能与特点。

1. 网络测控系统的工作原理

烟草包装机是烟草行业中非常重要的生产设备,零散烟支在烟草包装机上通过装小盒、包装透明纸和装成盒 3 个工艺过程,最终形成在市场上销售的每条 10 盒的成品香烟。整个工艺过程比较复杂,对控制的要求很高,任何控制失误都有可能使得香烟、小盒或条盒挤压变形而导致废品出现。

采用 S5-135U 多处理器 PLC 和相关网络设备设计的一个烟草包装机网络测控系统,其体系结构如图 9.16 所示。从图可见,该系统分成现场控制层、过程监控层和生产管理层 3 层。整个系统由 6 套 PROFIBUS 现场总线控制子系统 No.1~No.6 组成,子系统通过以太网和生产车间的生产数据服务器和要料处理服务器互连,并通过交换机实现过程监控层和厂级生产管理层管理信息系统(MIS)的信息集成。其中,每套现场总线控制子系统由 1 台监控计算机和 3 台 S5-135U 多处理器 PLC 组成,运行 PROFIBUS 总线协议实现现场控制层和过程监控层间的数据交换。在应用层上,采用 PROFIBUS-FMS 协议,能够提供广泛的应用服务,适用于制造业自动化领域。

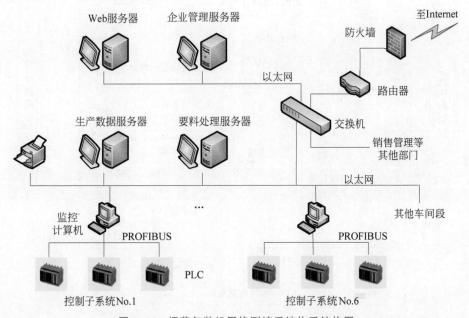

图 9.16 烟草包装机网络测控系统体系结构图

现场设备实时信息和操作人员的指令信息通过 PROFIBUS 总线高速传输,同时使用监控计算机将控制子系统的生产信息及时自动传送到生产数据服务器中。生产数据服务器对生产数据进行初步处理后,送到 MIS 系统上,以便进行更高一级的管理和调度。在网络测控系统设计中,监测软件框架设计和 S5-135U 多处理器 PLC 的网络通信技术直接影响系统人机界面功能的发挥和系统通信的可靠性,是系统的核心技术问题。

(1) 监测软件框架设计。

监控计算机属于过程监控层,它是人机交互窗口,用来监视现场设备运行情况和工艺参数控制情况,并实现高级控制策略。整个系统的监控程序主体框架如图 9-17 所示。

在功能上,监控软件要实现系统自动换班、要料处理、更改品牌、数据采集统计以及与厂级 MIS 信息集成等功能。在数据集成上,PLC 实时数据经数据采集统计模块,分类统计后,送往以太网上的网络数据库(生产数据服务器和要料处理服务器),同时在本地数据库中进行备份,相应的上级指令通过网络服务器传递到监控计算机和现场设备。当发生监控计算机和网络数据库服务器之间的通信中断时,监控计算机不断检测网络状况,一旦通信恢复,就从本地数据库中恢复数据,并更新网络数据库,从而保证网络数据库的完整性和数据的有效性。所有监控计算机的时间由网络数据库的服务器统一校正。

(2) 网络通信技术。

S5-135U 多处理器 PLC 的网络通信技术是该网络测控系统中的关键技术。和 S7 系列 PLC 的 PROFIBUS 通信相比,S5 系列 PLC 和运行 WinCC 的监控计算机之间的 PROFIBUS 总线通信连接非常复杂。尤其是 S5-135U 多处理器 PLC,多处理器及协处理器的存在使得

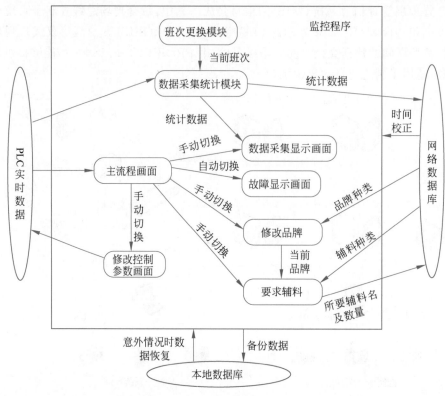

图 9.17　监控软件主体框架

CPU 和通信处理器 CP 间的通信变得难于处理。

　　在测控系统中,每个现场总线控制子系统由 3 台 PLC 和 1 台运行 WinCC 的监控计算机组成。3 台 PLC 分别用于包装机生产中的 350 小盒部分、401 透明纸部分和 408 条盒部分的控制。要实现与 PROFIBUS 总线通信连接,在运行 WinCC 的监控计算机上,需要安装的软硬件有 CP5412 通信卡(内置微处理器)及其驱动和组态软件 PB FMS-5412(需要授权)、组态网络结构参数的 COM-PROFIBUS 软件以及 WinCC 组态软件(需要授权);在 S5-135U 多处理器 PLC 上需要的软硬件有 CP5431 通信处理器及西门子编程器 1 台(安装有 Step5 软件及 CP5431 编程软件 COM5431FMS)。连接示意图如图 9.18 所示。其中,S5-135U 多处理器 PLC 通过 CP5431 通信处理器(以下简称 CP)挂接在 PROFIBUS-FMS 总线上,从而和挂接在总线上的监控计算机进行数据通信。在这里,PLC 通过 CP 来实现现场设备的总线功能。CP 相当于在 PLC 上模拟实现了 VFD(virtual field device,虚拟现场设备)功能,其本身实现了 PROFIBUS-FMS 从物理层到应用支持子层各层的功能。从整个通信网络的角度来看,每一个 CP 与它所在的 PLC 都构成了一个 VFD。由于 S5-135U 多处理器 PLC 支持多达 4 个 CPU,所以一个 VFD 包括 1 个 CP 和至多 4 个 CPU。

　　为了通过 PROFIBUS 实现 PLC 和监控计算机之间的通信,所要进行的组态工作有:

　　① PLC 一侧的组态。首先,用 COM5431FMS 软件设定网络参数,包括通信波特率、L2 站低地址、FMS 连接、L2 站高地址和 VFD 变量。设定 VFD 变量时请注意,由于是多处理器 PLC 系统,所以 SSNR 为需要和 CP5431 进行数据交换的 CPU 对应的接口号,CPU1～CPU4 对应的接口号分别是 0～3。组态完成后下装到 CP5431 通信处理器的 RAM 中,完

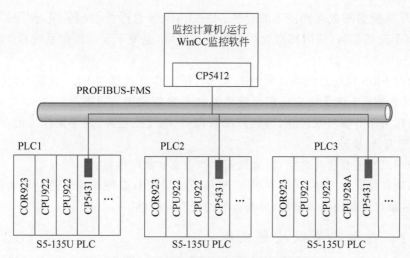

图 9.18 现场总线控制子系统连接示意图

成对 CP5431 的配置。其次,在 PLC 中编写通信程序。主要是调用功能模块 FB125 SYNCHRON,启动并同步 PLC 和 CP;FB126 SEND-A,启动 PLC 向 CP 传送数据;FB127 RECEIVE-A,启动 PLC 从 CP 接收数据。对于 S5 多处理器 PLC,含有几个 CPU 就要在 CPU1 的程序组织块 OB20、OB21 和 OB22 中调用几次 FB 125 初始化功能块,初始化 CP 与 CPU 同步。例如在图 9.22 中,对于 PLC3 需要 3 次调用 FB125 功能块。由于数据的发送和接收是周期连续进行的,所以 FB126 和 FB127 的调用放在 OB1(PLC 周期执行的组织块)中。控制程序修改完成后下装到 PLC,然后重新启动 PLC,达到 CP 和 CPU 的同步。

② 监控计算机一侧的组态。首先,使用 COM-PROFIBUS 软件生成网络结构图,进行 CP5412 所在的监控站和 PLC1～PLC3 站的建立和站地址的分配,网络参数和连接属性的设置,最后生成 LDB 数据库,并在 CP5412 通信卡组态时使用该数据库。其次,在 WinCC 软件中组态,主要是 PROFIBUS-FMS 过程通道的建立、PLC 连接的建立和变量的生成。在 WinCC 中,在 Tag 变量组中首先产生 PROFIBUS-FMS 通道,在这个通道上,建立一个新的连接,在此连接下设定变量。由于 WinCC 和 CP5431 的变量间通过 Index 索引号进行连接,所以在这里设定的变量,其索引号和变量类型与 1 中组态 CP5431 生成的相应 VFD 变量一定要相同。

2. 系统功能与特色

本烟草包装机网络测控系统实现了控制网络和企业信息网络的集成。整个系统数据通信稳定可靠,实时性好,功能完备。系统主要实现了以下功能:

(1) 实现故障画面的自动切换和故障点的实时显示,并具有故障统计功能。

(2) 主要工艺参数的实时显示和控制目标的设定。

(3) 生产数据的日报、班报、月报、季报和年报统计。

(4) 可以实现故障报警的自动排序。

(5) 网络通信的自动恢复和网络数据库的实时刷新。

由于采用了现场总线技术,并实现了控制网络和管理网络的互连,因此该系统具有许多优良的特色:

(1) 该系统将传统烟草包装生产线的品牌管理和辅料管理等功能上移至网络数据库服

务器,增强了系统的开放性和向上兼容性;PROFIBUS 总线技术的采用,使得系统控制功能彻底下移至现场设备,同时标准化的底层控制网络,也便于实现控制系统和企业 MIS 的信息集成。

(2) 通过 FMS 现场总线协议同时采集 3 台带有多处理器的 PLC 数据,解决传统单机DOS 串口采集数据系统无法完成多处理器多 PLC 数据采集的问题。

(3) 管理采用分级权限管理,按照高级管理员、电气工程师、现场操作工的等级进行管理,使得系统安全、稳健。

(4) 与网络服务器实时通信,传送最新生产数据和故障数据。

(5) 系统扩展非常方便,无论在 PLC 现场控制层还是监控计算机的过程监控层,通过PROFIBUS 都可以轻松连入系统,具有极好的投资保护性。

9.6.2　热电厂集散控制系统

集散控制系统(total distributed control system,DCS)是 20 世纪 70 年代中期开始发展起来的一种过程控制系统,它是以微处理器为基础的集中分散型(分布式)控制系统,是控制、计算机、通信、半导体大规模集成、图像显示和网络等相关技术不断集成的产物。集散控制系统能够对生产过程进行集中管理和分散控制,并向着集成管理的方向发展。集散控制系统已获得迅速发展,正在发展成为过程工业自动控制的主流,并在石化、化工、冶金、电力、纺织、造纸、食品、机制、制药和建材等行业得到普遍应用。作为示例,下面介绍一个热电厂集散控制系统。

1. 热电厂过程控制的内容

热电厂热工过程自动控制的内容应包括:

(1) 自动检测。自动地检查和测量反映生产过程进行情况的各种物理量、化学量以及生产设备的工作状态参数,以监视生产过程的进行情况和趋势。

(2) 顺序控制。根据预先拟定的程序和条件,自动地对设备进行一系列操作,例如对辅机的自动控制。

(3) 自动保护。在发生事故时,自动采取保护措施,以防止事故进一步扩大或保护生产设备使之不受严重破坏,如汽轮机的超速保护、锅炉的超压保护等。

(4) 自动控制。自动地维持生产过程在规定的工况下进行,又称为自动调节。

热力发电设备的自动控制任务是相当复杂而艰巨的,除了对主机(锅炉-汽轮发电机组)进行自动控制以外,还有许多辅助设备也要进行自动控制,如除氧器、凝汽器、减温减压器、加热器、磨煤机等处理设备,由于采用的工艺设备不同,如直流锅炉和气包锅炉,它们的控制方法也相应有所区别。另外,由于采用不同的控制仪表(如 DDZ-型,组装表 TF 和 MZ-、微处理机等),可组成不同的控制系统,也可使系统的结构更加复杂化。

火力发电机组是一个典型的多变量被控对象,由于电厂被控对象的高度复杂性、时变性、非线性,因此,在这个领域中广泛地采用集散型控制系统是必然的。

图 9.19 为一个电厂的多级计算机控制系统。这个系统分为 4 级:厂级是管理级,采用大型计算机,根据电网的负荷要求及全厂各机组的运行状况,协调各机组运行,使全厂处于最佳运行状态;单元机组级,根据厂级计算机命令,对本单元机组各控制系统实现协调控制,保证机组处于最佳运行状态;功能控制级,包括机组各局部控制系统或辅机控制系统,

主要采用微处理器或常规控制仪表控制,它们既能独立完成控制功能,又能接受单元机组级的监控信号;执行级,为各被控对象的控制系统。

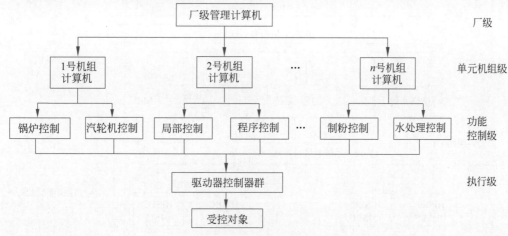

图 9.19 电厂多级计算机控制系统

2. 集散控制系统在热电厂的应用

下面以日立公司的 HIACS-3000 系统为例,介绍集散型计算机控制系统在热工自动控制中的应用。日立的 HIACS-3000 系统最初是由若干模拟计算机组件构成的模拟调节器系统,今天已发展成为功能分层、自动调节、可按系统和机器分散装置的分散系统。在硬件方面,使用高速 16 位微处理器,采用高密度存储器和可编程逻辑 IC,实现了硬件的小型化。图 9.20 为 HIACS 系统总体结构,从图中可以了解现代集散型计算机控制系统在火力发电自动控制中的实施过程。由图可知,HIACS-3000 系统的总体结构安排是由双层通信网络连接起来的 5 个层次。

(1) 单元机组级。由单元机组主协调控制器、操作员工作台、信息管理用计算机、工程师工作台等组成,完成单元机组的协调控制和人-机界面的通信。主要是对信息进行处理,许多设备数据在此被测定、分类,然后送到相应的计算机显示或打印出来,供操作人员使用。在工程师工作台上,工程师可以设置设备运行方式,提供控制操作,监视本控制器的工作状态,维护应用软件,修改程序或控制参数。

(2) 系统控制级。按照电厂物理过程分为燃烧系统、水-蒸气系统、汽轮机系统。3 个系统由 3 台 M/L 控制器执行控制任务,并且连接到设备总线上。M/L 控制器要完成的任务有:系统内的协调控制运算;与 CV-网络通信;与 μ-Σ 网络通信;与 PI/O 单元连接完成数据采集任务。

(3) 机器群控制器。一个系统内部又可细分为若干子系统,一个子系统需要控制若干个受控制装置,由一台 M/L 控制器执行控制。同一个系统内的若干机器群控制器连接在一个 CV-网络(通信网络)上。M/F 控制器向上通过 CV-网络与 M/L 控制器相连,向下与机组受控过程和装置接口。

(4) 驱动控制级。一个群级控制器要控制若干个执行机构,每个执行机构由一个精心设计的 DCM 模块板完成驱动控制。DCM 模板不仅能完成驱动控制任务,而且能完成一台受控装置闭环控制所需的信号输入、输出功能。一个 DCM 模块板与一台装置对应,形成一

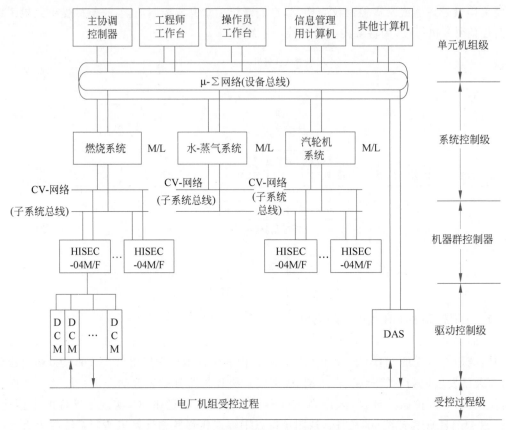

图 9.20　HIACS-3000 系统总体结构

对一的分散驱动。一块 DCM 出现故障,仅影响一台装置的控制,不影响其他设备。此种结构消除了集中危险点,体现了高度分散。DCM 模板有许多种,下面只以一种 DCM-M(A)模板为例,介绍其大致构成。DCM-M(A)模板结构如图 9.21 所示。

由图 9.21 得知,DCM-M(A)型模块不仅可以完成驱动控制输出,而且可以接收过程变量、操作信号输入、输出仪表指示信号,具有四点模拟量输入、四点模拟量输出、八点开关量输入、八点开关量输出。当 H-04M/F 控制器 CPU 故障时,可以转入手动控制。

CPU 正常时,CPU 条件信号为"1",后备手操电路不工作,H-04M/F 控制器运算后的控制信号经缓冲、D/A 转换器,模拟量输出电路输出,控制气动执行器动作并且送指示仪表显示,见路径 a(虚线部分)。

CPU 故障后,CPU 条件信号变为"0",后备手操电路投入工作,自控器手动操作器按钮来的开阀、关阀信号沿路径 b(虚线部分)进入后备手操电路,经 D/A 转换器模拟输出电路输出,用作执行器控制和指示仪表显示。

DCM-M(A)模块的前面板上设有各种指示灯,自动、手动、异常、阀全开、阀全关等,可以清楚了解模块的工作状态。

HIACS-3000 系统中的网络有 μ-Σ 网络、CV-网络,另外还有 I/O 总线。μ-Σ 网络是单元机组和系统控制级的桥梁,完成机组协调信息,操作显示信息的通信。CV-网络连接一个系统内部的多个子系统,主要完成系统级内部的通信。I/O 总线在整个系统中为最低级的

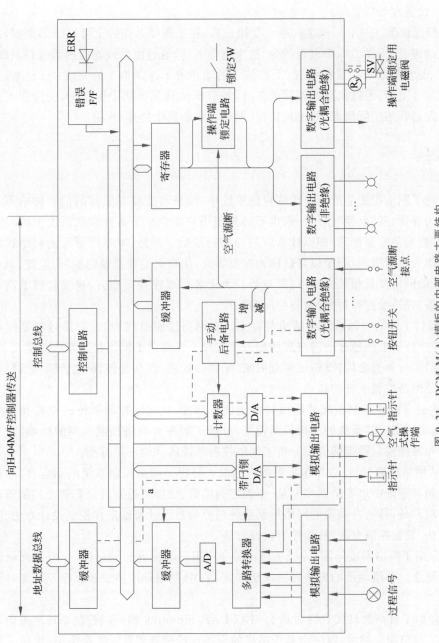

图 9.21 DCM-M(A)模板的内部电路主要结构

总线,它是 H-04M/F 控制器的内部总线,能连接 CPU 板、DCM 模板及 PI/O 模板,一般地,它是短距离总线,只限于在一个 H-04M/F 控制器内。

HIACS-3000 软件系统的功能有:数据采集和报警;数据记录(定期记录、结果记录等);性能计算;控制功能;计算机显示(报警显示、模拟显示、控制趋势显示、图表显示、操作命令信息、设备自动信息等)。

(5) 受控过程级。对电厂机组的整个受控过程,在工程师工作台上可以全部完成,从工程师工作台的键盘上,发出一条过程指令,这个指令下传,通过由总线连接的系统控制级、机器群控制器、驱动控制级到受控装置,受控装置的动作表示这条指令的完成;反过来,受控装置的反馈信号上传,通过由总线连接的各级,最后反映到工程师工作台上,使操作人员能及时了解受控过程的实际情况,如出现错误,能够在中心集中处理、维护。

9.7   小结

本章讨论了网络控制系统。在传统控制系统中,用户与受控对象间的信息传输不必以其他装置作为媒介,其"反馈"作用一般也不必传至用户端。至于各种控制系统中的"基于"什么的控制,指的是控制机理,即以什么原理为控制基础。但是,本章所研究的网络控制并非以互联网作为控制机理,而是以互联网为控制媒介,用户对受控对象的控制、监控、调度和管理,必须借助网络及其相关浏览器、服务器。无论客户端在什么地方,只要能够上网就可以对现场设备(包括受控对象)进行控制和监控。

9.1 节探讨了网络控制系统的结构与特点。在网络控制系统中,客户通过浏览器与网络连接,而客户的请求则通过网络与现场服务端连接。在探讨了网络控制系统的定义、发展过程、原理、结构与分类之后,就信道带宽限制、采样和延迟、数据丢包、单包传输与多包传输四方面讨论了网络控制系统的特点。

9.2 节论述了网络控制系统的建模与性能评价标准,从网络控制系统的结构和数学模型出发,建立了网络控制系统的一般控制模型,分析了时序对网络控制模型的影响,并从网络服务质量和系统控制性能两方面分析了网络控制系统的性能评价标准。

9.3 节从网络传输时延、数据包丢失两方面深入分析了网络控制系统的稳定性,分析和设计网络控制器逐渐由单变量到多变量、由确定到随机、由经典控制理论到智能控制理论和高级控制算法发展,目前常采用的网络控制系统的控制器设计有确定性控制设计方法、随机控制设计方法、智能控制方法、鲁棒控制设计方法。

9.4 节介绍了网络调度问题,分析了协议层和应用层调度方法和过程,介绍了网络调度的 9 个基本概念。网络调度的方法有协议层调度、TOD 网络调度协议和反馈控制实时调度方法。

9.5 节介绍了目前最具代表性的基于 MATLAB/Simulink 的网络控制系统理想仿真平台 TrueTime 的功能。然后,以一个基于网络的嵌入式控制器和系统实验为例,说明了网络控制系统工程实现的基本思想和具体过程。

9.6 节介绍了热电厂网络监控系统和烟草包装网络测控系统,分析了网络控制系统在实际生产中的应用和特点。

网络控制系统虽然发展迅速但仍不够成熟,仍有许多值得研究的问题需要解决。本章仅给出网络控制的基础知识、初步框架和基本问题,希望能够起到抛砖引玉的作用。

习题 9

9-1　网络控制与智能控制有什么关系?

9-2　试述网络控制系统的特点及作用原理。

9-3　试述网络控制系统的建模方法及分析过程。

9-4　网络控制系统有哪些性能评价标准?

9-5　网络控制系统的稳定性有哪些值得研究的问题?

9-6　有哪几种网络控制系统的调度方法? 简要分析说明。

9-7　网络控制系统的仿真平台是什么? 包括哪几部分?

9-8　举例说明网络控制系统在实际环境中的应用与工作过程。

9-9　你对网络控制系统的研究和发展方向有何见解。

第三篇

知识与数据复合智能控制

第**10**章

学习控制系统

早在 50 多年前就已提出关于学习控制的概念。因此,学习控制系统是智能控制最早的研究领域之一。在过去 30 多年中,对学习控制应用于动态系统(如机器人操作和飞行制导等)的研究,已成为日益重要的研究课题。已经研究和提出许多学习控制方案,并获得很好的控制过程效果。

作为学习控制的基本概念,本章将首先介绍学习控制的定义、研究动机和发展历史以及学习控制与自适应控制的关系、控制律映射与学习控制的关系。接着讨论学习控制的各种方案,涉及基于模式识别的学习控制、迭代学习控制、重复学习控制、基于神经网络的学习控制和基于规则的学习控制等。然后分析学习控制的某些基本问题,如学习控制系统的建模、学习控制的稳定性和收敛性分析以及学习系统的性能反馈等。最后给出一个学习控制的例子,即弧焊过程自学习模糊神经控制系统,说明学习控制的应用。

10.1　学习控制概述

本节首先探讨学习和学习控制的定义,研究学习控制的动机与意义,然后介绍学习控制的简要发展过程及学习控制与自适应控制的关系。

10.1.1　学习控制的定义与研究意义

学习(learning)是一个非常普遍的术语,人和计算机都通过学习获取和增加知识,改善技术和技巧。由于具有不同背景的人们对"学习"具有不同的看法,所以,至今尚无关于学习的一致定义。

1. 学习控制的定义

学习是人类的主要智能之一,人类活动(包括对某个自动装置进行控制)也需要学习。在人类进化过程中,学习起到了很大作用,而且学习控制实际上是一种模拟人类良好的调节控制机能的尝试。下面给出关于学习和学习控制的不同定义。

Wiener 于 1965 年对学习给出一个比较普遍的定义。

定义 10.1　一个具有生存能力的动物在它的一生中能够被其经受的环境所改造。一个能够繁殖后代的动物至少能够生产出与自身相似的动物(后代),即使这种相似可能随着时间变化。如果这种变化是自我可遗传的,那么就存在一种能受自然选择影响的物质。如果该变化以行为形式出现,并假定这种行为是无害的,那么这种变化就会世代相传下去。这种从一代至其下一代的变化形式称为种族学习(racial learning)或系统发育学习(system growth learning),而发生在特定个体上的这种行为变化或行为学习称为个体发育学习(individual growth learning)。

C. Shannon 在 1953 年对学习给予较多限制的定义。

定义 10.2　假设①一个有机体或一部机器处在某类环境中,或者同该环境有联系;②对该环境存在一种"成功的"度量或"自适应"度量;③这种度量在时间上是比较局部的,也就是说,人们能够用一个比有机体生命期短的时间来测试这种成功的度量。对于所考虑的环境,如果这种全局的成功度量能够随时间而改善,那么我们就说,对于所选择的成功度量,该有机体或机器正为适应这类环境而学习。

Osgood 在 1953 年从心理学的观点提出学习的定义。

定义 10.3　在同类特征的重复环境中,有机体依靠自己的适应性使自身行为及在竞争反应中的选择不断地改变和增强。这类由个体经验形成的选择变异即谓学习。

Tsypkin 为学习和自学习下了较为一般的定义。

定义 10.4　学习是一种过程,通过对系统重复输入各种信号,并从外部校正该系统,从而系统对特定的输入作用具有特定的响应。自学习就是不具外来校正的学习,即不具奖罚的学习,它不给出系统响应正确与否的任何附加信息。

Simon 对学习给予更准确的定义。

定义 10.5　学习表示系统中的自适应变化,该变化能使系统比上一次更有效地完成同一群体所执行的同样任务。

Minsky 用一个比较一般的学习判据代替改善学习判据,他的判据只要求变化是有益的:

定义 10.6　学习在于使我们的智力工作发生有益的变化。

下面,综述学习系统、学习控制和学习控制系统的定义。

定义 10.7　学习系统(learning system)是一个能够学习有关过程的未知信息,并用所学信息作为进一步决策或控制的经验,从而逐步改善性能系统。

定义 10.8　如果一个系统能够学习某一过程或环境的未知特征固有信息,并用所得经验进行估计、分类、决策或控制,使系统的品质得到改善,那么称该系统为学习系统。

定义 10.9　学习控制(learning control)能够在系统进行过程中估计未知信息,并据之进行最优控制,以便逐步改进系统性能。

定义 10.10　学习控制是一种控制方法,其实际经验起到控制参数和算法的类似作用。

定义 10.11　如果一个学习系统利用所学得的信息来控制某个具有未知特征的过程,则称该系统为学习控制系统。

学习控制的定义,还可给出数学描述如下。

定义 10.12　在有限时间域 $[0,T]$ 上,给出受控对象的期望响应 $y_d(t)$,寻求某个给定输入 $u_k(t)$,使得 $u_k(t)$ 的响应 $y_k(t)$ 在某种意义上获得改善;其中 k 为搜索次数,$t \in [0, T]$。称该搜索过程为学习控制过程。当 $k \to \infty$ 时,$y_k(t) \to y_d(t)$,该学习控制过程是收敛的。

根据上述定义,可把学习控制的机理概括如下:

(1) 寻求动态控制系统输入与输出间的比较简单的关系。

（2）执行每个由前一步控制过程的学习结果更新了的控制过程。

（3）改善每个控制过程，使其性能优于前一个过程。

希望通过重复执行这种学习过程和记录全过程的结果，能够稳步改善受控系统的性能。

2. 研究学习控制的动机和意义

在设计线性控制器时，通常需要假设：受控系统模型的参数是知道得比较好的。不过，许多控制系统具有模型参数的不确定性问题。这些问题可能源于参数随时间的缓慢变化（如飞机飞行过程中飞机周围的空气压力），或者参数的突然变化（如机器人抓起新物体时的惯性参数）。一个基于不准确或过时的模型参数值的线性控制器，其性能可能大大下降，甚至不稳定。可把非线性引入控制系统的控制器，以便能够允许模型的不确定性。自适应控制和鲁棒控制即为此而开发的。

自适应控制系统能够在不确定的条件下进行有条件的决策。随着控制理论和应用的发展，控制问题涉及的范围越来越广。在不确定的和复杂的环境中进行决策，要求控制系统具有更多的智能因素。学习系统是自适应系统的发展与延伸，它能够按照运行过程中的"经验"和"教训"来不断改进算法，增长知识，更广泛地模拟高级推理、决策和识别等人类的优良行为和功能。自适应控制系统在未知环境下的控制决策是有条件的，因为其控制算法依赖于受控对象数学模型的精确辨识，并要求对象或环境的参数和结构能够发生大范围突变。这就要求控制器有较强的适应性、实时性并保持良好的控制品质。在这种情况下，自适应控制算法将变得过于复杂，计算工作量大，而且难于满足实时性和其他控制要求。因此，自适应控制的应用范围比较有限。当受控对象的运动具有可重复性时，即受控制系统每次进行同样的工作时，就可把学习控制用于该对象。在学习控制过程中，只需要检测实际输出信号和期望信号，而受控对象复杂的动态描述计算和参数估计可被简化或被省略。所以，对于工业机器人、数控机床和飞机飞行等受控对象的重复运动，学习控制具有广泛的应用前景。

这样，学习控制已成为智能控制一个重要的领域。学习与掌握学习控制的基本原理和技术能够明显增强控制工程师对实际控制问题的处理能力，并提供对含有不确定性现实世界的敏锐理解。在过去，学习控制的应用因学习控制设计和分析等方面的计算困难而受到限制。近多年，智能系统和计算机技术的发展极大地缓解了这个问题。因此，当前人们对学习控制的研究和应用表现出相当大的热情。对大范围运行的学习控制的研究课题，已引起特别关注，因为一方面，强功能的微处理器的出现已经使学习控制（包括在线学习控制）的实现变得比较简单，同时在另一方面，现代技术（如高速高精度机器人或高性能飞行器）要求控制系统具有更为精确的设计技术。学习控制在智能控制和智能自动化方面有日益显著的地位。

10.1.2 学习控制的发展及其与自适应控制的关系

1. 学习控制的发展概况

学习机是一种模拟人的记忆与条件反射的自动装置，其设想与研究始于20世纪50年代。学习机的概念是与控制论同时出现的。后来，学习机的概念超出了预测器和滤波器的范围。下棋机是学习机器早期研究阶段的成功例子。

为了解决大量的随机问题，在20世纪60年代发展了自适应和自学习等方法。学习控制最初用于解决飞行器的控制、模式分类和通信等问题，然后逐渐用于电力系统和生产过程控制。学习系统可分为离线可训练系统和在线自学习系统两类。前者直接由外界对受控系统的反应做出"奖""罚"反馈,以改进学习算法;后者在一定程度上能够进行各种试探、搜索、品质评判、决策以及先验知识的自修改。在线自学习控制需要大容量的高速计算机。由于早期计算机发展水平的限制,往往采用离线与在线相结合的学习方法实现当时的学习控制。随着计算机技术的发展,尤其是微型计算机功能和容量的快速进展,在线自学习控制渴望获得新的发展。20世纪60年代开始研究双重控制及随后研究的人工神经网络学习控制理论,其控制原理是建立在模式识别方法的基础上的。K. S. Narendra 等在 1962 年提出了一种基于性能反馈的校正方法。F. W. Smith 于 1964 年提出了一种应用模式识别自适应技术的开关式(Bang-Bang)控制方法。同时,F. B. Smith 研究了可训练飞行控制系统。Butz 开发了一个开关式学习调节器。Mendel 把可训练阈值逻辑方法作为一种人工智能技术用于控制系统。

另一类基于模式识别的学习控制方法是把线性增强技术用于学习控制系统。其中,Waltz 和 Fu 于 1965 年提出把启发式方法用于增强学习控制系统。此类方法的另一些工作包括子目标选择和两级学习控制方法等,还有把上述概念用于卫星的精确姿态控制。

研究基于模式识别的学习控制的第三类方法是利用 Bayes 学习估计方法,这是由 Fu 于 1965 年首先提出的。此外,Tsypkin、Nikolic 和 Fu 还从另一思路研究了这类学习控制的随机逼近方法,并采用随机自动机作为学习系统的模型。

Wee 和 Fu 于 1969 年提出模糊学习控制系统,而 Saridis 等在 1977—1982 年发展了递阶语义学习方法。这些学习方法在处理指令和决策中具有较高的智能水平,因而适用于多级递阶控制的较高控制层级。

由于基于模式识别的学习控制方法存在收敛速度慢、占用内存大、分类器选择涉及训练样本的构造以及特征选择与提取较难等具体实现问题,因而此类方法后来发展较慢。另两类学习控制原理,即迭代学习控制及重复学习控制,在 20 世纪 80 年代被提出来,并获得发展;它们采用比较简单的控制律,把学习控制用于工程实际。

内山于 1978 年首先提出重复学习控制(repetitive learning control)方法,并把这种方法用于控制机器人操作机。井上和中野等从频域角度发展了重复学习控制。1984 年,有本、川村和宫崎等将内山的初步研究成果进一步理论化,提出了时域学习控制方法,即迭代学习控制(iterative learning control)。

迭代学习控制具有广泛的应用领域。川村等研究了迭代学习控制的逆系统、有界实性、灵敏度和最优调节问题,深刻地揭示其学习过程实质上是逼近逆系统的过程。古田等于 1986 年基于 Hilbert 空间和逆时间角度,提出一种多变量的最优迭代学习控制,其系统参数较易确定,并能平滑地跟踪期望输出。Gu 和 Loh 于 1987 年提出一种多步迭代学习控制方法,能够有效地改善系统的鲁棒性。到 20 世纪 80 年代末,许多有关迭代学习控制的课题得到研究,这些课题涉及离散时间系统、在线参数估计、收敛性、最优设计方法、二维模型和非线性系统等。

20 世纪 80 年代以来,连接主义学习方法为学习控制输入新的动力。Remelhart 等提出了能够实现多层神经网络的误差反向传播模型。与此同时,Hopfield 提出一种具有联想记忆功能的反馈互连网络,后被称为 Hopfield 网络。到目前为止,已经发表了 100 多种神经网络模型;其中一些典型的神经网络模型已在 6.1 节中做了介绍。由于神经网络具有并行分布处理、非线性映射、通过训练进行学习、适应性和集成性等优良特性,近10年来对连接主义学习控制的研究非常活跃。该领域有代表性的工作包括基于神经网络的具有增强学习的学习控制、基于神经网络的迭代学习控制、基于神经网络的自学习控制以及基于规则的学习控制等。这方面的成功应用例子有倒立摆、机器人操作机、水下遥控机器人和飞机飞行控制等。

2. 学习控制与自适应控制的关系

自适应控制与学习控制存在一些相似的研究动机和相关实现技术,因此,有必要考虑适应与学习间的关系,因为这是:

(1) 进一步研究自适应控制和学习控制的需要。

(2) 开发具有自适应和学习组合特性的控制方法的需要。

(3) 进一步开发学习控制实现技术的需要。

自适应控制和学习控制都应在受控对象与闭环交互作用基础上,探求改善未来的控制性能。不过,学习控制能够在存储器中保持所获取的技术,并在相似的未来情况下允许重新调用这些技术。这样,一个系统如果把每种明显的操作状况都看作新奇的操作,那么该系统局限于自适应操作;然而,一个系统把过去的经验与过去的状态联系起来,而且能够在未来重新调用和开发这些经验,那么就认为该系统是能够学习的。

现有的自适应控制强调时间特性,其目标是强调在出现扰动和时变动力学时保持某些需要的闭环行为。这些功能形式包括可调节参数的一个小集合,而这些参数被优化以局部地考虑受控对象的行为。一个有效的自适应控制器必须具有相当快的动力学响应,以便迅速反映对象行为的变化。

对于一些实例,假定的功能形式参数可能变化得如此之快,以致自适应系统无法通过自适应作用单独保持所需性能。包括非线性动力学在内的动力学特性的变化,可能引起系统运行点随时间移动。对于这种情况,学习系统更为可取,因为学习系统能保持性能,而且原则上能够更快地反映问题空间的变化。

因此,学习控制系统强调空间特性,它们需要一个能够存储信息(作为对象当前运行条件的函数)的存储器。学习系统存储的实现可通过通用函数合成技术达到。这些学习系统通过对一个大的可调节参数集合的优化来运行,建立一个获取问题空间关系的映射。要成功地执行该全局优化过程,学习系统要加强应用已往信息,并采用相当慢的学习动力学模型。

对学习控制器的训练,通过一些操作包使用一种把合适的控制作用(或控制集合或模型参数)与每一操作条件联系起来的自动机制。这样,就能够以过去经验为基础,考虑和预计早先存在的未知非线性及其影响。一旦这样的控制系统得到"学习",就不再会出现由空间动力学变化引起的瞬态行为,从而产生比自适应控制更有效的策略,更优良的性能。

尽管适应目标(更新通过时间的行为)与学习目标(把行为与状况联系起来)有明显的区别,但适应过程和学习过程是互补的,各自具有唯一的要求特性。例如,自适应技术能够适合缓慢时变动力学和新情况(如从未实验过的情况),但对具有明显非线性动力学的问题效果不佳。与此相反,学习方法具有相反的特性:它能够适应建模很差的非线性动力学行为,但不大适合时变动力学问题。一个感兴趣的研究目标是开发和设计能够同时具有自适应和学习能力的混合系统结构。

10.1.3　控制律映射及对学习控制的要求

1. 学习控制律映射

可把学习控制器的设计定义为求得某个适当函数映射(mapping)的过程,该映射即控制律为 $u = k(y_m, y_d, t)$。其中,y_m 为受控对象的被测(实际)输出;y_d 为受控对象的期望(要求)输出;u 为控制作用,应能够达到一定的性能目标。控制律的设计过程往往由如图 10.1 所示的辅助映射支持。例如,从一定的对象操作条件至控制器参数或局部对象模型的映射,对增益调度应用(见图 10.1(b))是重要的。

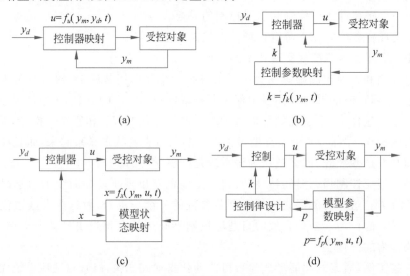

图 10.1　学习控制律设计的各种映射

可把学习控制解释为在某控制结构中应用的函数映射的自动综合。当控制系统必须在足够显著的不确定性条件下运行时,就需要学习,这时,以可得到的推理设计知识来设计一个具有固定不变的满意性能的控制器是不切实际的。学习的一个目标是允许通过减少先验不确定性解决广泛类型的问题。

对于典型的学习控制应用,期望映射是固定的,并由一个包含受控对象输出和控制系统输出的目标函数来表示。然后,目标函数把反馈与指定的可调节(目前存储在其存储器内)的映射元素联系起来。基本思想是,能够应用性能反馈来改进由学习系统提供的映射。当这些映射因先验不确定性(如差的模型非线性动力学行为)而无法完全预先确定时,就需要进行学习。

2. 对学习控制的要求

对于许多控制设计问题,可供使用的演绎模型信息是如此有限,以致很难或者不可能设计一个满足规定性能要求的控制系统。在这种情况下,控制系统设计者面临三种选择:

(1) 降低控制性能要求水平。

(2) 预先开发另外的理论或经验模型以减少不确定性。

(3) 使所设计的控制系统具有在线自动调节能力以减少不确定性或改善其性能。

其中,第(3)种选择与前两种选择大为不同,因为其设计结果不是固定不变的,具有固有的操作灵活性。

在许多情况下,为了满足控制系统的性能、成本或灵活性等要求,降低控制性能要求水平或预先开发另外的理论或经验模型的方案是无法接受的。这样,设计者只能通过减少不确定性来提高可达到的系统性能水平,而减少不确定性只能通过与实际系统的在线交互作用才能实现。

通过自身改变控制律直接地或借助模型辨识和重新设计控制律间接地实现控制系统的自动在线调节,已由许多研究人员进行了相当长时间的研究。特别对线性系统的自适应控制已获得很好开发,对非线性系统的在线调节技术也已存在,但还未开发好。现有的大多数非线性调节技术主要用于具有已知模型结构和未知参数的非线性系统,学习控制技术通过与实际系统的在线交互作用获得开发经验,已成为增强缺少建模的非线性系统性能的一种工具。

实现学习控制系统需要 3 种能力:

(1)性能反馈。要进一步改善系统性能,学习系统必须能够定量地估计系统的当前和已往性能水平。

(2)记忆。学习系统必须具备存储所积累的并将在以后应用的知识的方法。

(3)训练。要积累知识,就必须有一种能够把定量的性能信息转化为记忆的机制。

这里所讨论的学习系统的记忆,是由一种能够表示连续族函数的适当的数学框架实现的,而训练或记忆调节过程是设计用于自动调节逼近函数的参数(或结构)以综合要求的输入/输出映射。

图 10.2 给出学习控制系统的相关研究领域。研究领域的分解是建立在适当的控制思想上的,而且估计结构的研究是以"黑匣"学习系统的概念为基础的。学习系统的记忆和训练算法可以比较独立地进行开发,以达到所要求的黑匣性能和有效的实现。

许多学习控制和估计结构已被建议用于不同的应用场合。

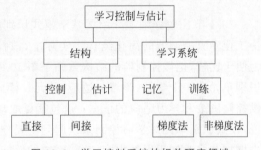

图 10.2 学习控制系统的相关研究领域

10.2 学习控制方案

20 世纪 70 年代以来,研究者已经提出各种各样的学习控制方案。学习控制主要方案如下:

(1)基于模式识别的学习控制。

(2)迭代学习控制。

(3)重复学习控制。

(4)连接主义学习控制,包括增强学习控制和深度学习控制。

(5)基于规则的学习控制,包括模糊学习控制。

(6)拟人自学习控制。

(7)状态学习控制。

学习控制具有四个主要功能:搜索、识别、记忆和推理。在学习控制系统的研制初期,对搜索和识别的研究较多,而对记忆和推理的研究较少。与学习系统相似,学习控制系统也分两类,即在线学习控制系统和离线学习控制系统,分别如图10.3(a)和(b)所示。图中,R代表参考输入,Y代表输出响应,u代表控制作用,s代表转换开关。当开关接通时,该系统处于离线学习状态。

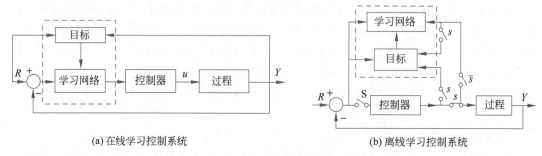

(a) 在线学习控制系统　　　　　　　　(b) 离线学习控制系统

图 10.3　学习控制系统原理框图

离线学习控制系统应用比较广泛,而在线学习控制系统主要用于比较复杂的随机环境。在线学习控制系统需要高速和大容量计算机,而且处理信号需要花费较长时间。在许多情况下,这两种方法互相结合。首先,无论什么时候,只要可能,先验经验总是通过在线方法获取,然后在运行中进行在线学习控制。

10.2.1　基于模式识别的学习控制

10.1节比较详细地介绍了基于模式识别的学习控制的发展过程,而在第3章提出过一个工业专家控制器的简化结构。实际上,该控制器也是一个基于模式识别的学习控制器。为便于比较,把该控制器的结构重画于图10.4,从图可见,该控制器中含有一个模式(特征)识别单元和一个学习(学习与适应)单元。模式识别单元实现对输入信息的提取与处理,提供控制决策和学习适应的依据;这包括提取动态过程的特征信息和识别特征信息。换句话说,模式识别单元对学习控制系统起到重要作用。学习与适应单元的作用是根据在线信息来增加与修改知识库的内容,改善系统的性能。

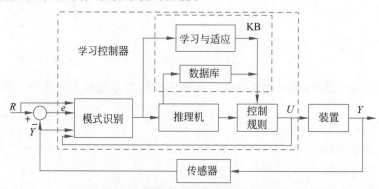

图 10.4　基于模式识别学习控制系统的一种结构

图10.4所示的基于模式识别的学习控制系统,可被推广为一个具有在线特征辨识的分层(递阶)结构,如图10.5所示。从图10.5可知,该控制系统由三级组成,即组织级、自校正级和执行控制级。组织级由自学习器SL(self-learner)内的控制规则来实现组织作用;自校

正级由自校正器 ST(self-turner)来调节受控参数；执行控制级则由主控制器 MC(main controller)和协调器 K 构成。MC、ST 和 SL 内的在线特征辨识器 CI1～CI3，规则库 RB1～RB3 以及推理机 IE1～IE3 是逐级分别设置的。总数据库 CDB(common database)为三级所共用，以便进行密切联系与快速通信。各级信息处理的决策过程分别由 3 个三元序列 $\{A,CM,F\}$、$\{B,TM,H\}$ 和 $\{C,LM,L\}$ 描述。此外，FM 为反馈模型。

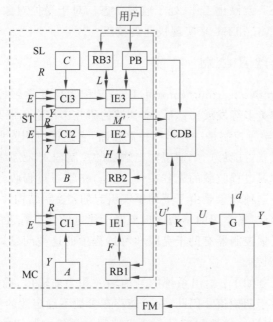

图 10.5　一个多级学习控制系统

　　来自指令 R、系统输出 Y 和偏差 E 的在线信息，分别送到 MC 和 ST 的 CI1 和 CI2，与相应的特征模型 A(系统动态运行特征集)及 B(系统动态特性变化特征集)进行比较和辨识，并通过 IE1 和 IE2 内的产生式规则集 F 和 H 映射到控制模式集 CM 和参数校正集 TM 上，产生控制输出 U' 和校正参数 M'。U' 经协调器 K 形成受控对象 G 的输入向量 U，而 M' 则输入到 CDB，以取代原控制参数 M。

　　对于执行控制级的 MC 和参数校正级的 ST，$\{A,CM,F\}$ 和 $\{B,TM,H\}$ 均为由设计者赋给的或由 SL 形成的先验知识，分别存放在规则库 RB1、RB2 和 CDB 中。SL 中的 RB3 是控制器的总数据库，用于存放控制专家经验集 $\{C,LM,L\}$(它包含 $\{A,CM,F\}$ 和 $\{B,TM,H\}$)，选择、修改和生成规则以及学习效果的评判规则。其中，存放的性能指标包括总指标集 PA 和子指标集 PB。PA 由用户给定，PB 则为 PA 的分解子集，由 CI3 的特征辨识结果选择与组合，作为不同阶段和不同类型对象学习的依据。

　　学习过程分为启动学习和运行学习两种。启动学习过程是控制器起动后初始运行的学习，它迭代依据当前特征状态 C，前段运行效果的特征记忆 D 以及相应问题求解的子指标集 PB 之间的关系，确定 MC 的 $\{A,CM,F\}$ 和 ST 的 $\{B,TM,H\}$，即

$$\text{IF}\langle C,D,\text{PB}\rangle$$
$$\text{THEN}\{A,CM,F\}\text{ AND}\{B,TM,H\}$$

运行学习过程是指控制运行中对象类型变化时的自学习过程。首先，SL 从反映对象类

型变化的特征集 C' 确定出新的子指标集 PB′,然后依据特征记忆 D' 来增删或修改$\{A,\mathrm{CM},F\}$和$\{B,\mathrm{TM},H\}$,即

$$\mathrm{IF}\ C'\ \mathrm{THEN}\ \mathrm{PB}'$$
$$\mathrm{IF}\langle C',D',\mathrm{PB}'\rangle$$
$$\mathrm{THEN}\{A',\mathrm{CM}',F'\}\ \mathrm{AND}\{B',\mathrm{TM}',H'\}$$

学习过程结束后,ST 就停止工作,处于监视状态。对于受控对象类型不变时参数和环境的不确定性变化,由 MC 和 ST 来实现快速自校正。

10.2.2　迭代学习控制

迭代学习控制(iterative learning control,ILC,又称为反复学习控制)方法最先由内山提出,并由有本、川村和美多等发展。此后,本领域的研究工作全面展开,如 10.1 节所述。

定义 10.13　迭代学习控制是一种学习控制策略,它迭代应用先前试验得到的信息(而不是系统参数模型),以获得能够产生期望输出轨迹的控制输入,改善控制质量。

虽然给出了保证学习过程收敛的充分条件,但是,在学习过程收敛至 0 之前,轨迹误差仍然可能很快地增大。这种现象是由于下列事实引起的:控制结构并不能单独补偿每次试验产生的输出误差。因此,在学习的早期该现象对于稳定装置是有害的,而对于不稳定装置是更坏的。采用常规反馈控制器有助于克服学习过程中的这类问题,因为这些控制器能够补偿控制输入,以减少误差。

迭代学习控制的任务如下:给出系统的当前输入和当前输出,确定下一个期望输入使得系统的实际输出收敛于期望值。因此,在可能存在参数不确定性的情况下,可通过实际运行的输入/输出数据获得最好的控制信号。迭代控制与最优控制间的区别在于:最优控制根据系统模型计算最优输入,而迭代控制则通过先前试验获得最好输入。迭代控制与自适应控制的区别为:迭代控制的算法是在每次试验后离线实现的,而自适应控制的算法是个在线算法,需要大量计算。

迭代学习控制系统的基本结构如图 10.6 所示。图中,$u_k(t)$、$y_k(t)$、$y_d(t)$ 和 $e_k(t)$ 为系统第 k 次运行的输入变量、输出变量、期望输出和输出误差,$u_{k+1}(t)$ 为系统第 $k+1$ 次的输入变量,$k=1,2,\cdots,n$。输出误差为

$$e_k(t)=y_d(t)-y_k(t) \tag{10.1}$$

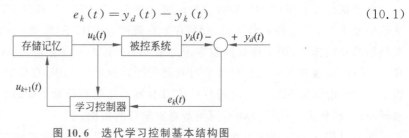

图 10.6　迭代学习控制基本结构图

图 10.7 更形象地说明了迭代学习控制系统的一般作用过程。从图 10.7 可见,控制总输入由两部分组成:一部分是由反馈控制器(PID 控制器或自适应控制器)产生的反馈输入 u_{k+1}^{fb};另一部分是由前一个控制输入 u_k 和学习控制器的输出 Δu_k 组成的前馈输入 u_{k+1}^{ff},即第 $k+1$ 次操作的总控制输入为

$$u_{k+1}=u_{k+1}^{ff}-u_{k+1}^{fb}=u_k+\Delta u_k-u_{k+1}^{fb}$$

假设受控对象具有下列动态过程

$$\dot{x}_k(t) = f(x_k(t), u_k(t), t)$$

$$y_k(t) = g(x_k(t), u_k(t), t) \tag{10.2}$$

式中,$x_k \in R^{n \times 1}$,$y_k \in R^{m \times 1}$,$u_k \in R^{r \times 1}$,f、g 为具有相应维数及未知结构和参数的向量函数。

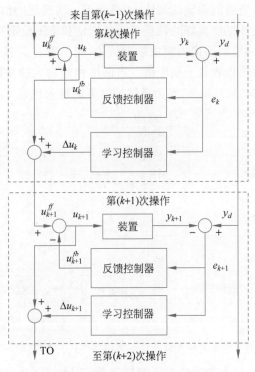

图 10.7 迭代学习控制原理框图

从图 10.7 可知,第 k 次学习的参考输入 $u_k(t)$ 和修正信号 Δu_k 相加并存储后,作为第 $(k+1)$ 次学习的给定输入,即

$$u_{k+1}(t) = L(u_k(t), e_k(t)) \tag{10.3}$$

上式给出迭代控制清晰和基本的思想(迭代学习控制的学习律),也就是说,对于第 $(k+1)$ 次学习,其输入是从第 k 次输入和第 k 次学习经验得到的,随着有效经验的迭代积累,下式成立

$$e_k(t) \rightarrow 0, \quad k \rightarrow \infty, \quad (k-1)T \leqslant t \leqslant kT \tag{10.4}$$

或者

$$y_k(t) \rightarrow y_d(t), \quad k \rightarrow \infty, \quad (k-1)T \leqslant t \leqslant kT \tag{10.5}$$

因而学得的实际输出逐渐逼近期望输出,即当 k 趋向无穷大时,如果 $e_k(t)$ 在给定时间区间 $[0, T]$ 上一致趋向于 0,则该学习控制是收敛的。只有收敛的迭代学习控制过程,才有实际应用意义。式中,T 为学习采样周期。

在 20 世纪 80 年代中期,开发了几种迭代学习律或算法;它们被用于连续或离散线性控制系统。其他的迭代学习方法被用于非线性控制系统。所有这些系统均为开环迭代学习控制系统,不存在反馈回路。

人们提出一种具有更强的抗干扰能力的闭环迭代学习控制概念，图10.8表示一种具有闭环系统的迭代学习控制方案。这种方法能够在有限时间间隔内精确跟踪一类非线性系统，而且学习是在反馈结构下进行的，学习律更新了由前一次试验的装置输入得到的反馈输入。通过采用装置输入饱和器，能够扩展这类非线性系统。经严密的证明，收敛条件不影响控制器的动态性能，因而该反馈控制器并不影响收敛条件，学习性能可得到很大改善。可用当前的装置输入（而不是当前的前馈控制输入）更新下一次迭代的前馈控制输入。如果使用一个稳定的控制器（它能够提供良好的性能），而且把饱和范围设定得足够大，那么该反馈控制输出一定能够使装置的输出不偏离期望输出轨迹，而停留在其邻域内。借助反馈控制输入，前馈控制输入能够很快地收敛于期望值。当前馈控制输入使实际输出精确地跟随期望输出轨迹时，反馈控制器的输出为0，因为反馈控制器的输入也是0。

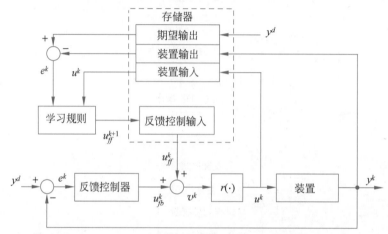

图 10.8　具有反馈控制器和输入饱和器的迭代学习控制（据 Jang 等，1995）

人们期望迭代学习控制有效地减少反馈控制系统的误差，并作为非线性系统理论的一个工具。例如，上述学习控制系统已用于一台二连杆机器人操作机的跟踪控制，并且得到良好的模拟跟踪性能。

迭代学习控制的种类很多，可分为开环迭代学习控制、闭环迭代学习控制、开-闭环迭代学习控制、连续系统迭代学习控制、离散系统迭代学习控制、离散-连续系统迭代学习控制、分布参数系统迭代学习控制等。

迭代学习控制要研究的论题涉及迭代控制学习律、迭代控制系统分析方法、学习速度问题、初始条件问题、控制器设计和鲁棒收敛性等。

对各种类型迭代学习控制系统及其特性和方法的深入研究，已超出本书范围；有兴趣的读者可参阅国内外关于迭代学习控制系统的专著。

迭代学习控制已在工业过程控制、机器人控制、倒立摆系统控制、医学治疗和其他工业生产中得到越来越广泛的应用。

10.2.3　重复学习控制

众所周知，为了使伺服控制系统在阶跃输入 F 达到稳定跟踪，或者在阶跃扰动下达到稳定抑制，必须把积分补偿器引入闭环系统。反之，只要把积分补偿器引入系统，使其闭环系统稳定，就能够实现一个没有稳定误差的伺服系统。根据内模原理，对于一个具有单一振

荡频率 ω 的正弦输入(函数),只要把传递函数为 $1/(s^2+w_c^2)$ 的机构设置在闭环系统内作为内模即可。

如果所设计的机构产生具有固定周期 L 的周期信号,并且设置在闭环内作为内模,那么周期为 L 的任意周期函数可通过下列步骤产生:给出一个对应于一个周期的任意初始函数,把该函数存储起来,每隔一个周期 L 就重复取出此周期函数。因此,可把周期为 L 的周期函数发生器想象为如图 10.9 所示的时间常数为 L 的时滞环节。实际上,令时滞环节 e^{-Ls} 的初始函数为 $\varphi(\theta)$,那么 $\varphi(\theta)$ 每隔一个周期 L 将重复一次,其目标传递函数 $r(t)$ 可表示为

$$r(iL+\theta)=\varphi(\theta), \quad 0\leqslant\theta\leqslant L, i=0,1,\cdots \qquad (10.6)$$

可知,只要把此发生器作为内模设置在闭环内,就能够构成对周期为 L 的任意目标信号均无稳态误差的伺服系统。该函数发生器称为重复补偿器,而设置了重复补偿的控制系统称为重复控制系统(repetitive control system)。图 10.10 给出了重复控制系统的基本结构。

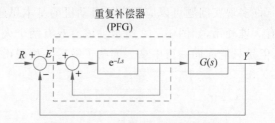

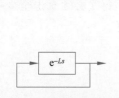

图 10.9　周期函数发生器　　　　图 10.10　重复控制系统基本结构

重复控制和迭代控制在控制模式上具有密切关系,它们均着眼于有限时间内的响应,而且都利用偏差函数来更新下一次的输入。不过,它们之间存在一些根本差别。

(1) 重复控制构成一个完全闭环系统,进行连续运行。反之,迭代控制每次都是独立进行的;每试行一次,系统的初始状态也被复原一次,因而系统的稳定性条件要比重复控制的宽松。

(2) 两种控制的收敛条件是不同的,而且用不同的方法确定。

(3) 对于迭代控制,偏差的导数被引入更新了的控制输入表达式。

(4) 迭代控制能够处理线性控制输入的非线性系统。

从上述讨论可知,迭代控制具有重复控制所没有的一些优点。不过,迭代控制在应用方面也有其局限性。重复控制已用于直流电动机的伺服控制、电压变换器控制及机器人操作机的轨迹控制等。

10.2.4　增强学习控制

一个能够感知其环境的自主机器人,如何通过学习选择达到其目标的最佳动作?当机器人在其环境中做出每个动作时,指导者会提供相关奖励或惩罚信息,以表示当前状态是否正确。这种有教师(指导者)的学习在很多情况下是可行的。本节介绍的增强学习(又称强化学习,reinforcement learning),由于其方法的通用性、对学习背景知识要求较少以及适用于复杂、动态的环境等特点,已引起了许多研究者的兴趣,成为机器学习的主要方式之一,并在控制领域获得成功应用。

在增强学习中,学习系统根据从环境中反馈信号的状态(奖励/惩罚),调整系统的参数。

这种学习一般比较困难,主要是因为学习系统并不知道哪个动作是正确的,也不知道哪个奖惩赋予哪个动作。在计算机领域,第一个增强学习问题是利用奖惩手段学习迷宫策略。20世纪80年代中后期,增强学习才逐渐引起人们的广泛研究。最简单的增强学习采用的是学习自动机(learning automata)。近年来,根据反馈信号的状态,提出了 Q 学习算法、Rarsa 算法和时差学习等增强学习方法。

1. 增强学习原理与程序设计

(1) 学习自动机。

学习自动机是增强学习使用的最普通的方法。这种系统的学习机制包括两个模块:学习自动机和环境。学习过程是根据环境产生的刺激开始的,自动机根据所接收到的刺激,对环境做出反应,环境接收到该反应对其做出评估,并向自动机提供新的刺激;学习系统根据自动机上次的反应和当前的输入自动调整其参数。学习自动机如图10.11所示,这里延时模块用于保证上次的反应和当前的刺激同时进入学习系统。

许多现实问题可以应用学习自动机的基本思想,例如 NIM 游戏。在 NIM 游戏中,桌面上有3堆硬币,如图10.12所示。该游戏有两个人参与,每个选手每次必须拿走至少一枚硬币,但是只能在同一行中拿。谁拿了最后一枚硬币,谁就是失败者。

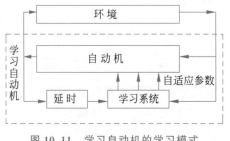

图 10.11　学习自动机的学习模式

图 10.12　NIM 游戏

假定游戏的双方为计算机和人,并且计算机保留了它在游戏过程中每次拿走硬币数量的记录。这可以用一个矩阵来表示,如图10.13所示,其中第(i,j)个元素表示计算机从第 j 状态到第 i 状态成功的概率,#表示无效状态。显然上述矩阵的每一列的元素之和为1。

目标状态	源状态 135	134	133	…	…	125	…
135	#	#	#	#	#	#	…
134	1/9	#	#	…	…	#	…
133	1/9	1/8	#	…	…	#	…
132	1/9	1/8	1/7	#	…	#	…
124	#	1/8	#	#	…	1/8	…

图 10.13　NIM 游戏中的部分状态转换图

可为系统增加一个奖惩机制,以便于系统的学习。在完成一次游戏后,计算机调整矩阵中的元素,如果计算机取得了胜利,则对应于计算机所有的选择都增加一个量,而相应列中的其他元素都降低一个量,以保持每列的元素之和为1。如果计算机失败了,则与此相反,计算机所有的选择都降低一个量,而每一列中的其他元素都增加一个量,同样保持每列元素之和为1。经过大量的试验,矩阵中的量基本稳定不变,当轮到计算机选择时,它可以从矩阵中选取使得自己取胜的最大概率的元素。

（2）自适应动态程序设计。

增强学习假定系统从环境中接收反应，但是只有到了其行为结束后（即终止状态）才能确定其状况（奖励还是惩罚），并假定，系统初始状态为 S_0，在执行动作（假定为 a_0）后，系统到达状态 S_1，即

$$S_0 \xrightarrow{a_0} S_1$$

对系统的奖励可以用效用（utility）函数来表示。在增强学习中，系统可以是主动的，也可以是被动的。被动学习是指系统试图通过自身在不同环境中的感受来学习其效用函数；而主动学习是指系统能够根据自己学习到的知识，推出在未知环境中的效用函数。

关于效用函数的计算，可以这样考虑：如果系统达到了目标状态，效用值应最高，假设为1；对于其他状态的静态效用函数，可以采用下述简单的方法计算。假设系统通过状态 S_2，从初始状态 S_1 到达了目标状态 S_7（见图 10.14）。现在重复试验，统计 S_2 被访问的次数。假设在 60 次试验中，S_2 被访问了 5 次，则状态 S_2 的效用函数可以定义为 $5/100 = 0.05$。现假定系统以等概率的方式从一个状态转换到其邻接状态（不允许斜方向移动），例如，系统可以从 S_1 以 0.5 的概率移动到 S_2 或者 S_6，如果系统在 S_5，它可以 0.25 的概率分别移动到 S_2、S_4、S_6 和 S_8。

S_3	S_4	S_7（目标）
S_2	S_5	S_8
S_1	S_6	S_9

图 10.14 简单的随机环境

对于效用函数，可以认为"一个序列的效用是累积在该序列状态中的奖励之和"。静态效用函数值比较难以得到，因为这需要大量的实验。增强学习的关键是给定训练序列，更新效应值。

在自适应动态程序设计中，状态 i 的效应值 $U(i)$ 可以用下式计算

$$U(i) = R(i) + \sum_{\forall j} M_{ij} U(j) \tag{10.7}$$

式中，$R(i)$ 是状态 i 时的奖励；M_{ij} 是从状态 i 到状态 j 的概率。

对于一个小的随机系统，可以通过求解类似上式的所有状态中的所有效用方程来计算 $U(i)$。但当状态空间很大时，求解起来就不是很方便了。

为了避免求解类似上式方程，可以通过下面的公式来计算 $U(i)$

$$U(i) \leftarrow U(i) + \alpha [R(i) + U(j) - U(i)] \tag{10.8}$$

式中，$\alpha(0 < \alpha < 1)$ 为学习率，它随学习过程的进行而逐渐变小。

由于式（10.9）考虑了效用函数的时差，所以该学习称为时差学习。

另外，对于被动的学习，M 一般为常量矩阵。但是对于主动学习，它是可变的。所以，式（10.9）可以重新定义为

$$U(i) = R(i) + \max_a \sum_{\forall j} M_{ij}^a U(j) \tag{10.9}$$

这里 $\max_{ij}^a$ 表示在状态 i 执行动作 a 达到状态 j 的概率。这样，系统会选择使得 $\max_{ij}^a$ 最大的动作，$U(i)$ 也会最大。

2. Q 学习算法

Q 学习是一种基于时差策略的增强学习,它是指定在给定的状态下,在执行完某个动作后期望得到的效用函数,该函数为动作-值函数。在 Q 学习中,动作-值函数表示为 $Q(a,i)$,它表示在状态 i 执行动作 a 的值,也称在 Q 学习中使用 Q 值代替效用值。效用值和 Q 值之间的关系如下

$$U(i) = \max_a Q(a,i)$$

在增强学习中,Q 值起着非常重要的作用。第一,与条件-动作规则类似,它们都可以不需要使用模型就可以做出决策;第二,与条件-动作不同的是,Q 值可以直接从环境的反馈中学习获得。

同效用函数一样,对于 Q 值可以有下面的方程

$$U(a,j) = R(i) + \sum_{\forall j} M_{ij}^a \max_a Q(a',j) \tag{10.10}$$

对应的时差方程为

$$Q(a,j) \leftarrow Q(q,j) + \alpha[R(i) + \max_a Q(a',j) - Q(a,j)] \tag{10.11}$$

增强学习方法作为一种机器学习的方法,取得了很多实际应用,例如博弈、机器人控制等。另外,在互联网信息搜索中,搜索引擎必须能自动地适应用户的要求,这类问题属于无背景模型的学习问题,也可以采用增强学习来解决这类问题。

虽然增强学习存在不少优点,但是它也存在一些问题:

(1) 概况问题。典型的增强学习方法,如 Q 学习,都假定状态空间是有限的,且允许用状态-动作记录其 Q 值。而许多实际的问题,往往对应的状态空间很大,甚至状态是连续的;或者状态空间不很大,但是动作很多。另一方面,对某些问题,不同的状态可能具有某种共性,从而对应于这些状态的最优动作是一样的。因而,在增强学习中研究状态-动作的概括表示是很有意义的,这可以使用传统的泛化学习,如实例学习,神经网络学习等。

(2) 动态和不确定环境。增强学习通过与环境的试探性交互,获取环境状态信息和增强信号来进行学习,这使得能否准确地观察到状态信息成为影响系统学习性能的关键。然而,许多实际问题的环境往往含有大量的噪声,无法准确地获取环境的状态信息,则增强学习算法就可能无法收敛,如 Q 值摇摆不定。

(3) 当状态空间较大时,算法收敛前的实验次数可能要求很多。

(4) 大多数增强学习模型针对的是单目标学习问题的决策策略,难以适应多目标学习,难以适应多目标多策略的学习要求。

(5) 许多问题面临的是动态变化的环境,其问题求解目标本身可能也会发生变化。一旦目标发生变化,已学习到的策略有可能变得无用,整个学习过程要从头开始。

10.2.5 基于神经网络的学习控制

第 6 章已较详细地讨论了神经控制系统。事实上,神控制系统的核心是神经控制器(NNC),而神经控制的关键技术是学习(训练)算法。从学习的观点看,神经控制系统自然是学习控制系统的一部分。有些人称这种神经控制为连接主义学习控制,还有些人称它为基于神经网络的学习控制。读者可以把第 6 章(神经控制系统)当作本章的一节来复习。

10.3 学习控制系统应用举例

学习控制系统通过与环境的交互作用,能够改善系统的动态特性。学习控制系统的设计应保证其学习控制器具有改善闭环系统特性的能力。学习控制系统为受控装置提供指令输入,并从该装置得到反馈信息。近年来,学习控制系统已在实时工业领域获得许多应用。本节将举例介绍学习控制系统的应用,即用于无缝钢管张力减径过程壁厚控制迭代学习控制系统。

10.3.1 无缝钢管张力减径过程壁厚控制迭代学习控制算法

由 10.2 节讨论可知,迭代学习控制适于重复运行的系统。控制系统利用系统的实际输出与期望输出的误差信号,作为学习控制器的控制信号,使受控对象跟踪与映射,调节与提高其性能。本应用实例介绍一个用于宝钢集团钢管公司的无缝钢管张力减径过程壁厚控制迭代学习控制系统。该系统根据张力减径(以下简称"张减")过程中轧制前后钢管壁厚的实测数据和钢管的特征数据,采用迭代学习控制算法,提出无缝钢管张减过程的平均壁厚控制的迭代学习控制。在轧制过程中,系统能够在线自适应调整各轧制机架的稳态转速分布,并补偿由物理参数的时变不确定性和建模误差造成的轧辊转速分布参数误差。

1. 无缝钢管张力减径过程简介

无缝钢管张力减径过程应用相互紧靠和适当串列的轧辊,通过预定的轧辊速率变化对钢管进行轧制,使管壁厚度按预定值成型。张力减径机通常由多架带孔型的三辊式轧机组成,通过预定的轧辊速率变化产生张力。通过改变各轧辊间转速的速差可调节张力大小。在实时控制中,张减机的张力计算主要考虑轧辊转速与钢管壁厚的定性和定量关系。

令待轧制钢管的初始厚度为 s_0,初始外径为 D_0,那么张减过程中钢管壁厚与设定的稳态辊轮转速间的关系可形式化描述如下

$$s = F(N, s_0, D_0) \tag{10.12}$$

式中,s 为钢管的出口壁厚(即平均壁厚),$N = (n_1, n_2, \cdots, n_m)^T$ 为参与轧制机架的轧辊转速分布,m 为参与轧制的机架数,$n_1, n_2, \cdots, n_m$ 为 m 个机架的稳态轧辊转速分布,F 为待求的非线性函数。

轧辊工作直径与轧辊间速差的定性关系如下:设前后轧辊分别为第 i 机架和第 $i+1$ 机架上的轧辊,它们的轧制速度分别为 n_i 和 n_{i+1},工作直径分别为 Φ_i 和 Φ_{i+1}。若前后轧辊的轧制速度变化分别为 $\tilde{n}_i$ 和 $\tilde{n}_{i+1}$,则前后轧辊的工作直径 $\tilde{\Phi}_i$ 和 $\tilde{\Phi}_{i+1}$ 的变化趋势为

$$若 \tilde{n}_i > n_i, \tilde{n}_{i+1} = n_{i+1}, \quad 则 \tilde{\Phi}_i < \Phi_i, \tilde{\Phi}_{i+1} > \Phi_{i+1} \tag{10.13}$$

$$若 \tilde{n}_i < n_i, \tilde{n}_{i+1} = n_{i+1}, \quad 则 \tilde{\Phi}_i > \Phi_i, \tilde{\Phi}_{i+1} < \Phi_{i+1} \tag{10.14}$$

$$若 \tilde{n}_i = n_i, \tilde{n}_{i+1} > n_{i+1}, \quad 则 \tilde{\Phi}_i > \Phi_i, \tilde{\Phi}_{i+1} < \Phi_{i+1} \tag{10.15}$$

$$若 \tilde{n}_i = n_i, \tilde{n}_{i+1} < n_{i+1}, \quad 则 \tilde{\Phi}_i < \Phi_i, \tilde{\Phi}_{i+1} > \Phi_{i+1} \tag{10.16}$$

又令轧制第 k 根钢管时张减机第 1 机架的轧辊工作直径为 Φ_1^k,轧辊转速为 n_1^k,第 i 机架的轧辊工作直径为 Φ_i^k,轧辊转速为 n_i^k,钢管直往为 D_i^k,管壁厚度为 s_i^k。在稳态时,根据体积不变规律,钢管截面积变化、相邻机架转速及工作直径满足如下关系

$$\frac{n_i^k}{n_1^k} = \frac{(D_0 - s_0)s_0 \Phi_1^k}{(D_i^k - s_i^k)s_i^k \Phi_i^k} \tag{10.17}$$

2. 控制平均壁厚的迭代学习算法

本应用采用 PID 迭代自学习控制律实现迭代学习控制。其具体描述如下：对于一个受控非线性系统或过程，令 $y_d(t)$、$u_k(t)$ 和 $y_k(t)$ 分别表示给定时间区间 $[0,T]$ 上的期望输出、系统的第 k 次输入和第 k 次输出，T 为运行周期。系统每次的初始状态相同，即 $y_{k+1}(t_0) = y_k(t_0)$；期望输出 $y_d(t)$ 与实际输出 $u_k(t)$ 的误差为 $e_k(t) = y_d(t) - y_k(t)$。于是，可表示 PID 自学习控制律如下

$$u_{k+1}(t) = u_k(t) + \left[K_p + K_d \frac{\mathrm{d}}{\mathrm{d}x} + K_i \int \mathrm{d}t \right] e_k(t) \tag{10.18}$$

式中，K_p、K_d 和 K_i 分别表示比例、微分和积分学习因子。

PID 迭代自学习控制律比较简洁，且可实现训练间隙的离线计算，不仅具有较好的实时性，而且对干扰和系统模型变化具有一定的鲁棒性。迭代学习控制理论已经证明，若受控系统满足一定的条件（如 Lipschitz 条件），PID 型控制律可使整个系统的稳定性及算法的收敛性均能得到保证[Moore，Saab]。

针对张减过程，提出一种类似于 PID 型迭代控制方法的无缝钢管张减过程的平均壁厚控制算法。该算法不依赖张减机的数学模型，而是依据实时任务调度系统的要求，读取过程控制应用系统基本数据管理模块的钢管工艺参数和轧管的理想设定值，接受由实际数据收集模块传输到过程机现场实测的壁厚，在线修正轧制钢管的轧辊转速分布，并将新的转速传输给轧管控制模块。

考虑张减过程式(10.13)，假设参与轧制的机架数为 m，希望轧制出的钢管满足期望的平均壁厚为 s^d，期望的外径为 D^d。令对应于期望理想壁厚和外径的参与轧制各机架的轧辊转速分布为 N^d，$N^d = (n_1^d, n_2^d, \cdots, n_m^d)^\mathrm{T}$。每次轧制时待轧钢管的初始壁厚为 s_0，初始外径为 D_0，若轧制第 k 根钢管时，轧辊的转速分布为 N^k，$N^k = (n_1^k, n_2^k, \cdots, n_m^k)^\mathrm{T}$，成品钢管的壁厚为 s^k，外径为 D^k，定义期望壁厚 s^d 与实际壁厚 s^k 之间的误差为

$$e^k = s^d - s^k$$

依据迭代学习控制理论和张减过程的特点，计算轧制第 $k+1$ 根钢管时轧制转速分布为 N^{k+1}，$N^{k+1} = (n_1^{k+1}, n_2^{k+1}, \cdots, n_m^{k+1})^\mathrm{T}$

$$N^{k+1} = N^k + Pe^k \tag{10.19}$$

式中，$P = (P_1, P_2, \cdots, P_m)^\mathrm{T}$ 为向量，应满足 $P_1 \geqslant P_2 \geqslant \cdots \geqslant P_m \geqslant 0$。

出口机架辊轮的速度与无缝钢管张减过程的生产节奏有关，其具体值往往是预先确定的。因此，在平均壁厚的迭代自学习控制算法中，尽量保持出口机架辊轮的转速不变。

在张减过程中，根据壁厚误差程度的不同，提出如下动态选择 P 的方法：假设在轧制第 $k+1$ 根钢管时，希望有 $l-1$ 个机架的轧辊参与平均壁厚控制的转速分布的调整，即在迭代自学习控制算法中，保持第 l 个机架的转速固定不变，则按以下算法计算 P

$$P_i = \frac{n_l^k - n_i^k}{n_l^k - n_1^k} \cdot \frac{(D^d - s^d - s^k)}{(D^d - s^k)s^k} \cdot n_1^k \tag{10.20}$$

图 10.15 描述了张减过程平均壁厚控制迭代自学习方法的运行结构和过程。在该算法实际应用中，可以下式代替式(10.19)

$$N^{k+1} = N^k + \alpha e^k P \qquad (10.21)$$

式中，$\alpha \in [0,1]$ 为算法的学习因子，可根据误差的大小在算法中自适应调整。

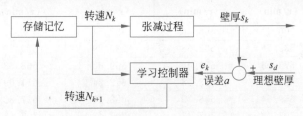

图 10.15　迭代自学习控制的运行结构

10.3.2　钢管壁厚迭代学习控制的仿真及应用结果

基于以上张量减径壁厚自学习控制技术的理论研究成果，结合宝钢集团钢管分公司张减机的特点，在该厂过程机（Alpha4000）系统上建立了所提出的壁厚迭代自学习计算机控制系统。选取以下三种规格的钢管进行平均壁厚迭代学习控制试验研究。由于张力下降机架是精整机架，在轧制中的主要作用是调节钢管的圆度，因此，在试验中仅让张力升起机架和工作机架参与转速调整。

对于表 10.1 中的 3 种钢管，该系统的平均壁厚自学习计算结果分别如表 10.2、表 10.3 和表 10.4 所示，控制效果图分别如图 10.16、图 10.17 和图 10.18 所示。试验结果表明，经过自学习修正轧辊转速，轧制钢管 5 根后，规格 1、规格 2 和规格 3 的平均壁厚误差分别下降为初始误差的 6.7%、1.4% 和 4.5%。

表 10.1　受试钢管的规格参数

规格代号	孔型代号	荒管外径（mm）	荒管壁厚（mm）	成品管外径（mm）	成品管壁厚（mm）	参与轧制轧机架数	旋转固定轧机架数
1	A-O	152.50	4.25	42.20	3.56	24	18
2	B-R	119.00	12.50	60.30	12.50	20	14
3	B-O	152.50	6.00	73.00	5.51	18	12

表 10.2　规格 1 钢管平均壁厚的自学习计算结果

机架编号	孔型直径（mm）	初始转速（r/min）	一次学习后转速（r/min）	二次学习后转速（r/min）	三次学习后转速（r/min）	四次学习后转速（r/min）
1	149.51	238.80	230.04	223.78	220.97	219.85
2	145.16	251.01	242.48	236.38	233.64	232.55
3	139.00	266.01	257.76	251.86	249.21	248.16
4	129.68	289.74	281.19	276.35	273.85	272.85
5	120.61	304.96	297.44	292.06	289.64	288.68
6	112.29	322.10	314.82	309.68	307.36	306.44
7	104.62	341.10	334.20	329.31	327.11	326.23
8	97.56	362.10	355.55	350.94	348.87	348.04
9	91.05	385.10	378.99	374.68	372.74	371.97
10	85.02	410.23	404.67	400.70	398.92	398.21
11	79.43	437.82	432.78	429.18	427.56	426.92
12	74.27	467.78	463.30	460.10	458.66	458.09

机架编号	孔型直径 (mm)	初始转速 (r/min)	一次学习后转速 (r/min)	二次学习后转速 (r/min)	三次学习后转速 (r/min)	四次学习后转速 (r/min)
13	69.47	500.47	496.60	493.84	492.59	492.10
14	65.04	535.79	532.58	530.29	529.26	528.85
15	60.94	573.96	571.46	569.68	568.88	568.56
16	57.14	615.20	613.48	612.24	611.69	611.47
17	53.62	659.64	658.75	658.11	657.82	657.71
18	50.36	707.43	707.43	707.43	707.43	707.43
19	47.32	748.81	748.81	748.81	748.81	748.81
20	44.50	786.76	786.76	786.76	786.76	786.76
21	43.00	814.11	814.11	814.11	814.11	814.11
22	42.78	821.72	821.72	821.72	821.72	821.72
23	42.62	828.32	828.32	828.32	828.32	828.32
24	42.62	833.18	833.18	833.18	833.18	833.18

表 10.3 规格 2 钢管平均壁厚的自学习计算结果

机架编号	孔型直径 (mm)	初始转速 (r/min)	一次学习后转速 (r/min)	二次学习后转速 (r/min)	三次学习后转速 (r/min)	四次学习后转速 (r/min)
1	116.67	141.41	135.68	133.95	133.40	133.24
2	113.27	146.74	141.32	139.68	139.16	139.01
3	109.10	153.80	148.78	147.26	146.78	146.64
4	103.89	162.74	158.23	156.87	156.44	156.32
5	99.20	168.72	164.56	163.30	162.90	162.78
6	94.81	175.07	171.27	170.12	169.76	169.65
7	90.69	181.82	178.41	177.38	177.05	176.96
8	86.82	188.97	185.97	185.06	184.77	184.69
9	83.18	196.53	193.96	193.19	192.94	192.87
10	79.74	204.54	202.43	201.80	201.59	201.53
11	76.50	213.00	211.38	210.89	210.73	210.68
12	74.44	221.93	220.82	220.48	220.38	220.34
13	70.54	231.37	230.80	230.63	230.57	230.56
14	67.80	241.32	241.32	241.32	241.32	241.32
15	65.23	250.51	250.51	250.51	250.51	250.51
16	63.08	258.42	258.42	258.42	258.42	258.42
17	61.77	265.90	265.90	265.90	265.90	265.90
18	61.13	269.91	269.91	269.91	269.91	269.91
19	60.90	272.37	272.37	272.37	272.37	272.37
20	60.90	272.37	272.37	272.37	272.37	272.37

表 10.4 规格 3 钢管平均壁厚的自学习计算结果

机架编号	孔型直径 (mm)	初始转速 (r/min)	一次学习后转速 (r/min)	二次学习后转速 (r/min)	三次学习后转速 (r/min)	四次学习后转速 (r/min)
1	149.51	214.70	222.90	228.24	230.55	231.71
2	145.16	225.71	233.37	238.36	240.52	241.60
3	139.57	238.82	245.84	250.41	252.38	252.38

续表

机架编号	孔型直径 (mm)	初始转速 (r/min)	一次学习后转速 (r/min)	二次学习后转速 (r/min)	三次学习后转速 (r/min)	四次学习后转速 (r/min)
4	131.50	259.06	265.09	269.01	270.71	271.56
5	124.01	270.48	275.95	279.51	281.05	281.82
6	117.06	282.99	287.85	291.01	292.37	293.06
7	110.60	296.58	300.77	303.50	304.68	305.27
8	104.57	311.31	314.78	317.04	318.01	318.50
9	98.94	327.20	329.89	331.64	332.40	332.78
10	93.69	344.24	346.10	347.30	347.83	348.09
11	88.76	362.57	363.53	364.15	364.42	364.56
12	84.16	382.11	382.11	382.11	382.11	382.11
13	79.83	397.42	397.42	397.42	397.42	397.42
14	76.60	408.13	408.13	408.13	408.13	408.13
15	74.19	417.29	417.29	417.29	417.29	417.29
16	74.02	422.32	422.32	422.32	422.32	422.32
17	73.73	425.51	425.51	425.51	425.51	425.51
18	73.73	428.01	428.01	428.01	428.01	428.01

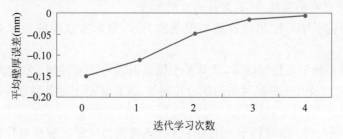

图 10.16　规格 1 钢管的平均壁厚自学习控制效果

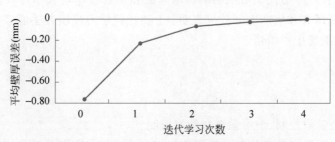

图 10.17　规格 2 钢管的平均壁厚自学习控制效果

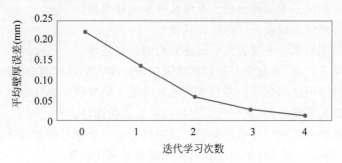

图 10.18　规格 3 钢管的平均壁厚自学习控制效果

本无缝钢管张减过程平均壁厚控制的迭代自学习方法已在上海宝钢集团钢管公司生产现场实际运行多年。计算机仿真研究和生产实际效果表明：上述迭代学习控制方法能够有效地调整钢管的平均壁厚，保证钢管生产质量。

10.4 小结

人类区别于其他动物的重要标志之一就是人类具有学习这一重要行为和智能能力。本章从学习和学习控制的定义开始，比较详细地研究了学习、学习控制和学习系统的概念，讨论了各种不同的定义。根据这些定义，把学习控制机理归纳为：

① 寻求并发现动态控制系统输入/输出间比较简单的关系。

② 执行由上一次控制过程的学习结果更新过的每一控制过程。

③ 改善每个过程的性能，使其优于前一个过程。重复这一学习过程，并记录全过程积累的控制结果必将稳步地改善学习控制系统的性能。

学习控制系统能够处理具有不确定性和非线性的过程，并能保证良好的适应性、满意的稳定性以及足够快的收敛。因此，近年来学习控制已获广泛应用。随着机器学习研究的进展，学习控制将具有新的推动力，走向新的发展阶段。

10.1节还讨论了学习控制与自适应控制的关系、学习控制律映射和对学习控制的要求等。

10.2节介绍各种学习控制方案，诸如基于模式识别的学习控制、迭代学习控制、重复学习控制、增强学习以及基于神经网络的学习控制等，着重介绍上述各种学习控制系统的原理与结构。

作为应用示例，10.3节分析了一个用于无缝钢管张力减径过程壁厚控制迭代学习控制系统，并研究了钢管壁厚迭代学习控制的控制算法和钢管壁厚迭代学习控制的仿真及应用结果。计算机仿真研究和生产实际效果表明：上述迭代学习控制方法能够有效地调整钢管的平均壁厚，保证钢管生产质量。

习题 10

10-1 什么是学习控制、学习系统和学习控制？

10-2 为什么要研究学习控制？学习控制与自适应控制有何关系与区别？

10-3 学习控制的基本结构为何？有哪几种控制律映射？

10-4 如何理解学习控制系统的性能反馈？

10-5 学习控制有哪些主要方案？试述它们的控制机理。

10-6 迭代学习控制、重复学习控制和增强学习控制在学习控制中的地位和作用为何？

10-7 基于神经网络的学习控制是否可能取得更大的发展？为什么？

10-8 以机器人系统为例，试分析学习控制系统的控制律。

10-9 学习控制系统的应用状况如何？试举例介绍一个学习控制系统。

10-10 学习控制与神经网络的结合对智能控制起到什么作用？

第**11**章

仿 人 控 制

第 2~6 章依次讨论了递阶控制、专家控制、模糊控制、分布式控制、神经控制等智能控制系统。这些系统具有比较成熟的理论基础,已获得相当广泛的应用,并在探索中不断发展,日益完善。此外,还探讨了另一些发展中的智能控制系统及其技术方法,包括进化控制、免疫控制、分布式(基于 agent)的控制、基于网络(Web)的控制等。我们将简要介绍复合智能控制系统,以更全面地反映国内外智能控制的最新发展。

11.1 仿人控制基本原理与原型算法

从某种意义上说,我们所研究的各种智能控制就是仿生和拟人控制。模仿人和生物的控制机构、行为和功能所进行的控制,就是拟人控制和仿生控制。本章所要研究的仿人控制虽未达到上述意义下的控制,但综合了递阶控制、专家控制和基于模型控制的特点,实际上可以把它看作一种混合控制。周其鉴、李祖枢等在仿人控制方面做出了标志性的研究成果。

11.1.1 仿人控制的基本原理

仿人智能控制(human-simulated intelligent control,HSIC)简称仿人控制,其思想是由周其鉴于 1983 年正式提出的,现已形成了基本理论体系和比较系统的设计方法。仿人控制的基本思想就是在模拟人的控制结构的基础上,进一步研究和模拟人的控制行为与功能,并把它用于控制系统,实现控制目标。也就是说,仿人控制认为,从人工智能问题求解的基本观点来看,一个控制系统的运行实际上是控制机构对控制问题的求解过程。因此,仿人控制研究的主要目标不是被控对象,而是控制器本身如何对控制专家结构和行为的模拟。大量事实表明,由于人脑的智能优势,在许多情况下,人的手动控制的效果往往是自动控制无法达到的。例如,编队飞行中的鸟群突然改变飞行路线和重新编队、空中格斗的战斗机的操纵、高难度的杂技表演、蝙蝠在夜间快速避障以及生产过程的一些复杂控制,都是人类和其他生物自然控制的巧夺天工的示例。

仿人控制理论的具体研究方法是:从递阶控制系统的底层(执行级)入手,充分应用已有各种控制理论和计算机仿真结果直接对人的控制经验、技巧和各种直觉推理能力进行测辨和总结,编制成各种实用、精度高、能实时运行的控制算法,并把它们直接应用于实际控制系统,进而建立系统的仿人控制理论体系,最后发展成智能控制理论。这种计算机控制算法以人对控制对象的观察、记忆和决策等智能行为的模仿为基础,根据被调量、偏差和偏差变化趋势来确定控制策略。图 11.1 表示出仿人控制系统的一般结构。可见,该控制器由任务适应层、参数校正层、公共数据库和检测反馈等部分组成。图中,R、Y、E 和 U 分别表示仿人控制器的输入、输出、偏差信号和控制系统的输出。

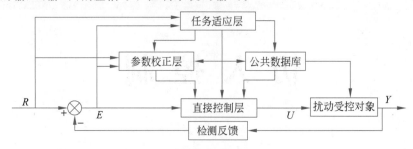

图 11.1　仿人控制系统的一般结构

仿人控制理论还认为,智能控制是对控制问题求解的二次映射的信息处理过程,即从"认知"到"判断"的定性推理过程和从"判断"到"操作"的定量控制过程。仿人控制不仅具有其他智能控制(如模糊控制、专家控制)方法的并行、逻辑控制和语言控制的特点,而且还具有以数学模型为基础的传统控制的解析定量的特点,总结人的控制经验,模仿人的控制行为,以产生式规则描述其在控制方面的启发与直觉推理行为。因此,仿人控制是兼顾定性综合和定量分析的混合控制。

仿人控制在结构和功能方面具有以下基本特征:

(1) 递阶信息处理和决策机构。

(2) 在线特征辨识和特征记忆。

(3) 开闭环结合和定性与定量结合的多模态控制。

(4) 启发式和直觉推理问题求解。

仿人控制在结构上具有递阶的控制结构,遵循"智能增加而精度降低"的原则,不过,它与萨里迪斯的递阶结构理论有些不同。仿人控制认为:其最低层(执行级)不仅由常规控制器构成,而且应具有一定智能,以满足实时、高速、高精度的控制要求。

11.1.2　仿人控制的原型算法和智能属性

1. 仿人控制的原型算法

周其鉴、李祖枢等认为,PID 调节器未能妥善地解决闭环系统的稳定性和准确性、快速性之间的矛盾;采用积分作用消除稳态偏差必然增大系统的相位滞后,削弱系统的响应速度;采用非线性控制也只能在特定条件下改善系统的动态品质,其应用范围十分有限。基于上述分析,运用"保持"特性取代积分作用,有效地消除了积分作用带来的相位滞后和积分饱和问题。把线性与非线性的特点有机地融合为一体,使人为的非线性元件能适用于叠加原理,并提出了用"抑制"作用来解决控制系统的稳定性与准确性、快速性之间的矛盾。在半比例调节器的基础上,提出了一种具有极值采样保持形式的调节器,并以此为基础发展成为一种仿人控制器。仿人控制器的基本算法以熟练操作者的观察、决策等智能行为为基础,根据被调量偏差及变化趋势决定控制策略。因此,它接近人的思维方式。当受控系统的控制误差趋于增大时,仿人控制器发出强烈的控制作用,抑制误差的增加;而当误差有回零趋势,开始下降时,仿人控制器减小控制作用,等待观察系统的变化;同时,控制器不断地记录

偏差的极值,校正控制器的控制点,以适应变化的要求。仿人控制器的原型算法如下:

$$
u=\begin{cases} K_pe+kK_p\displaystyle\sum_{i=1}^{n-1}e_{m,i} & (e\cdot\dot e>0\ \bigcup\ e=0\ \bigcap\ \dot e\neq0)\\[4mm] kK_p\displaystyle\sum_{i=1}^{n}e_{m,i} & (e\cdot\dot e>0\ \bigcup\ \dot e\neq0) \end{cases}
\tag{11.1}
$$

式中,u 为控制输出,K_p 为比例系数,k 为抑制系数,e 为误差,$\dot e$ 为误差变化率,$e_{m,i}$ 为误差的第 i 次峰值。

据式(11.1)可给出如图 11.2 所示的误差相平面上的特征及控制模态。当系统误差处于误差相平面的第一与第三象限(即 $e\cdot\dot e>0$ 或 $e=0$ 且 $\dot e\neq0$)时,仿人智能控制器工作于比例控制模态;而当误差处于误差相平面的第二与第四象限(即 $e\cdot\dot e<0$ 或 $\dot e=0$)时,仿人智能控制器工作于保持控制模态。

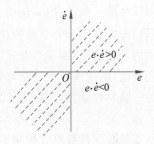

图 11.2　误差相平面上的特征和控制模态

2. 仿人控制器的智能属性

与传统控制算法不同,仿人控制器具有下列与人控制器相似的智能属性。

(1) 一般传统控制器的输入输出关系是一种单映射关系,而仿人控制器原型是一种双影射关系,即一种变模态控制和一种开闭环交替的控制模式。这与人控制器在不同情况下采用不同控制策略的多模态控制方式相似。

(2) 在仿人控制原型算法中,控制策略与控制模态的选择和确定是按照误差变化趋势的特征进行的,而确定误差变化趋势特征的集合反映在误差相平面上的全部特征,构成整个控制决策的依据,即特征模型。这与人控制器拥有先验知识并据之进行控制的方式相似。依据特征模型选择并确定控制模态,这种决策推理和信息处理行为与人的直觉推理过程(从认知到判断,再从判断到操作的决策过程)十分接近。

(3) 仿人控制器原型在维持模态时对误差极值的记忆和利用,与人的记忆方式及对记忆的利用相似,两者具有相似的特征记忆作用。

仿人控制器原型具有上述这些特征,使它具有优于传统控制器的控制性能。

11.2　仿人控制的特征模型和决策模态

在控制实践中,人们总是利用控制系统动态过程中反映出来的特征,构造具有优良性能的控制器。控制系统中特征的作用有两类:一类是利用特征来提高控制系统的品质,另一类是利用控制系统输出响应的特性进行参数自校正控制。

11.2.1　仿人控制的特征模式与特征辨识

1. 描述动态系统特征状态的特征基元和特征模式

受控系统动态过程的输入和输出数据(序列)包含受控过程的全部信息。由系统输出偏差 e、误差导数 $\dot e$、误差二阶导数 $\ddot e$ 构成描述受控系统特征状态的特征信息源,并用集合 E 表示:

$$E = \{e, \dot{e}, \ddot{e}\} \tag{11.2}$$

E 的各元素数值、符号及其适当组合可构成描述动态系统特征状态的特征基元,例如 $|e|$、$|\dot{e}|$、$|\ddot{e}|$、$\mathrm{sgn}[e]$、$\mathrm{sgn}[\dot{e}]$、$\mathrm{sgn}[\ddot{e}]$、$\mathrm{sgn}[e \cdot \dot{e}]$ 等均为常用特征基元。它们适当组合并配以适当参量,就构成划分动态系统特征模式类的约束条件。这些特性基元对于定性或定性与定量综合描述受控过程的动态特征,如变化速度和变化趋势等,作用很大。

系统动态特征的模式识别主要是对动态特征模式的分类。根据受控系统输出偏差 e、误差导数 $\dot{e}$ 及它们的适当组合构成的特征变量,划分动态特征模式,并通过这些特征模式描述系统的动态行为特征,或用这些特征模式直观地反映系统的动态过程,为智能控制决策提供依据。例如,当系统给定突变或出现干扰时,系统瞬态响应偏离给定值的情况,可以根据动态特性划分为9种特征状态模式,并据此时刻系统响应偏离给定值的特征状态模式提供的动态特征(如误差及其变化趋势等)进行控制决策。又如,当系统的给定信号变化或受到扰动,结构或参数变化时,系统动态特性的变化将反映到系统输出偏离给定值的误差 e 及其一阶导数 $\dot{e}$ 上。如果在误差相平面 $e-\dot{e}$ 上划分特征状态模式,那么受控动态系统输出的相平面 $e-\dot{e}$ 上所处的不同区域就对应于系统的不同动态行为,反映出系统运行的某种特征状态。特征模式把相平面 $e-\dot{e}$ 划分为不同的特征模式类,并通过不同的特征模式类来形象、直观地反映系统的动态特征。

2. 特征模型的定义及形式化描述

仿人控制理论认为:反映系统运动状态的特征信息构成系统的特征模型。特征模式是特征辨识的依据,是仿人控制器必须具有的先验知识。

定义 11.1　特征模型

特征模型 Φ 是一种智能控制系统动态特性的定量与定性综合描述的模型,是根据不同的控制问题求解和控制指标要求而对系统动态信息空间 Σ 的一种划分;划分出的每个子区域表示系统的一种特征状态 ϕ_i。特征模型 Φ 为全部特征状态的集合,即:

$$\Phi = \langle \phi_1, \phi_2, \cdots, \phi_r \rangle, \quad \phi_{i \in \Sigma} \tag{11.3}$$

特征状态由一些特征基元 q_i 的组合描述。设特征基元集为

$$Q = \{q_1, q_2, \cdots, q_m\} \tag{11.4}$$

对于误差信号空间来说,常用的特征基元有:

$$\left. \begin{array}{l} q_1: |e - \dot{e}| \geqslant 0; \ q_2: |e/\dot{e}| \geqslant \alpha; \ q_3: |e| < \delta_1; \\ q_4: |e| > M_1; \ q_5: |\dot{e}| < \delta_2; \ q_6: |\dot{e}| > M_2; \\ q_7: |e_{mi-1} \cdot e_{mi}| > 0; \ q_8: |e_{mi-1}/e_{mi}| \geqslant 1; \ \cdots\cdots \end{array} \right\} \tag{11.5}$$

式中,δ_1、δ_2、M_1 和 M_2 均为阈值,e_{mi} 为误差的第 i 个峰值。可得,特征模型 Φ 与特征基元集 Q 的关系如下:

$$\Phi = P \odot Q \tag{11.6}$$

式中,Φ 为 n 维向量,Q 为 m 维特征基元向量,$P = [p_{ij}]_{n \times m}$ 为 $n \times m$ 阶关系矩阵,p_{ij} 可取 -1、0、1,分别表示取反、取零和取正;ϕ_i 表示矩阵的与积关系,即:

$$\phi_i = [(p_{i1} * q_1) \wedge (p_{i2} * q_2) \wedge \cdots \wedge (p_{im} * q_m)] \tag{11.7}$$

例如,当 $p_{ij}, j=1,2,\cdots,m$ 时,且除 $p_{i1}=1, p_{i2}=-1$ 外均等于 0 时,则有:

$$\phi_i = [|e - \dot{e}| \geqslant 0 \wedge |e/\dot{e}| \geqslant \alpha] \tag{11.8}$$

3. 特征辨识与特征记忆

定义 11.2 特征辨识

特征辨识是智能控制系统根据特征模型对采样信息进行在线处理和模式识别,确定系统当前所处状态的过程。

模式识别是探测与提取某信号(数据)存在的特征或属性,并对信号进行分类(即归成一类模式)的过程,或找出该信号出现的概率的过程。特征辨识综合应用了决策理论方法和句法结构理论方法的分类方式。对系统动态特征的模式识别主要是对动态特征模式进行分类。根据受控系统输出误差 e、误差变化率 $\dot{e}$ 及由它们构成的组合特征变量划分动态特征状态模式。这些特征状态模式能够描述系统的动态行为特征,或直观地反映系统动态过程的运行状态,为智能控制决策提供依据。

定义 11.3 特征记忆

特征记忆是智能控制对反映前期决策与控制效果的特征量及反映控制任务要求和受控对象性质的特征量的记忆。令特征记忆量的集合为:

$$\lambda = \{\lambda_1, \lambda_2, \cdots, \lambda_p\}, \quad \lambda_{i \in \Sigma} \tag{11.9}$$

常用的特征记忆为:

$\lambda_1: e_{mi}$——误差的第 i 次极值。

$\lambda_2: u_H$——前期控制输出量的保持值。

$\lambda_3: e_{oi}$——误差的第 i 次过零时的速度。

$\lambda_4: t_{em}$——误差极值出现的间隔时间。

在仿人智能控制系统中,往往利用特征记忆来消除偏差,改善控制品质,并直接影响控制输出。例如,对 e_{mi} 的记忆不但可以减小积分引起的滞后,而且能够消除积分饱和现象,既消除了偏差,又提高了系统的控制性能。

11.2.2 仿人控制的多模态控制

1. 多模态控制(决策)

特征辨识根据特征模型在线确定系统当前所处的特征运动状态,而控制器按照特征辨识结果选择相应的控制模态。

定义 11.4 多模态控制(决策)

控制(决策)模态集合 Ψ 是控制输出 U 与误差信息 E 和特征记忆信息(合记为 R)间的一种定量或定性映射关系 F 的集合,记为

$$\Psi = \{\Psi_1, \Psi_2, \cdots, \Psi_r\} \tag{11.10}$$

$$\Psi_1: U_i = F_i(e, \dot{e}, \lambda_i, \cdots)$$

或

$$F_i \rightarrow \text{IF}(\text{条件}) \quad \text{THEN}(\text{操作或结论})$$

称智能控制中这种不断变化的控制策略为多模态控制(决策)。

控制模态表示控制器输入与输出间的一种函数关系或映射关系,即一种作为先验知识存在的控制律映射。为实现某一控制目标,所有可能存在的控制模态组成控制器的一类基本控制模态集 Ψ。实际上每个控制模态都由一些模态基元构成。例如,组成递阶智能控制最低层控制模态集的常用模态基元有:

$m_1: k_p e$ 比例；$m_2: k_d \dot{e}$ 微分；$m_3: k_d \int e\,dt$ 积分；$m_4: u_H$ 输出保持；

$m_5: k\sum\limits_{i=1}^{n} e_{mi}$ 峰值误差记忆；$m_6: \pm k t_0 u_m$ 点-点输出；$m_7: u \pm a$ 输出预补偿；…

而该层控制模态集 Ψ_j 与模态基元间存在如下关系：

$$\Psi_j: U_j = L_j M_j \tag{11.11}$$

式中，U_j 为输出向量，M_j 为模态基元向量，L_j 为关系矩阵，而元素仅为 -1、0、1 三种。于是，由此构成的控制模态有：

$\Psi_{j1}: u = u_H + k_p e + k_d \dot{e}$，比例＋微分＋保持；

$\Psi_{j2}: u = k\sum\limits_{i=1}^{n} e_{mi}$，开级观察保持；

$\Psi_{j3}: u = u \pm u_m$，点点-控制(开关控制)；

$\Psi_{j4}: u = u \pm u_n \pm a$，非线性死区预补偿。

　　⋮

典型的仿人控制模态基元有比例(m_1)控制模态基元、微分控制(m_2)模态基元、积分控制(m_3)模态基元及其组合(如 PID)模态基元、极值采样保持(m_5)与稳态保持(m_4)模态基元、开关控制(m_6)模态基元等。

2. 启发与直觉推理

通过特征辨识识别出系统的当前状态，并采用相应控制模态的过程，可看成对人的启发式和直觉推理的一种模仿。

定义 11.5　启发与直觉推理

启发与直觉推理规则集 Ω 是对人决策过程的一种模仿；它根据特征辨识结果确定控制与决策策略。可用产生式规则"IF…THEN…"进行描述。

这种具有二次映射关系的信息处理过程可由图 11.3 说明，可表示为

$\Omega_j: \Phi_j \to \Psi_j, \Omega_j = \{\omega_{j1}, \omega_{j2}, \cdots, \omega_{jr}\}$；

$\omega_{ji}: \phi_{ji}$ THEN ψ_{ji}(定时映射)；

$\Psi_j: R_j \to U_j \quad \Psi_{jj} = \{\psi_{j1}, \psi_{j2}, \cdots, \psi_{jr}\}$；

$\psi_{ji}: u_{ji} = f_{ji}(e, \dot{e}, \lambda, \cdots)$ (定量映射)。

或 IF 条件 THEN 操作(映射过程)。

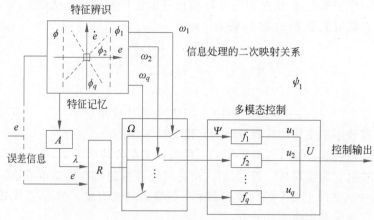

图 11.3　仿人智能控制与决策的二次映射关系

为简化起见,上述具有二次映射关系的信息处理过程可由 2 个三重序元关系描述。令 IC 表示智能控制过程:

$$IC_j = \langle \Phi_j, \Psi_j, \Omega_j \rangle \tag{11.12}$$

$$\Psi_j = \langle R_j, U_j, F_j \rangle$$

3. n 阶产生式系统的 2 次映射关系

对 n 阶产生式系统的各级结构由 2 次映射关系加以描述:

$$IC = \langle \Phi, \Psi, \Omega \rangle \tag{11.13}$$

$$\Psi = \langle R, U, F \rangle$$

式中,Φ、Ψ、Ω、IC 已在前面说明;$R = \{R_1, R_2, \cdots, R_n\}$;$U = \{U_1, U_2, \cdots, U_n\}$;$F = \{F_1, F_2, \cdots, F_n\}$。

11.3 仿人控制器的设计与实现

11.3.1 仿人控制系统的设计依据

根据受控对象(系统)性质的不同,仿人智能控制(以下简称仿人控制)可能采用不同的设计技术和方法,但设计的依据都是系统的瞬态性能指标。本节将讨论仿人控制的设计依据,研究仿人控制的设计与实现步骤和方法,并以小车-单摆的摆起倒立控制系统为例,讨论仿人控制的设计与实现问题。

控制系统的性能一般从瞬态和静态两方面加以考虑,或者说,从系统的稳定性、快速性和精确性来衡量。其中,瞬态性能指标是仿人控制系统的主要指标和设计依据。

虽然经典控制的时域性能指标和最优控制的误差泛函积分评价指标对于控制系统的设计都十分有用,但均具有一定的局限性。经典时域性能指标虽十分直观,但只能用于设计结束后进行评价。传统的单模态控制方式在设计时也无法兼顾所有指标。最优控制的误差泛函积分评价指标虽可直接参与设计,但只能在经典的时域性能指标中折中。尤其值得指出的是,传统控制(无论是经典反馈控制或现代控制)系统的设计都离不开对象或系统精确的数学模型。

仿人控制器的设计建立在系统特征模型和特征辨识的多模态控制方式基础上,为设计受控系统的特征模型和控制模态集,并设定参数,需要建立一种能够根据系统瞬态响应来判断系统当前状态与目标状态差别以及当前运行趋势的指标,并以该指标作为设计的目标函数。这就是一种能够评价系统运行瞬态品质的性能指标,它能够兼顾各经典时域的性能指标,其动态过程在误差时间相位空间中将画出一条理想的误差时相轨迹。该轨迹体现了设计和实现控制过程中的瞬态性能指标。图 11.4 表明理想系统闭环阶跃响应的误差时相轨迹。

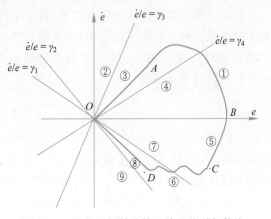

图 11.4 具有理想性能的系统误差时相轨迹

仿人控制器特征模型与控制模态集的设计目标就是使受控系统的动态响应在理想的误差时相轨迹上滑动。

定义 11.6 一个能评价智能控制系统运行的瞬态品质,并能兼顾系统的快速性、稳定性和精确性指标要求的理想误差时相轨迹称为仿人控制系统的瞬态性能指标。

无论是定值控制还是伺服控制,一个动态控制过程总会在$(e-\dot{e}-t)$空间中画出一条轨迹。品质好的控制过程将画出一条理想的轨迹,如果以这条理想轨迹作为设计智能控制器的目标,那么该轨迹上的每一点都可视为控制过程中需要实现的瞬态指标。该理想误差时相轨迹可以分别向$(e-t)$、$(\dot{e}-t)$和$(e-\dot{e})$三个平面投影。可以根据分析的侧重点,考虑将这三条投影曲线中的一条或几条作为设计用的瞬态指标,以简化设计的目标。

当受控系统不含纯滞后环节时,考虑这条轨迹在$(e-\dot{e})$相平面上的投影,设计即可在$(e-\dot{e})$相平面上进行。当系统有纯滞后环节时,考虑这条理想轨迹对$(e-t)$平面的投影,设计就可以在$(e-t)$平面上进行。当系统具有非线性环节时,一般考虑这条理想轨迹也是在$(e-\dot{e})$相平面上进行。

11.3.2　仿人智能控制器设计与实现的一般步骤

仿人控制在设计时要从系统的瞬态性能指标出发,确定设计目标轨迹,建立受控对象的数理模型和各控制级的特征模型,然后设计控制器的结构和控制规则,选择与确定控制模态和控制参数;最后进行仿真研究,以校验设计的可行性;如果条件许可,还要在仿真研究的基础上,进一步进行实时试验研究,以验证设计的正确性。

仿人控制器设计与实现的一般步骤如下。

1. 确定设计目标轨迹

根据用户对受控对象控制性能指标(如上升时间、超调量、稳态精度等)的要求,确定理想的单位阶跃响应过程,并把它变换到$(e-\dot{e}-t)$时相空间中,构成理想的误差时相轨迹。以这条理想轨迹作为设计仿人控制器的目标轨迹。该轨迹上的每一点都可视为控制过程中的瞬态指标。这条理想轨迹可以分别向$(e-t)$、$(\dot{e}-t)$和$(e-\dot{e})$三个平面投影,根据分析的侧重点,考虑这三条投影曲线中的一条或几条,作为设计仿人控制器特征模型及控制与校正模态的目标轨迹,以简化设计目标。

2. 建立对象的数理模型

根据受控对象或系统的生产流程、机电结构、工艺特点和控制要求等,结合自动控制和相关基础理论和专业知识或经验,建立相应的过程物理与数学模型,作为进一步设计与分析的数学基础。例如,对于一个有平衡能力的化工和热工过程,可采用一阶环节加纯滞后环节这样的数学模型来描述:

$$\begin{cases} G(s) = \{g_{ij}(s)e^{-\tau_{ij}s}\}_{n \times n} \\ g_{ij}(s) = K_{ij}/(T_{ij}s+1) \end{cases} \tag{11.14}$$

式中,$G(s)$为开环系统的传递函数,$e^{-\tau_{ij}s}$为纯滞后环节的传递函数,$g_{ij}(s)$为一阶惯性环节的传递函数,比例系数K_{ij}、时间常数T_{ij}和τ_{ij}要根据实验选定,$i,j=1,2,\cdots,n$。

3. 建立各控制级的特征模型或控制算法

根据目标轨迹在误差相平面$(e-\dot{e})$上的位置或误差时间平面$(e-t)$上的位置,以及控制器的不同级别(运行控制级、参数校正级、任务适应级),确定特征基元集 Q_i,划分出特征状态集 Φ_i,从而构成不同级别的特征模型

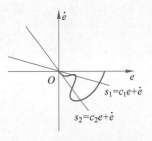

$$\Phi_i = P \odot Q_i, \quad i = 1,2,3 \tag{11.15}$$

例如,对上述化工和热工过程,其单回路仿人控制器的误差时相轨迹如图 11.5 所示,其运行控制级和参数校正级的特征模型(控制算法)如下:

图 11.5 纯滞后多变量系统的误差时相轨迹

(1) 运行控制级。

特征基元集为

$$Q_1 = \{q_{11}, q_{12}, q_{13}, q_{14}, q_{15}\} \tag{11.16}$$

其中,$q_{11} \Rightarrow |e| < \delta_1$,$q_{12} \Rightarrow |\dot{e}| < \delta_2$,$q_{13} \Rightarrow e \cdot \dot{e} > 0$,$q_{14} \Rightarrow |\dot{e}/e| < c_1$,$q_{15} \Rightarrow |\dot{e}/e| < c_2$。

特征模型为

$$\Phi_1 = \{\phi_{11}, \phi_{12}, \phi_{13}, \phi_{14}, \phi_{15}\} \tag{11.17}$$

其中,$\phi_{11} = \bar{q}_{11} \cap \bar{q}_{12} \cap q_{13}$,$\phi_{12} = \bar{q}_{11} \cap \bar{q}_{12} \cap \bar{q}_{13} \cap q_{14}$,$\phi_{13} = \bar{q}_{11} \cap \bar{q}_{12} \cap \bar{q}_{14} \cap q_{15}$,$\phi_{14} = \bar{q}_{11} \cap \bar{q}_{12} \cap \bar{q}_{13} \cap q_{15}$,$\phi_{15} = q_{11} \cap q_{12}$。

(2) 参数校正级。

特征基元集为

$$Q_2 = \{q_{21}, q_{22}, q_{23}, q_{24}, q_{25}, q_{26}\} \tag{11.18}$$

其中,$q_{21} \Rightarrow |e| < \delta_1$,$q_{22} \Rightarrow |\dot{e}| < \delta_2$,$q_{23} \Rightarrow |e_{m,i}| > \alpha$,$q_{24} \Rightarrow |e_{m,i-1}| > \alpha$,$q_{25} \Rightarrow \Delta e_j \cdot e_j \geq 0$,$q_{26} \Rightarrow \Delta \dot{e}_j \dot{e}_j \geq 0$。

特征模型为

$$\Phi_2 = \{\phi_{21}, \phi_{22}, \phi_{23}, \phi_{24}, \phi_{25}\} \tag{11.19}$$

其中:$\phi_{21} = \bar{q}_{21} \cap \bar{q}_{22} \cap q_{23} \cap q_{24}$,$\phi_{22} = \bar{q}_{21} \cap \bar{q}_{22} \cap \bar{q}_{23} \cap \bar{q}_{24}$,$\phi_{23} = q_{21} \cap q_{22} \cap q_{25}$,$\phi_{24} = q_{21} \cap q_{22} \cap \bar{q}_{25} \cap q_{26}$,$\phi_{25} = q_{21} \cap q_{22} \cap \bar{q}_{25} \cap \bar{q}_{26}$。

4. 设计控制器的结构

控制器的结构是否合理将决定系统能否胜任控制任务,能否保证系统的稳妥运行。不同的受控对象,其控制器和控制系统的结构也有所不同。例如,在变截面弹簧钢轧机控制装置中,主要控制回路由 2 个电液位置伺服单元组成,而且两回路间存在耦合关系,构成一个多变量控制系统。电液伺服控制系统具有参数变化、交叉耦合和外干扰引起不确定性等问题。仿人智能控制在处理多变量系统耦合问题上起到很好的作用。图 11.6 表示该控制系统的整体结构框图。图中,G_{11} 与 G_{22} 是主回路的传递函数,G_{12} 与 G_{21} 是主回路之间相互耦合的传递函数,$HSIC_1$ 和 $HSIC_2$ 是按单回路设计的仿人控制器,其主要作用是保证单回路的控制性能。$HSIC_1$ 和 $HSIC_2$ 的输出经协调算法协调,以保证整个控制系统的性能。每个 HSIC 的算法结构可根据电液伺服系统的特点和控制要求,设置成递阶控制结构,即直接运行控制级 MC、自校正级 ST 和任务适应级 TA。

又如,对于比较复杂的小车-单摆或小车-二级摆系统的摆起倒立控制,可应用问题归约法把它们化简为比较简单的子问题,构成主从控制或协同控制结构。

5. 设计控制模态集与控制规则

系统运动状态处于特征模型中某特征状态时,与瞬态指标(理想轨迹)有一定的差距,针

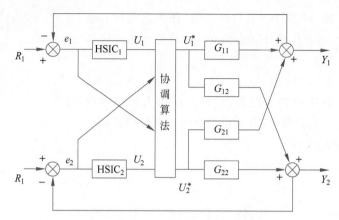

图 11.6　某轧钢机控制系统整体结构框图

对这种差距以及理想轨迹的运动趋势,模仿人的控制决策行为,设计控制规则或校正模态,并设计出模态中的具体参数。

仍以纯滞后多变量系统为例,其运动控制级和参数校正级的控制模态集与控制规则如下。

(1) 运行控制级。

运行控制模态集为

$$\Psi_1 = \{\psi_{11}, \psi_{12}, \psi_{13}, \psi_{14}, \psi_{15}\} \tag{11.20}$$

式中, $\psi_{11} = K_p e + k K_p \sum\limits_{i=1}^{n} e_{m,i}$, $\psi_{12} = (1-k) K_p e + k K_p \sum\limits_{i=1}^{n} e_{m,i}$, $\psi_{13} = k K_p \sum\limits_{i=1}^{n} e_{m,i}$, $\psi_{14} = -K'_p e + k K_p \sum\limits_{i=1}^{n} e_{m,i}$, $\psi_{15} = k K_p \sum\limits_{i=1}^{n} e_{m,i} + K_I \int e(t) \mathrm{d}t$。

推理规则集为

$$\Omega_1 = \{w_{11}, w_{12}, w_{13}, w_{14}, w_{15}\} \tag{11.21}$$

式中, $w_{11} \Rightarrow \phi_{11} \rightarrow \psi_{11}$, $w_{12} \Rightarrow \phi_{12} \rightarrow \psi_{12}$, $w_{13} \Rightarrow \phi_{13} \rightarrow \psi_{13}$, $w_{14} \Rightarrow \phi_{14} \rightarrow \psi_{14}$, $w_{15} \Rightarrow \phi_{15} \rightarrow \psi_{15}$。

(2) 参数校正级。

参考校正模态集为

$$\Psi_2 = \{\psi_{21}, \psi_{22}, \psi_{23}, \psi_{24}, \psi_{25}\} \tag{11.22}$$

式中, $\psi_{21} \Rightarrow K_p = \left(1 + w_1 \dfrac{e_{m,i}}{e_{m,i-1}}\right) K_p$, $\psi_{22} \Rightarrow K'_p = \left(1 - w_1 \dfrac{e_{m,i}}{e_{m,i-1}}\right) K'_p$, $\psi_{23} \Rightarrow K_I = w_2$, $\psi_{24} \Rightarrow K_I = -w_2$, $\psi_{25} = K_I = 0$。

其中, w_1、w_2 为正的校正系数。

推理规则集为

$$\Omega_2 = \{w_{21}, w_{22}, w_{23}, w_{24}, w_{25}\} \tag{11.23}$$

式中, $w_{21} \Rightarrow \phi_{21} \rightarrow \psi_{21}$, $w_{22} \Rightarrow \phi_{22} \rightarrow \psi_{22}$, $w_{23} \Rightarrow \phi_{23} \rightarrow \psi_{23}$, $w_{24} \Rightarrow \phi_{24} \rightarrow \psi_{24}$, $w_{25} \Rightarrow \phi_{25} \rightarrow \psi_{25}$。

6. 仿真和试验研究

选择典型状况和参数对控制系统进行仿真实验,并通过仿真调整系统设定的参数,以至修正系统控制结构,使仿真结果满足动态和静态控制要求。如果条件许可,应在仿真研究的基础上,进行系统实时实验或工业试验,以进一步验证系统设计的正确性和系统品质的优越性。

下面以受控对象不含纯滞后环节的伺服系统为例,说明仿人控制算法的基本步骤和实现过程。这些算法步骤与拟人控制器的设计步骤密切相关。拟人算法的步骤如下。

(1) 在控制的初始阶段($e_1 \rightarrow e_2$),偏差很大,应采用开关式控制激发出 e_2 点的偏差变化速度 $\dot{e}$。对于不同的对象(如参数不同),这一速度是不一样的。图 11.7 中的 I、II、III 表明,受控对象由偏差 e_1 变化到偏差 e_2 时,偏差变化的速度是不同的。这一速度反映了对象的静态增益及时间常数等参变量的大小。

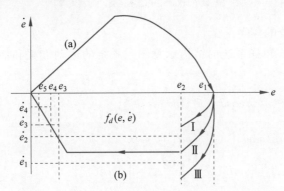

图 11.7 设计拟人智能控制器的误差相平面图

(2) 在偏差减小的中间段($e_2 \rightarrow e_3$),采用偏差为 e_2 时的偏差变化速度作为控制的瞬态目标,并通过控制住这一速度来控制系统的性能。当实际的偏差变化速度大于此速度时,采用将偏差速度压低的组合控制模式;而当实际偏差变化速度低于此速度时,采取相应措施将偏差速度提高。此段时期的控制策略是尽可能保持这一较大的偏差减小速度,提高动态过程的可控性,并使偏差较快减小。

(3) 当偏差减少到 e_3 时,为了使被调量无超调且无静差地逐步跟踪输入给定值,应采取压低偏差变化速度的措施。为了使其逐步减小,可采用分层压低策略。在 $e_3 \rightarrow e_4$ 段和 $e_4 \rightarrow e_5$ 段分别设立偏差减小速度的上下限($\dot{e}_2, \dot{e}_3, \dot{e}_4$)作为此时的瞬态特征指标。因为这段过程($e_3 \rightarrow e_4 \rightarrow e_5$)主要是为了降低过大的偏差,减少速度,避免超调,进而避免速度过小而出现爬行现象。应逐步使偏差变化速度减小,让偏差过渡到控制所要求的值。

(4) 在偏差及偏差变化速度满足控制要求时($e \leqslant e_s, \dot{e} \leqslant \dot{e}_4$),采取维持控制量的策略,使之自行衰减达到平衡,以实现对被调量的无超调和无静差控制。

(5) 为了防止出现失控现象,从特征模型到控制决策行为模态的映射应是满射。当误差相轨迹进入第 2 象限时(与进入第 4 象限类似),应有相应控制决策模式。此外,还必须对误差相轨迹进入第 3 象限(与第 1 象限类似)的控制决策模式加以研究。误差相轨迹进入第 3 象限时,说明有超调发生。对于不同的超调及不同的偏差上升速度,应采取不同的控制措施。加上对误差进入相平面第 3 象限情况的研究可知,上述过程对定值控制也是有效的。定值控制时,误差首先进入相平面的第 1 象限,当误差变化速度衰减为零时,开始进入相平面的第 4 象限,其设计思想与以上前 4 点相同。

值得指出,并非任何仿人控制的设计和实现都必须完全按照上述 6 个步骤进行。在有些情况下,相关步骤可以合并;而在另一些情况下,有的步骤可能被省略。此外,有些步骤的次序可以互换。

11.4 仿人控制器的设计与实现示例

为了比较全面和深入地了解仿人智能控制器的设计和实现过程,下面以小车-单摆的摆起倒立控制系统为例加以介绍。

11.4.1 小车-单摆系统仿人控制器的设计

1. 小车-单摆系统的数学模型

图 11.8 给出小车-单摆系统的结构示意图。系统的运动方程和能量方程由式(11.24)和式(11.25)表示。

$$\begin{cases} (M+m)\ddot{r} + ml(\ddot{\theta}\cos\theta - \dot{\theta}^2\sin\theta) = u \\ ml\ddot{r}\cos\theta + mgl\sin\theta + (J - ml^2)\ddot{\theta} = 0 \end{cases} \tag{11.24}$$

$$\begin{cases} \dfrac{(M+m)}{2}\left[\dot{r}^2\right]_{t_1}^{t_2} + ml\int_{t_1}^{t_2}\dot{r}\,\dfrac{\mathrm{d}^2\sin\theta}{\mathrm{d}t^2}\mathrm{d}t = \int_{r_1}^{r_2}u\,\mathrm{d}r \\ ml\left[\dot{r}\,\dfrac{\mathrm{d}\sin\theta}{\mathrm{d}t}\right]_{t_1}^{t_2} + mgl\left[1-\cos\theta\right]_{t_1}^{t_2} + \dfrac{(J+ml^2)}{2}\left[\dot{\theta}^2\right]_{t_1}^{t_2} = ml\int_{t_1}^{t_2}\dot{r}\,\dfrac{\mathrm{d}^2\sin\theta}{\mathrm{d}t^2}\mathrm{d}t \end{cases} \tag{11.25}$$

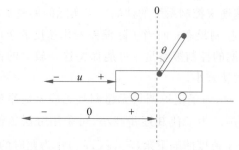

图 11.8 小车-单摆系统结构示意图

式中各参量的含义见表 11.1。

表 11.1 小车-单摆系统参量表

符号	含　义	符号	含　义
M	小车及转动装置的等效质量	u	控制作用(u)
m	单摆质量	r	小车位移
J	单摆以质心为转动轴心时的转动惯量	θ	单摆摆角(角位移)
l	单摆质心与轴心距离		

从小车-单摆的运动方程可以看出,系统存在很强的耦合作用。这种耦合作用使对单摆的控制成为可能,但也给小车的定位带来困难。

2. 小车-单摆系统仿人控制器的结构设计

图 11.9 表示小车-单摆系统仿人控制器的结构示意图。依照问题归约法,可以化简为一些比较简单的子问题集合。这些子问题集合与原始问题等价。从图 7.8 可见,小车-单摆系统的摆起倒立定位稳定控制问题被归约为小车控制和单摆控制两个子问题。在进行分析

时有两个控制作用 u_1、u_2，而实际上只存在一个作用在小车上的控制作用 u。分析的重点是小车-单摆间的协调解耦，即 $u=u_1+u_2$。

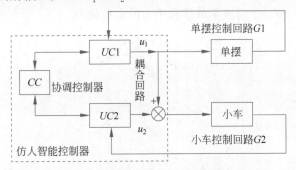

图 11.9 小车单摆系统仿人控制器结构图

3. 各控制阶段的控制作用、控制模态集和控制规则集

小车-单摆系统的单摆摆起定位控制分为两个阶段进行，即起摆控制阶段和稳摆控制阶段。

（1）起摆控制阶段。

小车-单摆系统在起摆时，设 $e=\pi-\theta$ 为摆角偏差，则有下列控制规则：

$$\text{if } |\theta| \leqslant \frac{\pi}{2} \Rightarrow e>0, \quad \begin{cases} u<0 \Rightarrow \ddot{\theta}>0, & \ddot{e}<0, \quad \ddot{r}<0 \\ u \geqslant 0 \Rightarrow \ddot{\theta} \leqslant 0, & \ddot{e} \geqslant 0, \quad \ddot{r} \geqslant 0 \end{cases} \tag{11.26}$$

于是起摆控制作用可选为

$$e \cdot \dot{e} \geqslant 0 \Rightarrow u=\beta, \quad e \cdot \dot{e}<0 \Rightarrow u=-k\beta \tag{11.27}$$

式中，β 为某一正作用，在激振起摆过程中，控制作用不断地增加单摆的摆动动能，加大单摆的摆动动作，达到起摆的目的。为防止摆杆速度过大，应使摆杆到达倒立点时速度为零，不产生过调。可在适当的时刻采取"等等看"的策略（即令 $u=0$），以避免起摆过量。一般说来，如果 β 值足够大，只要控制小车"进-退-进"，使单摆完成"左-右-左"的摆起运动过程，就能将单摆摆起倒立稳定，并将小车定位控制在指定位置。

（2）稳摆控制阶段。

控制系统中存在车和摆两个控制回路和一个耦合回路。当车和摆均用负反馈控制时，因耦合关系的存在，车与摆间的耦合将形成一个正反馈回路。这个正反馈的耦合回路在单摆进入到倒立点位置附近的平衡状态时将明显地表现出来，并很容易导致小车-单摆系统失去平衡。单摆控制器 UCI 的输出为

$$u_1=K_{p1}e_1+K_{d1}\dot{e}_1, \quad u_2=K_{p2}e_2+K_{d2}\dot{e}_2 \tag{11.28}$$

式中，$e_1=\pi-\theta$，$e_2=r_T-r$。

若改变小车的控制为正反馈的补偿控制方式，令小车控制器的输出为：

$$u_2=-K_{p2}e_2-K_{d2}\dot{e}_2 \tag{11.29}$$

则车摆间的耦合关系将最终演变为负反馈控制回路。即在单摆足够靠近目标位置时，对车施加短暂的正反馈补偿就可以使整个控制过程向着所希望的状态演变。小车-单摆的协调控制算法可归纳为

$$u = K_{p1}e_1 + K_{d1}\dot{e}_1 - K_{p2}e_2 - K_{d2}\dot{e}_2 \tag{11.30}$$

综合起来,模仿人在小车-单摆的摆起倒立控制中的运动控制策略,如图 11.10 所示。以 $e_1 = \pi - \theta, e_2 = r_T - r_0$ 分别表示单摆和小车的定位偏差。

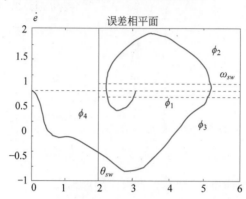

图 11.10 单摆摆起倒立控制的误差相平面

单摆摆起倒立控制的误差相平面 $e_1 - \dot{e}_1$ 可划分成以下特征模型:

$$\left.\begin{aligned}
\phi_1 &: |e_1| \geqslant e_{sw} \text{ and } |\dot{e}_1| < \omega_{sw} \\
\phi_2 &: |e_1| \geqslant e_{sw} \text{ and } |\dot{e}_1| \geqslant \omega_{sw} \text{ and } e_1 \cdot \dot{e}_1 > 0 \\
\phi_3 &: |e_1| \geqslant e_{sw} \text{ and } |\dot{e}_1| \geqslant \omega_{sw} \text{ and } e_1 \cdot \dot{e}_1 < 0 \\
\phi_4 &: |e_1| < e_{sw}
\end{aligned}\right\} \tag{11.31}$$

与上述特征模型相应的多模态控制策略 Ψ 为

$$\left.\begin{aligned}
\psi_1 &: u = 0 \\
\psi_2 &: u = \beta \\
\psi_3 &: u = -k\beta \\
\psi_4 &: u = K_{p1}e_1 + K_{d1}\dot{e}_1 - K_{p2}e_2 - K_{d2}\dot{e}_2
\end{aligned}\right\} \tag{11.32}$$

其中,控制作用 u 受限且满足

$$若 |u| \geqslant u_{\max}, \quad 则 u = \text{sgn}(u)u_{\max} \tag{11.33}$$

以上仿人智能控制器的控制参量的意义如表 11.2 所示。

表 11.2 仿人智能控制器控制参量

参量符号	意　　义	参量符号	意　　义
k	反向起摆作用系数	K_{d2}	车控制器正反馈补偿微分系数
K_{p1}	稳摆控制器比例系数	$u_{\max}$	系统控制作用的最大值
K_{d1}	稳摆控制器微分系数	e_{sw}	单摆的摆角偏差阈值
K_{p2}	车控制器正反馈补偿比例系数	ω_{sw}	单摆的摆角偏差变化阈值

此外还需要一个短时的启动作用,启动控制可选为 $\psi_0: u = -\beta$。从而可以得出特征模型与控制模态之间的推理规则集 Ω 为

$$\left.\begin{aligned}
&t \leqslant t_s : \psi_0 \\
&t > t_s : \omega_1 : \phi_1 \to \psi_1, \omega_2 : \phi_2 \to \psi_2, \omega_3 : \phi_3 \to \psi_3, \omega_4 : \phi_4 \to \psi_4
\end{aligned}\right\} \tag{11.34}$$

4. 仿人控制器参数的确定

（1）阈值 e_{sw}、ω_{sw} 初值的确定。

e_{sw}、ω_{sw} 的取值对摆的定位控制起着十分重要的作用。考虑到控制作用对摆的可控范围和摆到达倒立点时的摆动动能应为零,阈值 e_{sw}、ω_{sw} 初值可由下式确定:

$$e_{sw} \leqslant \arctan \frac{mg}{u_{\max}}$$

$$\omega_{sw}^2 = 2gl(1-\cos e_{sw}) \tag{11.35}$$

（2）参数 k 初值的确定。

k 体现了对起摆中小车运动不对称的补偿思想,通过设置 k 可以在起摆控制中对小车位移的偏差进行补偿,避免小车出现过大的位移偏差。一般说来,k 值与小车定位控制的位置有关。如果定位为原点,根据经验 k 的初值可选为 1.4；如果定位于原点的两边,则应适当地增加或减少 k 值。

（3）参数 K_{p1}、K_{d1}、K_{p2}、K_{d2} 初值的确定。

K_{p1}、K_{d1}、K_{p2}、K_{d2} 的合理取值能够抑制小车单摆间的正反馈互扰耦合作用,是协调车摆控制任务的关键。通常需要反复尝试多次才能确定控制参数的合理取值范围。原则上有如下的定性经验:在稳摆阶段,一旦摆角偏差或偏差速度较大时,稳摆控制作用应当居于主导地位,与摆控制相关的负反馈参数 K_{p1}、K_{d1} 的初值选取得较大。与车控制有关的正反馈是一种补偿调节作用,与 K_{p1}、K_{d1} 相比,参数 K_{p2}、K_{d2} 的初值应取得稍小。经验表明 $|K_{p1}/K_{p2}|$ 与 $|K_{d1}/K_{d2}|$ 应有一个对应于特定小车-单摆系统的合理的取值范围。找到并确定这样一个合理的取值范围是小车-单摆摆起倒立定位控制中的一个重要任务。

11.4.2 小车-单摆系统仿人控制器的实现

小车-单摆的摆起倒立仿真系统如图 11.11 所示。其中 CAD 学习训练及仿真系统采用 Mathworks 公司的控制仿真软件包 MATLAB/SIMULINK。

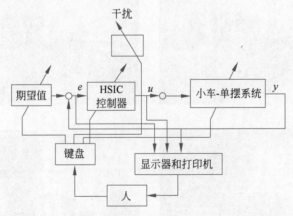

图 11.11 小车-单摆仿人控制的 CAD 学习训练系统

若设式(11.24)中参数 $ml = J + ml^2$,$(M+m) = 2ml$,$\beta = \dfrac{u}{ml\omega^2}$,且 $\omega^2 = mgl/(ml^2+J)$,则可得到小车-单摆系统的无量纲模型为

$$\begin{cases} \ddot{\theta} + \ddot{r}\cos\theta + \sin\theta = 0 \\ \ddot{\theta}\cos\theta - \dot{\theta}^2\sin\theta + 2\ddot{r} = \beta \end{cases} \tag{11.36}$$

控制作用的受限情况为：若 $|\beta| \geqslant 2$，则 $\beta = 2\mathrm{sgn}(\beta)$。

小车-单摆摆起倒立的仿真结果见图 11.12。

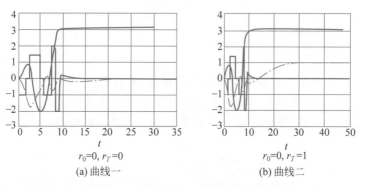

$r_0=0,\ r_T=0$	$r_0=0,\ r_T=1$
(a) 曲线一	(b) 曲线二

图 11.12 小车-单摆摆起倒立仿真曲线

仿真结果表明,小车-单摆摆起倒立仿人控制具有很好的稳定性和鲁棒性,说明仿人控制设计方法的正确性和技术的可行性。

图 11.13 给出小车-单摆摆起倒立仿人控制实验室实时试验录像的稳定状态照片。其中,图 11.13(a)、(b)分别表示小车处于水平状态时单摆摆起前和倒立后的位置,而图 11.13(c)、(d)分别表示小车处于倾斜状态时单摆摆起前和倒立后的位置。实时试验结果显示,小车-单摆摆起倒立拟人控制器能够保证单摆迅速、稳定、可靠地摆起倒立(若观看试验录像,则更清楚)。试验表明,该仿人控制器设计的合理性和实现的有效性。

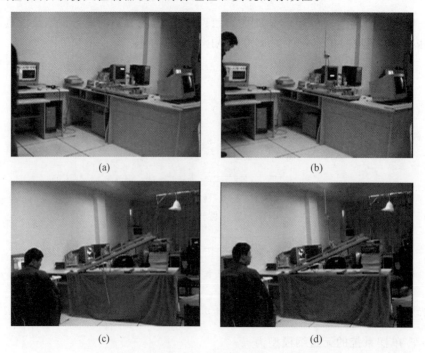

(a)	(b)
(c)	(d)

图 11.13 小车-单摆摆起倒立试验稳态位置

11.5 小结

本章讨论了仿人控制,它是在模拟人的控制结构的基础上,进一步研究模拟人的控制行为与功能,并把它用于控制系统,实现控制目标。11.1节讨论仿人控制基本原理与原型算法。仿人控制是从递阶控制系统的执行级入手,充分应用已有各种控制理论和计算机仿真结果直接对人的控制经验、技巧和直觉推理能力进行辨识和总结,编制出控制算法,用于控制系统。仿人控制系统兼顾定性综合和定量分析,是一种混合控制。也可以说,仿人控制是一种专家控制、递阶控制和基于模型控制的混合控制。

11.2节讨论了仿人控制系统的结构。仿人控制系统具有递阶结构。人体运动和活动受神经控制系统控制,而神经控制系统(包括小脑)具有递阶结构。仿人智能控制采用高阶产生式系统来实现知识表示和建模。高阶产生式系统能够较好地描述仿人智能控制的递阶结构。为此,本节还讨论了产生式系统的组成与推理。产生式系统由3部分组成,即总数据库(或全局数据库)、产生式规则和控制策略。产生式系统通过产生式规则进行推理。按照搜索方向可把产生式系统分为正向推理、逆向推理和双向推理3种方式。仿人控制采用高阶产生式系统组成递阶结构。

11.3节研究仿人控制的特征模式和控制(决策)模态。反映系统运动状态的特征信息构成系统的特征模型。特征模式是特征辨识的依据,是一种智能控制系统动态特性的定量与定性综合描述的模型,是根据不同的控制问题求解和控制指标要求而对系统动态信息空间的一种划分;划分出的每个子区域表示系统的一种特征状态,而特征模型为全部特征状态的集合。

特征辨识是智能控制系统根据特征模型对采样信息进行在线处理和模式识别,确定系统当前所处状态的过程。它综合应用了决策理论方法和句法结构理论方法的分类方式。对系统动态特征的模式识别主要是对动态特征模式进行分类。特征状态模式能够描述系统的动态行为特征或直观地反映系统动态过程的运行状态,为智能控制决策提供依据。

控制(决策)模态集合是控制输出与误差信息和特征记忆信息间的一种定量或定性映射关系的集合,这种不断变化的控制策略称为多模态控制(决策)。控制模态表示控制器输入与输出间的一种函数关系,或映射关系,即一种作为先验知识存在的控制律映射。

11.4节探讨仿人控制器的设计与实现的一般问题。仿人控制器的设计依赖于控制算法模型、设计技术和技巧。设计内容包括确定设计目标轨迹、建立对象的数理模型和各控制级的特征模型或控制算法、设计控制器的结构、设计控制规则与控制模态集以及进行仿真与试验研究等。

为了比较全面和深入地了解仿人智能控制器的设计和实现过程,11.5节以小车-单摆的摆起倒立控制系统为例,加以分析与说明了仿人控制器设计的合理性和实现的有效性。

近年来,面向复杂系统控制、仿人控制与图式理论(Schema Theory)相结合,初步建立了基于动觉智能图式的仿人智能控制理论,使仿人控制得到进一步发展。

习题 11

11-1　什么是仿人控制？其实质为何？

11-2　试介绍仿人控制的工作原理。

11-3　仿人控制系统与人体运动控制(神经)系统在结构上有何关系？

11-4　试述仿人智能控制的结构,并说明其结构特点。

11-5　产生式系统的组成和各部分的作用分别是怎样？

11-6　产生式系统有哪几种推理方式？它们各自是如何推理的？

11-7　什么是仿人控制的特征模型和控制决策模态？

11-8　设计仿人控制器的原则是什么？

11-9　扼要叙述仿人控制系统的设计及其实现的步骤。

11-10　举例介绍并讨论仿人控制器的设计与实现问题。

第12章

自然语言控制

自然语言处理(Natural Language Processing,NLP)的快速发展导致了大型语言模型的出现,这些模型正在为各种应用带来新的机遇,并在文本生成、机器翻译、代码合成等各种任务中取得了显著的成果。本章所要研究的自然语言控制是基于自然语言处理中的大型语言模型,实现从自然语言到控制指令的翻译。控制者不需要学习复杂的控制理论并掌握高级的编程技术,仅需口语化的表达即可实现对机器的控制。可以预见,自然语言控制能够帮助人们更容易地实现与机器之间的互动。

12.1 自然语言控制的发展和定义

12.1.1 自然语言处理的发展和文本表示方式

自然语言处理是基于自然语言理解和自然语言生成的信息处理技术。这里的自然语言是指任何一种人类语言,例如汉语、英语、西班牙语等,但不包括形式语言(如 Java、FORTRAN、C++等)。

1. 自然语言处理的发展简史

自然语言处理的历史可以追溯到 17 世纪。那时莱布尼茨(Leibniz)等哲学家对跨越不同语言的通用字符进行探索,认为人类思想可以归约为基于通用字符的运算。这一观点为自然语言处理技术的发展奠定了基础。

作为人工智能的一个重要领域,当代自然语言处理技术与人工智能技术的兴起和发展是一致的。1950 年,图灵(Turing)提出了著名的基于人机对话衡量机器智能程度的图灵测试。这不仅是人工智能领域的开端,也被普遍认为是自然语言处理技术的开端。20 世纪 50 年代至 90 年代,早期自然语言处理领域的发展主要基于规则和专家系统,即通过专家从语言学角度分析自然语言的结构规则,来达到处理自然语言的目的。

从 20 世纪 90 年代起,伴随着计算机运算速度和存储容量的快速发展,以及统计学习方法的成熟,研究人员开始使用统计机器学习方法来处理自然语言任务。然而,此时自然语言的特征提取仍然依赖人工,同时受限于各领域经验知识的积累。

深度学习算法于 2006 年被提出之后,不仅在图像识别领域取得了惊人的成绩,也在自然语言处理领域得到了广泛应用。不同于图像标注,自然语言标注的领域众多,并具有很强的主观性。因此,自然语言处理领域不容易获得足够多的标注数据,难以满足深度学习模型训练对大规模标注数据的需求。

近年来,GPT、BERT 等预训练语言模型可以很好地解决上述问题。基于预训练语言模型的方法本质上是一种迁移学习方法,即通过容易获取和无须人工标注的大规模文本数据基础,依靠强大算力进行预先训练,从而获得通用的语言模型和表示形式,然后在目标自然语言处理任务上结合任务语料对预训练得到的模型进行微调,从而在各种下游自然语言处理任务中快速收敛以提升准确率。因此,预训练语言模型自面世以来就得到了迅速发展和广泛应用,并成为当前各类自然语言处理任务的核心技术。

自然语言处理涉及众多任务。从流水线的角度看,可以将这些任务划分为 3 类:①完成自然语言处理之前的语言学知识建设和语料库准备任务;②对语料库开展分词、词性标注、句法分析、语义分析等基本处理任务;③利用自然语言处理结果完成特定目标的应用任务,如信息抽取、情感分析、机器翻译、对话系统、意图识别等。其中,将自然语言转变为计算机可以存储和处理的形式(即文本表示)是后续各类下游自然语言处理任务的基础和关键。

2003 年,Y BENGIO 首次提出神经网络语言模型。2017 年之前,在进行自然语言处理时,人们常用多层感知机(MLP)、卷积神经网络(CNN)和循环神经网络(RNN)(包括长短期记忆(LSTM)网络)来构建神经网络语言模型。由于每层都使用全连接方式,MLP 难以捕捉局部信息。CNN 采用一个或多个卷积核依次对局部输入序列进行卷积处理,可以比较好地提取局部特征。由于其适用于高并发场景,较大规模的 CNN 模型经过训练后可以提取更多的局部特征。然而,CNN 却难以捕获远距离特征。RNN 将当前时刻网络隐含层的输入作为下一时刻的输入。每个时刻的输入经过层次递归后均对最终输出产生影响,就像网络有了记忆一样。RNN 可以解决时序问题和序列到序列的问题,但是这种按照时序来处理输入的方式使得 RNN 很难充分利用并行算力来加速训练。LSTM 是一种特殊的 RNN,它对隐含层进行跨越连接,减少了网络的层数,从而更容易被优化。

2017 年,来自谷歌公司的几位工程师在不使用传统的 CNN、RNN 等模型的情况下,完全采用基于自注意力机制的 Transformer 模型,取得了非常好的效果。在解决序列到序列问题的过程中,他们不仅考虑前一个时刻的影响,还考虑目标输出与输入句子中哪些词更相关,并对输入信息进行加权处理,从而突出重要特征对输出的影响。这种对强相关性的关注就是注意力机制。Transformer 模型是一个基于多头自注意力机制的基础模型,不依赖顺序建模就可以充分利用并行算力进行处理。在构建大模型时,Transformer 模型在训练速度和长距离建模方面都优于传统的神经网络模型。因此,近年来流行的 GPT、BERT 等若干超大规模预训练语言模型基本上都是基于 Transformer 模型构建的。Transformer 模型整体架构如图 12.1 所示。

广义预训练语言模型泛指经过提前训练得到的语言模型。各类神经网络语言模型在理论上都可以进行预训练处理。而目前自然语言处理领域常涉及的预训练语言模型通常是指一些参数数量过亿甚至超千亿的大规模语言模型。这些模型的训练依赖强大算力和海量数据。典型的大规模预训练语言模型包括 GPT 系列、BERT、XLNet 等。此外,这些模型的各种改进模型也层出不穷。

2018 年 6 月,OpenAI 公司提出首代 GPT 模型,开启了具有"基于大量文本学习高容量语言模型"和"对不同任务使用标注数据来进行微调"两个阶段的自然语言处理预训练模型大门。GPT 模型基于 12 层 Transformer 基础模型构建了单向解码器,约有 1.17 亿个参

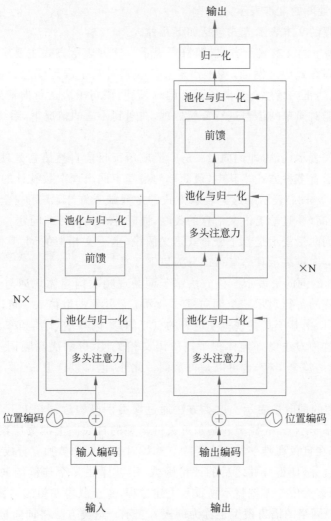

图 12.1 Transformer 模型整体架构

数。OpenAI 公司在 2019 年 2 月进一步提出 GPT 模型的升级版本,即 GPT-2。由于担心该技术可能会被恶意利用,研究团队并没有对外发布预训练好的 GPT-2 模型,而是发布了一个小规模模型。GPT-2 保留了 GPT 的网络结构,并直接进行规模扩张,即堆叠更多层的Transformer 模型,其用于训练的数据集十倍于 GPT 模型,参数数量超过 15 亿。随着规模的扩大,GPT-2 也获得了更好的泛化功能,包括生成前所未有的高质量合成文本功能。虽然在部分下游任务方面尚未超过当时的最优水平,但是 GPT-2 证明了大规模预训练词向量模型在迁移到下游任务时,可以超越那些使用特定领域数据进行训练的语言模型,并在拥有大量(未标注)数据和具备足够算力时,使下游任务受益于无监督学习技术。

GPT-3 模型于 2020 年 5 月提出,是目前最强大的预训练语言模型之一。GPT-3 在GPT-2 的基础上进一步进行了规模扩张,使用高达 45TB 的数据进行训练,参数数量高达1750 亿。这样巨大的网络规模使得 GPT-3 模型在不进行任何微调的情况下,仅利用小样本甚至零样本就能在众多下游任务中超越其他模型。OpenAI 公司虽未开源 GPT-3 模型,但是提供了多种应用程序接口(API)服务,以供下游任务调用。

2. 自然语言处理的文本表示方式

自然语言处理的文本表示方式包括如下几种。

字符串:最基本的文本表示方式,即符号表示。这种表示方式主要应用在早期基于规则的自然语言处理方式中。例如,基于预定义的规则对句子进行情感分析,当出现褒义词时,表明该句子表达正向情感;当出现贬义词时,表明该句子表达负向情感。显然,这种使用规则的方式只能对简单的语言进行分析处理,在遇到矛盾的情况下,系统很可能无法给出正确的结论。

以向量的形式表示词语,即词向量:是广泛应用于目前自然语言处理技术中的表示方式。词向量的表示有多种方式。其中,最简单的是基于词出现次数统计的独热(one-hot)表示和词袋(Bag-of-words)表示。这类表示方式的主要缺点在于,需用完全不同的向量来表示不同的词,维度高,并且缺乏语义信息的关联,同时存在数据稀疏问题。

另外一大类词向量表示是基于分布式语义假设(上下文相似的词,其语义也相似)的分布式表示。这种词向量表示具体又可以分为以下 3 类。

(1) 基于矩阵的词向量表示。该方法基于词共现频次构建体现词与上下文关系的词-上下文矩阵。矩阵的每行表示一个词向量 w_i,第 j 个元素的取值 w_{ij} 可以是 w_i 与上下文的共现次数,也可以由基于其共现概率进行的点互信息、词频-逆文档频率、奇异值分解等数学处理来获得。这种方法更好地体现了高阶语义相关性,可解决高频词误导计算等问题。其中,上下文可以是整个文档,也可以是每个词。此外,也可以选取 w_i 附近的 N 个词作为一个 N 元词窗口。

(2) 基于聚类的词向量表示。这类方法通过聚类手段构建词与上下文的关系。例如,布朗聚类是一种基于 Ngram 模型和马尔可夫链模型的自底向上的分层聚类算法。在这种算法中,每个词都在且仅在唯一的一个类中。初始时每个词均被独立分成一类,然后系统将其中的两类进行合并,使得合并之后的评价函数(用以评估 n 个连续的词序列能否组成一句话的概率)达到最大值。系统将不断重复上述过程,直至获得期望的类数量。

(3) 基于神经网络的语言模型也称为词嵌入表示。这类方法将词向量中的元素值作为模型参数,采用神经网络结合训练数据学习的方式来获得语言模型参数值。基于神经网络的语言模型具体又包括静态语言模型和动态语言模型。这两种语言模型的区别在于:静态语言模型通过一个给定的语料库得到固定的表示,不随上下文的变化而变化,例如 Word2vec、GloVe 和 Fasttext 模型;动态语言模型由上下文计算得到,并且随上下文的变化而变化,例如 CoVe、ELMo、GPT 和 BERT 模型。其中,基于神经网络的语言模型充分利用了文本天然的有序性和词共现信息的优势,无须人工标注也能够通过自监督学习从文本中获取语义表示信息,是预训练语言模型的重要基础,也是目前词表示研究与应用的热点。

12.1.2　自然语言控制的定义

目前对自然语言控制以及相关问题尚没有明确、统一的定义。以下给出的定义仅供进一步讨论参考。

定义 12.1　自然语言控制。

自然语言控制是结合自然语言处理与经典控制理论的一种智能控制方法,能够利用大语言模型将自然语言转化为控制指令,实现对目标的状态控制。

定义 12.2 约束和要求。

自然语言控制中,指定与任务相关的约束条件或要求。如任务涉及移动物体,可以指定要移动的物体的重量、大小和形状。

定义 12.3 环境。

自然语言控制中,描述执行任务对象所处的环境状态。例如任务为在迷宫中导航,可以描述迷宫的大小和形状,以及需要避免的任何障碍物或危险物。

定义 12.4 目标和目的。

自然语言控制中,需要执行的任务的目标和目的。例如任务是拼装一个拼图,可以指定需要拼装的拼图块的数量和期望的完成时间。

12.2 自然语言控制的步骤及流程框图

图 12.2 介绍一种使用语音指令作为自然语言输入的自然语言控制方法步骤及框图。大模型发展使得机器在经过训练后能适应一系列复杂的任务,从基本的逻辑、几何和数学推理一直到复杂的领域,如航空导航、操纵和实体代理等。自然语言控制的目标为:使模型在经过训练后,能够理解操作者使用的自然语言,无须使用复杂的编程方法,即可实现对目标的行为控制。

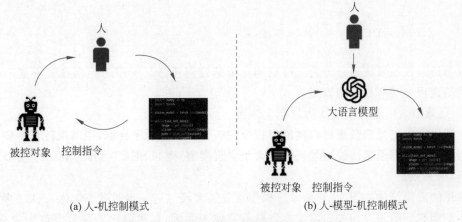

(a) 人-机控制模式　　　　　　　(b) 人-模型-机控制模式

图 12.2 传统控制模式与自然语言控制模式

自然语言控制由传统的控制流程中的人-机结构改变为人-模型-机结构,实现了传统控制模式中"人通过控制指令控制机器"到"人给出控制目标,由自然语言处理模型转换为控制指令",从而实现对目标控制的转化。

自然语言控制的一般流程如图 12.3 所示,步骤如下:

① 被控对象通过感知设备对操作者所发出的自然语言信息进行接收。

② 将接收到的自然语言信息输入自然语言处理模型,提取关键特征信息,将它转换为控制指令。

③ 依据控制指令中的控制目标信息,将被控对象转移到目标状态。

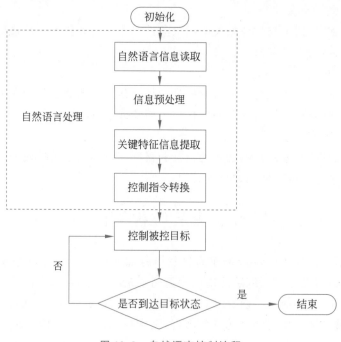

图 12.3　自然语言控制流程

12.3　自然语言控制系统的设计

自然语言控制系统通常分为三层结构。依据控制任务与所用的控制技术方案不同,内部的控制流程也会有相应的改变。

1. 自然语言信息处理的步骤及指令转换

自然语言信息处理负责将自然语言指令解析为参数化的子目标,用以执行下一步控制。自然语言信息处理通常由经过预训练的大型语言模型,例如 BERT Transformer 模型、GPT 模型等,来完成。

常见的三层结构如图 12.4 所示。模型首先需要经过进一步的微调训练,选取的数据集通常与期望执行的任务相关。以文本自然语言输入为例,自然语言处理模型首先分析输入的句子,将原始文本放入一个存储对象中,随后,将文本分解成一系列标记,并保存每个标记在输入文本中的字符偏移量。然后,将文本分成不同的句子,并标注它们的词性标签,为提取的注释中的所有标记生成词形,并识别命名实体和数值实体。此外,还需进行完整的句法分析,包括组成结构和依赖关系表示。最后,将所有分析信息的结果以 XML 或纯文本形式输出。

此后,以规定的语法规则对输出进行映射,设置相应的控制指令标签,利用预训练模型进行映射,实现自然语言信息到控制指令的转换。

2. 系统交互及控制

控制系统在接收到处理后的自然语言控制信息后,即可进行相应的建模控制。其中具体的控制方法可依据实际控制情况进行选择,可结合传统的控制策略,实现对系统的控制,达到目标状态。

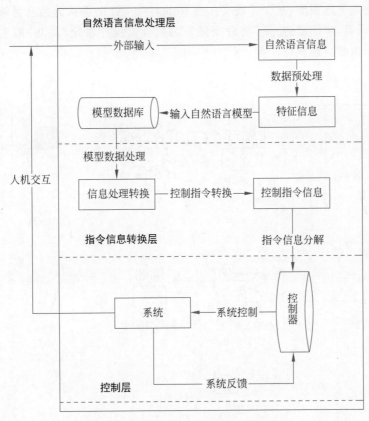

图 12.4 自然语言控制系统的三层结构

12.4 自然语言控制系统示例

12.4.1 基于 ChatGPT 的机器人控制系统

在人工智能时代,随着机器人在人类生活的各个方面越来越多地参与,人机交互变得越来越重要。然而,人与机器人之间缺乏充分的语义理解和沟通能力,导致了人机交互仍存在很多问题。大型语言模型的出现,例如 ChatGPT,为开发一种交互式、沟通能力强、鲁棒性强的人机交互方法提供了机会。本示例研究设计了一个名为 RoboGPT 的机器人控制系统,使用 ChatGPT 来控制一个具有 7 个自由度的机器人手臂,帮助人类操作员获取和放置工具,同时人类操作员可以使用自然语言与控制机器人手臂进行交流和控制。

1. RoboGPT 系统的工作流程

将大语言模型与机器人控制模块集成的工作流程,构建了一个智能 AI 机器人控制助手,称为 RoboGPT,如图 12.5 所示。首先将人类操作员的口语语言转化为文本输入,供 AI助手进行处理。在本例中,AI 助手的决策核心采用了 GPT 3.5,用于理解信息并作出响应。通过考虑上下文信息和评估信息的模糊性,GPT 3.5 生成自然回应,可以通过对话进一步澄清信息或控制机器人。与人类操作员进行沟通时,RoboGPT 的 AI 助手生成提示,并将提示呈现给人类操作员,并等待进一步的指示。这种双向沟通澄清了人类操作员和机器人系统的意图,增加了透明度,减少了歧义。当 RoboGPT AI 助手认为信息足够进行决策,将发送响应到解码器,解码器进一步将命令处理为机器人操作系统(ROS)的主题,并触发机器人控制功能,以相应地执行任务。

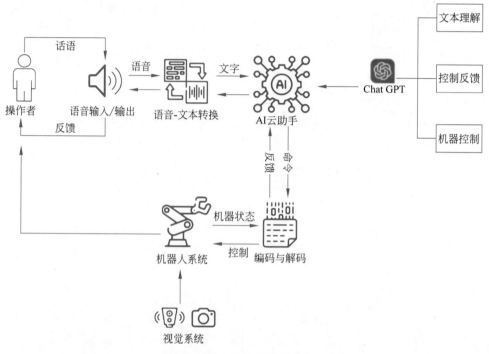

图 12.5　RoboGPT 系统

对于大多数研究而言,从头开始训练一个启用 ChatGPT 的 AI 助手是不可行的,主要原因是与数据和基础设施相关的成本过高。鉴于这些问题,一种常用的替代方法是使用信息提示来重新塑造和微调预训练的大语言模型。这种方法保留了现有模型中嵌入的功能,使用户能够根据特定要求调整模型。

2. 微调预训练模型的设计

在本例中,使用 OpenAI API 将 GPT 3.5 微调为 RoboGPT AI 机器人控制助手,如图 12.6 所示。这些提示定义了系统的上下文,并展示了所需格式的样本对话。这些提示经过了精心设计,涵盖了各种场景和任务,确保微调的 ChatGPT 能够在人类操作员和机器人系统之间建立起有效的沟通。同时,这个微调过程还调节了 AI 助手的输出,以便输出命令能够与机器人控制模块精准对接。在进行微调后,GPT 3.5 模型能够理解和处理复杂的指令,同时与各种机器人平台无缝集成。

3. 双级阻抗控制算法

本例测试的机器人系统是 Franka Emika Panda 机器人臂,这是一款专为人机合作设计的轻型 7 自由度机器人臂。由于 ChatGPT 控制器离散地生成提示,目标机器人的姿势和状态会发生不连续的变化。因此,有必要将离散的目标状态映射到连续的轨迹,以实现平滑且安全的机器人操作。本例采用双阶段阻抗控制算法来解决这个问题,如图 12.7 所示。在接收到目标姿势($\tilde{x}$)后,主阻抗控制器生成连续的时间序列目标位置($\tilde{x}_t$)以平滑移动。然后,将连续的目标位置输入次级阻抗控制中,以生成平滑的机器人轨迹(x_t)。整体控制功能可

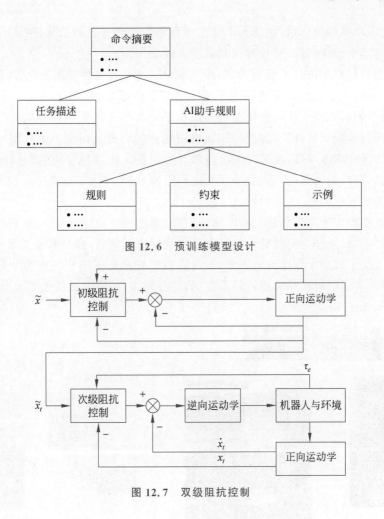

图 12.6 预训练模型设计

图 12.7 双级阻抗控制

由下式表示：

$$\tau_e = f(g(\tilde{x})) = M\ddot{x}_t + D\dot{x}_t + K(x_t - \tilde{x}_t) \tag{12.1}$$

其中，τ_e 表示外部扭矩矩阵，x_t、$\dot{x}_t$ 和 $\ddot{x}_t \in R^7$ 表示时间点 t 上笛卡儿空间中所有关节的位置、速度和加速度，$\tilde{x}_t$ 表示时间 t 在笛卡儿空间中生成的中间位置，M、D、$K \in R^{7^2}$，分别表示所需的惯性、阻尼和刚度。

4. 机器人控制功能

AI 的反馈需要映射到特定的机器人以控制功能和变量，从而有效利用 RoboGPT 启用的 AI 助手的能力进行机器人控制。可以使用正则表达式搜索算法来提取机器人控制命令。在映射解码过程中，AI 作出响应，并提取关键词来触发 ROS 中具有特定参数的机器人控制算法，随后机器人执行动作。此外，RoboGPT 的 AI 机器人控制助手可以创建一系列活动，例如抓取物体并将其直接送到特定位置。在这种情况下，命令解码器必须将命令分成几个连续的线程，并依次执行机器人的动作。

在装配的人机协作环境中，将机器人控制功能定义为 3 个主要类别：抓取（grab）、移动（move）和放置（drop）。首先，在机器人需要抓取物体时，其中的光学输入模块识别目标位置。接下来，机器人手臂执行阻抗控制算法来进行机器人手臂的移动，并开启机器人夹持器。最后,在成功抓取物体后,机器人手臂需要将物体送到适当的位置,然后释放物体。AI助手在整个过程中持续跟踪、监控和控制机器人的动作。

本例在虚拟仿真中进行了实验测试,使用 RoboGPT 人工智能机器人助手来帮助人类操作员组装工件,人工智能助手控制一个真实的 7 自由度机械臂 Franka Emika,选择了一个简单的装配场景,以减少不同装配领域知识水平对参与者的影响。本实验中的装配任务旨在将一块板材装配到工件上,并使用钻孔机用 4 颗螺钉将其固定。该过程可分为 3 个步骤:组装板材、放置螺钉和钻入螺钉。参与者可自主决定操作顺序,例如,何时要求机器人手臂提供工具,何时钻入螺钉。人类操作员进行组装过程,而人工智能助手控制机器人手臂运送工具。实验过程如图 12.8 所示。

参与实验的操作人员需要进行一次培训,在培训过程中,他们首先完成将所有工具放置在可触及的位置,而无须与机械臂一起工作。成功完成任务后,参与者被要求使用机器人完成装配任务。为了减少个体差异的影响,参与者需要按照随机顺序完成两个任务。每个任务结束后,参与者需要对机械臂进行评价打分,评分越高,说明完成任务的速度越快,效果越好。评分结果如图 12.9 所示。

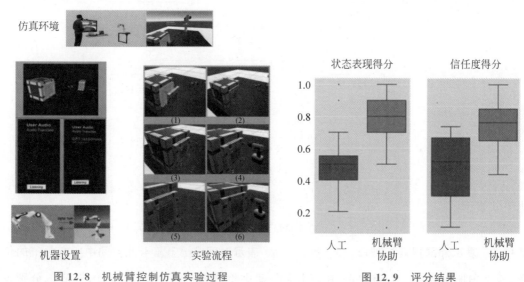

图 12.8　机械臂控制仿真实验过程　　　　图 12.9　评分结果

12.4.2　基于自然语言处理的工业机器人自动编程

现今机器人已可以通过自动化系统来实现控制,减少了人类的工作量。随着自动化编程系统的兴起,程序员不再需要深入了解代码的细节。通过机器人与人类的交互,自动化编程系统能够自主生成机器人控制程序。本例设计了一个利用自然语言进行工业机器人自动编程的系统。

1. 机器人自动编程的系统的架构

首先,使用多头注意力机制来衡量自然语言指令与环境中物体的匹配概率。随后,采用模块化编程方法为机器人生成代码,并将预测结果进行组合。在实验测试中,对现有的数据集进行了扩充,以更准确地描述实际的环境,并考虑了位置、属性和约束。测试结果显示,由经验丰富的工程师编写的代码与系统生成的代码之间的相似度达到了 80%。

本例根据自然语言输入和环境特征为机械手生成代码,整体框架如图12.10所示,总体包括了3个子任务:选择源对象,预测对象的目标位置和生成机械手的源代码。本例使用多任务联合模型生成辅助代码,其中模型中的子任务共享语义和空间特征以更新损失函数。

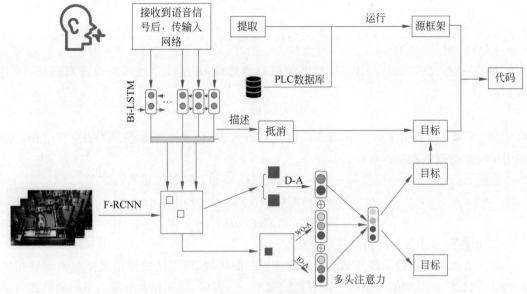

图12.10 整体架构

例如,在一个简单的机器人的代码片段"MoveJ p1,v200,fine,tool1"中,MoveJ 定义了运动的类型,p1 为17 位的位置参数,v200 为运动的速度,fine 定义了所需的精度水平,tool1定义了连接到机器人末端的工具。然而,这些详细信息不能由用户在一条简洁的指令中提供。一般的指令可能是"收到洗碗信号后,将左侧的物料放到焊接站上"。在这个指令中,"物料"是源对象(即 Source),"焊接站"是参考对象(即 Reference),而"放到"是源对象的运动趋势(即 Offset)。

2. 机器人自动编程的系统的任务

在本例中,使用神经网络分析指令和图像,识别机器人抓取的物体及物体放置的最终位置,将源对象和参考对象的识别定义为分类问题,将物体目标位置的预测定义为带有距离偏差的回归问题。最终的子任务是生成机械手的源代码。模型将分析语言指令,选择适当的模板配置,并将物体目标位置的模型输出与生成代码相结合。接下来将详细地介绍每个子任务。

本例将识别源对象的任务视为分类问题。首先利用 m 个源对象 $b=\{b_1,b_2,b_3,\cdots,b_m\}$ 的参数信息(坐标、颜色、形状)生成一个类似真实工厂的仿真环境。然后在该环境中生成一个动作源代码,并在每个动作完成后生成一个新的环境图像。将当前环境的图像 P 和由 i 个单词组成的指令 $I_i=x_1,x_2,x_3,\cdots,x_i$ 输入模型,模型预测源对象的参考位置。

源对象识别过程通常分为两个阶段——编码和对齐。在编码阶段,分别对指令和环境进行编码,并通过嵌入表示获取指令和环境特征。在对齐阶段,根据指令的语义对环境中的对象进行对齐。在这个阶段,使用机器翻译来计算相似性,利用联合注意机制,衡量指令与环境中每个对象的匹配概率,并生成对象-指令的概率分布。

对于指令,使用带有 LSTM 的双向循环神经网络(Bi-RNN)进行编码,递归地生成隐藏状态的序列。一个指令 $I_i = \{x_1, x_2, x_3, \cdots, x_i\}$ 通过使用经过学习的嵌入函数 $\psi_x(x_i)$ 和长短期记忆机制被映射为隐藏状态的序列,指令的表示如下式所示:

$$I_i = \text{Bi\_LSTM}(\psi_x(x_i), I_{i-1}) \tag{12.2}$$

$$\bar{x} = \frac{1}{n}\sum_{i=1}^{n} I_i \tag{12.3}$$

对于环境,使用 Faster-RCNN 对图像进行预处理,并生成全连接层以获取特征,如下所示:

$$V_m = \text{RCNN}(W_B f_{b_m} + a) \tag{12.4}$$

其中,$V_m \in \mathbf{R}^{m \times d}$ 表示前 m 个区域的 d 维视觉嵌入表示;f_{b_m} 表示空间特征;W_B 和 a 分别表示对象的权重和偏差参数。

然后,通过一个全连接层和一个一维卷积层将 V 和 I 映射到相同的维度:

$$V = \text{ReLU}(\text{CONV1}d(V_m)) \tag{12.5}$$

$$I = \text{ReLU}(\text{LINEAR}(I_i)) \tag{12.6}$$

3. 用联合多注意力机制提高系统精度

以上方法可以通过图像分割来确定物体所在的区域,但无法根据语义要求来识别相应的物体。此外,还希望能实现以下两方面的效果。一方面,对于包含对源对象明确描述的指令,模型的注意力能够集中在语义指定的对象上。例如,在接收到 SUCKER_OK 指令信号后,将方钢板移动到左侧货架的底部,模型的注意力应该集中在"方钢板"上。另一方面,当指令中未明确提到源对象时,希望使用注意机制来关注对象之间的不同信息,以找到更合适的目标。例如,在接收到指令"准备好吸盘信号后,抓取车床上最大的方钢板"后,模型无法知道哪个是"最大"的物体。在这种情况下,仅凭物体本身的信息是不足以引导注意力分布的。

为了解决上述问题,采用联合多注意力机制来提高识别和坐标定位的准确性。它使模型能够整合环境中所有物体的差异信息,以协助匹配自然语言指令特征。本例使用多注意力机制来衡量自然语言指令与环境中物体的匹配概率,即预测每个物体被指令选择的概率。

通过一个注意力模块 $A(V_m, I_i)$ 对物体和指令进行对齐,使用 Softmax 函数对数据特征进行归一化,以获得条件分布 P。从 $P(S=b_m \mid I)$ 中可以得到由指令确定的源对象,即

$$P(S=b_m \mid I) \propto \exp(A(V_m, I_i)) \tag{12.7}$$

其中,S 是源对象的离散表示。

预测源对象的损失函数是条件分布概率 $P(S=b_m|I)$ 与环境中物体的实际位置 GE 之间的交叉熵,使用 Adam 优化器对损失函数进行优化。

$$\text{Loss}_S = -\sum_i GE_{b_m} \log P(S=b_m \mid I) \tag{12.8}$$

本例采用了一种新的多注意力机制,即单词-物体、物体-指令和物体-物体的多重注意力机制。首先,使用 Faster-RCNN 提取的图像特征通过差分计算来计算物体-物体的差异注意力:

$$A_W = W_{f \times p}(V_i - V_j) \tag{12.9}$$

$V_i - V_j$ 为一个 $m \times m$ 矩阵,表示第 i 个物体和第 j 个物体之间的图像特征表示的差

异。W_f 是学习的注意力矩阵,表示经过多次执行后的差异注意力分布。

随后,计算指令中每个单词 x_i 的单词-物体注意力,计算 x_i 与环境 t 中每个物体 m 的对齐分数:

$$\text{score}(V_m, h_t) = V_m^t x_i h_t \tag{12.10}$$

其中,h_t 为 Bi-LSTM 编码器在预测 V_m 时的隐藏单元输出,使用类似机器翻译的方法将当前时刻 t 的状态 h_t 与所有物体进行匹配,并计算对齐向量 a_t:

$$a_{m,t} = \text{align}(V_m, h_t) = \frac{\exp(\text{score}(V_m, h_t))}{\sum \exp(\text{score}(V_m, h_t))} \tag{12.11}$$

全局向量 $\tilde{z}_m$ 是源物体 b_m 的权重之和:

$$\tilde{z}_m = \sum_t a_{m,t} h_t \tag{12.12}$$

最后,使用物体-指令注意力模块将所有物体与物体-物体注意力矩阵 A_W 相乘。随后,计算全局向量 $\tilde{z}_m$ 和源物体的嵌入特征矩阵。

$$P(V_m, I) = W_{\text{BLOCK}}(V_m^T A_W) \Theta \tilde{z}_m \tag{12.13}$$

多重注意力机制学习了环境中不同物体之间的差异信息,它可以帮助模型集中关注指令中提到的物体,并获取相应物体的上下文向量。

4. 源对象最终位置的预测

将预测过程分解为对参考对象和偏移量的预测,本例的模型结合参考对象的分布 $P(R)$ 和指令 $\tilde{x}$,预测源对象的最终位置。

当机械臂在环境中移动物体时,环境的状态会发生变化。每个变化都是一个离散的状态。因此,预测参考对象的位置与预测源对象类似,也是通过物体-指令多注意力机制来完成的。因此,对离散变量 R 进行建模,并预测参考目标位置,具体如下:

$$P(R = b_m \mid I) \propto \exp(A_T(V_m, I_i)) \tag{12.14}$$

其中,b_m 表示环境中的第 m 个物体,A_T 是当前环境中的注意力矩阵。

根据指令的表示对偏移量即真实目标位置与预测位置之间的偏差进行建模。假设特征遵循高斯分布,使用固定协方差的多维高斯分布来拟合指令,以预测随机的偏移量。

$$P(O = o \mid I) \propto N(\mu_o, \sum_o) \tag{12.15}$$

$$\mu_o = W_1 \sigma(W_2 h_{fc6} + b_1) + b_2 \tag{12.16}$$

将环境图像 P 输入 Faster-RCNN 中。h_{fc6} 是 Faster-RCNN 的倒数第 2 个全连接层,μ_o 是由全连接层和指令特征形成的高斯分布的中心。b_1 和 b_2 是偏置参数,W_1 和 W_2 分别是指令和对象的权重矩阵。

目标 t_e 为随机变量 $E(O)$ 和 $E(R)$ 的期望值:

$$t_e = E(O) + E(R) \tag{12.17}$$

损失函数为实际位置与模型预测位置之间欧几里得距离的均方差之和,可以使用 Adam 优化器进行优化:

$$\text{LOSS}_{\text{MES}} = \sum \| t_{GT} - t_e \|^2 \tag{12.18}$$

从参考对象 ∇ 和偏移量 ϑ 的分布中采样获得样本 t_n。L_{MCMC} 为损失函数:

$$\iota \sim P(O) \tag{12.19}$$

$$\nabla \sim P(R) \tag{12.20}$$

$$t_n = \iota + \nabla \tag{12.21}$$

$$L_{MCMC} = E \parallel t_{GT} - t_n \parallel \tag{12.22}$$

使用蒙特卡罗方法通过采样 n 个参考-偏移对 $\{(O_0, \nabla_0), (\iota_1, \nabla_1), \cdots, (O_n, \nabla_n)\}$ 来近似样本,整体梯度是数据实例的总和,地面实况目标 t_{GT} 与预测目标 t_n 之间的距离被视为负奖励。

$$L_{MCMC} = \frac{1}{N} \sum \left| \log P(R = \nabla_n) - \frac{1}{2}(\iota_n - \mu_0)^T \sum_{0}^{-1} (\iota_n - \mu_0) \cdot \parallel t_{GT} - t_n \parallel \right| \tag{12.23}$$

5. 顺序逻辑指令的分类

本例将指令分为两类:类型 Ⅰ——显式顺序逻辑指令,类型 Ⅱ——隐式顺序逻辑指令。

类型 Ⅰ:这类指令包含机器人每个操作的描述,并且仅包含最多一个时间顺序逻辑(例如,开始、之前、之后等)的显式说明。

类型 Ⅱ:这类指令包含一系列子任务,并且指令中仅包含隐含的逻辑时间序列。

对于这两种不同类型的指令,选择不同的模板来生成源代码框架。在本例中,为机器人定制了一套模板。模板是一个预定义的函数,其中的 PLC 信号和坐标占位符作为参数。

对于类型 Ⅰ 指令,使用 StanfordNLP 工具对指令进行分词和分段,并根据时间词(例如 after、before 等)确定何时需要 PLC。使用模板 SET < what >将< what >映射到相应的信号,截取 PLC 字段。随后使用预定义的模板,例如 Mov object < speed > to < where >表示机器人以特定速度将物体移动到固定位置。随后,使用模型预测参数。

对于类型 Ⅱ 指令,子任务可以由多个类型 Ⅰ 指令代码组成,可以重复使用具有相同功能的现有模板。因此,类型 Ⅱ 的模板由一系列类型 Ⅰ 指令组成。

此外,模型需要判断指令类型以采用不同的模板。如果在任务中,机器人与 PLC 多次交互,并且预测出一系列坐标,说明该指令是类型 Ⅱ。本例使用 BM25 算法计算由 StanfordNLP 生成的分词信息与预定义模板之间的关联度,随后选择适当的模板,如图 12.11 所示。

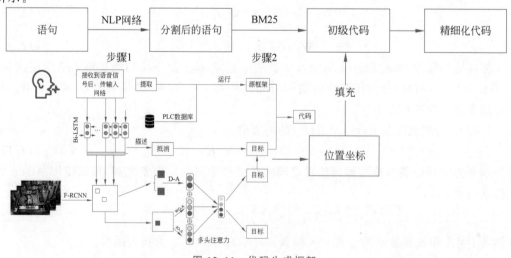

图 12.11 代码生成框架

利用机械臂执行生成的程序指令,实验结果如图 12.12 所示。

机械臂接受生成程序指令,
将绿色块移动到下方

机械臂接受生成程序指令
SUCKER_OK,将红色
块移动到中央

图 12.12 程序生成实验测试

12.5 小结

本章研究的自然语言控制就是基于自然语言处理中的大型语言模型,实现从自然语言到控制指令的翻译。12.1 节介绍自然语言处理的发展简史、自然语言控制的定义、文本表示方式和 Transformer 自然语言处理模型的整体架构及 GPT 模型。词向量的文本表示具体可分为 3 类,即基于矩阵的词向量表示、基于聚类的词向量表示和基于神经网络的语言模型(也称为词嵌入)表示。

12.2 节讨论自然语言控制的步骤及流程框图,分析了传统控制模式与自然语言控制模式的区别。

12.3 节研究自然语言控制系统的设计。自然语言控制系统通常分为三层结构,即自然语言信息处理层、指令信息转换层和控制层。依据控制任务与所用的控制技术方案不同,内部的控制流程也会有相应的改变。本节讨论了自然语言信息处理步骤和指令转换以及系统交互与控制。

12.4 节举例介绍自然语言控制系统的示例,研究设计了一个名为 RoboGPT 的机器人控制系统,使用 ChatGPT 来控制一个具有 7 自由度的机器人手臂,帮助人类操作员获取和放置工具,同时人类操作员可以使用自然语言与控制机器人手臂进行交流和控制。接着简介基于自然语言处理的工业机器人自动编程。

习题 12

12-1 什么是自然语言控制?

12-2 自然语言处理文本有哪些表示方式?

12-3 简介 Transformer 自然语言处理模型的整体架构和原理。

12-4 什么是 GPT 和 Chat GPT? 它们有何作用和影响?

12-5 词向量的文本表示是怎样分类的?

12-6 试述自然语言控制的步骤及控制流程。

12-7　传统控制模式与自然语言控制模式有何区别?

12-8　试讨论自然语言控制系统的结构(特别是三层结构)。

12-9　说明自然语言信息处理步骤、指令转换及系统交互控制。

12-10　举例介绍自然语言控制系统的示例。以 RoboGPT 的机器人控制系统为例,进一步探讨自然语言控制的机制和自动编程原理。

第13章

复合智能控制

　　自动控制及其系统的绚丽多彩不仅体现在各种控制系统所具有的优良性能上,而且也表现在各种控制系统及控制方法的巧妙结合(或称为复合、组合、混合、集成)上。本章在前面各章逐一讨论单一智能控制的基础上,研讨多种智能控制的复合控制问题,即复合智能控制问题。

13.1　复合智能控制概述

　　单一控制器往往无法满足一些复杂、未知或动态系统的控制要求,这时就需要开发某些复合的控制方法来满足现实问题提出的控制要求。复合或混合控制并非新的思想,在出现和应用智能控制之前,就存在各种复合控制,如最优控制与PID控制组成的复合控制、自适应控制与开关控制组成的复合控制等。严格地说,PID也是一种复合控制,一种组合了比例、积分和微分3种控制的复合控制。

　　智能控制的控制对象与控制目标往往与传统控制大不相同。智能控制就是力图解决传统控制无法解决的问题而出现的。复合智能控制只有在出现和应用智能控制之后才成为可能。所谓复合智能控制指的是智能控制手段(方法)与经典控制和/或现代控制手段的集成,还指不同智能控制手段的集成。由此可见,复合智能控制包含十分广泛的领域,用"丰富多彩"来形容一点也不过分。例如,智能控制＋开关控制、智能控制＋经典PID反馈控制、智能控制＋现代控制、一种智能控制＋另一种智能控制等。就"一种智能控制＋另一种智能控制"而言,就有很多集成方案,如模糊神经控制、神经专家控制、进化神经控制、神经学习控制、递阶专家控制和免疫神经控制等。仿人控制综合了递阶控制、专家控制和基于模型控制的特点,也可把它看作一种复合控制。仅模糊控制与其他智能控制(简称模糊智能复合控制)构成的复合控制就包括模糊神经控制、模糊专家控制、模糊进化控制和模糊学习控制等。图13.1所示为一进化模糊控制系统原理简图。

　　举例来说,神经专家控制(或称为神经网络专家控制)系统,就是充分利用神经网络和专家系统各自的长处和避免各自的短处而建立起来的一种复合智能控制。专家系统和专家控制系统往往采用产生式规则表示专家知识和经验,比较局限;如果采用神经网络作为专家系统的一种新的知识表示和知识推理的方法,就出现神经网络专家控制系统。神经网络专家控制系统与传统专家控制系统相比,两者的结构和功能都是一致的,都有知识库、推理机、解释器等,只是其控制策略和控制方式完全不同而已。基于符号的专家系统的知识表示是

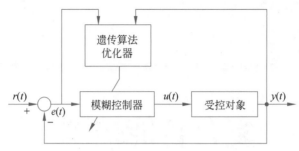

图 13.1　进化模糊控制系统原理框图

显式的,而基于神经网络的专家系统的符号表示是隐式的。这种复合专家控制系统的知识库是分布在大量神经元及其连接系数上的;神经网络通过训练进行学习的功能也为专家系统的知识获取提供了更强的能力和更大的方便,其知识获取方法不仅简便,而且十分有效。

要在本书的一章中全面介绍各种复合智能控制方案及其示例,不仅是不可能的,也是不必要的。限于本书的预定领域和篇幅,本章主要以模糊智能复合控制为线索进行较为详细的和有代表性的讨论,所讨论的内容包括模糊神经控制、模糊专家控制和模糊进化控制的结构和示例等。此外,也简介了仿人控制的基本原理和设计方法等内容。

复合智能控制在相长的一段时间成为智能控制研究与发展的一种趋势,各种复合智能控制方案如雨后春笋一样纷纷面世,其中,也的确不乏好方案和好示例。不过值得指出,并不是任何智能控制手段都可以两两或多元组合成为一种成功的复合控制方案。复合能否成功,不仅取决于结合前各方的固有特性和结合后"取长补短"或"优势互补"的效果,而且也需要经受实际应用的检验。实践是检验各种复合智能控制是否成功的唯一标准,是不以人的主观愿望为转移的。

13.2　模糊神经复合控制原理

模糊控制可与神经控制原理组合起来,形成新的模糊神经复合控制系统。本节介绍模糊神经网络的作用原理。

在过去 20 年中,模糊逻辑和神经网络已在理论和应用方面获得独立发展,然而,近 10 年来,已把注意力集中到模糊逻辑与神经网络的集成上,以期克服各自的缺点。模糊神经网络综合了模糊逻辑推理的结构性知识表达能力和神经网络的自学习能力。表 13.1 对它们进行了比较。

表 13.1　模糊系统与神经网络的比较

技　术	模 糊 系 统	神 经 网 络
知识获取	人类专家(交互)	采样数据集合(算法)
不确定性	定量与定性(决策)	定量(感知)
推理方法	启发式搜索(低速)	并行计算(高速)
适应能力	低	很高(调整连接权值)

要使一个系统能够像人类一样处理认知的不确定性,可以把模糊逻辑与神经网络集成起来,形成一个新的研究领域,即模糊神经网络(FNN)。实现这种组合的方法基本上分为

两种。第一种方法在于寻求模糊推理算法与神经网络示例之间的功能映射；而第二种方法却力图找到一种从模糊推理系统到一类神经网络的结构映射。下面详细讨论模糊神经网络的概念、算法和应用方案。

1. FNN 的概念与结构

Barkely 在他的论文中提出对模糊神经网络的定义。

为简化起见，让我们考虑三层前馈神经网络 FNN3，见图 13.2。

对不同类型的模糊神经网络的定义如下。

定义 13.1 一个正则模糊神经网络（RFNN）为一具有模糊信号和/或模糊权值的神经网络，即①FNN1 具有实数输入信号和模糊权值；②FNN2 具有模糊集输入信号和实数权值；③FNN3 具有模糊集输入信号和模糊权值。

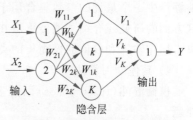

图 13.2 神经网络 FNN3

定义 13.2 混合模糊神经网络（HFNN）是另一类 FNN，它组合模糊信号和神经网络权值，应用加、乘等操作获得神经网络输入。

下面，我们较详细地叙述 FNN3 的内部计算。设 FNN3 具有同图 13.2 一样的结构。输入神经元 1 和 2 的输入分别为模糊信号 X_1 和 X_2，于是隐含神经元 k 输入为

$$I_k = X_1 W_{1k} + X_2 W_{2k}, \quad k = 1, 2, \cdots, K \tag{13.1}$$

而第 k 个隐含神经元的输出为

$$Z_k = f(I_k), \quad k = 1, 2, \cdots, K \tag{13.2}$$

若 f 为一 S 函数，则输出神经元的输入为

$$I_0 = Z_1 V_1 + Z_2 V_2 + \cdots + Z_k V_k \tag{13.3}$$

最后输入为

$$Y = f(I_0) \tag{13.4}$$

式中，应用了正则模糊运算。

2. FNN 的学习算法

对于正则神经网络，其学习算法主要分为两类，即需要外部教师信号的监督式（有师）学习以及只靠神经网络内部信号的非监督（无师）学习。这些学习算法可被直接推广至 FNN。FNN $I(I = 1, 2, 3)$ 的最新研究工作可归纳如下。

1）模糊反向传播算法

基于 FNN3 的模糊反向传播算法是由 Barkley 开发的。令训练集为 (X_l, T_l)，$X_l = (X_{l1}, X_{l2})$ 为输入，而 T_l 为期望输出，$1 \leqslant l \leqslant L$；对于 X_l 的实际输出为 Y_l。假定模糊信号和权值为三角模糊集，使误差量

$$E = \frac{1}{2} \sum_{l=1}^{L} (T_l - Y_l)^2 \tag{13.5}$$

为最小。然后，对反向传播中的标准 Δ 规则进行模糊化，并用于更新权值。由于模糊运算需要，还得出了一种用于迭代的专门终止规则。不过，这个算法的收敛问题仍然是个值得研究的课题。

2）基于 α 分割的反向传播算法

为了改进模糊反向传播算法的特性，已做出一些努力。下面对一种用于 FNN3 的单独

权值 α-切割反向传播算法进行讨论。通常把模糊集合 A 的 α 切割定义为

$$A[\alpha] = \{ x \mid \mu_A(x) \geqslant \alpha \}, \quad 0 < \alpha \leqslant 1 \qquad (13.6)$$

此外,还得出了另一种基于 α 切割的反向传播算法。不过,这些算法的最突出的缺点是其输入模糊信号和模糊权值类型的局限性。通常,取这些模糊隶属函数为三角形。

3) 遗传算法

为了改善模糊控制系统的性能,已在模糊系统中广泛开发遗传算法的应用。遗传算法能够产生一个最优的参数集合用于基于初始参数的主观选择或随机选择的模糊推理模型。这方面的研究还介绍了遗传算法在模糊神经网络中的训练问题,所用遗传算法的类型将取决于用作输入和权值的模糊集的类型以及最小化的误差测量。

4) 其他学习算法

模糊混沌(fuzzy chaos)以及基于其他模糊神经元的算法将是进一步研究感兴趣的课题。

3. FNN 的逼近能力

已经证明,正则前馈多层神经网络具有高精度逼近非线性函数的能力,这对非线性不定控制的应用是种很有吸引力的能力。模糊系统好像也可作为通用近似器,现在已对 FNN 的近似器能力表现出高度兴趣;已得出结论,基于模糊运算和扩展原理的 RFNN 不可能成为通用近似器,而 HFNN 因无须以标准模糊运算为基础而能够成为通用近似器。这些结论对建立 FNN 控制器可能是有用的。

13.3　自学习模糊神经控制系统

学习控制系统通过与环境的交互作用,具有改善系统动态特性的能力。学习控制系统的设计应保证其学习控制器具有改善闭环系统特性的能力;该系统为受控装置提供指令输入,并从该装置得到反馈信息。因此,学习控制系统,包括模糊学习控制系统、基于神经网络的学习控制系统以及自学习模糊神经控制系统,近年来已在实时工业控制领域获得了应用。本节将介绍一个用于弧焊过程的自学习模糊神经控制系统,首先,讨论控制系统的方案,接着叙述自学习模糊神经控制器的算法,最后说明一个用于弧焊过程的自学习模糊神经控制器的结构、建模和仿真等问题。

13.3.1　自学习模糊神经控制模型

图 13.3 给出一个用于含有不确定性过程的自学习模糊神经控制系统的原理图,图中,模糊控制器 FC 把调节偏差 $e(t)$ 映射为控制作用 $u(t)$。过程的输出信号 $y(t)$ 由测量传感器检测。基于神经网络的过程模型由 PMN 网络表示。过程输出和传感器输出用同一 $y(t)$ 表示(略去两者之间的转换系数)。

对 FC 和 PMN 模型分析如下。

模糊控制器 FC 可由解析公式(而不是通常的模糊规则表)描述如下:

$$U(t) = \sigma[a(t)b(t)E(t) + (1 - a(t)b(t))EC(t) + (1 - b(t))ER(t)] \qquad (13.7)$$

式中,$\sigma = \pm 1$ 与受控过程特性或模糊规则有关;例如,$\sigma = 1$ 对应于 $u \propto e, ec$,而 $\sigma = -1$ 对应于 $u \propto -e, -ec$;U, E, EC 和 ER 表示与精确变量相对应的模糊变量,这些精确变量分别

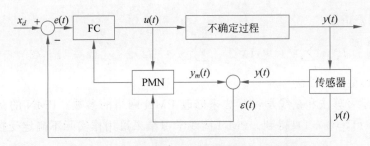

图 13.3　自学习模糊神经控制系统原理图

为控制作用 $u(t)$，误差 $e(t)$，误差变化 $ec(t)=e(t)-e(t-1)$ 以及加速度误差 $er(t)=ec(t)-ec(t-1)$；$a(t)\in[0,1]$，$b(t)\in[0,1]$。模糊变量及其对应的精确变量对它们论域的转换系数不同。与一般方法不同的是，这里所考虑的全部论域均为连续。

用于不确定过程的 PMN 模型和测量传感器可由图 13.4 所示的四层反向传播网络来实现。

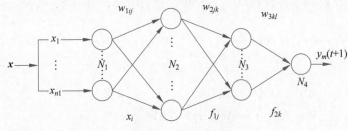

图 13.4　PMN 模型

可得该模型的映射关系为

$$y_m(t+1)=f_m(u(t),u(t-1),\cdots,u(t-m);\ y_m(t),\cdots,y_m(t-n)) \quad (13.8)$$

定义

$$x^T=[x_1,x_2,\cdots,x_{n1}]^T=[u(t),u(t-1),\cdots,u(t-m);\ y_m(t),\cdots,y_m(t-n)]^T$$

式中 m 和 n 表示不确定系统的级别，并可由系统经验粗略估计。

PMN 的网络函数可由下式描述

$$f_{1j}=1\Big/\Big\{1+\exp\Big[-\Big(\sum_{i=1}^{N_1}W_{1ij}x_i+q_{1j}\Big)\Big]\Big\},\quad j=1,2,\cdots,N_2 \quad (13.9)$$

$$f_{2k}=1\Big/\Big\{1+\exp\Big[-\Big(\sum_{j=1}^{N_2}W_{2jk}f_{1j}+q_{2k}\Big)\Big]\Big\},\quad k=1,2,\cdots,N_3 \quad (13.10)$$

$$y_m(t+1)=1\Big/\Big\{1+\exp\Big[-\Big(\sum_{k=1}^{N_3}W_{3kl}f_{2k}+q_{3l}\Big)\Big]\Big\}=f_m(f_{2k}(f_{1j}(x))) \quad (13.11)$$

13.3.2　自学习模糊神经控制算法

模糊控制器 FC 和神经网络模型 PMN 的学习算法如下：

1）控制误差指标

$$J_e=\sum_{t=1}^{N}[x_d-y(t+1)]^2/2 \quad (13.12)$$

2) 模型误差指标

$$J_\varepsilon = \sum_{t=1}^{N} \varepsilon^2(t+1)/2 = \sum_{t=1}^{N} [y(t+1) - y_m(t+1)]^2/2 \qquad (13.13)$$

3) PMN 模型学习算法

可用离线学习算法和在线学习算法来修改 PMN 网络的参数。PMN 的初始权值可由采样数据对 $\{u(t), y(t+1)\}$ 得到。PMN 离线学习结果可用作实际不确定受控过程的参考模型。

应用在线学习算法,PMN 的网络权可由误差梯度下降原理来修正,即

$$\Delta W(t) \propto -\partial J_\varepsilon / \partial W(t)$$

$$W(t+1) = W(t) + \Delta W(t) \qquad (13.14)$$

用于 PMN 网络的学习算法简述如下。定义

$$v_3(t) = (y(t) - y_m(t))(1 - y_m(t)) y_m(t)$$

$$v_{2k}(t) = f_{2k}(t)(1 - f_{2k}(t)) W_{3kl}(t) v_3(t), \quad k = 1, \cdots, N_3$$

$$v_{1j}(t) = f_{1j}(t)(1 - f_{1j}(t)) \sum_{k=1}^{N_3} W_{2jk}(t) v_{2k}(t), \quad j = 1, \cdots, N_2$$

被修正的权值为

$$\Delta W_{3kl}(t) = h_3 v_3(t) f_{2k}(t) + g_3 \Delta W_{3kl}(t-1)$$

$$W_{3kl}(t+1) = W_{3kl}(t) + \Delta W_{3kl}(t) \qquad (13.15)$$

$$q_{3l}(t+1) = q_{3l}(t) + h_3 v_3(t) \qquad (13.16)$$

$$\Delta W_{2jk}(t) = h_2 v_{2k}(t) f_{1j}(t) + g_2 \Delta W_{2jk}(t-1)$$

$$W_{2jk}(t+1) = W_{2jk}(t) + \Delta W_{2jk}(t) \qquad (13.17)$$

$$q_{2k}(t+1) = q_{2k}(t) + h_2 v_{2k}(t) \qquad (13.18)$$

$$\Delta W_{1ij}(t) = h_1 v_{1j}(t) x_i + g_1 \Delta W_{1ij}(t-1)$$

$$W_{1ij}(t+1) = W_{1ij}(t) + \Delta W_{1ij}(t) \qquad (13.19)$$

$$q_{1j}(t+1) = q_{1j}(t) + h_1 v_{1j}(t) \qquad (13.20)$$

式中,$h_i, g_i \in (0,1)(i=1,2,3)$ 分别为学习因子和动量因子。式(13.14)~式(13.20)为用于一个控制周期内 PMN 网络的一步学习算法。

4) FC 校正参数 $a(t)$、$b(t)$ 的自适应修改

假设 PMN 网络参数是由离线学习或最后一步学习结果得到的已知变量,可得修改模糊控制器 FC 的校正参数 $a(t)$、$b(t)$ 的算法如下

$$a(t+1) = a(t) + \Delta a(t) \qquad (13.21)$$

$$b(t+1) = b(t) + \Delta b(t) \qquad (13.22)$$

$$\Delta a(t) = -h_a(\partial J_e / \partial a(t)) \qquad (13.23)$$

$$\Delta b(t) = -h_b(\partial J_e / \partial b(t)) \qquad (13.24)$$

其中,学习因子 $h_a, h_b \in (0,1)$。

$$\partial J_e / \partial a(t) \approx [x_d - y_m(t+1) + \varepsilon][\partial y_m(t+1)/\partial a(t)]$$

$$= [x_d - y(t+1)][\partial y_m(t+1)/\partial a(t)], \quad (\partial \varepsilon / \partial a \text{ 略去不记}) \qquad (13.25)$$

$$\partial y_m(t+1)/\partial a(t) = [\partial f_m/\partial u(t)][\partial u(t)/\partial a(t)] \tag{13.26}$$

$$\partial u(t)/\partial a(t) = \sigma b(t)[E(t) - EC(t)] \tag{13.27}$$

$$\partial J_e/\partial b(t) \approx [x_d - y_m(t+1) + \varepsilon][\partial y_m(t+1)/\partial b(t)]$$
$$= [x_d - y(t+1)][\partial y_m(t+1)/\partial b(t)], \quad (\partial \varepsilon/\partial b \text{ 被略去不记}) \tag{13.28}$$

$$\partial y_m(t+1)/\partial b(t) = [\partial f_m/\partial u(t)][\partial u(t)/\partial b(t)] \tag{13.29}$$

$$\partial u(t)/\partial b(t) = \sigma[a(t)E(t) + (1 - a(t)) - EC(t) - ER(t)] \tag{13.30}$$

于是有

$$\partial f_m/\partial u(t) = \partial f_m/\partial x_1 = [\partial f_m/\partial f_{2k}][\partial f_{2k}/\partial f_{1j}][\partial f_{1j}/\partial x_1]$$
$$= -\left\{ f_m(1 - f_m) \sum_{k=1}^{N_3} \left[W_{3kl} f_{2k}(1 - f_{2k}) \sum_{j=1}^{N_2} (W_{2jk} f_{1j}(1 - f_{1j})W_{1ij}) \right] \right\}$$
$$\tag{13.31}$$

式中，f,w 与 PMN 的状态和权值有关。

式(13.21)～式(13.31)是在一个控制周期内校正 FC 参数 $a(t),b(t)$ 的一步自修改算法，它本质上意味着像操作人员实时操作一样来调整模糊控制规则。

13.3.3 弧焊过程自学习模糊神经控制系统

已经开发出一个用于弧焊过程的自学习模糊神经控制系统。下面讨论该系统的结构、建模、模拟和实验等。

1. 弧焊控制系统的结构

图 13.5 给出了脉冲 TIG(钨极惰性气体)弧焊控制系统的结构框图。

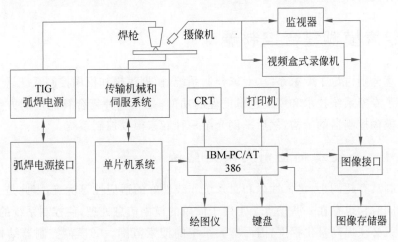

图 13.5 弧焊控制系统结构框图

本系统由一台 IBM-PC/AT386 个人计算机(用于实现自学习控制和图像处理算法)、一台摄像机(作为视觉传感器用于接收前焊槽图像)、一个图像接口、一台监视器和一台交直流脉冲弧焊电源组成,焊接电流由焊接电源接口调节,而焊接移动速度由单片计算机系统实现控制。

2. 焊接过程的建模与仿真

通过分析标准条件下脉冲 TIG 焊接工艺过程和测试数据,我们可以知道:影响焊缝变化的主要因素是在固定的技术标准参数(如板的厚度和接合空隙等)下的焊接电流和焊接移动速度。为了简化起见而又不失实用性,建立了一个用于控制脉冲 TIG 弧焊的焊槽动力学模型,该模型的输入和输出分别为焊接电流和焊槽顶缝宽度。采用输入/输出对的批测试数据和离线学习算法,一个具有节点 N_1、N_2、N_3 和 N_4 分别为 5、10、10 和 1 的神经网络模型实现下列映射

$$y_m(t+1) = f_m(u(t), u(t-1), u(t-2), y_m(t), y_m(t-1)) \tag{13.32}$$

$y_m(t+1)$ 加上一个伪随机序列,与如图 13.3 所示的实际不确定过程的仿真模型一样,见式(13.8)。应用前面开发的自学习算法,对脉冲 TIG 弧焊的控制方案进行仿真,获得满意的结果。

3. 控制弧焊过程的试验结果

以图 13.5 所示的系统方案为基础,进行了脉冲 TIG 弧焊焊缝宽度控制的试验。试验是对厚度为 2mm 的低碳钢板进行的,采用哑铃试样模仿焊接过程中热辐射和传导的突然变化;钨电极的直径为 3mm;保护氩气的流速为 8ml/min;试验中采用恒定焊接电流为 180A;直流电弧电压为 12~30V。试验结果表明:

(1) 热传递情况改变时焊接试样的控制结果显示图 13.3 的自学习模糊神经控制方案适于控制脉冲 TIG 弧焊的焊接速度与焊槽的动态过程,控制结果表明对控制系统的调节效果与熟练焊工的操作作用或智能行为相似,对不确定过程的时延补偿效果获得明显改善。

(2) 控制精度主要受完成控制算法和图像处理周期的影响,并可由硬度实现神经网络的并行处理和提高计算速度来改善。

13.4 专家模糊复合控制器

第 3、4 章分别讨论了专家系统、专家控制系统、模糊逻辑和模糊控制系统。专家模糊复合控制综合了专家系统技术和模糊逻辑推理的功能,是又一种复合智能控制方案。本节首先讨论专家模糊控制器的结构,然后举例介绍一种专家模糊控制系统。

13.4.1 专家模糊控制系统的结构

模糊控制具有超调小、鲁棒性强和对系统非线性好的适应性等优点,因此是一种有效的控制策略。同时它也存在一些缺点。①由于简单的模糊信息处理,使控制系统的精度较低,要提高精度就必须提高量化程度,因而增大系统的搜索范围。②模糊控制器结构和知识表示形式两方面存在单一性,因而难于处理在控制复杂系统时所需要的启发知识,也使应用领域受到限制。③当系统非线性的程度比较高时,所建造的模糊控制规则会变得不完全或不确定,因而控制效果会变差。通过模糊控制和专家系统两种技术的集成,建造一种新的控制系统——专家模糊控制系统,能够弥补上述不足。

专家模糊控制系统的结构具有不同的形式,但其控制器的主要组成部分是一样的,即专家控制器和模糊控制器。下列给出 2 个专家模糊控制系统结构的例子。

1. 船舰驾驶用专家模糊复合控制器的结构

本船舰驾驶所用的控制器和控制系统如图 13.6 所示,该专家模糊控制系统为一多输入多输出控制系统,受控对象船舰的输入参量为行驶速度 u 和舵角 δ,输出参量为相对于固定轴的航向 ψ 和船舰在 xy 平面上的位置。从图 13.6 可见,本复合控制器由两层递阶结构组成,下层模糊控制器探求航向 ψ 与由上层专家控制器指定的期望给定航向 ψ_r 匹配,模糊控制器的规则采用误差 $e=(\psi-\psi_r)$ 及其微分来选择适应的输入舵角 δ。如果误差较小又呈减少趋势,那么输入舵角应当大体上保持不变,因为船舰正在移动以校正期望航向与实际航向间的误差。另一方面,如果误差较小但其微分(变化率)较大,那么就需要对舵角进行校正,以防止偏离期望路线。

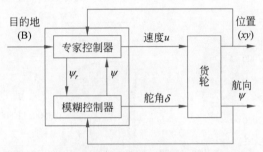

图 13.6 船舰驾驶用专家模糊复合控制器的结构

专家控制器由船舰航向 ψ、船舰在 xy 平面上的当前位置和目标位置(给定输入)来确定以什么速度运行,以及对模糊控制器规定给定航向。

2. 具有辨识能力的专家模糊控制系统的结构

图 13.7 画出一个具有辨识能力的基于模糊控制器的专家模糊控制系统的结构图。图中的专家控制器(EC)模块与模糊控制器(fuzzy controller,FC)集成,形成专家模糊控制系统。

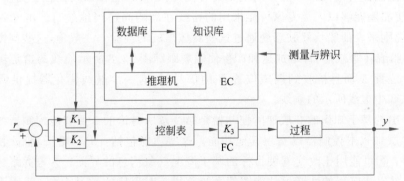

图 13.7 具有辨识能力的专家模糊控制系统的结构

在控制系统运行过程中,受控对象(过程)的动态输出性能由性能辨识模块连续监控,并把处理过的参数送至专家控制器。专家控制器根据知识库内系统动态特性进行推理与决策,修改模糊控制器的系数 K_1、K_2、K_3 和控制表的参数,直至获得满意的动态控制特性。

13.4.2 专家模糊控制系统示例

本示例介绍如图 13.6 所示的船舰驾驶用专家模糊复合控制系统。首先解释船舰驾驶需要的智能控制问题,讨论所提出的智能控制器的作用原理;然后提供仿真结果以说明控制系统的性能;最后突出一些闭环控制系统评价中需要检查的问题。本示例所关注的不是控制方法和设计问题本身,而在于提供一个能够阐明已学基本知识的具体的科学实例。

1. 船舰驾驶中的控制问题

假定有人想开发一个智能控制器,用于驾驶货轮往返于一些岛屿之间而无须人的干预,实现自主驾驶。轮船按照如图 13.8 所示的地图运行,轮船的初始位置由点 A 给出,终点位置为点 B,虚线表示两点间的首选路径,阴影区域表示 3 个已知岛屿。如前所述,本受控对象船舰的输入参量为行驶速度 u 和舵角 δ,输出参量为相对于固定轴的航向 ψ 和轮船在图 13.8 所示的 xy 平面上的位置,即假定该船具有能够提供对其当前位置精确指示的导航装置。

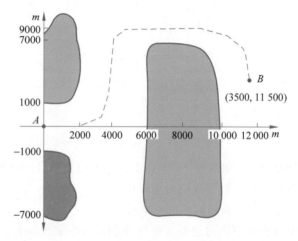

图 13.8　轮船自主导航的海岛与海域图

本专家控制器对支配推理过程的规则具有优先权等级,它以岛屿的位置为基础,选择航向和速度,使船舰能够以人类专家可能采用的路线在岛屿间适当地航行。本专家控制器仅应用 10 条规则来表征船长驾驶船舰通过这些具体岛屿的经验。一般地,这些规则说明下列这些需要:船舰转弯减速、直道加速和产生使船舰跟踪图 13.8 所示航线的给定输入。当船舰开始处于位置 A 而且接收到期望位置 B 的信号时,有一个航线优化器提供所期望的航迹,即图 13.8 中虚线所示的航线。

这里提出的基于知识的 2 层递阶控制器是第 2 章所讨论的 3 层智能控制器的特例。也可以把第 3 层加入本控制器以实现其他功能。这些功能包括:①对船长、船员和维护人员的友好界面;②可能用于改变驾驶目标的基于海况气象信息的界面;③送货路线的高层调度;④借助对以往航程的性能评估能够使系统获得与时俱增的学习能力;⑤用于故障检测和辨识(如辨识某个发生故障的传感器或废件),使燃料消耗或航行时间为最小的其他更先进的子系统等。新增子系统所实现的功能将提高控制系统的自主水平。通过指定参考航行轨迹,由上层专家控制器来规定下层模糊控制器将做些什么。高层的专家控制器仅关注系统反应较慢的问题,因为它只在很短时间内调节船舰速度,而低层的模糊控制器则很经常地更新其控制输入舵角 δ。

2. 系统仿真结果及其评价

使用专家模糊复合控制器对货轮驾驶进行的仿真结果示于图 13.9。仿真结果表明,对专家模糊控制器使用一类启发信息,能够成功地驾驶货轮从起始点到达目的地。下面将讨论本智能控制系统性能的评价问题。

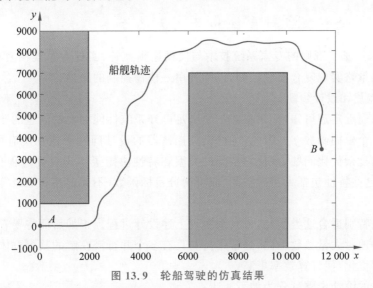

图 13.9 轮船驾驶的仿真结果

技术对实现货轮驾驶智能控制器将产生重要影响。在考虑实现问题时,将会出现诸如复杂性和为船长及船员开发的用户界面一类值得关注的问题,例如,如果船舰必须对海洋中的所有可能的岛屿进行导航(的复杂性)以及用户界面需要涉及人的因素等问题。此外,当出现轻微的摆动运动(见图 13.9)时,船舰穿行该航迹可能导致不必要的燃料消耗,这时,重新设计就显得十分重要。

实际上,如何修改规则库以提高系统性能是比较清楚的,这涉及如下问题:

(1) 何时将有足够的规则?

(2) 增加了新规则后系统是否仍稳定?

(3) 扰动(风、波浪和船舰负荷等)的影响是什么?

(4) 为了减少这些扰动的影响是否需要自适应控制技术?

保证对智能控制系统的性能更广泛和更仔细的工程评价和再设计是必要的。研究如何引入更先进的功能以期达到更高的自主驾驶水平,将是自主驾驶的一个富有成效的研究方向。

13.5 进化模糊复合控制器

已对模糊逻辑、模糊控制系统、进化计算(尤其是遗传算法)和进化控制系统分别进行了探讨。模糊逻辑是复杂系统建模和控制的一种经济、实用、鲁棒和智能方案,不过,只有当存在优质的专家知识并能为控制工程师所用的情况下,这些显著的优良特性才能实现。在传统的模糊应用中,不存在获取这种优质专家知识的系统方法。往往不存在优质的专家知识,例如,人类没有远程环境下火星表面的经验或者危险环境下地下核废物存储桶的经验;即使存在这种专家经验,专家也不大可能有针对性地采用约束规则集合和隶属函数来表示他的知识,而这些经验也未必是最好的。在求解这类似是而非的问题时,可以采用神经网络、模糊聚类、专家系统、梯度方法和进化优化算法等策略来弥补模糊逻辑的不足。本节讨论进化模糊复合控制器。

13.5.1　控制器设计步骤和参数优化方法

13.5 节采用基于现则的专家系统技术与模糊逻辑互补,实现专家模糊复合控制;本节采用进化算法策略实现复合模糊控制,以弥补单一模糊控制的短处。

1. 问题概述和设计步骤

根据通用逼近定理可知,如果存在一个满足已知系统性能标准的满意的非线性函数 g,那么也存在一个模糊函数 f。因此,可把模糊控制器的设计问题看成在所有可能的非线性搜索空间内的复杂优化问题,该搜索空间的类型和特性决定了实现设计过程自动化的最好的优化方法,这些特性包括大参数空间、非可微分目标函数(不确定性和噪声等)以及多形态和欺骗性等。

遗传算法特别适合这类优化,可自动实现上述设计过程。正如后面将要看到的,遗传算法能够很容易地对大量参数编码,经常维持与具有多个并行潜在解的某个群体的结合,因而能够避免局部优化,使计算效率更高。

遗传算法的设计步骤可分为如下 4 步:

(1) 规定系统需要优化的自由参数。

(2) 确定编码解释函数并阐明其含义。

(3) 建立初始种群,开始优化过程。

(4) 决定性能测评标准并综合这些标准以建立适应度函数。

2. 自由参数优化方法

模糊专家知识可分为两类,即领域知识和元知识。领域知识通常是有关具体系统的有意操作知识,如隶属函数和模糊规则集;元知识是完全定义一个模糊系统所需要的非有意知识,如执行模糊规则机理、蕴涵方法、规则聚合和模糊决策等。进化模糊系统中的多数现有方法力图仅仅优化领域知识的参数(如隶属函数和规则集),同时忽视元知识的作用,因此,存在 4 种基本优化方法如下:

(1) 存在某个确定的已知规则集时隶属函数的自动优化。

(2) 具有确定隶属函数的规则集的自动选择。

(3) 分两步对隶属函数和规则集进行优化。

(4) 同时优化模糊规则和隶属函数。

13.5.2　解释(编码)函数的设计

遗传算法设计的第(2)步是设计解释(编码)函数。下面将要探讨能够优化隶属函数和模糊专家系统规则的各种遗传算法。

1. 隶属函数的设计原则

模糊分割是通过定义模糊集合对变量论域 $[u^-, u^+]$ 进行分割的过程,图 13.10 表示一个含有 5 个模糊集合的模糊分割。

可以分割含有任意需要的模糊集合数的模糊变量的辖域。隶属函数可为系统遗传表示(染色体)的全部或部分,该遗传表示称为隶属函数染色体(membership function chromosome, MFC)。

模糊分割中的每个模糊集合由其类型和形状定义如下：

隶属函数的类型：三角形、梯形、高斯曲线等。

隶属函数的形状：隶属函数的特征点和重要参数，如左底边、中心和底宽等。

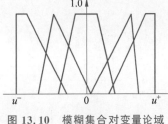

图 13.10　模糊集合对变量论域的模糊分割

因此，可把编码问题分为两部分：

1）自由参数的选择

自由参数实际上是在较多的优化方案和较小的复杂空间之间进行折中，比较多的自由参数可能求得比较合适的最后解，但也会得出具有更多峰形的比较复杂的场景，也就更难求得该场景内的最佳参数。因此，遗传算法的设计者必须决定要选定哪个参数及调整哪个参数。例如，可假定只有固定底宽的三角形隶属函数，而且只要调整该隶属函数的中心。三角形隶属函数广泛地应用于进化模糊系统，因此，将着重对它进行讨论。

2）选定参数的编码

存在几种对隶属函数参数进行编码的方法，其中，最常用的是二进制串编码。

2. 三角形隶属函数编码方法

三角形隶属函数的编码也有不同方法，讨论如下。

1）一般三角形隶属函数

本编码方法由下列 3 个参数决定：左底边、中心和右底边，如图 13.11(a)所示。所开发的相应二进制串 MFC 如图 13.11(b)所示，其中，每个参数由二进串编码。

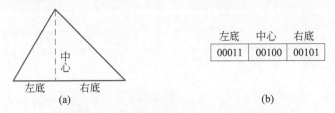

图 13.11　二进制编码的三角形隶属函数染色体

2）左底边和右底边待调的对称三角形隶属函数

这是对称的三角形隶属函数，其编码方法仅需 2 个参数就可以决定隶属函数，即左底（起点）和右底（终点），见图 13.12。

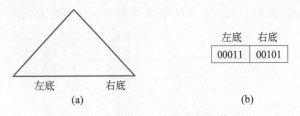

图 13.12　对称三角形隶属函数及其 MFC

3）具有固定中心的对称三角形隶属函数

本编码方法有固定的中心，仅其底边需要调整。因此，对于每个隶属函数仅存在一个编码参数，见图 13.13。

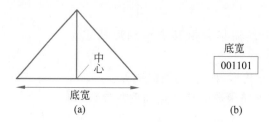

图 13.13　具有固定中心的对称三角形隶属函数的遗传表示

4）具有固定底边的对称三角形隶属函数

对于本种情况,仅对三角形中心编码与调整,因而只有一个自由参数,如图 13.14 所示。

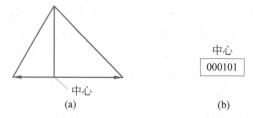

图 13.14　具有固定底边的对称三角形隶属函数的遗传表示

5）中心和底宽待调的对称三角形隶属函数

对于本种情况,对三角形的中心和底宽进行编码与调整,求出 2 个自由参数,如图 13.15 所示。在这里,假定隶属函数为标准化的,即纵轴是固定的。

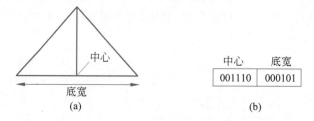

图 13.15　由中心和底宽进行的对称三角形隶属函数的遗传表示

3. 非三角形隶属函数编码方法

要使用其他类型的隶属函数,为了完全地规定隶属函数需要 MFC 中的另一参数。例如,对于可用的隶属函数类型,这种编码包括一个索引咨询。为简化问题,在此仅采用对称的隶属函数,因而每一隶属函数的编码包括 3 个参数:函数类型、起点和终点,而且起点和终点间的点具有固定的斜率。图 13.16 给出非三角形隶属函数编码的一个例子。

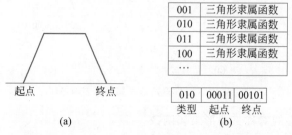

图 13.16　非三角形隶属函数的编码示例

4. MF 编码的一般方法

要对任何未知的隶属函数进行定义与编码,可采用下述方法,该方法中,某变量域内的所有隶属函数以矩阵形式共同编码。矩阵的每一列为一基因,且与 X 域内的某个实值 x 相关联;该基因为一 n 元的向量,其中 n 为所分割的隶属函数数目;每一元是所有隶属函数在 x 的隶属值。实际上,认为该分割的点数是有限的,因此,本方法为隶属函数的一种离散表示。于是,设该域内存在 p 个点并有 n 个隶属函数,那么需要对 $p \times n$ 个参数进行编码,图 13.17 为该域的一遗传表示,图中的 a 和 b 分别为该域的起点和终点。虽然本方法是很一般的并能实现域内的每一隶属函数,但是被编码的参数数目可能很大,因而增大了搜索空间。

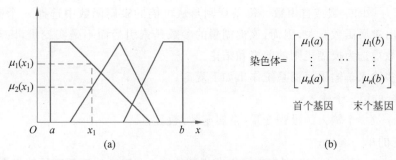

图 13.17 模糊分割的遗传表示

13.5.3 规则编码

下面将介绍规则集的编码方法,并结合一个多输入单输出(MISO)系统,举例讨论遗传编码的表示方法。

1. 规则集的编码方法

规则集编码要比隶属函数编码复杂得多,问题之一是一模糊规则集中的模糊规则间同时存在合作与竞争,这意味着,虽然规则集中的每一规则为被选择而竞争,然而系统中每条规则的冲突是独立于同时存在于该规则集中的其他规则的。例如,如果存在在规则集中的两条模糊规则,没有哪一条可能需要分开,那么这两条模糊规则就可能很适应。规则集优化广泛应用于模糊分类问题,它们一般有两种分类方法:密歇根(Michigan)法或匹兹堡(Pittsburgh)法。

1) 密歇根法

本方法于 1983 年由霍兰(Holland)和雷泰恩(Retain)首先提出。该方法中遗传算法的每一个体,是一条由含有固定长度的字符串编码的模糊规则。通过遗传算子,GA 对个体规则和更适应规则的操作结合起来,以建立规则的下一个种群。适应度函数的设计如同一条规则的适应度一样进行设计,它的主要缺点是竞争协议问题。

2) 匹兹堡法

本方法于 1980 年由史密斯(Smith)首先提出,并取名 LS-1。该方法中遗传算法的每一个体,是一条由含有变化长度的字符串编码的模糊规则,因此,适应度函数对规则集和更适应规则集的操作是通过遗传算子而结合起来的,以产生具有更大适应度的规则集。由于上一种方法存在竞争协议问题,本方法显得更合意,后面将采用这种方法。

2. 控制系统问题的形式化描述

让我们考虑如图 13.18 所示的某个具有 n 个输入和一个输出(所谓多输入单输出，

图 13.18 多输入单输出控制系统

MISO)的模糊控制系统。令第 i 个输入具有 m_i 个模糊集作为输入隶属函数，而仅有的输出变量具有 p 个模糊集作为输出隶属函数。该 MISO 系统可以容易推广至多输入多输出(MIMO)系统。

于是，对于 R 条模糊规则，系统中最大的规则数目为

$$R \leqslant R_{\max} = \prod_{i=1}^{n} m_i \tag{13.33}$$

式中的 R 可为一固定数或自由数。每条规则与从可能的隶属函数中选择 n 个输入隶属函数和 1 个输出隶属函数有关，因而，该模糊集的参数是索引号而不是实变量，该索引号指明哪个隶属函数被选为模糊规则的前提和结论。

现在为多输入单输出模糊系统作出如下规定。

x_i：系统的第 i 个输入；

m_i：对于第 i 个输入的模糊变量(隶属函数)数目；

y：系统的单一输出；

$IFM(i,j) = IFM_{i,j}$：规则集中第 j 条规则的第 i 个输入的模糊变量的隶属函数；

OMF_j：规则集中第 j 条规则的输出模糊变量的隶属函数；

n：系统的输入变量数；

q：输出模糊变量数；

R：规则数。

以及

$ISET(i)$：对应于输出模糊变量的隶属函数的规则集

$$ISET(i) = \{IMF(I,1), IMF(I,2), \cdots, IMF(I,m_i)\}, \quad I = 1,2,\cdots,n \tag{13.34}$$

$OSET$：对应于第 i 个输入模糊变量的隶属函数的规则集

$$OSET = \{OMF(1), OMF(2), \cdots, OMF(q)\} \tag{13.35}$$

这样，可把系统的模糊规则表示如下

$$\text{Rule1}, \text{Rule2}, \cdots, \text{Rule}j, \cdots, \text{Rule}R$$

其中，第 j 条规则可表示为

If $(x_1$ is $IFM_{1,j}$ & x_2 is $IFM_{2,j}$, & $\cdots$ & x_n is $IFM_{n,j})$

Then y is OMF_k

其中

$$IFM_{1,j} \in ISET(i), \quad OMF_k \in OSET, \quad 1 \leqslant k \leqslant q \tag{13.36}$$

对于两输入单输出系统，模糊规则集(也称为模糊关联存储，FAM)可图示于一个表中，每一单元表示某条含有已知输入隶属函数的模糊规则的输出隶属函数。

例 13.1 表 13.2 涉及的上述模糊规则集的 If-Then 规则如下：

If $(x_1$ is IFM_{11} & x_2 is $IFM_{21})$ Then y is OMF_2

If $(x_1$ is IFM_{11} & x_2 is $IFM_{22})$ Then y is OMF_{10}

$$\text{If}(x_1 \text{ is } IFM_{12} \,\&\, x_2 \text{ is } IFM_{22}) \qquad \text{Then } y \text{ is } OMF_7$$

$$\vdots$$

表 13.2　模糊逻辑规则集样表，$m_2 = m_1 = 4$

隶属函数	IFM_{11}	IFM_{12}	IFM_{13}	IFM_{14}
IFM_{21}	OMF_2	OMF_1	OMF_{13}	OMF_{14}
IFM_{22}	OMF_{10}	OMF_7	OMF_9	OMF_5
IFM_{23}	OMF_3	OMF_{11}	OMF_8	OMF_4
IFM_{24}	OMF_{16}	OMF_6	OMF_{12}	OMF_{15}

如果 $R < R_{\max}$，表 13.2 中某些单元不受关注，并可在表中表示为 0 或 * 。对于具有较多输入变量的情况，该表可扩展为较高维的阵列。

规定上述表中每个模糊规则集含有预先确定的 $R_{\max}$ 个自由参数，这些参数是表示 $OSET$ 中 q 个隶属函数间输出隶属函数的索引号，只可应用该隶属函数的索引号并建立一个名为 P 的索引号矩阵，见表 13.3。

表 13.3　索引号 P 的二维阵列

p_{15}	p_{14}	p_{13}	p_{12}	p_{11}
p_{25}	p_{24}	p_{23}	p_{22}	p_{21}
p_{35}	p_{34}	p_{33}	p_{32}	p_{31}
p_{45}	p_{44}	p_{43}	p_{42}	p_{41}
p_{55}	p_{54}	p_{53}	p_{52}	p_{51}

$$P = [p_{kl}] = [p(k,l)], p_{kl} \in Z, 1 \leqslant p_{kl} \leqslant q, k \in [1, m_2], l \in [1, m_1] \qquad (13.37)$$

类似地，对于 3 输入的情况，可有下面的三维 P 阵列

$$P = \text{Array}[p_{skl}] = [p(s,k,l)], \quad p_{skl} \in Z, 1 \leqslant p_{skl} \leqslant q, s \in [1, m_3],$$

$$k \in [1, m_2], l \in [1, m_1] \qquad (13.38)$$

3. 遗传表示

有了规则集的索引号阵列 P，就可以采用规则集的字符串或阵列表示。很自然，在非字符串表示的情况下，将更改遗传算子以用于那种表示。该规则集的一种简单的阵列表示是 2 输入系统的矩阵表示。下面介绍金泽尔(Kinzel)等提出的矩阵表示。

1) 字符串表示

规则集表的字符串表示可由 2 步得到：

第 1 步　对矩阵 P 的所有元编码。

二进制编码是常用的参数编码方法。S 为编码后得到的矩阵

$$S_{kl} = \text{Decimal\_to\_Binary}(p_{kl}) \qquad (13.39)$$

$$S = [s_{kl}], k \in [1, m_2], l \in [1, m_1] \qquad (13.40)$$

第 2 步　用矩阵 S 的列得到表的字符串表示。

$$\text{Chromosome} = s_{11}s_{12}s_{13}\cdots s_{1m}s_{21}s_{22}s_{23}\cdots s_{2m}\cdots s_{m1}s_{m2}\cdots s_{mm} \qquad (13.41)$$

每个染色体的位数为

$$N = \left(\prod_{i=1}^{n} m_i\right) \cdot K \qquad (13.42)$$

式中,K 为 $S=(s_{kl})$ 每元的位数,而且是下列不等式中的最大整数

$$K \geqslant \log_2(q+1) \tag{13.43}$$

其中,q 为输出模糊集的数目。

这种表示形式的遗传算子可与标准遗传算法一样。

2) 矩阵表示

由于规则集矩阵的固有特性,矩阵表示看样子是比字符串表示更为有效。一矩阵染色体和一遗传算子集合都需要对该染色体进行操作。下面讨论 2 输入系统的矩阵遗传表示。图 13.19 表示点-半径交叉操作的情况,两种染色体样本 P 和 Q 之间进行交叉操作,其中,每个交叉由一具有已知圆心和半径的圆决定。表中被圆所包围的区域与其他染色体中的相似区域互相交换,即以 p_{32} 为圆心以 1 单元(格)为半径的"圆"所包围的区域与以 q_{32} 为圆心的同样大小半径的"圆"所包围的区域互相交换,即进行交叉操作。

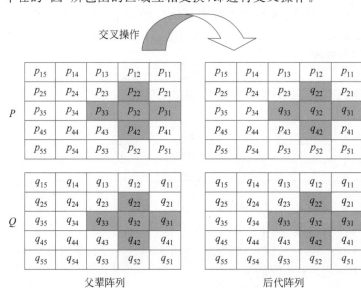

图 13.19　点半径交叉操作示意图

例 13.2　考虑一个 2 输入系统,其输出隶属函数集为 $OSET=\{A,B,C,D,E\}$。并非只有整数才可作为索引号,本例的每个输出模糊集就是由 A 至 E 的英文字母决定的。

变异操作只是表中的一个索引号与 $OSET$ 中不同的索引号相替换,图 13.20 给出变异表示中变异算子的一个例子。

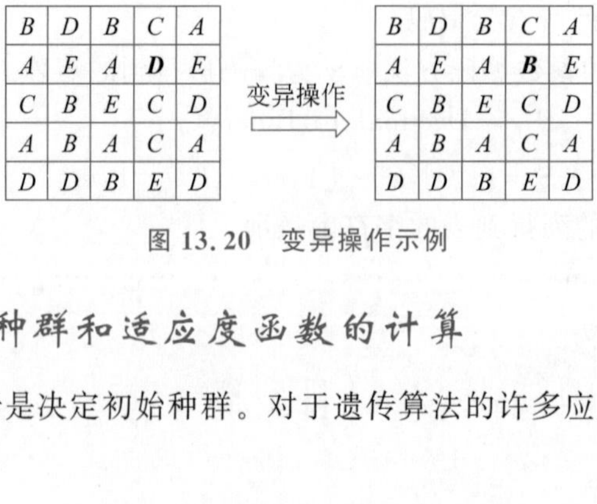

B	D	B	C	A
A	E	**D**	E	
C	B	E	C	D
A	B	A	C	A
D	D	B	E	D

变异操作 ⟹

B	D	B	C	A
A	E	A	**B**	E
C	B	E	C	D
A	B	A	C	A
D	D	B	E	D

图 13.20　变异操作示例

13.5.4　初始种群和适应度函数的计算

遗传算法的第(3)步是决定初始种群。对于遗传算法的许多应用,初始种群完全是随机

选择的,许多时候这是一种无奈的选择,因为不存在关于系统的初始知识。不过,由于人类知识往往是可用的,也可用于模糊系统,因而把这种知识包括进初始种群以减少到达最优解的时间也许是合理的,尽管这种知识本身可能不是最优的。不过,非随机初始种群并非总是比随机初始种群好,即使非随机初始种群开始时可能表现出较高的平均适应度。下面的例子将说明随机初始种群是否及如何比随机初始种群更加合意。

1. 示例——倒立摆系统

把遗传模糊控制器用于倒立摆控制系统,倒立摆是由装在移动小车上的倒立摆杆组成的系统,见图 13.21,控制器的任务是通过对小车施以作用力 F 而稳定住摆杆的角度 θ 和小车的位置 x。倒立摆为一含有一个不稳定平衡点的非线性系统,因而是一个试验控制系统技术的通用平台。

对 4 种不同情况进行仿真,结果如图 13.22 所示。其中:

(1) 对称规则(规则为偶数)——由人类知识选择初始种群。

(2) 对称规则(规则为偶数)——随机选择初始种群。

(3) 非对称规则(规则为偶数)——由人类知识选择初始种群。

(4) 非对称规则(规则为偶数)——随机选择初始种群。

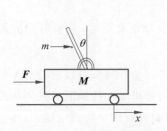

图 13.21 倒立摆系统示意图

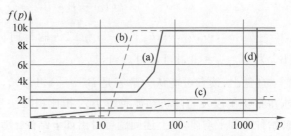

图 13.22 适应度函数进化 1000 代结果

从仿真结果可见,具有随机初始种群的情况(2)要比情况(1)更快地达到其优化值。对称规则要比非对称规则更可取。

本例中,随机初始种群较快收敛的原因在于该初始种群缺乏多样性。由于 GA 的随机特性,很重要的是初始种群要有足够的差异,使得 GA 能够适当和有效地使用场景(landscape)。因此,把先验专家知识结合于进化过程需要考虑初始种群的多样性。

2. 结合先验专家知识创建初始种群

阿克巴扎德(Akbarzadeh)和詹希迪(Jamshidi)于 1998 年提出了一种应用先验专家知识维持初始种群多样性的方法,称为祖辈(Grandparent)法。该方法是以祖辈方案为基础的,而祖辈是以模糊控制器形式给出的专家控制策略的基因型表示。

初始种群的所有成员是祖辈的二进制变异,图 13.23 说明了建立初始种群的过程。变异速率是重要的因素,因为变异速率随初始种群成员间的多样性的增加而提高。

这种方法值得关注的是多样性问题。如果初始种群的

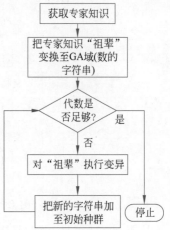

图 13.23 用祖辈法建立初始
种群的过程

全部成员都是源于同一个个体(祖辈),那么各成员间是否存在足够的多样性使得遗传算法可能适当地利用场景呢? 实际上,这就是人们可能完全忽视初始种群而从某个完全随机的种群开始的缘由。

在多数情况下,应把变异率值设定在 0 与 1 之间。较低的变异率表明:对最佳字符串非常逼近或相似于祖辈字符串具有较大的信心,换句话说,如果已经执行了专家知识,而仅需要仔细调整,那么就可能没有必要利用整个参数向量空间。把变异率设定在一个低值能够确保较快的收敛,这有助于遗传算法在实时系统环境中的实现。

反之,较高的变异率表明对专家具有较小的信心,因而需要更完全地利用其余参数表示空间及其多样性。这意味着欠适应的初始种群和较大的收敛时间,而且与问题的复杂性有关。不过,如果用不到专家知识,这可能是唯一可供选择的替代方案。简而言之,祖辈技术增加了一个控制变量,即变异率,遗传算法的设计者可能利用这个新参数来衡量初始种群的多样性对收敛和平均适应度的影响。

下面举例说明祖辈法的机理及其在更适应的初始条件和更快收敛等方面的好处。

例 13.3   试确定参数 b_i,使得下列适应度函数 $f(B)$ 为最大

$$f(B) = B \cdot B^{\mathrm{T}} = \sum_{i=1}^{8} b_i \tag{13.44}$$

式中,$B = [b_1, b_2, \cdots, b_i, \cdots, b_8]$ 为一 8 位二进制行向量。作为专家意见,关于可能的最优解值 B^* 为 $B_{\mathrm{expert}} = [1,1,1,0,1,1,1,1]$。

解:直觉上,读者可能认为解答是 $B^* = [1,1,1,0,1,1,1,1]$。不过,可以看看 GA 如何自动求得最优解以及与随机初始种群方法相比祖辈法是如何增进 GA 性能的。采用标准的随机初始种群和平均律,对上述问题可得出如下结论:随机初始种群的平均适应度为 $f_{\mathrm{initial}} = 4$。把此结果与祖辈法进行比较,祖辈法需要专家意见;对于本例,专家提供了下列可能解:$B_{\mathrm{expert}} = [1,1,1,0,1,1,1,1]$。该祖辈法的适应度为 7,高于随机初始种群的平均适应度。图 13.24 表示由提出的祖辈法技术产生的初始种群的进化。

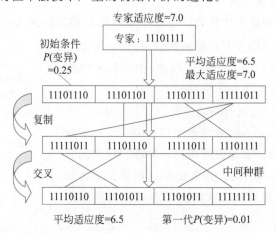

图 13.24   祖辈法技术产生的初始种群的进化

从图 13.24 可见,由祖辈技术开发的初始种群,其平均适应度 $f_{\mathrm{initial}} = 6.5$,明显地高于随机初始种群的平均适应度。本例中,$P_{\mathrm{mutation}} = 0.25$ 用于创立初始种群。此外,求得最优解仅需要 1 代,而当用随机初始种群开始进化时则需要好几代。由于中间种群仅是建立该

新种群的一个中间步骤,而且它的适应度不被评价,所以不考虑中间种群。

本例说明,祖辈技术方法采用先验专家知识,在保持种群多样性的同时改善初始种群的个体适应度,因而改善了遗传算法的性能。此外,许多控制系统往往需要访问多个专家,而不同专家的观点和意见也常常是不一样的,这种不同意见虽然使知识获取过程变得复杂些,但并非是个缺点。实际上这是生物系统的力量所在,自然进化不局限于对基因和染色体进行处理。实际上,人类智力的多样性正是人类力量之所在,如果面对同样的约束和标准,那么不同的人可能具有不同的观点和意见。如果几位控制专家提供了不同的咨询意见,那用不着感到惊奇。祖辈法的思想提供了组合多个专家意见的能力,只要对每位专家重复上述过程即可。因此,所求得的种群将由变化的多专家系统组成,它们为生存权利而互相竞争。

3. 适应度函数的计算

对于许多遗传算法,适应度函数起到很重要的作用,因为适应度函数引导了遗传算法的搜索方向。然而,不存在为某个问题确定适应度函数的一般方法,它往往被设计为:使得比较合意的解答具有较高的适应度。因此,通常可把遗传算法优化看作是对能够使适应度函数最大化的参数的搜索,显然,适应度函数应包括所有需要优化的相关参数。优化问题的一个目标就是求得具有较高性能的系统,通常是把对系统的一些性能量测包括在适应度函数中,还可能考虑其他一些要求,如规则数目对系统适应度的影响等。

例 13.4 13.5.4 节已介绍过倒立摆系统,现在来考虑倒立摆的控制问题及其适应度函数。倒立摆的目标是对于一规定的初始条件范围内在尽可能短的时间内保持系统平衡控制。在实验中该适应度函数由 2 步来评价:

第 1 步 首先,基于终止条件定义该实验结束时间(t_{end})的得分函数。可能考虑 3 种终止条件。

条件 1:在时间到期前系统平衡了摆杆,即

$$(|\theta|) \leqslant \varepsilon°, \quad t_{end} < t < t_{max}$$

条件 2:在时间到期时系统不能平衡摆杆,即

$$(\varepsilon° \leqslant |\theta|) \leqslant 90°, \quad t < t_{end} = t_{max}$$

条件 3:在结束时间前摆杆倒下,即

$$|\theta| \geqslant 90°, \quad t_{end} < t < t_{max}$$

得分函数被定义为

$$\text{Score}(t_{end}) = a_1(t_{max} - t_{end}) + a_2 \times \text{reward}, \quad \text{如果满足条件 1}$$
$$\text{Score}(t_{end}) = \text{reward}, \quad \text{如果满足条件 2}$$
$$\text{Score}(t_{end}) = b(t_{end}), \quad \text{如果满足条件 3}$$

以上各式中,θ 为摆杆夹角;ε 为这样定义的一个实数,使得当$|\theta| \leqslant \varepsilon°$时系统是稳定的;$a_1$、$a_2$、$b$ 和 reward 为常数,见图 13.25。图中表示出该得分函数如何估价实验的得分。

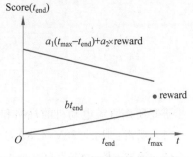

一般概念是,如果系统能够平衡摆杆(条件 1),那么较短的时间 t_{end} 排序较高;但是,如果摆杆倒下,那么较长的时间 t_{end} 表示摆杆维持倒下状态较长时间,因而排序较高。

图 13.25 倒立摆问题的得分函数

第 **2** 步 适应度函数不仅是得分的函数,根据系统的规则数目,考虑系统的稳态误差和对系统的处罚,可对适应度函数定义如下

$$\text{fitness} = \frac{\left(\text{score}(t_{\text{end}}) + c \sum_{0}^{t_{\text{end}}} \mid \theta_t \mid \right)}{\text{No. of rules} + \text{offset}_{\text{rules}}} \tag{13.45}$$

该稳态误差是摆杆角位移之和乘以加权系数 c , $\text{offset}_{\text{rules}}$ 为一控制对规则数惩罚程度的参数。

13.5.5 直流电动机 GA 优化模糊速度控制系统

本节将详细介绍一个成功的 GA 模糊控制系统的应用实例。在本例中,GA 模糊系统用于模拟直流电动机的速度控制。

1. 直流电动机调速系统模型

模糊逻辑与非模糊逻辑 PI 和 PID 的集成,已在直流电动机传动系统中获得成功和广泛的应用。不过,要得到最佳响应,上述方法尚无搜索最优知识库的能力。本例提出一种自动搜索最优知识库的方法,并用于处理速度调节问题。

图 13.26 表示一个他激直流电动机传动系统原理图。图中,$\omega(t)$ 为转速,$V_a(t)$ 为电枢电压,$i_a(t)$ 为电枢回路电流,$T_1(t)$ 为恒定力矩负载,$R_a(t)$ 为电枢回路电阻,L_a 为电枢回路电感,β 为黏性摩擦系数,k 为力矩系数,J 为转动惯量。应用状态空间形式,如果令

$$x_1(t) = i_a(t), \quad x_2(t) = \omega(t), \quad u(t) = V_a(t), \quad d(t) = T_1(t) \tag{13.46}$$

为所选择的状态和控制变量,那么可把系统的状态空间模型表示如下

$$X(t) = \left[x_1(t), x_2(t) \right]^{\text{T}} \tag{13.47}$$

$$\dot{X}(t) = AX(t) + Bu(t) + Ed(t)$$
$$y(t) = CX(t) \tag{13.48}$$

以及

$$A = \begin{bmatrix} \dfrac{-R_a}{L_a} & \dfrac{-k}{L_a} \\ \dfrac{k}{J} & \dfrac{-\beta}{J} \end{bmatrix}, \quad B = \begin{bmatrix} \dfrac{1}{L_a} \\ 0 \end{bmatrix}, \quad C = [0 \ 1], \quad E = \begin{bmatrix} 0 \\ \dfrac{-1}{J} \end{bmatrix} \tag{13.49}$$

式中,把负载力矩看作扰动输入。

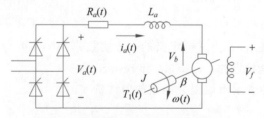

图 13.26 他激直流电动机传动系统

研究所用直流电动机的规格和参数如下:

(1) 规格:1hp,220V,4.8A,1500r/min。

(2) 参数:$R_a = 2.25\Omega$,$L_a = 46.5\text{mH}$,$J = 0.07\text{kg} \cdot \text{m}^2$,$\beta = 0.002\text{N} \cdot \text{m} \cdot \text{s/rad}$,$k =$

$1.1V/(s \cdot rad)$。

2. 直流电动机 GA 模糊 PID 调速系统的控制结构

所用的控制结构,即闭环控制系统框图如图 13.27 所示。遗传算法用于调节含有 PID 变量输入的模糊控制器,祖辈法用于形成初始种群。借助遗传算法对各种候选解进行评估,选择最好和最适应的解用来控制实际系统。遗传算法具有改变个体输入隶属函数形状的能力。

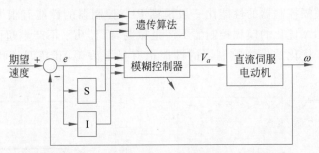

图 13.27　GA 优化的直流电动机模糊 PID 控制结构

3. 仿真结果

对 3 种不同的控制器进行仿真与比较。

第一种仿真是对 PID 控制器进行的,其对应的控制律如下:

$$u(t) = -\frac{P}{\omega(t)} + Q\int_{t_0}^{t_f}(\omega_r - \omega)\mathrm{d}t - R\frac{\mathrm{d}\omega(t)}{\mathrm{d}t} \tag{13.50}$$

式中,$\omega_r = 10.0\mathrm{rad/s}$ 为参考(给定)输入,$P = 1.1712$,$Q = 13.236$,$R = 0.03$。

第二种仿真是对模糊 PID 控制器进行的,其控制律 $u(t)$ 以非优化先验专家知识为基础

$$u(t) = f\left(e, \dot{e}, \int e\mathrm{d}t\right) \tag{13.51}$$

式中,f 为一由模糊关联记忆、输入参数和输出隶属函数 $e = (\omega_r - \omega)$,$\dot{e} = (\dot{\omega}_r - \dot{\omega})$ 和 $\int e\mathrm{d}t = \int_0^t (\omega_r - \omega)\mathrm{d}t$ 确定的非线性函数。

第三种仿真是应用 GA 对上述模糊 PID 控制器的参数进行优化。为使参数集合为最小,GA 仅优化模糊控制器的输入隶属函数,正如图 13.23 所示,不允许改变知识库中的其他参数。这将减少仿真过程时间,而且仍然能够表现出 GA 的潜力。采用下列适应度函数来评价潜在解中群体的不同个体

$$\mathrm{fitness} = \frac{1}{t_f - t_i}\int_{t_i}^{t_f}\frac{\mathrm{d}t}{(k_1 e^2 + k_2 \dot{e}^2 + k_3 \gamma^2 + 1)} \tag{13.52}$$

式中,e 和 $\dot{e}$ 表示角位置误差和角速度误差,r 表示超调,k_1、k_2 和 k_3 为设计参数。因此,一个比较适应的个体是个在其时间响应中具有较小超调和较小总体误差(较短的上升时间)的个体。上述适应度函数是标准的,适应度为 1 表示某个具有零误差和零超调的完全适应的个体。相似地,一个发散响应的适应度对应于 0。在本仿真中采用下列数值:$k_1 = 25$,$k_2 = 150$,$k_3 = 1$。

图 13.28 表示 GA 每一代的适应度,其中虚线为平均适应度,实线为最大适应度。仿真

共进行了 40 代，每代包含 100 个个体。性能测量从未达到稳定状态，因为通过变异经常企图离开搜索方向。从图 13.28 可见，最大适应度曲线收敛得很快，即在头 2 代就得到收敛。但是，整个群体的适应度曲线经 20 代后才收敛。把建立初始种群的变异率设定为 0.1，其后设定为 0.033；而交叉概率设定为 0.6。

图 13.29 表示上述 3 种控制器的时间响应，其中，点画线对应于 PID 控制器，虚线对应于模糊 PID 控制器，而实线对应于 GA-模糊 PID 控制器。从图可知，由于自然专家知识的引入，GA 优化的模糊控制器的性能比一般模糊 PID 控制器的性能有很大改善。当保持同样的上升时间时，GA 优化的模糊控制器不产生振荡，而且几乎不产生超调。当与普通 PID 控制器比较时，GA 优化的模糊控制器的性能也有显著改善，其超调量和上升时间减少了 50% 以上。

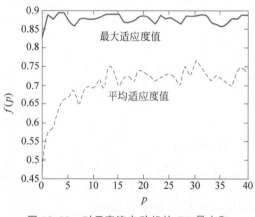

图 13.28　对于直流电动机的 GA 最大和
　　　　　平均适应度值图

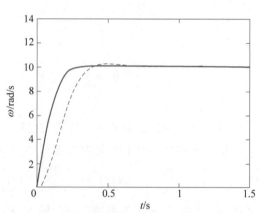

图 13.29　PID、模糊 PID 和 GA 优化模糊
　　　　　PID 时间响应的比较

还有其他一些类型的模糊复合控制器，如 PID 模糊控制器、自组织模糊控制器、自校正模糊控制器和自学习模糊控制器以及专家复合模糊控制器等。限于篇幅，本章对这些模糊控制器不予介绍。

13.5.6　进化、模糊和神经复合的故障诊断系统设计

这里简介一个基于进化算法、模糊逻辑和神经网络的复合故障诊断系统的设计。基于模型的故障检测与隔离（fault detection and isolation，FDI）系统的信号处理可分为两步：征兆提取（残差产生）和残差评估。即基于这些残差的故障出现决策（故障位置与范围），如图 13.30 所示。

在应用于故障诊断系统的人工智能方法中，以人工神经网络最为普遍，用于构建神经模型和神经分类器。构建神经网络模型对应两个基本优化问题：神经网络的结构优化及其训练过程，即寻找网络自由参数的最优集合。进化算法是解决上述两问题的有效工具，尤其是对动态神经网络，效果更佳。

应用进化算法设计残差评价模块是一种很有希望的方法。遗传算法最令人感兴趣的应用为初始信号处理、模糊系统调整和专家系统规则库的构建。

实现进化算法与其他传统技术和软计算技术的融合，清楚地表明这些复合解决方案能够促进 FDI 系统理论和实践的非常有吸引力的发展。值得指出的是，对于复杂、全局和多

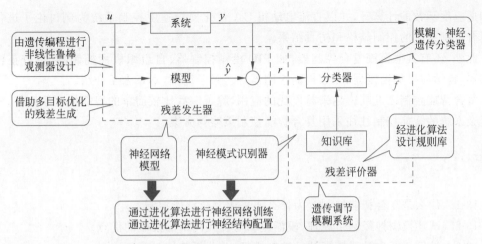

图 13.30　故障诊断系统的进化、模糊和神经复合设计

目标优化问题,其故障诊断系统的设计过程能够得到简化。这意味着,传统的局部优化方法不能有效与可靠地用于处理这类具有挑战性的任务。

13.6　小结

本章讨论复合智能控制问题。13.1 节对复合智能控制进行概述。所谓复合智能控制指的是智能控制手段(方法)与经典控制和/或现代控制手段的集成,还指不同智能控制手段的集成。由此可见,复合智能控制包含十分广泛的领域。就"一种智能控制＋另一种智能控制"而言,就有很多集成方案,如模糊神经控制、神经专家控制、进化神经控制、神经学习控制、递阶专家控制和免疫神经控制等。仅模糊控制与其他智能控制(简称模糊智能复合控制)构成的复合控制就包括模糊神经控制、模糊专家控制、模糊进化控制和模糊学习控制等。本章以模糊智能复合控制为线索进行较为详细的和有代表性的讨论,所讨论的内容包括模糊神经控制、模糊专家控制和模糊进化控制的结构和示例等。

模糊控制可与神经控制原理组合起来,形成新的模糊神经复合控制系统。13.2 节首先介绍了模糊神经网络的作用原理,然后探讨了模糊神经复合控制各种方案。作为模糊神经控制系统的一个示例,13.3 节中介绍了一个用于弧焊过程的自学习模糊神经控制系统,讨论了该控制系统的方案,叙述了该自学习模糊神经控制器的算法,说明了该自学习模糊神经控制器的结构、建模和仿真等问题。

专家模糊复合控制综合了专家系统技术和模糊逻辑推理的功能,是又一种复合智能控制方案。13.4 节讨论了专家模糊控制器的结构,举例介绍了一种专家模糊控制系统。该示例介绍一种船舰驾驶用专家模糊复合控制系统,解释船舰驾驶需要的智能控制问题,讨论所提出的智能控制器的作用原理;然后提供了仿真结果以说明控制系统的性能;最后突出一些闭环控制系统评价中需要检查的问题。

13.4 节即采用基于规则的专家系统技术与模糊逻辑互补,实现专家模糊复合控制;而13.5 节采用进化算法实现复合模糊控制,以弥补单一模糊控制的不足之处。13.5 节研究了进化模糊复合控制器的设计步骤和参数优化方法、编码函数的设计、规则的编码以及初始种群和适应度函数的计算等,并以直流电动机 GA 优化模糊速度控制系统为例讨论了进化模糊复合控制系统的控制结构和仿真结果。

此外,还有其他模糊复合控制器,如 PID 模糊控制器、自组织模糊控制器、自校正模糊控制器、自学习模糊控制器、专家模糊控制器等。限于篇幅,本章未予介绍。

复合智能控制已经获得越来越广泛的应用,除了一些比较简单的智能控制系统外,对用于复杂系统的智能控制往往采用复合智能控制策略与方案。

习题 13

13-1　什么是复合智能控制？为什么要采用复合智能控制？

13-2　试述模糊神经网络原理,模糊逻辑与神经网络的集成的优点。

13-3　举例介绍自学习模糊神经控制模型,并分析其控制算法。

13-4　举例分析专家模糊控制系统的结构和控制仿真结果。

13-5　说明进化模糊控制器的设计步骤及参数优化方法。

13-6　进化模糊控制器优化隶属函数的设计原则为何？试述各种三角形和非三角形隶属函数的编码方法。

13-7　进化模糊控制器规则集编码有哪几种方法？

13-8　如何对多输入单输出进化模糊控制系统进行形式化描述及遗传表示？

13-9　简述直流电动机 GA 优化模糊速度控制系统的调速模型、控制结构和仿真结果。

13-10　试述基于进化算法、模糊逻辑和神经网络的复合故障诊断系统的设计原理。

第四篇

智能控制的算法与编程

第**14**章

智能控制算法编程实现与深度学习开源框架

智能控制算法是智能控制的核心要素之一,也是智能控制系统架构的重要组成部分。各种智能控制系统具有不同的控制原理和控制方法,而且需要通过各种相应的控制算法和控制计算能力实现智能控制目标。也就是说,智能控制需要通过相关编程软件和新型硬件来实现其控制目标。

为了合适而有效地表示知识和进行知识推理,以数值计算为主要目标的传统编程语言(诸如 BASIC、FORTRAN 和 PASCAL 等)已不能满足要求;一些专用于人工智能和智能系统的、面向任务和知识的、以知识表示和逻辑推理为目标的符号和逻辑处理编程语言(如LISP、PROLOG)、专用开发工具,以及 MATLAB 工具箱等便应运而生。20 世纪 90 年代又出现一种跨平台解释型脚本语言——Python。

14.1 智能控制算法的定义、特点与分类

本节简介智能控制算法的定义、特点与分类,帮助读者了解智能控制算法的基本概念,建立智能控制算法的一般认识。

14.1.1 智能控制算法的定义与特点

1. 智能控制算法的定义

当前学术界和科技界对智能控制算法尚无统一的认识和定义。有些专家认为:智能控制算法就是智能控制方法,是智能算法在控制领域的应用。我们不能苟同这种认识,特提出如下智能控制算法的定义。

定义 14.1 智能控制算法是求解智能控制问题的一系列指令描述,代表着用系统方法描述智能控制问题求解的策略机制。简而言之,智能控制算法是智能控制问题求解的指令描述。

递阶控制算法、MATLAB 控制工具箱、强化学习算法、深度学习算法、模拟退火算法、蚁群算法、粒群算法、遗传算法和免疫算法等是智能控制算法的代表。

除了已在各章介绍和应用了相关智能控制算法外,本章集中讨论智能控制的算法和编程问题,以求对智能控制算法作用的进一步理解和对智能控制体系架构的更深刻认识。

2. 智能控制算法的特点

一般来说,智能控制语言应具备如下特点。

(1) 同时具有符号处理和数值运算能力,即非数值处理能力和数值处理能力。

(2) 适于结构化程序设计,易于编程。能够将系统分解成若干易于理解和处理的子系统,从而能够比较容易实现问题求解。

(3) 递归功能和回溯功能。

(4) 良好的人机交互能力。

(5) 能够进行推理。

(6) 具有将过程与说明式数据结构混合起来的能力,又要有辨别数据、确定控制模式匹配机制的能力。

下面分别对智能控制算法的两种编程语言,即符号和逻辑处理编程语言及解释型脚本语言 Python 的特点加以说明。

3. 符号和逻辑处理编程语言的特点

符号和逻辑处理程序设计语言除了应具有一般程序设计语言的特性外,还必须具备下列特性或功能。

(1) 具有表结构形式。LISP 的处理对象和基本数据结构是符号表达式,具有一组用于表处理的基本函数,能对表进行比较自由的操作。PROLOG 的处理对象是项,是表的特例。由于这类语言都以结构数据作为处理对象,而且都具有表处理能力,因而特别适用于符号处理。

(2) 便于表示知识和逻辑计算。例如,PROLOG 是以一阶谓词为基础的,而一阶逻辑是一种描述关系的形式语言,很接近自然语言的描述方式。智能控制(如专家控制)系统中的大量知识都是以事实和规则的形式表示的,所以用 PROLOG 表示知识就十分方便。

(3) 具有识别数据、确定控制匹配模式和进行自动演绎的能力。PROLOG 具有搜索、匹配和回溯等推理机制,在编制问题求解程序时,无须编写出专用搜索算法。当用 LISP 编程时,不仅要对问题进行描述,而且要编写搜索算法或利用递归来完成求解。

(4) 能够建立框架结构,便于聚集各种知识和信息,并作为一个整体存取。

(5) 具有以最适合于特定任务的方式把程序与说明数据结合起来的能力。

(6) 具有并行处理的能力。

4. 解释型脚本语言 Python 的特点

(1) 可读性。Python 的设计思想理念可以使用优雅、明确、简单三个词来总结。如果面临多种选择,开发者一般会选择明确的、没有或者很少有歧义的语法。同时,代码简洁易懂和规范,采用强制缩进的方式使得代码具有极佳的可读性。

(2) 简单:Python 是一种代表简单主义思想的语言。阅读一个良好的 Python 程序就感觉像是在读英语,Python 的这种伪代码本质是突出的优点之一。

(3) 易学:Python 具有相对少的关键字,语法定义明确,学习起来更加简单。

(4) 免费与开源:Python 是自由开放源码软件 FLOSS(Free/Libre and Open Source Software)之一。简单地说,用户可以自由地发布这个软件的拷贝、阅读它的源代码、对它进行改动、把它的一部分用于新的自由软件中。

(5) 高层语言:使用 Python 语言编程时,不需要考虑诸如如何管理程序使用的内存这类细节。

（6）可移植性：由于其开源本质，Python 已被成功移植到许多平台上。如果开发时避免使用依赖于系统的特性，那么所有 Python 程序无须修改就可以在众多任何平台上运行。

（7）可解释性：用 Python 语言写的程序不需要编译成二进制代码，可以直接从源代码运行程序。在计算机内部，Python 解释器把源代码转换成字节码的中间形式，然后再把它翻译成计算机使用的机器语言并运行。

（8）面向对象编程：Python 既支持面向过程的编程也支持面向对象的编程。在面向过程语言中，程序是由过程或仅仅是可重用代码的函数构建起来的。在面向对象语言中，程序是由数据和功能组合而成的对象构建起来的。与其他主要语言（如 C++ 和 Java）相比，Python 以一种非常强大而又简单的方式实现面向对象编程。

（9）可扩展性：如果在项目中需要一段关键代码运行得更快或者希望某些算法不公开，可以把部分程序用 C 或 C++ 编写，然后在 Python 程序中使用它们。

（10）丰富的库：Python 的标准库非常庞大，可以处理各种工作，包括正则表达式、文档生成、单元测试、线程、数据库、网页浏览器、CGI、FTP、电子邮件、XML、XML-RPC、HTML、WAV 文件、密码系统、GUI（图形用户界面）、toolkit 和其他与系统有关的操作。除了标准库以外，还有许多其他高质量的库，如 Twisted 和 Python 图像库等。

上述特点使得 Python 在流行编程语言中占有一席之地，并且其用户数量的上升速度已经远远赶超 C++ 语言。

Python 主要应用在科学运算、人工智能、大数据、云计算、系统运维等领域，市场占有率不断加大。此外，Python 在 Web 开发方面也受到了重视，其中 YouTube、CIA、NASA 等机构都大量使用了 Python。在国内一些大型网站，如豆瓣、知乎、搜狐、金山、腾讯、网易、百度、阿里、淘宝、新浪等公司都大量使用 Python 进行开发。

14.1.2　智能控制算法的分类

智能控制的算法丰富多彩，既有显式算法，也有隐式算法。根据算法原理的相似和差异，将智能控制算法归纳分类如下。

1. 反馈型智能控制算法

相对于传统的 PID 反馈控制，在智能控制中有递阶控制算法（如 IPDI 原理、遗忘迭代滤波算法，平移平均滤波算法等），以及分布式控制算法（DPS 问题求解、MAS 的感知与反馈策略）。

2. 专家控制算法

专家控制系统根据领域专家的知识和经验，模拟专家的决策过程。专家控制的算法有基于规则的算法、基于框架的算法、基于模型的算法等。

3. 学习控制算法

在学习控制中，实际经验起到控制参数和算法的类似作用。这类算法包括迭代学习控制算法、重复学习控制算法、增强学习控制算法（Q 学习算法）和深度学习算法等。

4. 仿生算法

模拟生物界竞争和生存机制，开发出一些仿生控制算法，如蚁群算法、粒子群优化算法、遗传算法、进化算法和免疫算法等，用于进行运动规划和决策以及智能控制。

5. 马尔可夫随机搜索算法

马尔可夫过程(Markov process)是一类随机过程,是研究离散事件动态系统状态空间的重要方法,它的数学基础是马尔可夫随机过程理论。模拟退火算法就是一种基于马尔可夫过程的随机搜索算法,可用于运动规划与控制等。

6. MATLAB 智能控制工具箱

MATLAB 控制系统工具箱对控制系统的建立、调试和求解进行了很好的封装,是进行各种控制任务仿真的高效工具。该工具箱含有 MATLAB 模糊控制工具箱和 MATLAB 神经网络控制工具箱等。

7. Python 编程和开源算法

Python 是一种跨平台的解释型脚本语言,具有解释性、编译性、互动性和面向对象等特点,已在科学计算、人工智能、智能控制等方面得到广泛应用。

8. 复合智能控制算法

将各种控制系统和方法巧妙结合,综合运用各种控制算法进行复合控制,以解决单一控制算法无法实现的控制目标。这类复合智能控制算法有模糊神经复合控制算法、自学习模糊神经控制算法、专家模糊复合控制算法、进化模糊复合控制算法、仿人控制原型算法等。

14.2　智能控制算法的 MATLAB 仿真设计与实现

MATLAB 工具箱是 MATLAB 软件的智能算法工具包,可以实现多种算法。用户安装对应的 MATLAB 工具箱后,即可直接调用对应的算法和函数。MATLAB 工具箱包括 MATLAB 遗传算法工具箱、MATLAB 模糊控制工具箱、MATLAB 神经网络工具箱、MATLAB svm 工具箱、MATLAB 小波工具箱、MATLAB mpt 工具箱等。

14.2.1　MATLAB 模糊控制工具箱

MATLAB 模糊控制工具箱为模糊控制器设计提供了一种便捷途径。它不必进行复杂的模糊化、模糊推理及模糊判决等运算,只需要设定相应参数就可以很快得到所需要的控制器,而且修改非常方便。MATLAB 模糊逻辑工具箱的模糊推理系统(fuzzy inference system,FIS)包括 5 部分,即规则编辑器、FIS 编辑器、隶属函数编辑器、规则观察器、界面观察器,如图 14.1 所示。其中,规则编辑器用于定义系统行为的一系列规则;而 FIS 编辑器可为系统处理高层属性,如系统输入和输出变量定义以及它们的命名等;隶属度函数编辑器用于定义对应于每个变量的隶属度函数的形状;规则观察器是基于 MATLAB 的用于显示模糊推理框图的工具,如显示正在使用的规则,或单个隶属度函数形状是如何影响结果的;界面观察器用于显示输出与输入之间的依赖关系,即

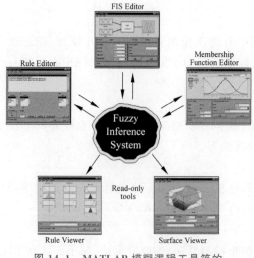

图 14.1　MATLAB 模糊逻辑工具箱的
5 个组成部分

为系统生成和绘制输出曲面映射图。

　　MATLAB 工具箱的图形用户接口(graph user interface,GUI)工具的 5 个基本组成部分可以相互作用并交换信息。它们中的任意一个可以对工作空间和磁盘进行读和写,只读型观察器仍可以与工作空间或磁盘交换图形。对于任意模糊推理系统,可以打开任意或所有这 5 个 GUI 组件。如果对一个系统打开一个以上的编辑器,各种 GUI 窗口可以知道其他 GUI 窗口的存在。编辑器可同时打开任意数量的不同的 FIS 系统。FIS 编辑器、隶属度函数编辑器和规则编辑器都可读写或修改 FIS 数据,但是规则观察器和界面观察器无法修改 FIS 数据。

　　下面将根据模糊控制器的设计步骤,简要介绍如何利用 MATLAB 工具箱的图形用户接口工具来设计模糊控制器。

　　首先,在 MATLAB 的命令窗口(command window)中输入"fuzzy"命令即可打开 FIS 编辑器,见图 14.2。FIS 编辑器显示有关模糊推理系统的一般信息。在上半部用简单的方框图形式列出了模糊推理系统的基本组成部分:输入模糊变量、模糊规则和输出模糊变量。在该图左边的每个方框下显示每个输入变量的名字。在该图右边的每个方框下显示每个输出变量的名字。值得注意的是,此时显示在框中的隶属度函数示例只是图标并不表示实际的隶属度函数的形状。在该图中间的白色方框中显示 FIS 名和 FIS 类型。方框图下面是系统的名字和使用的推理类型。默认时是 Mamdani 型推理。如果要使用 Sugeno 型推理,则在创建系统时就必须指明。在模糊推理系统名字下面,左边是下拉式菜单,可用于修改推理过程的各个属性值。图的下部右边是显示区,用于显示当前选定的输入或输出变量的名字以及与其相关的隶属度函数的类型和范围。而隶属函数范围域和显示范围域只能在设定隶属度函数后指定。此区域的下面是 Help 和 Close 按钮,可分别调用在线帮助和关闭窗口。底部是状态栏,用于再现系统的信息。

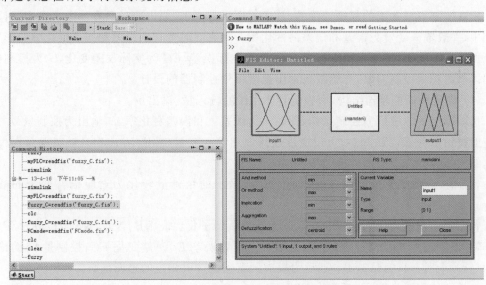

图 14.2　FIS 编辑器窗口

　　然后,定义与每个变量相关的隶属度函数,为此打开隶属度函数编辑器。可以用下列 3 种方法之一打开隶属度函数编辑器:

(1) 打开 Edit 下拉式菜单并选择 Membership Functions…;

(2) 双击相应变量的图标;

(3) 在命令行输入 mfedit。

隶属度函数编辑器与 FIS 编辑器共享某些特征。隶属度函数编辑器是一个工具,显示编辑与整个模糊推理系统相关的所有输入变量和输出变量的隶属度函数。为设置与 FIS 的输入或输出变量相关的隶属度函数,在此区域通过单击它来选择 FIS 变量。

选择 Edit 下拉式菜单,并选择 Add MFs…,出现一个新窗口,可以用它来选择与所选变量相关的隶属度函数类型和隶属度函数数量。

最后,为调用规则编辑器,打开 Edit 下拉式菜单并选择 Membership Functions…,或在命令行输入 rule edit。使用图形化规则编辑器接口构造规则是简明充分的。通过单击并在每个输入变量框中选择一项,在每个输出框中选择一项,并选择一个连接项,规则编辑器允许自动的构造出规则语句。选择 none 作为一个变量的参数将从给定规则中除去该变量。选择任一变量名下面的 not,就将该变量求反。通过单击相应的按钮可以改变、删除或增加规则。

类似于 FIS 编辑器和隶属度函数编辑器,规则编辑器也有某些类似的标志,包括菜单和状态行。从顶部的菜单的 Options 下拉式菜单可以使用 Format 弹出式菜单,该菜单通常用于设置显示的格式。类似地,也可以从 Options 下设置 Language 菜单。单击 Help 按钮将引出 MATLAB 帮助窗口。

为了详细介绍基于模糊逻辑工具箱的使用,在附录 A.1 中,将以电烤箱为控制对象,实现双入单出温度模糊控制器的设计。在此基础上,在附录 A.2 中,以水箱液位模糊控制系统为例,阐述了模糊控制系统的 Simulink 仿真。

14.2.2 基于模糊逻辑工具箱的模糊控制器

模糊控制器最常用的都是二维的,其输入变量有两个,输出变量只有一个。在实际控制系统中,一般输入变量为误差和误差的变化率。只有同时考虑到误差和误差变化率的影响,才能保证系统稳定,不至于产生振荡。设 E 为实际误差,EC 为实际误差变化,U 为控制量。下面以电烤箱为控制对象,介绍双入单出温度模糊控制器的设计。

(1) 确定模糊控制器结构,即确定具体系统的输入量、输出量。

选取标准的二维模糊控制结构,即输入为误差 e 和误差变化率 ec,输出为控制量 u。其相应的模糊量为 E,EC 和 U,可以通过选择增加输入变量(Add Variable)来实现双入单出控制结构,如图 14.3 所示。

(2) 输入/输出变量的模糊化,即把输入/输出的精确量转化为对应语言变量的模糊集合。

首先要确定描述输入/输出语言变量值的模糊子集,如 $\{NB,NM,NS,ZO,PS,PM,PB\}$,并设置输入/输出变量的论域,例如可以设置误差 E、误差变化 EC、控制量 U 的论域均为 $\{-3,-2,-1,0,1,2,3\}$;然后为模糊语言变量选取相应的隶属函数。

在模糊控制工具箱中,只要在 Membership Function Editor 中即可完成这些步骤。首先打开 Membership Function Edit 窗口,如图 14.4 所示。

然后分别对输入/输出变量定义论域范围,添加隶属函数。以 E 为例,设置论域范围为 $[-3,3]$,添加隶属度函数的个数为 7,见图 14.5。

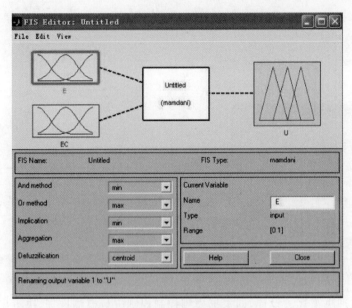

图 14.3　双入单出控制结构窗口

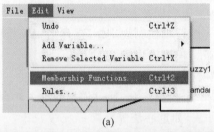

(a)

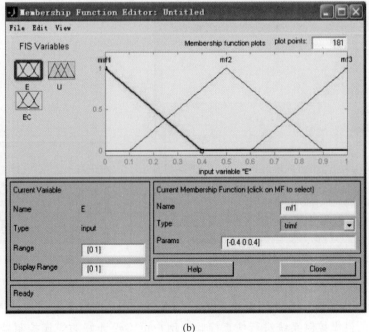

(b)

图 14.4　Membership Function Editor 窗口

还可以根据设计要求分别对这些隶属函数进行修改,包括修改对应的语言变量、隶属函数形状等,见图14.6。

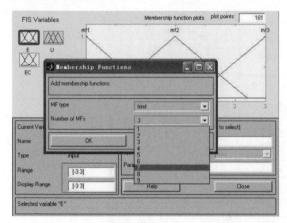

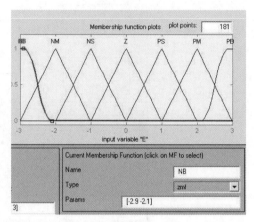

图 14.5　设置论域范围与添加隶属函数窗口　　　　图 14.6　修改隶属函数窗口

(3) 模糊推理决策算法设计,即根据模糊控制规则进行模糊推理,决策出模糊输出量。

首先要确定模糊控制规则,即专家控制经验。例如,对于二维的模糊控制结构以及相应的输入模糊集,可以制定出49条模糊控制规则,参见图14.7。

制定控制规则后,形成一个模糊控制规则矩阵,然后根据模糊输入量按照相应的模糊推理算法完成推理计算,并决策出模糊输出量。

(4) 对输出模糊量的解模糊。

模糊控制器的输出量是一个模糊集合,通过模糊判决方法判决出一个确切的精确量,见图14.8。有很多模糊判决方法,如重心法等。

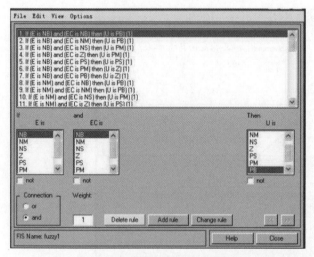

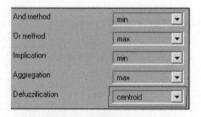

图 14.7　制定模糊控制规则窗口　　　　　图 14.8　解模糊窗口

至此,一个模糊控制器已设计完毕。可以选择 FIS 编辑器窗口主菜单中的 View surface 查看经模糊矩阵运算并解模糊化后的三维坐标图;选择主菜单中的 View rules 还可以对所设计的模糊控制系统进行仿真检验。用户可将设计好的模糊控制器模型存盘,其文件后缀为.fis。

14.2.3 模糊控制系统的 Simulink 仿真

MATLAB 的 Simulink 是一个用来对动态系统建模、仿真和分析的软件包,支持连续、离散或两者混合的线性和非线性系统。在 MATLAB 命令窗口中输入 Simulink,即进入了 Simulink 环境。此时,系统提供给用户 Simulink 结构图编辑界面和模块库两个主界面。用户复制模块库中的模块到结构图编辑器中,再将它们适当连接便构成自己的控制系统结构图,然后即可用 Simulink 进行仿真,并可通过示波器模块(scope)观察仿真曲线。一个水箱液位模糊控制系统的仿真结构图如图 14.9 所示。

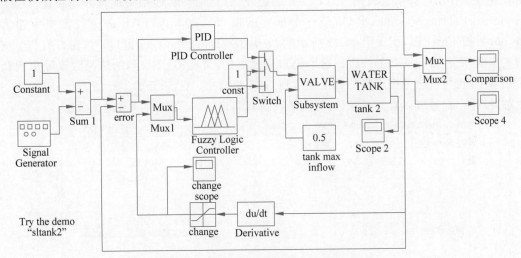

图 14.9　水箱液位模糊控制系统仿真结构图

在 Simulink 环境下运行,得到水箱液位模糊控制系统的仿真结果如图 14.10。从图中可以看出系统的实际输出液位能及时跟踪给定的液位方波信号,超调量为 4.1%,稳定性能很好,输出液位信号响应时间约 6s,稳态误差控制在 5% 之内,达到了良好的控制性能指标。在图 14.9 中用 PID 模块(P=2,D=1)取代 Fuzzy Logical Controller,可得水箱液位 PID 控制系统的仿真结果如图 14.11 所示。从图 14.11 可以得出超调量为 9.3%,输出液位信号响应时间约 8s 左右,水箱液位模糊控制的效果优于水箱液位 PID 控制的效果。

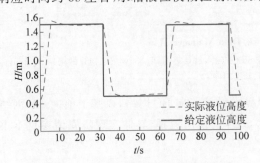

图 14.10　水箱液位模糊控制的仿真结果

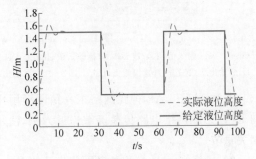

图 14.11　水箱液位 PID 控制的仿真结果

14.2.4 MATLAB 神经网络工具箱及其仿真

1. MATLAB 神经网络工具箱图形用户界面

神经网络工具箱就是以人工神经网络理论为基础,在 MATLAB 环境下用 MATLAB

语言构造出典型神经元网络的激发函数(传递函数),如 S 形、线形、竞争层、饱和线形等激发函数,对所选定网络输出的计算,变成对激发函数的调用。MATLAB 神经网络工具箱包括许多现有的神经网络成果,涉及网络模型的有感知器模型、BP 网络、线性滤波器、控制系统网络模型、自组织网络、反馈网络、径向基网络、自适应滤波和自适应训练等。神经网络工具箱包含人工神经元网络设计函数及其分析函数,可通过 help nnet 命令获得神经网络工具箱函数及其相应的功能说明。

图形用户界面又称图形用户接口(graphical user interface,GUI)是指采用图形方式显示计算机操作用户界面。利用 MATLAB 的神经网络工具箱,使用更加友好与快捷。GUI 的 Network/Data Manager 窗口,是一个独立的窗口。在 MATLAB 命令行窗口中输入 nntool 后按 Enter 键,出现图 14.12 所示的 Network/Data Manager 窗口。该窗口有 7 个空白文本框,底部有一些功能按键。这个窗口是独立的,可将 GUI 得到的结果数据导出到命令窗口中,也可将命令窗口中的数据导入到 GUI 窗口中。GUI 开始运行后,就可以创建一个神经网络,而且可以查看其结构,对其进行仿真和训练,也可以输入和输出数据。

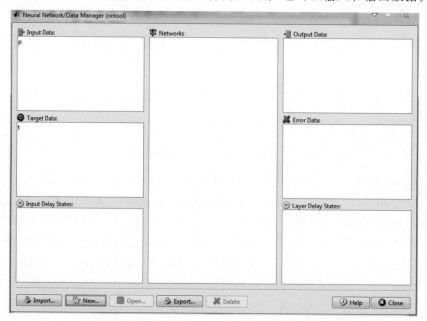

图 14.12　Neural Network/Data Manager 窗口

(Input Data 输入值,Target Data 目标输入值,Inputs Delay States 输入欲延迟时间,Networks 构建的网络,Output Data 输出值,Error Data 误差值,Layer Delay States 输出欲延迟时间)

通过 MATLAB 神经网络工具箱图形用户界面设计前向 BP 网络,以基于前向 BP 网络的 RLC 无源网络电路传递函数逼近为例,演示 GUI 的使用流程,具体实现步骤请参见本书相关章节。

2. 基于 Simulink 的神经网络模块工具

Simulink 是 MATLAB 中的软件包,采用模块描述系统的典型环节。因此,是面向结构的动态系统仿真软件,适合连续线性与非线性系统、离散线性与非线性系统以及混合系统,具有可视化特点。应用 Simulink 构建设计神经网络有两条途径:

(1) 在神经网络工具箱(neural network toolbox,NNTOOL)提供了可在 Simulink 中

构建网络的模块。

（2）在 MATLAB 工作空间中设计的网络，能用函数 gensim（）很方便地生成相应的 Simulink 模型网络。函数 gensim(net, st) 中的 net 是需要生成模块化描述的网络，该网络需在 MATLAB 工作空间进行设计。st 是采样周期，若 $st = -1$，则为连续采样；若 st 为其他实数，则为离散采样。

Simulink 模型是程序，是扩展名为 .mdl 的 ASCII 代码，采用方框图形式、分层结构。Simulink 神经网络模块有 5 个子模块库，在 MATLAB 工作空间（command window）输入 Neural 后回车，如图 14.13 所示。

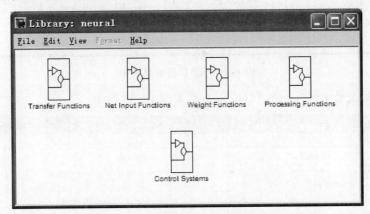

图 14.13　神经网络工具箱子模块窗口

Simulink 神经网络模块各子模块库如下：

（1）传递函数模块库（transfer functions），如图 14.14 所示。

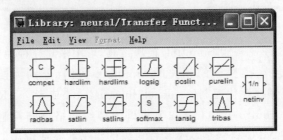

图 14.14　传递函数模块库

（2）网络输入模块库（net input functions），有加或减、点乘或点除计算等，如图 14.15 所示。

（3）权值设置模块库（weight functions），有点乘权值函数、距离权值函数、距离负值计算权值函数、规范化的点乘权值函数等，如图 14.16 所示。

图 14.15　网络输入模块库

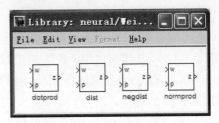

图 14.16　权值设置模块库

（4）控制系统模块库（control functions），有模型参考控制器、NARMA-L2 控制器、神经网络预测控制器、示波器等，如图 14.17 所示。

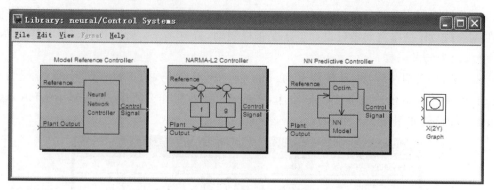

图 14.17　控制系统模块库

（5）过程处理模块库（control functions），如图 14.18 所示。

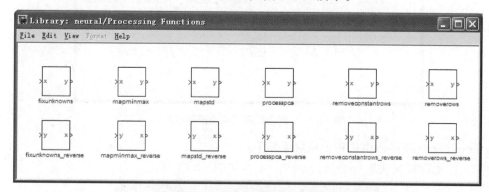

图 14.18　过程处理模块库

神经网络工具箱提供了一组 Simulink 模块工具，可用来建立神经网络和基于神经网络的控制器。工具箱提供 3 类控制的相关的 Simulink 实例，分别为模型预测控制（model predictive control）、反馈线性化控制（feedback linearization 或者 NARMA-L2）和模型参考控制（model reference control）。14.2.5 节将讲述神经网络预测控制的 Simulink 仿真实例，其中模型预测控制 MPC 算法是基于受控对象的将来状态或输出的动态预测值，在线求解当前控制量的一种自适应控制方法。神经网络预测控制器借助神经网络工具箱，并利用神经网络模型预测非线性对象将来的性能。

14.2.5　神经控制算法的 MATLAB 仿真程序设计与实现

1. 神经网络逼近非线性函数的设计

以神经网络逼近 RLC 无源网络电路传递函数为例，通过 MATLAB 神经网络工具箱图形用户界面（GUI），设计前向 BP 网络逼近该非线性传递函数。以如图 14.19 的 RLC 无源网络电路传递函数为待逼近的原始信号，即该原始信号为 1./(1+s+s.^2)。其中 BP 网络参数设置为：中间层神经元数目为 10 个，输入层神经元的传递函数为 S 型

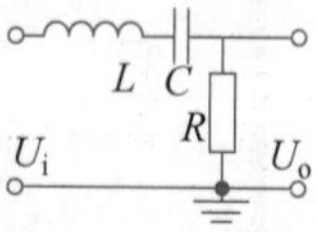

图 14.19　RLC 无源网络

正切函数,中间层神经元的传递函数为纯线性函数,网络训练函数设定为 trainlm。

基于 GUI 设计前向 BP 网络逼近该非线性传递函数的具体步骤如下:

(1) 在本书图 14.12 中,Neural Network/Data Manager 窗口单击 New 按钮,在 Network Type 下拉框中选择 Feed-forward backprop。在 Name 文本框中输入所创建的网络名称 nolinear。在 Train function 中选择训练函数的类型 trainlm。Performance function 取默认值 MSE。Number of layers 用于设定网络层数,这里输入 2,表明所设计的网络有一层中间层。

(2) 设置网络各层的传递函数和神经元数目。在 Properties for 下拉框中选择 Layer1,然后在 Number of neurons 文本框中输入 10,表示中间层由 10 个神经元组成,在 Transfer Function 下拉框选择传递函数类型为 TANSIG(函数)。

(3) 在 Properties for 下拉框中,选择 Layer2,表示接下来对输出层进行属性设置。在 Transfer Function 下拉框中选择 PURELIN。

(4) 在界面左上角选择 DATA,选择 Inputs,在 Name 文本框中输入 s,Value 文本框用于接收数据向量,在其中输入[0:0.05:5],单击 Create 按钮。运用同样的方法可以设定网络目标向量 t=(输入:1./(1+s+s.^2))。同时,也可以通过将 Workspace(工作空间)中的数据导入到 GUI 中实现数据操作。

接着,选择相应的 Input data 和 Targets data,此时单击 Create 按钮,如图 14.20 所示为创建的 BP 神经网络。

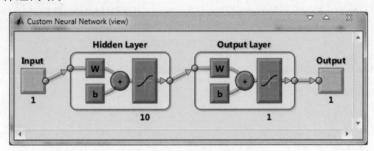

图 14.20　创建的 BP 网络

这样通过 GUI 创建一个名为 nolinear 的前向 BP 网络,如图 14.21 所示。该网络的输入向量为 s,目标向量为 t,其目的是为了对给定的信号实施逼近,如图 14.22 所示。

下面将介绍如何利用 GUI 对网络进行训练,并通过仿真验证网络的训练效果。再次返回 Neural Network/Data Manager 窗口,在 Networks 文本框选中 nolinear,并单击它出现图 14.23 所示的对话框,该对话框用于设置网络自适应、仿真、训练和初始化的参数,并执行相应操作。

单击右下角的 Simulate Network 按钮,可得网络的仿真输出 nolinear_old,将其加载到 MATLAB 的工作空间中,然后通过在 Command window 中输入图 14.24 中的代码,便能将仿真输出与实际输出一同绘出。网络逼近结果如图 14.25 所示,可见训练前的网络对于信号的逼近效果并不佳。

而后,设定训练参数,在 Training info-Training Data-Inputs 下拉框选择 p 作为输入向量,在 Training Data-Targets 下拉框中选择 t 作为目标向量。然后,利用 Training Parameters 选项卡设置网络的训练参数,如图 14.26 所示。将训练步数 epochs 和训练目标 goal 设置到适当值。在 Training Info 选项卡中,选择相应的 Inputs 和 Targets 向量。

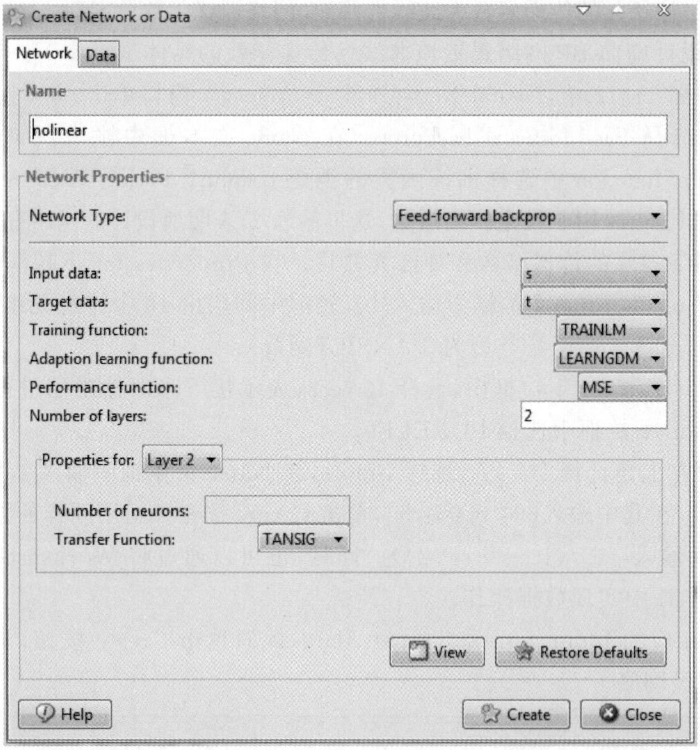

图 14.21　网络创建窗口

图 14.22　创建目标数据向量

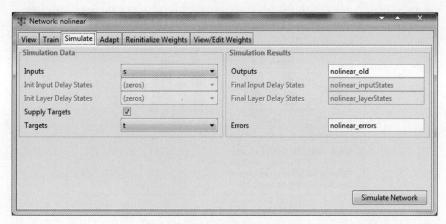

图 14.23 网络仿真对话框

```
>> plot(s,t,'b-');
>> hold on
>> plot(s,nolinear_old,'r+')
```

图 14.24 相关代码

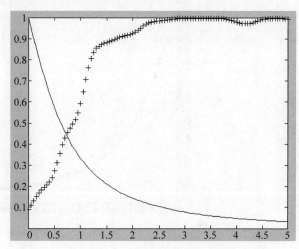

图 14.25 训练前网络逼近结果

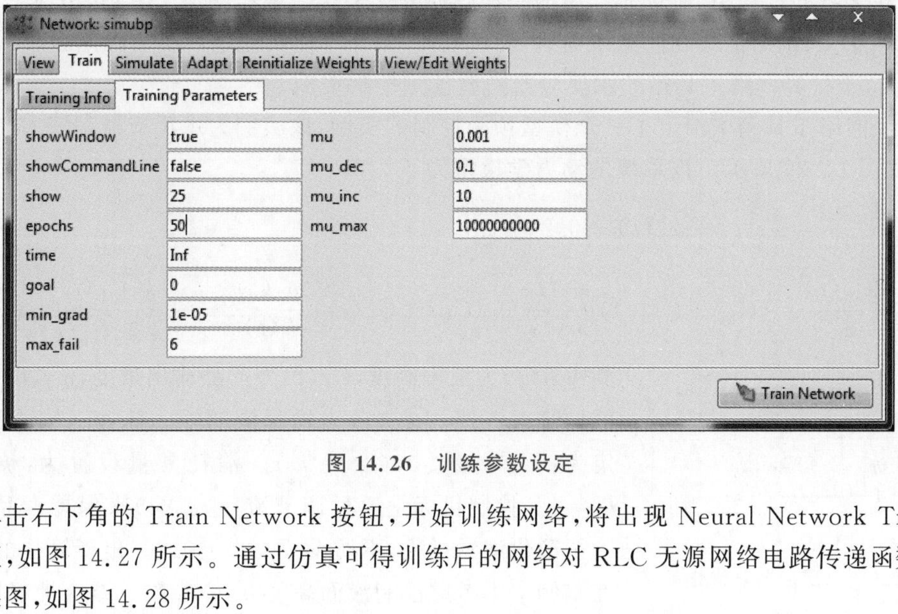

图 14.26 训练参数设定

单击右下角的 Train Network 按钮,开始训练网络,将出现 Neural Network Training 对话框,如图 14.27 所示。通过仿真可得训练后的网络对 RLC 无源网络电路传递函数的逼近效果图,如图 14.28 所示。

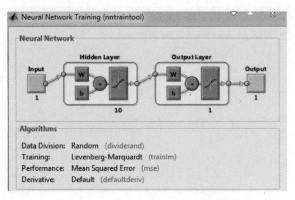

图 14.27　Neural Network Training 对话框

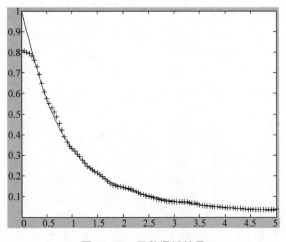

图 14.28　函数逼近结果

GUI 是神经网络工具箱提供的人机交互界面,便捷地引导工程人员逐步地建立和训练网络。在学习的过程中,应首先利用编写代码的方式来学习神经网络工具箱,精通了各种函数的实际意义、调用格式和注意事项后,便可利用 GUI 方便快捷地解决实际问题。

2. 基于神经网络工具箱的水反应器模型预测控制实例

神经网络工具箱中给出了一个模型预测控制的实例,该实例为水反应器,是一个非线性系统,如图 14.29 所示。该系统的动力学模型为

$$\frac{\mathrm{d}h(t)}{\mathrm{d}t} = \omega_1(t) + \omega_2(t) - 0.2\sqrt{h(t)}$$

$$\frac{\mathrm{d}C_b(t)}{\mathrm{d}t} = (C_{b1} - C_b(t))\frac{\omega_1(t)}{h(t)} + (C_{b2} - C_b(t))\frac{\omega_2(t)}{h(t)} - \frac{k_1 C_b(t)}{(1 + k_2 C_b(t))^2}$$

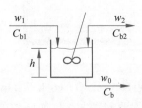

图 14.29　水反应器非线性系统

其中 $h(t)$ 为液面高度,$C_b(t)$ 为产品输出浓度,$\omega_1(t)$ 为浓缩液的输入流速。$\omega_2(t)$ 为稀释液的输入流速。输入浓度设定为:$C_{b1} = 24.9$,$C_{b2} = 0.1$。消耗常量设置为:$k_1 = 1$,$k_2 = 1$。控制目标是通过调节流速 $\omega_2(t)$ 来保持产品浓度。为了简化演示过程,不妨设 $\omega_1(t) = 0.1$。出于简化的原因,在本例中不考虑控制液面高度 $h(t)$ 参数。结合神经网络工

具箱的 Simulink 模块,实现该系统基于神经网络的模型预测控制,控制器可以计算控制输入,然后预测系统在未来某个时间段中的性能。

在 MATLAB 命令窗口中输入 predcstr 后按 Enter 键,或在 MATLAB 的 Demos 标签页中,在 Neural Network 下找到 Control Systems 子节点,然后单击 Using the NN Predictive Controller Block 的链接,出现图 14.30 的窗口,单击 Open this model 链接。

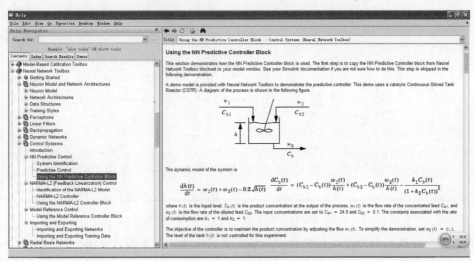

图 14.30　启动窗口

神经网络控制模型如图 14.31 所示,深色部分表示神经网络预测控制器,Random Reference 用于产生随机输入信号。

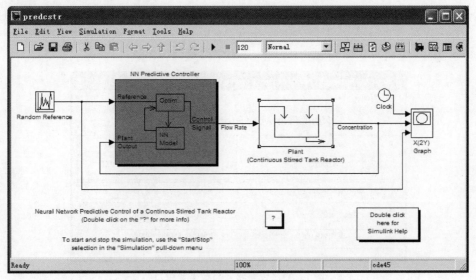

图 14.31　控制模型窗口

Plant 是被控对象,此处为水反应器。双击 ⊏⊐ 图标,如图 14.32 所示,窗口中描述为该系统的 Simulink 模型。其中 Simulink 的原理可参考其他资料或者查阅 MATLAB 的帮助文档。

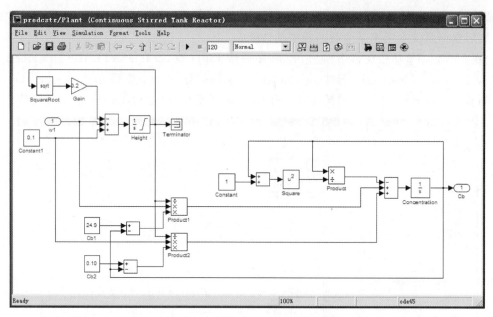

图 14.32 水反应器的 Simulink 模型

神经网络预测控制器模块是在神经网络工具箱中生成并复制过来的,该模块的 Control Signal 节点和系统模型的输入节点相连接,Plant Output 和系统模型的输出节点相连接, Reference 节点连接信号发生器 Random Reference 的输出端。双击 图标,即 NN 预测控制器模块,出现如图 14.33 所示的参数设置窗口。单击对话框中 Plant Identification 按钮,可得如图 14.34 所示系统辨识参数设置窗口,该窗口调用了 MATLAB 的系统辨识工具箱。整个窗口分为三部分,上面为 Network Architecture,用于确定网络的结构;中间为 Training Data;下面为 Training Parameters,用于设定训练参数。

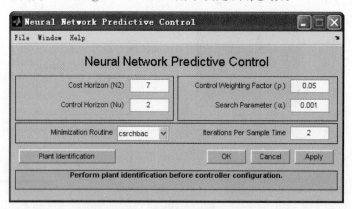

图 14.33 控制器的参数设置窗口

Generate Training Data 按钮用于产生网络训练样本,单击该按钮,MATLAB 通过 Simulink 网络模型产生一系列的随机阶跃信号,作为网络的训练样本,如图 14.35 所示。其中 Accept Data 和 Refuse Data 两个按钮分别用于接收与放弃数据。在系统辨识参数设置窗口中单击 Training Network 按钮,网络开始训练,训练的时间和过程与所选择的训练

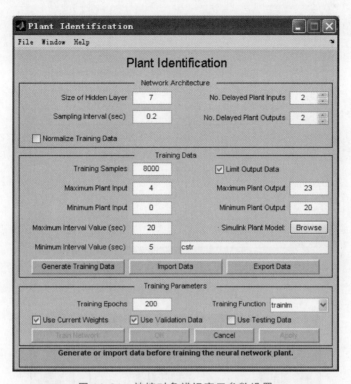

图 14.34　被控对象辨识窗口参数设置

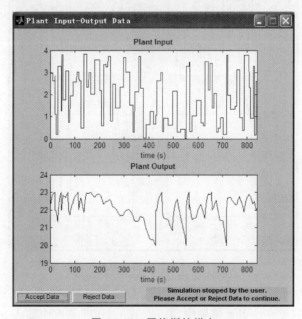

图 14.35　网络训练样本

函数有关,默认的训练函数为 trainlm,训练误差曲线如图 14.36 所示,模型训练数据如图 14.37 所示,模型检验数据如图 14.38 所示。此时,可单击 Training Network 按钮,利用同样的数据对网络继续进行训练。也可在系统辨识参数设置窗口中单击 Erase Generated Data 按钮,擦除现有的训练数据,重新生成训练数据对网络进行训练。

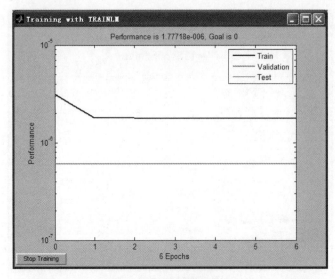

图 14.36　训练误差曲线

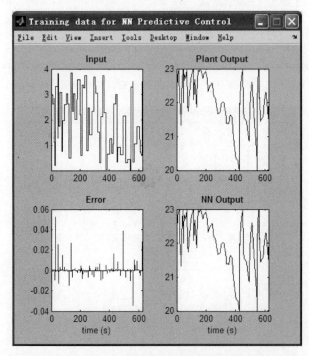

图 14.37　网络预测控制所需的训练数据

　　经过训练成功的网络模型,返回系统辨识参数设置窗口,单击 OK 按钮,将控制器参数导入到 NN Predictive Controller 模块中,并在 Simulation 菜单中输入 Start 命令开始仿真,仿真结果如图 14.39 所示,阶梯信号表示参考信号,不规则的曲线表示系统输出。

14.2.6　模糊控制与神经网络控制的实验

　　实验平台采用 TD-ACC+或 TD-ACS 教学实验系统,其基本配置为一个开放式的模拟实验平台和一组先进的虚拟仪器,可支持模糊控制与神经网络控制的实验教学。为此,本附

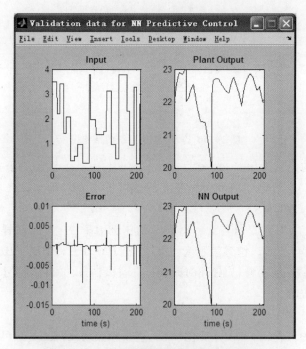

图 14.38 网络预测控制所需的检验数据

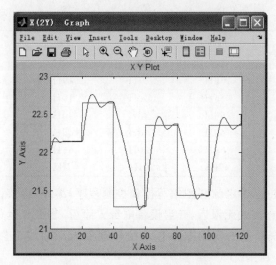

图 14.39 参数信号及系统输出

录节选了其实验教程中"智能控制技术"部分,验证模糊控制与神经网络控制理论基础。

1. 电热箱的模糊闭环控制实验

该实验系统组成如图 14.40 所示。由模糊控制器、输入/输出接口、广义控制对象、测量元件传感器四部分构成一个负反馈模糊控制系统。建立一个双入单出模糊控制器,实现温度控制。

下面以电热箱为控制对象,介绍双入单出模糊控制器的设计步骤。

1) 模糊化

设误差范围为 $E \in [-30℃, 230℃]$,且 $L = 7$,为此误差的比例因子 $\alpha = 7/260$,采用就

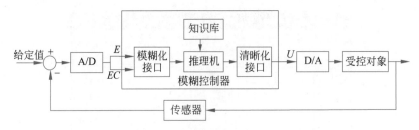

图 14.40　模糊控制系统的结构图

近取整原则,得 E 的论域为 $\{-1,0,+1,+2,+3,+4,+5\}$。误差的语言变量在论域 X 中有 7 个语言值,即:正大大大,正大大,正大,正中,正小,零,负小;符号表示为: $PBBB$, PBB, PB, PM, PS, ZO, NS。

误差变化 $EC \in [0℃,9℃]$,且 $L=6$,误差的比例因子 $\beta=6/9$,同样得到 EC 的论域为 $\{0,+1,+2,+3,+4,+5\}$。符号表示为: ZO, PS, PM, PB, PBB, $PBBB$。

输出量 U 的基本论域为 $\{7fH,66H,4dH,34H,19H,00H\}$,符号表示为: ZO, PS, PM, PB, PBB, $PBBB$。

2)模糊控制表

根据测量输入的误差(E)和误差变化(EC),查模糊控制表(表 14.1)可得输出控制量(U),完成控制温度的任务。

表 14.1　模糊控制表

U	ZO	PS	PM	PB	PBB	$PBBB$
NS	10H	10H	10H	10H	10H	10H
ZO	7fH	66H	34H	19H	00H	00H
PS	7fH	66H	4dH	19H	19H	19H
PM	7fH	66H	4dH	4dH	34H	34H
PB	7fH	66H	4dH	4dH	4dH	4dH
PBB	7fH	66H	66H	66H	66H	4dH
$PBBB$	7fH	7fH	7fH	7fH	7fH	7fH

该实验步骤为:首先,参考流程图编写模糊控制程序,编译、链接。然后,完成实验平台 TD-ACC+ 的接线,检查接线无误后,开启设备电源。而后,装载并运行已编译链接的程序,用实验 TD-ACC+ 系统提供的专用图形显示窗口观察响应曲线,记录超调和过渡过程时间。保存波形图,见图 14.41。

本次实验是在室温环境下进行的,其中电烤箱预设温度为 100℃(64H),起始温度为室温。为此可得,对于大滞后控制系统,基于模糊控制器的控制系统在达到预设温度之后,保持系统稳定,箱内温度保持恒定,几乎没有超调,且上升时间与 PID 系统几乎一样。相比之下,PID 控制系统在达到预设温度之后,系统出现较大超调,且出现等幅振荡,表明系统不稳定。

2. 单神经元自适应闭环控制实验

神经网络是由众多的神经元采用某种网络拓扑结构构成的,可用来描述几乎任意的非线性系统,而且神经网络还具有自学习、自适应和并行分布处理等特点,在控制领域有着广阔的应用前景。单神经元作为神经网络的最基本单元,具有自学习、自适应能力,而且由单

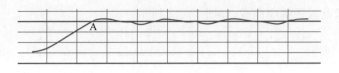

(a) 常规PID控制器

(b) 双入单出模糊控制器

图 14.41　模糊控制系统实验响应曲线

神经元构成的控制器结构简单,易于实时控制,因此其应用非常广泛。该实验拟设计一种单神经元控制器观测对时变对象系统的自适应控制能力。

单神经元的数学模型由三部分组成:加权加法器、线性动态系统和非线性函数。X_i 是神经元的输入,W_i 是加权系数(或连接强度),V_i 是加权加法器的输出,U 是单神经元的输出。神经元的学习过程是为了获得期望输出而不断地调整权值,权值的修正采用学习规则。

图 14.42 所示是一个典型的单神经元控制器方框图。控制器中的参数可遵循如下的调节规律选取:

(1) 初始加权系数 $W_1(0)$、$W_2(0)$、$W_3(0)$ 可任意选取,参考程序中全部取为 0100H。

(2) 一般 K 值偏大将使系统响应超调过大,K 值偏小使过渡过程时间加长,参考程序中 K 值取为 1。

(3) 学习速率的选择:由于采用了规范化学习算法,学习速率可取得较大。同时,此神经元控制器具有 PID 特性,学习速率选择和 PID 参数选择相似。若过渡过程时间太长,可增加 η_1 和 η_3,若响应曲线下降低于给定值后又缓慢上升到稳态的时间太长,则减小 η_1。

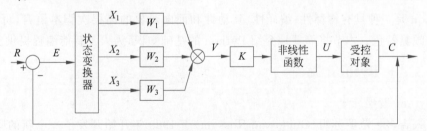

图 14.42　单神经元控制器结构图

单神经元控制器设计实验具体步骤包括:

(1) 编写单神经元控制器程序,编译、链接。

(2) 按照实验线路接线,检查无误后开启设备电源;调节信号源输出端产生幅值为 2V,周期 6s 的方波。

(3) 装载并运行程序,用示波器观察输入端 R 和输出端 C 的波形。若系统性能不太好,根据实验现象改变相应的学习速率直到满意为止,并记下此时的响应曲线。

(4) 当响应曲线稳定后,设计被控对象处于不锁零的状态;同时,改变对象的时间响应常数,观察并记录此时的响应曲线,如图 14.43 所示。

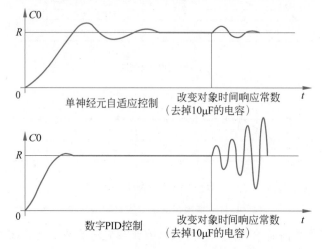

图 14.43　单神经元控制系统实验响应曲线

从实验结果可知,由于数字 PID 控制参数是经过反复实验调试得出,因此,在系统初始阶段,数字 PID 控制的响应曲线超调和调节时间较小。然而,单神经元控制器的参数需经一定时间的自学习。当对象时间常数发生变化后,尤其是较大的时间常数改变(例如实验中去掉 $10\mu F$ 的电容),数字 PID 控制器的参数已不能再适应变化后的控制对象,出现了系统不稳定现象。此刻,可将单神经元控制器理解为一个变系数的 PID 复合控制器,且此时学习算法是自适应的,所以本质上是非线性的。当被控对象由于外部条件变化而发生变化时,单神经元控制器可通过自适应学习算法来改变当前的参数,因此比常规 PID 控制器具有更好的鲁棒性和自适应性。

14.3　Python 语言

Python 是一种具有解释性、编译性、互动性和面向对象的高层次脚本语言,可读性强,语法结构颇具特色。本节将简要地介绍 Python 的基础知识,为人工智能编程提供支撑。

14.3.1　Python 简介

1. Python 发展简史

荷兰人吉多·范罗苏姆(Guido van Rossum)于 1989 年开始开发了一个新的脚本解释程序,作为 ABC 语言的一种继承,并以 Python(大蟒蛇)作为该编程语言的名称。Python 自诞生之日起就是一种开放的语言。

2000 年 10 月,Python 2.0 发布。自 2004 年开始,Python 语言逐渐引起广泛关注,使用用户率呈线性增长。2008 年 12 月 Python 3.0 发布。此后,Python 语言成为最受欢迎的程序设计语言之一。

Python 是一种跨平台的解释型脚本语言,具有解释性、编译性、互动性和面向对象等特点。由于 Python 语言的简洁性、易读性以及可扩展性,深受广大用户的青睐,已在科学计算、人工智能、软件开发、后端开发、网络爬虫等方面得到广泛应用。

Python 语言容易上手,但它跟传统的高级程序设计语言(如 C/C++语言、Java、C♯等)存在较大的差别,比较直观的差别是其编程风格。Python 语言主要是用缩进和左对齐的方式来表示语句的逻辑关系,而其他高级语言则通常用大括号"{}"来表示。

2. Python 版本

Python 目前有两个版本,分别为 Python 2.x 版和 Python 3.x 版。这两个版本是不兼容的,3.x 版本不考虑对 2.x 版本的向后兼容。此前大部分项目都是基于 2.7 版本进行开发的,但是 3.x 版本会越来越普及,未来的趋势是向 3.x 版本迁移。建议读者安装 Python 3.7.3 及以上版本进行学习。

3.x 版本与 2.x 版本的区别在于一些语法、内建函数和对象的行为。但是,大部分 Python 库都支持两个版本。为了能够更好地做项目,有必要参阅 Python 的相关手册,了解 2.x 版本和 3.x 版本之间常见区别。

14.3.2 Python 的基本语法与功能

1. 数据类型

Python 中的变量不需要声明。每个变量在使用前都必须赋值,变量赋值后该变量才会被创建。在 Python 中,变量没有类型。

等号(=)用来为变量赋值。等号(=)运算符左边是一个变量名,右边是存储在变量中的值。Python 允许同时为多个变量赋值。例如:

a = b = c = 1

以上实例,创建一个整型对象,值为 1,从后向前赋值,3 个变量被赋予相同的数值。也可以为多个对象指定多个变量。例如:

a, b, c = 1, 2, "Python"

以上实例中,两个整型对象 1 和 2 的分配给变量 a 和 b,字符串对象"Python"分配给变量 c。

Python3 中常见的数据类型有 Number(数字)、String(字符串)、Bool(布尔类型)、List(列表)、Tuple(元组)、Set(集合)、Dictionary(字典)。此外还有一些高级的数据类型,如 bytes(字节数组类型)等。

Python3 的 6 个标准数据类型中含有:3 个不可变数据:Number(数字)、String(字符串)、Tuple(元组)以及 3 个可变数据:List(列表)、Dictionary(字典)、Set(集合)。

1) Number(数字)

Python3 支持 int、float、bool、complex(复数)。在 Python 3 里,只有一种整数类型 int,表示为长整型,没有 Python2 中的 Long。像大多数语言一样,数值类型的赋值和计算都是很直观的。内置的 type()和 isinstance()函数可以用来查询变量所指的对象类型。

实例:

```
>>> a, b, c, d = 20, 5.5, True, 4+3j
>>> print(type(a), type(b), type(c), type(d))
< class 'int'> < class 'float'> < class 'bool'> < class 'complex'>
```

2) String(字符串)

Python 中的字符串用单引号(' ')或双引号(" ")括起来,同时使用反斜杠(\)转义特殊字符。

字符串的截取的语法格式如下:

变量[头下标:尾下标]

索引值以 0 为开始值,−1 为从末尾的开始位置。与 C 字符串不同的是,Python 字符串不能被改变,无法直接修改字符串的某一位字符。

3) Bool(布尔类型)

布尔类型即 True 或 False。在 Python 中,True 和 False 都是关键字,表示布尔值。布尔类型可以用来控制程序的流程,如判断某个条件是否成立,或者在某个条件满足时执行某段代码。

在 Python 中,所有非零的数字和非空的字符串、列表、元组等数据类型都被视为 True,只有 0、空字符串、空列表、空元组等被视为 False。因此,在进行布尔类型转换时,需要注意数据类型的真假性。

4) List(列表)

List(列表)是 Python 中使用最频繁的数据类型。列表可以完成大多数集合类的数据结构实现。列表中元素的类型可以不相同,它支持数字、字符串甚至可以包含列表(所谓嵌套)。列表是写在方括号[]之间、用逗号分隔开的元素列表。和字符串一样,列表同样可以被索引和截取,列表被截取后返回一个包含所需元素的新列表。列表截取的语法格式如下:

变量[头下标:尾下标:步长]

与 Python 字符串不一样的是,列表中的元素是可以改变的。

5) Tuple(元组)

元组与列表类似,不同之处在于元组的元素不能修改。元组写在小括号()里,元素之间用逗号隔开,元组中的元素类型也可以不相同。元组与字符串类似,可以被索引且下标索引从 0 开始,−1 为从末尾开始的位置。也可以进行截取。其实,可以把字符串看作一种特殊的元组。虽然 Tuple 的元素不可改变,但它可以包含可变的对象,如 list 列表。构造包含 0 个或 1 个元素的元组比较特殊,所以有一些额外的语法规则:

```
tup1 = ()              # 空元组
tup2 = (20,)           # 一个元素,需要在元素后添加逗号
```

6) Set(集合)

集合是由一个或数个形态各异的大小整体组成的,构成集合的事物或对象称作元素或是成员。基本功能是进行成员关系测试和删除重复元素。可以使用大括号{ }或者 set()函数创建集合。注意:创建一个空集合必须用 set()而不是{ },因为{ }被用来创建一个空字典。

创建格式:

```
parame = {value01,value02,…}
或者
set(value)
```

7) Dictionary(字典)

字典是 Python 中另一个非常有用的内置数据类型。列表是有序的对象集合,字典是无序的对象集合。两者之间的区别在于:字典当中的元素是通过键来存取的,而不是通过偏移存取。字典是一种映射类型,用{ }标识,它是一个无序的键(key):值(value)的集合。

键(key)必须使用不可变类型。在同一个字典中,键(key)必须是唯一的。

2. 运算符

Python 语言支持算术运算、比较(关系)运算、赋值运算、逻辑运算、位运算、成员运算、身份运算。

1) 算术运算符

假设变量 a=10、b=21,算术运算符及其描述和实例结果如表 14.2 所示。

表 14.2 算术运算符

运算符	描 述	实 例
+	加:两个对象相加	a+b 输出结果 31
−	减:得到负数或是一个数减去另一个数	a−b 输出结果−11
*	乘:两个数相乘或是返回一个被重复若干次的字符串	a * b 输出结果 210
/	除:x 除以 y	b/a 输出结果 2.1
%	取模:返回除法的余数	b%a 输出结果 1
**	幂:返回 x 的 y 次幂	a ** b 为 10 的 21 次方
//	取整除:往小的方向取整数	9//2 输出结果 4 −9//2 输出结果−5

2) 比较(关系)运算符

假设变量 a=10、b=20,比较(关系)运算符及其描述和实例结果如表 14.3 所示。

表 14.3 比较(关系)运算符

运算符	描 述	实 例
==	等于:比较两个对象是否相等	(a==b)返回 False
!=	不等于:比较两个对象是否不相等	(a!=b)返回 True
>	大于:返回 x 是否大于 y	(a>b)返回 False
<	小于:返回 x 是否小于 y。所有比较运算符返回 1 表示真,返回 0 表示假。这分别与特殊的变量 True 和 False 等价。注意,这些变量名的大写	(a<b)返回 True
>=	大于或等于:返回 x 是否大于或等于 y	(a>=b)返回 False
<=	小于或等于:返回 x 是否小于或等于 y	(a<=b)返回 True

3) 赋值运算符

赋值运算符及其描述和实例结果如表 14.4 所示。

表 14.4 赋值运算符

运算符	描 述	实 例
=	简单的赋值运算符	c=a+b 将 a+b 的运算结果赋值为 c
+=	加法赋值运算符	c+=a 等效于 c=c+a
−=	减法赋值运算符	c−=a 等效于 c=c−a
*=	乘法赋值运算符	c * =a 等效于 c=c * a
/=	除法赋值运算符	c/=a 等效于 c=c/a
%=	取模赋值运算符	c%=a 等效于 c=c%a
**=	幂赋值运算符	c ** =a 等效于 c=c ** a
//=	取整除赋值运算符	c//=a 等效于 c=c//a

4) 逻辑运算符

假设变量 a＝10、b＝20,逻辑运算符及其描述和实例结果如表 14.5 所示。

表 14.5　逻辑运算符

运算符	逻辑表达式	描　述	实例
and	x and y	布尔"与":如果 x 为 False,x and y 返回 x 的值,否则返回 y 的计算值	(a and b)返回 20
or	x or y	布尔"或":如果 x 是 True,它返回 x 的值,否则它返回 y 的计算值	(a or b)返回 10
not	not x	布尔"非":如果 x 为 True,返回 False。如果 x 为 False,它返回 True	not(a and b)返回 False

5) 位运算符

位运算符是把数字看作二进制来进行计算的。Python 中的按位运算法则如表 14.6 所示,表中变量 a＝60、b＝13,运算过程中按 a 为 00111100、b 为 00001101 进行计算。

表 14.6　位运算符

运算符	描　述	实　例
&	按位与运算符:参与运算的两个值,如果两个相应位都为 1,则该位的结果为 1,否则为 0	(a & b)输出结果 12,二进制解释:00001100
|	按位或运算符:只要对应的两个二进位有一个为 1 时,结果位就为 1	(a | b)输出结果 61,二进制解释:00111101
^	按位异或运算符:当两对应的二进位相异时,结果为 1	(a ^ b)输出结果 49,二进制解释:00110001
~	按位取反运算符:对数据的每个二进制位取反,即把 1 变为 0、0 变为 1	~x 类似于 −x−1(~a) 输出结果 −61,二进制解释:11000011,在一个有符号二进制数的补码形式
<<	左移动运算符:运算数的各二进位全部左移若干位,由"<<"右边的数指定移动的位数,高位丢弃,低位补 0	a << 2 输出结果 240,二进制解释:11110000
>>	右移动运算符:把">>"左边的运算数的各二进位全部右移若干位,">>"右边的数指定移动的位数	a >> 2 输出结果 15,二进制解释:00001111

6) 成员运算符

成员运算符用于识别某一元素是否包含在变量中,这个变量可以是字符串、列表、元组等,其描述和实例结果如表 14.7 所示。

表 14.7　成员运算符

运算符	描　述	实　例
in	如果在指定的变量中找到值返回 True,否则返回 False	x 在 y 中,如果 x 在 y 中返回 True
not in	如果在指定的变量中没有找到值返回 True,否则返回 False	x 不在 y 中,如果 x 不在 y 中返回 True

7) 身份运算符

身份运算符用于判断两个对象的存储单元(内存地址)是否相同,其描述和实例结果如表 14.8 所示。

表 14.8 身份运算符

运算符	描 述	实 例
is	判断两个标识符是否引用自同一个对象	x is y,类似 id(x)==id(y),如果引用的是同一个对象则返回 True,否则返回 False
is not	判断两个标识符是否引用自不同对象	x is not y,类似 id(x)!=id(y)。如果引用的不是同一个对象则返回结果 True,否则返回 False

注:id()函数用于获取对象内存地址。

3. 流程控制

1) 条件控制

Python 条件语句通过一条或多条语句的执行结果(True 或者 False)来决定执行的代码块。

① if 语句。

Python 中 if 语句的一般形式如下:

```
if condition_1:
    statement_block_1
elif condition_2:
    statement_block_2
else:
    statement_block_3
```

如果 "condition_1" 为 True,将执行 "statement_block_1" 块语句。

如果 "condition_1" 为 False,将判断 "condition_2"。

如果 "condition_2" 为 True,将执行 "statement_block_2" 块语句。

如果 "condition_2" 为 False,将执行"statement_block_3" 块语句。

② if 嵌套。

在嵌套 if 语句中,可以把 if…elif…else 结构放在另外一个 if…elif…else 结构中。

```
if 表达式 1:
    语句
    if 表达式 2:
        语句
    elif 表达式 3:
        语句
    else:
        语句
elif 表达式 4:
    语句
else:
    语句
```

③ match…case。

Python 3.10 增加了 match…case 的条件判断,不需要再使用一连串的 if-else 来判断了。

match 后的对象会依次与 case 后的内容进行匹配。如果匹配成功,则执行匹配到的表达式,否则直接跳过,_可以匹配一切。语法格式如下:

```
match subject:
    case <pattern_1>:
        <action_1>
    case <pattern_2>:
        <action_2>
    case <pattern_3>:
        <action_3>
    case _:
        <action_wildcard>
```

"case _:"类似于 C 和 Java 中的"default:",当其他 case 都无法匹配时,匹配这条,保证会匹配成功。

2) 循环语句

Python 中的循环语句有 for 和 while。

① while 循环。

Python 中 while 语句的一般形式:

```
while 判断条件(condition):
    执行语句(statements)……
```

可以通过设置条件表达式永远不为 false 来实现无限循环。

while 循环使用 else 语句时,如果 while 后面的条件语句为 false 时,则执行 else 的语句块。语法格式如下:

```
while <expr>:
    <statement(s)>
else:
    <additional_statement(s)>
```

② for 语句。

Python for 循环可以遍历任何可迭代对象,如一个列表或者一个字符串。for 循环的一般格式如下:

```
for <variable> in <sequence>:
    <statements>
else:
    <statements>
```

for…else 语句用于在循环结束后执行一段代码。语法格式如下:

```
for item in iterable:
    ♯ 循环主体
else:
    ♯ 循环结束后执行的代码
```

当循环执行完毕(即遍历完 iterable 中的所有元素)后,会执行 else 子句中的代码,如果在循环过程中遇到了 break 语句,则会中断循环,此时不会执行 else 子句。

3) break 和 continue 语句

break 语句可以跳出 for 和 while 的循环体,如果从 for 或 while 循环中终止,任何对应的循环 else 块将不执行。

continue 语句用来告诉 Python 跳过当前循环块中的剩余语句，然后继续进行下一轮循环。

4. 函数设计

函数是一个可重复使用的、用来实现单一或相关联功能的代码段。函数能提高应用的模块性和代码的重复利用率。Python 提供了许多内建函数，如 print()。但也可以自己创建函数，叫作用户自定义函数。

1）函数定义

简单的函数定义规则如下：

① 函数代码块以 def 关键词开头，后接函数标识符名称和圆括号()。一般格式如下：

def 函数名(参数列表)：
　　函数体

② 任何传入参数和自变量必须放在圆括号中间，圆括号之间可以用于定义参数。

③ 函数的第一行语句可以选择性地使用文档字符串——用于存放函数说明。

④ 函数内容以冒号起始，并且缩进。

⑤ return [表达式] 结束函数，选择性地返回给调用方一个值，不带表达式的 return 相当于返回 None。

2）函数调用

当一个函数定义好之后，即给函数一个名称，并指定函数里包含的参数和代码块结构，可以通过另一个函数调用执行，也可以直接从 Python 命令提示符执行。

3）参数传递

在调用函数时，在大多数情况下，主调函数和被调函用之间有数据传递关系，这就是函数的参数传递。函数参数的作用是传递数据给函数使用，函数利用接收的数据进行具体的操作处理。函数参数在定义函数时放在函数名称后面的一对小括号中。

在使用函数时，经常会用到形式参数（形参）和实际参数（实参）。在定义函数时，函数名后面括号中的参数为"形式参数"。在调用一个函数时，函数名后面括号中的参数为"实际参数"，也就是将函数的调用者提供给函数的参数。

当实参为不可变对象时，进行的是值传递；当实参为可变对象时，进行的是引用传递。进行值传递后，改变形参的值，实参的值不变；进行引用传递后，改变形参的值，实参的值也一同改变。Strings、Tuples 和 Numbers 是不可更改的对象，而 List、Dictionary、Set 则是可以修改的对象。可变对象在被调函数里修改了参数，那么在主调函数里，原始的参数也被改变了。

4）匿名函数

Python 使用 lambda 来创建匿名函数。所谓匿名，意即不再使用 def 语句这样标准的形式定义一个函数。

① lambda 只是一个表达式，函数体比 def 简单很多。

② lambda 的主体是一个表达式，而不是一个代码块。仅仅能在 lambda 表达式中封装有限的逻辑。

③ lambda 函数拥有自己的命名空间，且不能访问自己参数列表之外或全局命名空间

里的参数。

④ lambda 函数虽然看起来只能写一行,却不等同于 C 或 C++的内联函数,后者的目的是调用小函数时不占用栈内存,从而增加运行效率。

lambda 函数的语法只包含一个语句,如下:

lambda [arg1 [,arg2,…,argn]]:expression

5) return 语句

return[表达式]语句用于退出函数,选择性地向调用方返回一个表达式。不带参数值的 return 语句返回 None。

14.4 基于 Python 的深度学习框架设计

深度学习框架是现代人工智能领域的核心技术之一。它的作用在于屏蔽底层硬件复杂、烦琐的使用方式,对外提供简单应用的功能函数,为研究者和开发者提供了一种快速、高效、可扩展的手段来构建和训练各种深度学习模型。深度学习框架需要具备下列性能。

(1)通用深度学习框架能够支持多种深度学习算法和模型。这意味着框架需要提供丰富的层类型、损失函数和优化器等基础组件,以支持各种深度学习算法的实现和扩展。此外,框架还需要提供一种简单且统一的 API,以便用户能够轻松地定义、训练和评估各种深度学习模型。

(2)通用深度学习框架具备良好的可扩展性和可移植性。深度学习模型通常需要在大规模分布式系统中进行训练,因此框架需要支持分布式计算和多节点并行处理,以实现模型的高效训练。此外,框架还需要支持多种硬件平台和操作系统,使用户能够在各种环境中使用和部署深度学习模型。

(3)通用深度学习框架能够提供高效的计算和存储机制。由于深度学习模型通常具有大量的参数和复杂的计算图结构,因此框架需要采用高效的计算和存储机制,以保证模型的训练和推理效率。例如,框架可以使用 GPU 或其他专用硬件加速计算,或者使用高效的张量计算库来优化计算性能。

(4)通用深度学习框架能够提供灵活的部署和集成方式。框架应该支持将深度学习模型部署到各种环境中,如移动设备、嵌入式设备、云端服务器等。此外,框架还需要提供易于集成的 API 和工具,以便与其他应用程序和服务进行集成,如图像和语音识别、自然语言处理、机器翻译等。

(5)通用深度学习框架能够关注用户体验和易用性。框架应该提供友好的文档和示例代码,以帮助用户快速入门和使用。此外,框架还应该提供可视化工具和调试工具,以便用户可以更方便地监控模型的训练和调试过程,发现并解决潜在的问题。

14.4.1 深度学习框架的发展

进入 21 世纪前,已经出现了一些工具,如 MATLAB、OpenNN、Torch 等,可以用来描述和开发神经网络。然而,它们不是专门为神经网络模型开发定制的,拥有复杂的 API,并缺乏 GPU 支持。

2012 年,多伦多大学的 Alex Krizhevsky 等人提出了 AlexNet 深度神经网络模型,该网络在 ImageNet 数据集上达到了最高精度,并大大超过了第二名。这引发了深度神经网络的热潮,此后各种深度神经网络模型在 ImageNet 数据集的准确性上不断创下新高。这时,一些深度学习框架,如 Caffe、Chainer 和 Theano 应运而生。使用这些框架,用户可以方便地建立复杂的深度神经网络模型,如 CNN、RNN、LSTM 等。此外,这些框架还支持多GPU 训练,大大减少了模型的训练时间,而且能够对以前无法装入单一 GPU 内存的大型模型进行训练。在这些框架中,Caffe 和 Theano 使用声明式编程风格,而 Chainer 采用命令式编程风格。这两种不同的编程风格也为深度学习框架设定了两条不同的开发路径。

AlexNet 的成功引起了计算机视觉领域的高度关注,并重新点燃了神经网络的希望,大型科技公司加入了开发深度学习框架的行列。其中,谷歌开源了著名的 TensorFlow 框架,它至今仍是人工智能领域最流行的深度学习框架。Caffe 的发明者加入了 Facebook,并发布了 Caffe2;与此同时,Facebook AI 研究(FAIR)团队也发布了另一个流行的框架PyTorch,它基于 Torch 框架,但使用了更为流行的 Python api。微软研究院开发 CNTK 框架。亚马逊采用了 MXNet,这是华盛顿大学、CMU 和其他机构的联合学术项目。TensorFlow 和 CNTK 借鉴了 Theano 的声明式编程风格,而 PyTorch 则继承了 Torch 的直观和用户友好的命令式编程风格。命令式编程风格更加灵活并且容易跟踪,而声明式编程风格通常为内存和基于计算图的运行时优化提供了更多的空间。另一方面,被称为「mix」-net 的 MXNet 同时支持一组符号(声明性)API 和一组命令式 API,并通过一种"杂交"(hybridization)的方法优化了使用命令式 API 描述模型的性能,从而享受到这两个领域的好处。

2015 年,何凯明等人提出了 ResNet,再次突破了图像分类的边界,在 ImageNet 的准确率上再创新高。业界和学界已经达成共识,深度学习将成为下一个重大技术趋势,解决各种领域的挑战。在此期间,所有深度学习框架都对多 GPU 训练和分布式训练进行优化,提供更加直观的用户 API,并衍生出专门针对计算机视觉和自然语言处理等特定任务的 model zoo 和工具包。值得注意的是,Francois Chollet 几乎是独自开发了 Keras 框架,它比现有框架(如 TensorFlow 和 MXNet)提供了神经网络和构建块的更直观的高级抽象。现在,这种抽象已成为 TensorFlow 模型层面事实上的 API。

正如人类历史发展一样,深度学习框架经过一轮激烈的竞争,最终形成了 TensorFlow 和 PyTorch 的双头垄断,它们代表了深度学习框架研发和生产中 95% 以上的用例。2019年,Chainer 团队将他们的开发工作转移到 PyTorch;类似地,微软公司停止了 CNTK 框架的开发,部分团队成员转向支持 Windows 和 ONNX 运行的 PyTorch。Keras 被TensorFlow 收购,并在 TensorFlow 2.0 版本中成为其高级 API 之一。在深度学习框架领域,MXNet 仍然位居第三。

尽管 TensorFlow、PyTorch 在技术发展上已经非常成熟,但是外部环境变化,使得我国拥有自主创新的 AI 底层能力成为眼下之刚需,这也为国内深度学习开源框架带来了发展的土壤。过去几年中,"开源""AI 底层"成为了国内 AI 厂商们十分重视的发展战略。百度飞桨(PaddlePaddle)成为深度学习开源框架的先头兵,2016 年率先对外发布。2020 年,国内开源框架迎来了第一波集中爆发。独角兽旷视科技拿出工业级深度学习框架天元(MegEngine),此外,一流科技 OneFlow、华为昇思(MindSpore)也在于同年登场。学界方面,清华大学开源了支持即时编译的深度学习框架计图(Jittor)。

目前,深度学习框架朝着支持超大规模模型和更好可用性的趋势发展。

首先是大型模型训练。随着 BERT(Bidirectional Encoder Representation from Transformers,来自 Transformers 的双向编码表示)及其近亲 GPT-3 的诞生,训练大型甚至超大规模模型的能力成为了深度学习框架的理想特性。这就要求深度学习框架能够在数百台设备规模下有效地进行训练。

第二个趋势是可用性。深度学习框架都采用命令式编程风格,语义灵活,调试方便。同时,这些框架还提供了用户级的装饰器或 API,以通过一些 JIT(即时)编译器技术实现高性能编程。

深度学习在自动驾驶、个性化推荐、自然语言理解和医疗保健等广泛应用领域取得巨大成功,带来前所未有的用户、开发者和投资者热潮。这也是未来十年开发深度学习工具和框架的黄金时期。尽管深度学习框架从一开始就有了长足的发展,但它们对于深度学习的地位还远远不如编程语言 JAVA/C++ 对于互联网应用那样的成熟,还有很多令人兴奋的机遇和工作等待探索和完成。

14.4.2 深度学习开源框架的比较

下面对最为经典和常用的深度学习开源框架进行介绍和比较。

1. TensorFlow

TensorFlow 是一个采用数据流图(Data Flow Graphs),用于数值计算的开源软件库。TensorFlow 最初由 Google 公司大脑小组(隶属于 Google 公司机器智能研究机构)的研究员和工程师们开发,用于机器学习和深度神经网络方面的研究,但这个系统的通用性使其也可广泛用于其他计算领域。它是 Google 公司研发的基于 DistBelief 的第二代人工智能学习系统。2015 年 11 月 9 日,Google 公司发布人工智能系统 TensorFlow 并宣布开源。

TensorFlow 命名来源于本身的原理,Tensor(张量)意味着 N 维数组,Flow(流)意味着基于数据流图的计算。TensorFlow 运行过程就是张量从图的一端流动到另一端的计算过程,即 Data Flow Graphs。TensorFlow 是一种基于图的计算框架,其中节点(Nodes)在图中表示数学操作,线(Edges)表示在节点间相互联系的多维数据数组,即张量(Tensor),这种基于流的架构让 TensorFlow 具有非常高的灵活性,该灵活性也让 TensorFlow 框架可以在多个平台上进行计算,如台式计算机、服务器、移动设备等。

TensorFlow 有如下优势。

① 高度的灵活性:只要能够将计算表示成为一个数据流图,那么就可以使用 TensorFlow。

② 可移植性:TensorFlow 支持 CPU 和 GPU 的运算,并且可以运行在台式机、服务器、手机移动端设备等。

③ 自动求微分:TensorFlow 内部实现了自动对于各种给定目标函数求导的方式。

④ 多种语言支持:Python、C++。

⑤ 性能高度优化。TensorFlow 是一个非常全面的框架,基本可以满足对深度学习的所有需求。但是,它的缺点是非常底层,使用 TensorFlow 需要编写大量的代码。

2. PyTorch

PyTorch 是 Torch 的 Python 版本,是由 Facebook 公司开源的神经网络框架,专门针对

GPU加速的深度神经网络编程。Torch是一个经典的对多维矩阵数据进行操作的张量（tensor）库，在机器学习和其他数学密集型领域有广泛应用。与TensorFlow的静态计算图不同，PyTorch的计算图是动态的，可以根据计算需要实时地改变计算图。但由于Torch采用Lua语言，在国内一直很小众，并逐渐被支持Python的TensorFlow抢走了用户。作为经典机器学习库Torch的端口，PyTorch为Python语言使用者提供了舒适的代码选择。

PyTorch有如下优势。

① 简洁：PyTorch的设计追求最小的封装，尽量避免"重复造轮子"。不像TensorFlow中充斥着session、graph、operation、name_scope、variable、tensor、layer等全新的概念，PyTorch的设计遵循tensor→variable（autograd）→nn.Module这3个由低到高的抽象层次，分别代表高维数组（张量）、自动求导（变量）和神经网络（层/模块），而且这3个抽象层次之间联系紧密，可以同时进行修改和操作。简洁的设计带来的另外一个好处就是代码易于理解。PyTorch的源码只有TensorFlow的约十分之一，更少的抽象、更直观的设计使得PyTorch的源码十分易于阅读。

② 速度：PyTorch的灵活性不以速度为代价，在许多评测中，PyTorch的速度表现胜过TensorFlow和Keras等框架。框架的运行速度和程序员的编码水平有极大关系，但使用同样的算法时，使用PyTorch实现的那个更有可能快过用其他框架实现的。

③ 易用：PyTorch是所有的框架中面向对象设计的最优雅的一个。PyTorch的面向对象的接口设计来源于Torch，而Torch的接口设计以灵活易用而著称。

④ 活跃的社区：PyTorch提供了完整的文档、循序渐进的指南、作者亲自维护的论坛供用户交流和求教问题。

3. PaddlePaddle

PaddlePaddle由百度公司在2016年9月推出。至此，百度公司成为继谷歌、脸书、IBM公司之后又一个将人工智能技术开源的科技巨头，同时也是国内首个开源深度学习平台的科技公司。Paddle的全称是Parallel Distributed Deep Learning，即并行分布式深度学习，是在百度公司内部已经使用多年的框架，是易学易用的分布式深度学习平台。同时，背靠百度公司扎实的开发功底，PaddlePaddle也是一个十分成熟、稳定可靠的开发工具。

PaddlePaddle有如下优势。

① 易用：相比于偏底层的TensorFlow，PaddlePaddle能让开发者聚焦于构建深度学习模型的高层部分。

② 更快的速度：PaddlePaddle上的代码更简洁，用它来开发模型显然能为开发者省去一些时间。这使得PaddlePaddle很适合于工业应用，尤其是需要快速开发的场景。另外，自诞生之日起，它就专注于充分利用GPU集群的性能，为分布式环境的并行计算进行加速。这使得在PaddlePaddle上用大规模数据进行AI训练和推理要比TensorFlow这样的平台快很多。

4. MindSpore

MindSpore是华为公司推出的新一代深度学习框架，是源于全产业的最佳实践，最佳地匹配了昇腾处理器算力，支持终端、边缘、云全场景灵活部署，开创全新的AI编程范式，降低AI开发门槛。

2018年华为全联接大会提出了人工智能面临的十大挑战，并提到"训练时间少则数日，多则数月",算力稀缺昂贵且消耗大,仍然面临没有"人工"就没有"智能"等问题。这是一项需要高级技能的专家的工作,高技术门槛、高开发成本、长部署周期等问题阻碍了全产业 AI 开发者生态的发展。新一代 AI 框架 MindSpore 助力开发者与产业更加从容地应对这一系统级挑战,具有如下优点。

① 编程简单:MindSpore 函数式可微分编程架构可以让用户聚焦模型算法数学原生表达。深度学习手动求解过程,不仅求导过程复杂,结果还很容易出错。所以现有深度学习框架都有自动微分的特性,帮助开发者利用自动微分技术实现自动求导。

② 端云协同:MindSpore 针对全场景提供一致的开发和部署能力,以及按需协同能力,让开发者能够实现 AI 应用在云、边缘和手机上快速部署,全场景互联互通,实现更好的资源利用和隐私保护,创造更加丰富的 AI 应用。

③ 调试轻松:开发者可以只开发一套代码,通过变更某一行代码,从容切换动态图/静态图调试方式。

④ 性能卓越:MindSpore 通过 AI Native 执行新模式,最大化发挥了"端-边-云"全场景异构算力;还可以通过灵活的策略定义和代价模型,自动完成模型切分与调优,获取最佳效率与最优性能。

⑤ 开源开放:在门户网站、开源社区提供更多学习资源、支持与服务。

14.4.3　深度学习框架基本功能

考虑到深度学习的计算特点、模型通用的基本模块和解决大计算量问题,大部分深度学习框架都包含张量、计算图、自动微分、基本深度模型组件、计算加速等基本功能。

1. 张量(Tensor)

张量是所有深度学习框架中最核心的组件。深度学习中的所有运算和优化算法都是基于张量进行的。几何代数中定义的张量基于向量和矩阵的推广,可以将标量视为零阶张量,将矢量视为一阶张量,那么矩阵就是二阶张量。

举例来说,可以将任意一张 RGB 彩色图片表示成一个三阶张量(三个维度分别是图片的高度、宽度和色彩数据)。一张普通的水果图片按照 RGB 三原色表示可以拆分为红色、绿色和蓝色的三张灰度图片。如果将这种表示方法用张量的形式写出来,则如表 14.9 所示。

表 14.9 中只显示了前 5 行和前 320 列数据,每个方格代表一个像素点,其中的三维数组为颜色值。假设用[1.0,0,0]表示红色、[0,1.0,0]表示绿色、[0,0,1.0]表示蓝色,则前面 5 行的数据则全是[1.0,1.0,1.0],即为白色。

将这一定义进行扩展,也可以用四阶张量表示一个包含多张图片的数据集,其中 4 个维度分别是:图片在数据集中的编号、图片高度、宽度以及色彩数据。

将各种各样的数据抽象成张量表示,然后输入神经网络模型进行后续处理是一种非常必要且高效的策略。如果没有这一步骤,就需要根据各种不同类型的数据组织形式定义各种不同类型的数据操作,这会浪费开发者大量的精力。更关键的是,当数据处理完成后,还需要方便地将张量转换回指定的格式。例如 Python NumPy 包中 numpy. imread 和 numpy. imsave 两个方法,分别用来将图片转换成张量对象(即代码中的 Tensor 对象)和将张量再转换成图片保存起来。

所谓的"学习"就是不断纠正神经网络的实际输出结果和预期结果之间的误差。这一过

表 14.9 水果图片对应的张量

	0	1	2	3	4	5	6	7	8	9	...	310	311	312	313	314	315	316	317	318	319
0	[1.0, 1.0, 1.0]	[1.0, 1.0, 1.0]	[1.0, 1.0, 1.0]	[1.0, 1.0, 1.0]	[1.0, 1.0, 1.0]	[1.0, 1.0, 1.0]	[1.0, 1.0, 1.0]	[1.0, 1.0, 1.0]	[1.0, 1.0, 1.0]	[1.0, 1.0, 1.0]	...	[1.0, 1.0, 1.0]	[1.0, 1.0, 1.0]	[1.0, 1.0, 1.0]	[1.0, 1.0, 1.0]	[1.0, 1.0, 1.0]	[1.0, 1.0, 1.0]	[1.0, 1.0, 1.0]	[1.0, 1.0, 1.0]	[1.0, 1.0, 1.0]	[1.0, 1.0, 1.0]
1	[1.0, 1.0, 1.0]	[1.0, 1.0, 1.0]	[1.0, 1.0, 1.0]	[1.0, 1.0, 1.0]	[1.0, 1.0, 1.0]	[1.0, 1.0, 1.0]	[1.0, 1.0, 1.0]	[1.0, 1.0, 1.0]	[1.0, 1.0, 1.0]	[1.0, 1.0, 1.0]	...	[1.0, 1.0, 1.0]	[1.0, 1.0, 1.0]	[1.0, 1.0, 1.0]	[1.0, 1.0, 1.0]	[1.0, 1.0, 1.0]	[1.0, 1.0, 1.0]	[1.0, 1.0, 1.0]	[1.0, 1.0, 1.0]	[1.0, 1.0, 1.0]	[1.0, 1.0, 1.0]
2	[1.0, 1.0, 1.0]	[1.0, 1.0, 1.0]	[1.0, 1.0, 1.0]	[1.0, 1.0, 1.0]	[1.0, 1.0, 1.0]	[1.0, 1.0, 1.0]	[1.0, 1.0, 1.0]	[1.0, 1.0, 1.0]	[1.0, 1.0, 1.0]	[1.0, 1.0, 1.0]	...	[1.0, 1.0, 1.0]	[1.0, 1.0, 1.0]	[1.0, 1.0, 1.0]	[1.0, 1.0, 1.0]	[1.0, 1.0, 1.0]	[1.0, 1.0, 1.0]	[1.0, 1.0, 1.0]	[1.0, 1.0, 1.0]	[1.0, 1.0, 1.0]	[1.0, 1.0, 1.0]
3	[1.0, 1.0, 1.0]	[1.0, 1.0, 1.0]	[1.0, 1.0, 1.0]	[1.0, 1.0, 1.0]	[1.0, 1.0, 1.0]	[1.0, 1.0, 1.0]	[1.0, 1.0, 1.0]	[1.0, 1.0, 1.0]	[1.0, 1.0, 1.0]	[1.0, 1.0, 1.0]	...	[1.0, 1.0, 1.0]	[1.0, 1.0, 1.0]	[1.0, 1.0, 1.0]	[1.0, 1.0, 1.0]	[1.0, 1.0, 1.0]	[1.0, 1.0, 1.0]	[1.0, 1.0, 1.0]	[1.0, 1.0, 1.0]	[1.0, 1.0, 1.0]	[1.0, 1.0, 1.0]
4	[1.0, 1.0, 1.0]	[1.0, 1.0, 1.0]	[1.0, 1.0, 1.0]	[1.0, 1.0, 1.0]	[1.0, 1.0, 1.0]	[1.0, 1.0, 1.0]	[1.0, 1.0, 1.0]	[1.0, 1.0, 1.0]	[1.0, -1.0, 1.0]	[1.0, 1.0, 1.0]	...	[1.0, 1.0, 1.0]	[1.0, 1.0, 1.0]	[1.0, 1.0, 1.0]	[1.0, 1.0, 1.0]	[1.0, 1.0, 1.0]	[1.0, 1.0, 1.0]	[1.0, 1.0, 1.0]	[1.0, 1.0, 1.0]	[1.0, 1.0, 1.0]	[1.0, 1.0, 1.0]

程中需要对输入张量进行一系列的数学运算和处理操作。这里的一系列操作包含的范围很宽,可以是简单的矩阵乘法,也可以是卷积、池化和 LSTM 等稍复杂的运算。各开源库和深度学习框架支持的张量操作通常不尽相同,详细情况可以查看如下官方文档。

NumPy:http://www.scipy-lectures.org/intro/numpy/operations.html;

Theano:http://deeplearning.net/software/theano/library/tensor/basic.html;

TensorFlow:https://www.tensorflow.org/api_docs/Python/math_ops/。

由于大部分深度学习框架都是用面向对象的编程语言实现的,因此张量操作通常都是基于类实现的,而并不是函数。这种实现思路一方面允许开发者将各种类似的操作汇总在一起,方便组织管理。另一方面也保证了整个代码的复用性、扩展性和对外接口的统一。总体上让整个框架更灵活和易于扩展,为将来的发展预留了空间。

2. 计算图(Computation Graph)

有了张量和基于张量的各种操作之后,下一步就是将各种操作整合起来,输出需要的结果。操作种类和数量的增多,使其管理十分困难。各操作之间的关系难以理清,有可能引发各种意想不到的问题,包括多个操作之间应该并行还是顺次执行,如何协同各种不同的底层设备,以及如何避免各种类型的冗余操作等。这些问题将降低整个深度学习网络的运行效率或引入不必要的错误,而计算图正是为解决这一问题产生的。

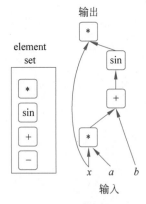

图 14.44 计算图表示的
函数示例

计算图首次被引入人工智能领域是 2009 年的论文 *Learning Deep Architectures for AI*。最初的计算图如图 14.44 所示,图中用不同的占位符($*$,$+$,$-$,sin)构成操作节点,以字母 x、a、b 构成变量节点,再以有向线段将这些节点连接起来,组成一个表征运算逻辑关系的清晰明了的"图"型数据结构。

随着技术的不断演进,结合脚本语言建模方便但执行缓慢和低级语言建模难但执行效率高的特点,逐渐形成了这样的一种开发框架:前端用 Python 等脚本语言建模,后端用 C++ 等低级语言执行,以综合两者的优点。可以看到,这种开发框架大大降低了传统框架进行跨设备计算时的代码耦合度,也省去了每次后端变动都需要修改前端的维护开销。这里,在前端和后端之间起到关键耦合作用的就是计算图。

将计算图作为前后端之间的中间表示(intermediate representations)可以带来良好的交互性,开发者可以将 Tensor 对象作为数据结构,将函数/方法作为操作类型,将特定的操作类型应用于特定的数据结构,从而定义出类似 MATLAB 的强大建模语言。

需要注意的是,通常情况下开发者不会将用于中间表示得到的计算图直接用于模型构造,因为这样的计算图通常包含了大量的冗余求解目标,也没有提取共享变量。因而,通常都会经过依赖性剪枝、符号融合、内存共享等方法对计算图进行优化。

目前,不同的深度学习框架对于计算图的实现机制和侧重点各不相同。例如 Theano 和 MXNet 都是以隐式处理的方式在编译中由表达式向计算图过渡。Caffe 则比较直接,可以创建一个 Graph 对象,然后以类似 Graph.Operator(xxx)的方式显示调用。

因为计算图的引入,开发者得以从宏观上俯瞰整个神经网络的内部结构。类似编译器可以从整个代码的角度决定如何分配寄存器,计算图也可以从宏观上决定代码运行时的

GPU 内存分配,以及分布式环境中不同底层设备间的相互协作方式。除此之外,现在也有许多深度学习框架将计算图应用于模型调试,可以实时输出当前某一操作类型的文本描述。

3. 自动微分(Automatic Differentiation)

计算图带来的另一个好处是让模型训练阶段的梯度计算变得模块化且更为便捷,也就是自动微分法。

正如前文提到的,若将神经网络视为由许多非线性过程组成的一个复杂的函数体,计算图则以模块化的方式完整表征了这一函数体的内部逻辑关系。因此这一复杂函数体的微分,即求取模型梯度的方法,就变成了在计算图中简单地从输入到输出进行一次完整遍历的过程。

针对一些非线性过程(如修正线性单元 ReLU)或者大规模的问题,使用传统的微分法的成本往往非常高昂。因此,以上述迭代式的自动微分法求解模型梯度已经被广泛采用,并且成功应对一些传统微分不适用的场景。

目前,许多计算图程序包(例如 Computation Graph Toolkit)都已经预先实现了自动微分。另外,由于每个节点处的导数只能相对于其相邻节点计算,因此实现了自动微分的模块一般都可以直接加入任意的操作类中,当然也可以被上层的微分大模块直接调用。

4. 基本深度模型组件

深度学习的计算主要包含训练和预测(或推理)两个阶段,训练的基本流程是:输入数据→网络层前向传播→计算损失→网络层反向传播梯度→更新参数,预测的基本流程是:输入数据→网络层前向传播→输出结果。从运算的角度看,主要可以分为三种类型的计算。

① 数据在网络层之间的流动:前向传播和反向传播可以看作张量 Tensor(多维数组)在网络层之间的流动(forward 前向传播流动的是输入输出,backward 反向传播流动的是梯度),每个网络层会进行一定的运算,然后将结果输入下一层。

② 计算损失:衔接前向和反向传播的中间过程,定义了模型的输出与真实值之间的差异,用来后续提供反向传播所需的信息。

③ 参数更新:使用计算得到的梯度对网络参数进行更新的一类计算。

基于这个三种类型,又可以对深度学习的基本组件进行抽象。

① 张量(tensor):这个神经网络中数据的基本单位,已在前面介绍。

② 网络层(layer):负责接收上一层的输入,进行该层的运算,将结果输出给下一层。由于张量的流动有前向和反向两个方向,因此对于每种类型网络层都需要同时实现前向传播和反向传播两种运算。

③ 损失(loss):在给定模型预测值与真实值之后,该组件输出损失值以及关于最后一层的梯度(用于梯度回传)。

④ 优化器(optimizer):负责使用梯度更新模型的参数。

深度学习框架还需要一些组件把上面这 4 种基本组件整合到一起,形成一个流水线(pipeline)。

⑤ 网络(net)组件:负责管理张量在张量之间的前向和反向传播,同时能提供获取参数、设置参数、获取梯度的接口。

⑥ 模型(model)组件:负责整合所有组件,形成整个流水线。即网络组件进行前向传播→损失组件计算损失和梯度→网络组件将梯度反向传播→优化器组件将梯度更新到参数。

图 14.45 给出深度学习框架基本组件架构图。

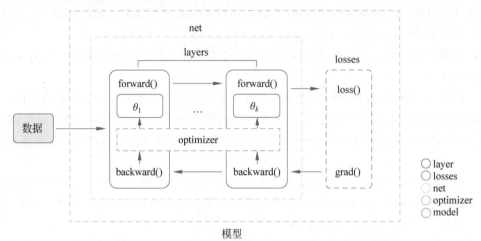

图 14.45　深度学习框架基本组件架构图

5. 计算加速

考虑到深度学习计算量巨大,计算加速对于深度学习框架来说至关重要,例如同样训练一个神经网络,不加速需要 4 天的时间,加速的话可能只要 4 小时。深度学习框架主要从编程语言、分布式并行计算和数据处理优化等方面实现计算加速功能。

由于此前大部分实现都基于高级语言(如 Java、Python、Lua 等),而即使是执行最简单的操作,高级语言也会比低级语言消耗更多的 CPU 周期,更何况是结构复杂的深度神经网络,因此运算缓慢就成了高级语言的一个天然的缺陷。目前,针对这一问题有两种解决方案。

第一种方法是模拟传统的编译器。类似于传统编译器会把高级语言编译成特定平台的汇编语言实现高效运行,这种方法将高级语言转换为 C 语言,然后在 C 语言的基础上编译、执行。为了实现这种转换,每一种张量操作的实现代码都会预先加入 C 语言的转换部分,然后由编译器在编译阶段将这些由 C 语言实现的张量操作综合在一起。目前 pyCUDA 和 Cython 等编译器都已经实现了这一功能。

第二种方法就是前文提到的,利用脚本语言实现前端建模,用低级语言(如 C++)实现后端运行,这意味着高级语言和低级语言之间的交互都发生在框架内部,因此每次的后端变动都不需要修改前端,也不需要完整编译(只需要通过修改编译参数进行部分编译),因此整体速度也就更快。

除此之外,由于低级语言的最优化编程难度很高,而且大部分基础操作其实也都有公开的最优解决方案,因此另一个显著的加速手段就是利用现成的扩展包。例如最初用 FORTRAN 实现的 BLAS(基础线性代数子程序)就是一个非常优秀的基本矩阵(张量)运算库,此外还有英特尔的 MKL(Math Kernel Library)等,开发者可以根据个人喜好灵活选择。值得一提的是,一般的 BLAS 库只针对普通的 CPU 场景进行了优化,但目前大部分的深度学习模型都已经开始采用并行 GPU 的运算模式,因此利用诸如 NVIDIA 推出的针对 GPU 优化的 cuBLAS 和 cuDNN 等更具针对性的库可能是更好的选择。

在深度学习中,当数据集和参数量的规模越来越大时,训练所需的时间和硬件资源会随之增加,最后会变成制约训练的因素。分布式并行训练,可以降低对内存、计算性能等硬件的需求,是进行训练的重要优化手段。根据并行的原理及模式不同,一般深度学习框架支持的并行训练的功能有以下几种。

(1) 数据并行(data parallel):对数据进行切分的并行模式,一般按照批数据维度切分,将数据分配到各个计算单元中,进行模型计算。

(2) 模型并行(model parallel):对模型进行切分的并行模式,可分为算子级模型并行、流水线模型并行、优化器模型并行等。

(3) 混合并行(hybrid parallel):指涵盖数据并行和模型并行的并行模式。

目前,MindSpore 支持数据并行、半自动并行、自动并行、混合并行四种模式。

随着数据的增加,数据的存储、处理架构和计算资源会影响深度模型的性能。通常,深度学习框架要具有数据调优和均衡负责的功能。如 MindSpore 提供了一种自动数据调优的工具——Dataset AutoTune,用于在训练过程中根据环境资源的情况自动调整数据处理管道的并行度,最大化利用系统资源加速数据处理管道的处理速度。此外,MindSpore 提供了一种运算负载均衡的技术,可以将 MindSpore 的 Tensor 运算分配到不同的异构硬件上,一方面均衡不同硬件之间的运算开销,另一方面利用异构硬件的优势对运算进行加速。

14.4.4 基于 Python 的深度学习算法应用实例分析

近年来,基于 Python 的深度学习算法获得广泛应用。下面介绍一个实例,供读者学习编程参考。

所有的深度学习算法都始于下面这个已转换成 Python 代码的数学公式。

1. 最小二乘法

```
# y = mx + b
# m is slope, b is y-intercept

def compute_error_for_line_given_points(b, m, coordinates):
    totalError = 0
    for i in range(0, len(coordinates)):
        x = coordinates[i][0]
        y = coordinates[i][1]
        totalError += (y - (m * x + b)) ** 2
    return totalError / float(len(coordinates))
# example
compute_error_for_line_given_points(1, 2, [[3,6],[6,9],[12,18]])
```

最小二乘法在 1805 年由 Adrien-Marie Legendre 首次提出(1805,Legendre),其算法首先是用于预测彗星未来的方位,然后计算误差的平方,最终通过修改预测值以减少误差平方和。而这也正是线性回归的基本思想。

读者可以在 Jupyter notebook 中运行上述代码来加深对这个算法的理解。m 是系数,b 是预测的常数项,coordinates 是彗星的坐标位置。目标是找到合适的 m 和 b,使其误差尽可能小。

这是深度学习的核心思想:给定输入值和期望的输出值,然后寻找两者之间的相关性。

2. 梯度下降

上述这种通过手动尝试来降低错误率的方法非常耗时。来自荷兰的 Peter Debye 在一个世纪后(1909 年)正式提出了一种简化这个过程的方法。

　　假设 Legendre 的算法需要考虑一个参数——称之为 X。Y 轴表示每个 X 的误差值。Legendre 的算法是找到使误差最小的 X。可以看到,当 $X=1.1$ 时,误差 Y 取最小值。

　　Peter Debye 注意到最低点左边的斜率是负的,而另一边则是正的。因此,如果知道了任意给定 X 的斜率值,就可以找到 Y 的最小值点。

　　这便是梯度下降算法的基本思想。几乎所有的深度学习模型都会用到梯度下降算法。要实现这个算法,假设误差函数是 $Error = x^5 - 2x^3 - 2$。要得到任意给定 X 的斜率,需要对其求导,即 $5x^4 - 6x^2$。

　　下面用 Python 实现 Debye 的算法:

```
current_x = 0.5 # the alGorithm starts at x=0.5
learning_rate = 0.01 # step size multiplier
num_iterations = 60 # the number of times to train the function

# the derivative of the error function (x * * 4 = the power of 4 or x^4)
def slope_at_given_x_value(x):
    return 5 * x * * 4 - 6 * x * * 2

# Move X to the right or left depending on the slope of the error function
for i in range(num_iterations):
    previous_x = current_x
    current_x += -learning_rate * slope_at_given_x_value(previous_x)
    print(previous_x)

print("The local minimum occurs at %f" % current_x)
```

这里的窍门在于 learning_rate。通过沿斜率的相反方向行进来逼近最低点。此外,越接近最低点,斜率越小。因此,当斜率接近零时,每一步下降的幅度会越来越小。

　　num_iterations 是预计到达最小值之前所需的迭代次数。可以通过调试该参数训练自己关于梯度下降算法的直觉。

3. 线性回归

　　最小二乘法配合梯度下降算法,就是一个完整的线性回归过程。在 20 世纪 50 年代和 60 年代,一批实验经济学家在早期的计算机上实现了这些想法。这个过程是通过实体打卡——真正的手工软件程序实现的。准备这些打孔卡就需要几天的时间,而通过计算机进行一次回归分析最多需要 24 小时。

　　下面是用 Python 实现线性回归的一个示例(不需要在打卡机上完成这个操作)。

```
# Price of wheat/kg and the average price of bread
wheat_and_bread = [[0.5,5],[0.6,5.5],[0.8,6],[1.1,6.8],[1.4,7]]

def step_gradient(b_current, m_current, points, learningRate):
    b_gradient = 0
    m_gradient = 0
    N = float(len(points))
    for i in range(0, len(points)):
        x = points[i][0]
        y = points[i][1]
        b_gradient += -(2/N) * (y - ((m_current * x) + b_current))
```

```
        m_gradient += −(2/N) * x * (y − ((m_current * x) + b_current))
    new_b = b_current − (learningRate * b_gradient)
    new_m = m_current − (learningRate * m_gradient)
    return [new_b, new_m]

def gradient_descent_runner(points, starting_b, starting_m, learning_rate, num_iterations):
    b = starting_b
    m = starting_m
    for i in range(num_iterations):
        b, m = step_gradient(b, m, points, learning_rate)
    return [b, m]

gradient_descent_runner(wheat_and_bread, 1, 1, 0.01, 100)
```

线性回归本身并没有引入新的内容。但是，如何将梯度下降算法运用到误差函数上就需要动动脑子了。运行代码并使用这个线性回归模拟器来加深理解。

4. 感知机

Frank Rosenblatt 于 1958 年发明了一个模仿神经元的机器，并因此登上《纽约时报》的头条："New Navy Device Learns By Doing"。

如果向 Rosenblatt 的机器展示 50 组分别在左右两侧有标记的图像，它可以在没有预先编程的情况下分辨出两张图像（标记的位置）。

每个训练周期都是从左侧输入数据开始。给所有输入数据添加一个初始的随机权重，然后将它们相加。如果总和为负，将其输出为 0，否则输出为 1。

如果预测结果是正确的，就不改变循环中的权重；如果预测结果是错误的，可以用误差乘以学习率来相应地调整权重。

用经典的"或"逻辑来运行感知机。

```
< td class="crayon-code" ">
from __future__ import division, print_function, absolute_import
import tflearn
from tflearn.layers.core import dropout, fully_connected
from Tensorflow.examples.tutorials.mnist import input_data
from tflearn.layers.conv import conv_2d, max_pool_2d
from tflearn.layers.nORMalization import local_response_normalization
from tflearn.layers.estimator import regression
# Data loading and preprocessing
mnist = input_data.read_data_sets("/data/", one_hot=True)
X, Y, testX, testY = mnist.train.images, mnist.train.labels, mnist.test.images, mnist.test.labels
X = X.reshape([−1, 28, 28, 1])
testX = testX.reshape([−1, 28, 28, 1])
# Building convolutional network
network = tflearn.input_data(shape=[None, 28, 28, 1], name='input')
network = conv_2d(network, 32, 3, activation='relu', regularizer="L2")
network = max_pool_2d(network, 2)
network = local_response_normalization(network)
network = conv_2d(network, 64, 3, activation='relu', regularizer="L2")
network = max_pool_2d(network, 2)
network = local_response_normalization(network)
network = fully_connected(network, 128, activation='tanh')
network = dropout(network, 0.8)
```

```
network = fully_connected(network, 256, activation='tanh')
network = dropout(network, 0.8)
network = fully_connected(network, 10, activation='softmax')
network = regression(network, optimizer='adam', learning_rate=0.01,
                         loss='categorical_crossentropy', name='target')
# Training
model = tflearn.DNN(network, tensorboard_verbose=0)
model.fit({'input': X}, {'target': Y}, n_epoch=20,
              validation_set=({'input': testX}, {'target': testY}),
              snapshot_step=100, show_metric=True, run_id='convnet_mnist')
```

在上述学习的基础上,可以在老师指导下或独立进行算法和编程的实际操作。

14.5　小结

本章讨论智能控制算法编程实现与深度学习开源框架。

14.1 节给出智能控制算法的定义、特点与分类。将智能控制算法定义为求解智能控制问题的一系列指令描述,代表着用系统方法描述智能控制问题求解的策略机制。分别归纳出智能控制算法的特点、符号和逻辑处理编程语言的特点,以及解释型脚本语言 Python 的特点。根据算法原理的相似和差异,对智能控制算法进行归纳分类。

14.2 节介绍智能控制算法的 MATLAB 仿真设计与实现。MATLAB 软件的智能算法工具包可以实现多种算法。本节介绍的 MATLAB 工具箱包括 MATLAB 模糊控制工具箱、MATLAB 神经网络工具箱及其仿真、基于模糊逻辑工具箱的模糊控制器、MATLAB 神经网络工具箱图形用户界面、基于 Simulink 的神经网络模块工具、模糊控制算法的 MATLAB 仿真程序设计与实现、神经控制算法的 MATLAB 仿真程序设计与实现,以及模糊控制与神经网络控制的实验等。

14.3 节首先介绍 Python 语言的发展历史和特点,接着结合一些代码对 Python 的基本语法进行了讲解。

14.4 节研究基于 Python 的深度学习框架设计。根据深度学习实践的一般学习步骤,从深度学习常用编程语言 Python 到深度学习开源框架的基础知识,逐一进行了介绍。首先介绍了深度学习开源框架的发展,对常用开源框架进行了分析和比较;然后介绍了深度学习框架的基本功能。深度学习框架屏蔽了底层硬件复杂、烦琐的使用方式,方便使用者更好地利用机器资源,完成自己的定制化任务。最后举例分析了基于 Python 的深度学习算法的应用。

习题 14

14-1　智能控制算法是怎么定义的？你是如何理解这一定义的？

14-2　试论智能控制算法在智能控制中的地位和作用。

14-3　智能控制算法有哪些特点？

14-4　智能控制算法如何分类？你对智能控制算法的分类有什么看法？

14-5　智能控制算法的 MATLAB 仿真设计与实现包括哪些内容？

14-6　MATLAB模糊控制工具箱有什么基本功能？如何进行仿真？

14-7　MATLAB神经网络工具箱有什么基本功能？如何进行仿真？

14-8　试述Python语言的发展简史。

14-9　Python语言具有什么特点？

14-10　Python语言有哪些基本数据结构？

14-11　请用Python语言的if语句编写一个函数，用于判断给定的年份是否为闰年。

14-12　简述Python语言array数组的切片方法，简要说明array在机器学习编程中的应用。

14-13　试述深度学习开源框架的发展情况。

14-14　请对常用开源框架进行分析和比较。

14-15　深度学习框架有哪些基本功能？

14-16　深度学习框架中的张量是什么意思？

14-17　简述深度学习常用的算法。

14-18　请举例分析基于Python的深度学习算法的应用。

第五篇

智能控制的计算能力

第**15**章

智能控制的算力及架构

算力即计算能力(computing power),是智能控制的核心要素之一,是实现智能控制的重要保障,是继人力、畜力、水力、热力、电力之后的一种新的先进生产力。

随着人工智能和智能控制科技的发展,智能控制算力再不是单纯的硬件设施,而是硬件和软件高度融合的智能融合架构,对智能控制的发展及其产业化起到举足轻重的作用,已成为智能控制新的重要研究领域。

本章将研讨智能控制的算力问题,论述智能控制算力的定义和分类,介绍具有推理能力的智能芯片和智能芯片多数据计算中心,研究智能控制算力网络的研究进展、基本构架和应用示例,讨论分布式智能协同计算和云计算,为进一步深入研究智能控制算力打下不可或缺的基础。

15.1 智能算力的定义与分类

本节介绍智能控制算力的定义、分类和评估,有助于对智能控制算力的理解与评价。

15.1.1 智能算力的定义

目前对算力还没有统一的标准定义。

定义 15.1 2018 年诺贝尔奖获得者威廉·诺德豪斯(William D. Nordhaus)将算力定义为设备根据内部状态的改变每秒能够处理的信息数据量。

定义 15.2 算力是机器在数学上的归纳和转化能力,把抽象复杂的数学表达式或数字通过数学方法转换为可以理解的数学式的能力。

定义 15.3 算力是机器通过对信息数据进行处理实现目标结果输出的计算能力。

定义 15.4 算力(也称哈希率)是比特币网络处理能力的度量单位,即计算机计算哈希函数输出的速度(每秒运算次数)。

综上可见,算力代表了数据处理速度的能力,是数字化技术持续发展的衡量标准,也是人工智能的核心生产力和基本执行能力。

如同水力、热力、电力等各有衡量指标和计量单位一样,算力也有衡量指标和基准单位。

常用的算力衡量单位是 FLOPS、TFLOPS 等,还有 MIPS、DMIPS、OPS 等,如表 15.1 所示。

表 15.1 算力的衡量单位

衡量单位	英 文 全 称	中 文 全 称
MIPS	Million Instructions Per Second	每秒执行的百万指令数
DMIPS	Dhrystone Million Instructions executed Per Second	整数运算每秒执行的百万指令数
OPS	Operators Per Second	每秒运算次数
FLOPS	Floating-point Operators Per Second	每秒浮点运算次数
Hash/s	Hash Per Second	每秒哈希运算次数

浮点算力运算的不同量级有 MFLOPS、GFLOPS、TFLOPS、PFLOPS 等,如表 15.2 所示。

表 15.2 算力的浮点运算衡量单位

衡 量 单 位	英 文 全 称	中 文 全 称
MFLOPS	megaFLOPS	每秒一百万(10^6)次的浮点运算
GFLOPS	gigaFLOPS	每秒十亿(10^9)次的浮点运算
TFLOPS	teraFLOPS	每秒一万亿(10^{12})次的浮点运算
PFLOPS	petaFLOPS	每秒一千万亿(10^{15})次的浮点运算
EFLOPS	exaFLOPS	每秒一百亿亿(10^{18})次的浮点运算
ZFLOPS	zettaFLOPS	每秒十万亿亿(10^{21})次的浮点运算

15.1.2 智能算力和芯片的分类

1. 按技术架构分类

一般将算力分为两大类,即通用算力和专用算力。承担输出算力任务的芯片,也相应地分为通用芯片和专用芯片。

CPU(Central Processing Unit,中央处理器)芯片,如 x86 处理器,就是通用芯片。它们能完成多样化和灵活的算力任务,但其功耗较高。

专用芯片主要包括 FPGA(Field Programmable Gate Array,现场可编程门阵列)和 ASIC(Application Specific Integrated Circuit,专用集成电路)。

FPGA 可以通过硬件编程来改变芯片的逻辑结构,其软件是深度定制的,用于执行专门任务。此类芯片非常适合在芯片功能尚未完全定型、算法仍需不断完善的情况下使用。使用 FPGA 芯片需要通过定义硬件去实现软件算法,技术水平要求较高,因此在设计并实现复杂的人工智能算法方面难度较高。

ASIC 绝大部分软件算法都固化于硅片,是一种根据特殊应用场景要求进行全定制化的专用人工智能芯片。与 FPGA 相比,ASIC 芯片无法通过修改电路进行功能扩展。与 CPU、GPU 等通用计算芯片相比,ASIC 性能高、功耗低、成本低,适用于对性能功耗比要求极高的移动设备端。

FPGA 的性能和灵活性介于 CPU 和 ASIC 之间。

此外,还有神经拟态芯片(Neuromimetic Chip,NMC),即类脑芯片,如 IBM 公司研发的 TrueNorth 芯片,是一种模拟人脑神经网络结构的新型芯片,通过模拟人脑神经网络的工作机理实现感知和认知等功能。NMC 具有很高的研究和开发难度,是目前研究热点之一,其成果多数属于实验室产品。

上述各种智能芯片的特点对比见表 15.3。

表 15.3　智能芯片特点对比

芯 片 类 型	适 用 场 景	主 要 优 点	主 要 缺 点
GPU	高级复杂算法和通用人工智能平台	通用性和浮点运算能力强、速度快	性能功耗比较低
半定制化 FPGA	具体行业	灵活性强、速度快、功耗低、可编程性强	价格高、编程复杂、整体运算能力不高
全定制化 FPGA	全定制场景	性能高、功耗低	电路需定制、开发周期长、扩展难风险高
神经拟态芯片	实验室、自研平台	功耗低、可扩展性强、算存一体	算力低、对主流算法支持差、难以商用

2. 按芯片位置分类

1) 云端智能芯片

这类芯片运算能力强大,功耗较高,一般部署在公有云、私有云、混合云或数据中心、超算中心等计算基础设施领域,主要用于深度神经网络模型的训练和推理,处理语音、视频、图像等海量数据,支持大规模并行计算,通常以加速卡的形式集成多个芯片模块,并行完成相关计算任务。

在数据中心,又将算力的计算任务分为基础通用计算和 HPC 高性能计算(High-Performance Computing)。HPC 计算又细分为 3 类。①科学计算:基础科学如数学、物理、化学、生命科学和天文科学等研究,以及需要超大规模数据的领域如气象、环保、石油勘探、天文探测和宇航等。②工程计算:计算机辅助工程、计算机辅助制造、计算机辅助设计、新型自动化系统设计与实现、高速磁悬浮列车仿真等领域。③智能计算:包括机器学习、深度学习、数据分析以及众多智能产业化等领域。专用智能计算数据中心除了智算中心外,还有超算中心。超算中心放置超级计算机,专门承担各种大规模科学计算和工程计算任务。

智能计算特别会"吃"算力。在智能计算中,涉及较多的矩阵或向量的乘法和加法,专用性较高,所以不宜使用 CPU 进行计算。实际应用中主要使用 GPU(Graphic Processing Unit,图形处理器)和前述专用芯片进行计算。GPU 上集成了规模巨大的计算矩阵,从而具备了更强大的浮点运算能力和更快的并行计算速度,是一种由大量运算单元组成的大规模并行计算架构芯片,主要用于处理图形、图像领域的海量数据运算,更加适用于解决智能算法的训练难题。GPU 已成为智能算力的主力。

2) 边缘端智能芯片

这类芯片一般功耗低、体积小、性能要求不高、成本也较低,相比于云端芯片来说,不需要运行特别复杂的算法,只需具备少量的智能计算能力,一般部署在智能手机、无人机、摄像头、边缘计算设备、工控设备等移动设备或嵌入式设备上。

3. 按算力任务分类

1) 智能训练芯片

指专门对智能训练算法进行优化加速的芯片,由于训练所需的数据量巨大,算法复杂度高,因此,训练芯片对算力、能效、精度等要求非常高,还要具备较高的通用性,以支持已有的多种算法,甚至还要考虑未来的算法的训练。由于对算力有着极高要求,训练芯片一般更适合部署在大型云端设施中,而且多采用"CPU＋GPU""CPU＋GPU＋加速芯片"等异构模式,加速芯片可以是 GPU 或 FPGA、ASIC 专用芯片等。

2)智能推理芯片

指专门对智能推理算法进行优化加速的芯片,更加关注能耗、算力、时延、成本等综合因素。可以部署在云端和边缘端,实现难度和市场门槛相对较低,因此,这一领域的市场竞争者较多。

15.2　智能芯片的发展

智能算力的进步离不开芯片的发展。本节讨论作为智能算力基础的智能芯片发展历史和发展趋势,可以看到,智能芯片已取得重大发展和巨大进步。

15.2.1　智能芯片的发展简史

1. CPU 阶段(2006 年以前)

智能算法尚未出现突破,能够获取的数据也较为有限,传统通用 CPU 已能完全满足计算需要,学术界和产业界对智能芯片均未提出特殊要求。因此,这个阶段智能芯片产业的发展较为缓慢。

2. GPU 阶段(2006—2010 年)

智能游戏和高清视频等行业快速发展,助推了 GPU 产品的迭代升级。2006 年英伟达(INVIDIA)第一次让 GPU 具备了可编程能力,使 GPU 的核心流式处理器既具有处理像素和图形等渲染能力,又同时具备通用的单精度浮点处理能力。GPU 编程更加便捷,所具有的并行计算特性比 CPU 的计算效率更高,更适用于深度学习等人工智能先进算法所需的算力场景。使用 GPU 后,智能算法的运算效率可以提高几十倍。因此,GPU 在人工智能领域的研究和应用中开始获得大规模使用。

3. CPU＋GPU 阶段(2010—2015 年)

2010 年之后,以云计算和大数据等为代表的新一代信息技术高速发展并开始普及,云端采用"CPU＋GPU"混合计算模式,使得智能系统所需的大规模计算更加便捷高效,进一步推动了智能算法的演进和智能芯片的广泛使用,同时也促进了各种类型的智能芯片的研究与开发。

4. 专用 AI 芯片阶段(2016 年至今)

2016 年,谷歌旗下 DeepMind 公司研发的阿尔法狗(AlphaGo)围棋人工智能系统击败了世界冠军李世石,使得以深度学习为核心的智能技术获得了全球范围内的极大关注。该智能系统采用 TPU(Tensor Processing Unit,张量处理单元),这是一款为机器学习而定制的芯片,经过专门深度机器学习训练,使系统具有更高的计算能力。此后,研究人员开始研发专门针对智能算法进行优化的各种定制化芯片。专用智能芯片呈现蓬勃发展局面,智能算力在应用领域、计算能力、能耗比等方面都有了极大的提升。

15.2.2　智能芯片的发展态势

目前智能芯片出现如下发展态势:物联网等人工智能应用领域快速发展催生超低功耗

智能芯片、开源芯片有望成为智能芯片的发展新秀、智能芯片将从确定算法和场景的加速芯片向通用智能芯片发展、类脑芯片领域呈现异军突起之势。

1. 开发超低功耗芯片

随着以人工智能及其相关产业的高速发展,越来越多新的应用需求涌现。新一代物联网、智能控制、智能手机、智能可穿戴设备、智能家居和工业部门应用的各种智能传感器等领域将需要体积更小、功耗更低、能效比更高的人工智能芯片。常见的边缘端芯片如手机中的智能芯片,其功耗一般在几百毫瓦至几瓦,而超低功耗智能芯片的工作功耗一般是几十毫瓦甚至更低。例如,以智能手表为代表的智能可穿戴设备领域,设备的电池容量因尺寸等原因受到极大限制,此类设备需要具备心率检测、手势识别、语音识别等智能生物信号处理功能,因此需要集成体积小且能效比超高的智能加速芯片,降低对电池的消耗。又如,在智能家居等领域,具备人脸识别、指纹识别等功能的智能门锁须由电池供电,而且不能经常更换电池,这就对门锁中执行人脸识别等功能的智能模块提出了极高的能效比要求。

2. 开源芯片成为新秀

当前,摩尔定律已逼近极限,传统通用架构的芯片性能提升也有限,难以适应需求各异的智能算法和广泛的应用场景,对新型架构智能芯片的需求日益增长,为各类初创型中小企业带来新的市场机遇。然而,芯片领域过高的技术门槛和知识产权壁垒,严重阻碍了智能芯片的进一步技术创新和发展。开源芯片的兴起有望突破这一瓶颈。开源芯片大幅降低了芯片设计领域的门槛,为企业节省了芯片架构和 IP 核等方面的授权费用,可以有效降低企业的研发成本。同时,由于开源社区的开发者们会持续不断地对开源芯片进行更新迭代,企业可以免费获取最新、最优化的版本,并向社区贡献自己的力量,不断提升行业整体发展水平,有效促进智能芯片产业的繁荣。

3. 发展通用智能芯片

近几年,人工智能技术在语音识别和图像识别等领域取得突破性的进展,但要全面推广需要人工智能领域产生通用智能计算芯片,以适用于任意人工智能应用场景。短期内人工智能芯片仍以"CPU＋GPU＋AI 加速芯片"的异构计算模式为主,中期会重点发展可自重构、自学习、自适应的智能芯片,未来将会走向通用的智能芯片。

通用智能芯片就是能够支持和加速包括智能控制在内的任意智能计算场景的芯片,即通过一个通用的数学模型,最大限度地概括出人工智能的本质,经过一定程度的学习后能够精确、高效地处理任意场景下的智能计算任务。随着芯片制程工艺、新型半导体材料和物理器件等出现新突破,以及人类对于大脑和智能形成更深层次的认知,将有望最终实现真正意义上的通用智能芯片。

4. 类脑芯片异军突起

近年来在类脑芯片领域呈现可喜进展,国内外众多研究者不断开发出具有优良性能的类脑芯片。例如,2014 年 IBM 公司推出了 TrueNorth 类脑芯片,采用 28nm 工艺,集成了54 亿个晶体管,包括 4096 个内核、100 万个神经元和 2.56 亿个神经突触。又如,2019 年清华大学发布了"天机芯"类脑芯片,使用 28 纳米工艺流片,包含约 40 000 个神经元和 1000万个突触,支持同时运行卷积神经网络、循环神经网络及神经模态脉冲神经网络等多种神经网络,是全球首款既能支持脉冲神经网络又可以支持人工神经网络的异构融合类脑计算芯片。此外,西井科技发布的 DeepSouth 芯片,用 FPGA 模拟神经元以实现脉冲神经网络的工作方式,包含约 5000 万个神经元和高达 50 多亿个神经突触,可以直接在芯片上完成计算,处理相同计算任务时,功耗仅为传统芯片的几十分之一甚至几百分之一。

15.3　智能控制算力网络

本节研究人工智能算力网络的定义、特征、基本架构、工作机制、关键技术和应用示例,是人工智能算力网络的主要内容。

15.3.1　智能算力网络的定义和特征

1. 智能算力网络的定义

目前对算力网络(Computing Force Newwork 或 Computing First Newwork,CFN,或 Computing Newwork)尚无统一定义。

定义 15.5　算力网络是以算为中心、以网为根基,与云计算、人工智能、边缘计算、区块链、智能终端、网络安全等技术深度融合,提供一体化服务的新型基础设施。

定义 15.6　算力网络是一种根据业务需求,在云、网、边之间按需分配和灵活调度计算资源、存储资源,以及网络资源的新型信息基础设施。

从宏观上看,算力网络是一种思路、一种概念。从微观上看,算力网络是一种架构和性质都与传统网络完全不同的网络。

算力网络的作用是为用户提供算力资源服务,但其实现方式与“云计算+通信网络”的传统方式不同,是将算力资源彻底“融入”通信网络,以整体形式提供符合用户需求的算力资源服务。

算力与水力和电力一样,可实现“一点接入、即取即用”的服务。算力网络类似于电网,算力类似于电力。构建了一张“电网”,有了电力就可以使用电话、电视机、电风扇、洗衣机和电饭煲等家电设备,并驱动各种机电设备运转。现在,构建了一张“算网”,有了算力就能够通过“超算”实现自主驾驶、人脸识别、同声翻译、智能游戏、脑机对接等智能行为。

2. 智能算力网络的特征

智能算力网络具有以下 4 个特征。

1) 资源抽象

算力网络需要将计算资源、存储资源、网络资源(尤其是广域范围内的连接资源)以及算法资源等都抽象出来,作为产品的组成部分提供给客户。

2) 业务承诺

以业务需求划分服务等级,而不是简单地以地域划分,向客户承诺诸如网络性能、算力大小等业务,屏蔽底层的差异性(如异构计算、不同类型的网络连接等)。

3) 统一管控

统一管控云计算节点、边缘计算节点、网络资源(含计算节点内部网络和广域网络)等,根据业务需求对算力资源以及相应的网络资源、存储资源等进行统一调度。

4) 弹性调度

实时监测业务流量,动态调整算力资源,完成各类任务的高效处理和整合输出,并在满足业务需求的前提下,实现资源的弹性伸缩,优化算力分配。

15.3.2 智能算力网络的基本架构和工作机制

从算力网络的定义可知,算力网络是将分布的计算节点连接起来,动态实时感知计算资源和网络资源状态,统筹分配和调度计算任务,形成一张计算资源可感知、可分配、可调度的网络,满足用户对算力的要求,是一种云边网深度融合的新范式,也是边缘计算向泛在计算(普适计算)网络融合的新进展。

本节依据 IETF(Internet Engineering Task Force,互联网工程任务组)的算力网络技术方案,介绍智能算力网络的基本架构和工作机制。

1. 算力网络的主要任务

算力网络基本架构关注边缘计算节点状态的实时感知和边缘计算资源的分布式协同处理及调度 2 个重点。

1) 边缘计算节点状态的实时感知

实时感知边缘计算节点的负载状况对于合理分配计算任务,高效利用边缘计算资源具有重要意义。不同边缘计算节点在不同时间段的计算负载差异很大,而传统的基于静态的服务调度方法无法适应不同边缘计算节点计算负载不平衡或计算负载快速变化。因此,边缘计算节点状态的实时感知是均衡地使用计算和网络资源、动态高效地处理调度计算任务的基础。

2) 边缘计算资源的分布式协同处理及调度

边缘计算正从单一的边缘节点扩展成为网络化、协作化的边缘计算网络。算力网络支持大规模边缘计算节点互联和协作,可提供优化的服务访问和负载均衡机制,以适应计算服务的动态特性。算力网络可根据计算任务的要求,结合实时的计算负载和网络状态条件,动态地将计算任务调度到最匹配的边缘计算节点,从而提高计算资源利用率和用户体验。

2. 算力网络的基本架构

算力网络(CFN)的原理架构如图 15.1 所示,包括 CFN 节点、CFN 服务、CFN 适配器等 3 部分。

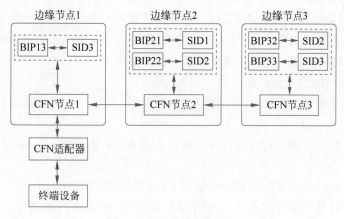

图 15.1　CFN 的原理架构

1) CFN 节点

CFN 节点是 CFN 网络的基本功能实体,一般集成在边缘计算节点中,可以实时提供节点的计算资源负载情况以及向用户终端提供 CFN 服务访问的能力。CFN 节点主要包括

CFN 入口和 CFN 出口。其中,CFN 入口面向客户端,负责服务的实时寻址和流量调度;CFN 出口面向服务端,负责服务状态的查询、汇聚和全网发布。CFN 节点可作为虚拟网络功能部署于服务器,也可部署在接入环或城域网中的接入路由器等物理设备中。

2) CFN 服务

CFN 服务是 CFN 节点服务注册表中的一个单位,代表一个应用服务,具有唯一服务 ID(SID)。在 CFN 中,SID 用来标识由多个边缘计算服务节点提供的特定应用服务,同时终端设备也采用 SID 来启动对服务的访问。在 CFN 系统中,SID 是一个任播地址,对某 SID 的请求可由不同的边缘计算节点响应。通过感知和计算网络状态,决定选择响应请求的边缘计算节点的过程称为算力服务调度。在算力服务调度期间,会选择最合适的边缘计算节点(即 CFN 出口),并基于该节点处理指定的计算服务请求。

一个服务通常可以部署在多个边缘计算服务节点中,这些节点可以由运行在 Pod、容器或者虚拟机上的工作负载实例实现,每个服务节点可以由 IP 地址来区分。例如,在图 10.1 中,SID2 标识的服务可以由具有 BIP22 的 CFN 节点 2 或具有 BIP32 的 CFN 节点 3 来提供。当从终端设备到 SID2 的服务请求到达 CFN 入口(在本例中是 CFN 节点 1)时,CFN 入口节点应动态地确定该请求应发送到哪个 CFN 出口;在确定具体的边缘计算服务节点之后,所有访问该服务且来自相同流的后续数据包都将发送到所选服务节点的 BIP。

3) CFN 适配器

在 CFN 中,CFN 适配器是一个重要的功能实体,并通过保持 BIP 信息、识别初始请求包等方式帮助终端设备接入 CFN。它可以作为 CFN 节点(内部模式)的一部分实现,也可以在单独的设备(外部模式)上实现。图 15.1 显示了 CFN 适配器的外部模式,它可以部署在客户端侧(如连接多个用户设备的虚拟网关),并作为移动网络中的用户平面功能或固定网络中的宽带远程访问服务器。采用外部模式,可以将 CFN 适配器放在离客户端更近的地方,同时 CFN 节点可以放置在某个聚合点上,并连接多个 CFN 适配器。与内部模式相比,外部 CFN 适配器可保留较少的客户端绑定信息。

算力网络的体系架构如图 15.2 所示,可以分为控制平面和数据平面。控制平面的主要作用是在 CFN 间通告扩散服务状态信息,包括计算服务状态信息和网络服务状态信息。数据平面主要作用是基于 SID 从 CFN 入口经过 IP 底层、CFN 出口和应用编程接口 API 至服务端,进行寻址和路由转发,进而实现计算任务的分发调度。

3. 智能算力网络的工作机制

基于上述算力网络基本架构,参阅图 15.1 和图 15.2,进一步介绍算力网络的基本工作流程如下。

(1) CFN 适配器识别来自终端设备的新服务请求,可通过特定的 SID 任播地址范围来识别。

(2) CFN 适配器将请求转发到其关联的 CFN 节点,即 CFN 入口。

(3) CFN 入口基于服务节点的计算资源负载状况、网络状态和其他信息,确定最合适的 CFN 出口;然后,CFN 入口将请求转发到选定的 CFN 出口。需要注意的是,CFN 入口也可以选择本节点来服务请求。在这种情况下,该节点既是 CFN 入口也是 CFN 出口。

(4) CFN 出口接收来自 CFN 入口的请求,并使用绑定 IP(BIP)作为目的地址,来接入所需的服务。

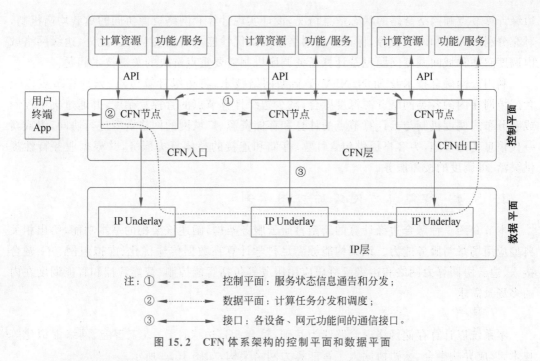

注：① ← — — — → 控制平面：服务状态信息通告和分发；

② ←········→ 数据平面：计算任务分发和调度；

③ ←————→ 接口：各设备、网元功能间的通信接口。

图 15.2 CFN 体系架构的控制平面和数据平面

（5）CFN 适配器会保持关于流的绑定信息（包括 SID、CFN 出口等）。

（6）CFN 入口将来自相同流中相同服务的后续数据包发送到绑定的 CFN 出口，以保持其业务流的黏性。

（7）CFN 各节点将服务节点的状态（如特定服务的可用计算资源）定期彼此分发。

15.3.3 智能算力网络的关键技术

算力网络作为一种新型网络技术，在关键技术方面（特别是状态感知、任务调度等方面）有关键性的技术创新。

1. 计算与网络资源状态感知机制

异构泛在计算资源状态的实时感知是算力网络的一项关键技术。实时动态地感知边缘网络的状态，如传输时延、抖动、带宽资源利用率等网络信息，进而选择一条最优的传输路径分发计算任务，对提升算力网络系统性能具有重要意义。因此，异构泛在网络状态的实时感知是算力网络中的一项关键技术。

在 CFN 的系统架构设计中，充分考虑了计算与网络资源的实时感知，并将计算与网络资源的感知能力集成在了系统架构的控制平面。为了保证计算与网络资源实时感知，CFN节点之间需要相互通告相关的状态信息，包括关联的 SID 信息以及 SID 对应的计算负载信息。CFN 节点接收到访问 SID 的请求时，就进行算力服务调度；这些信息可以在 BGP/IGP路由协议扩展中携带。

2. 计算任务调度机制

计算任务调度机制包括计算节点选择、网络链路选择、计算任务分派、动态任播等问题。在算力网络中，计算任务调度方面存在一些科学问题和关键技术亟须解决。其中，联合考虑计算和网络资源的负载均衡机制是优化计算任务调度性能的一项关键技术，即通过感知的边缘计算节点和网络链路的状态信息情况,设计实现计算和网络资源协同的负载均衡机制,对充分利用计算和网络资源,保证算力网络系统最优性能具有重要意义。此外,边缘网络域内调度问题和域间调度问题也是计算任务调度机制需要重点解决的关键技术问题。

利用云网融合技术及 SDN/NFV 等新型网络技术,将边缘计算节点、云计算节点以及含广域网在内的各类网络资源深度融合,减少边缘计算节点的管控复杂度,并通过集中控制或者分布式调度机制与云计算节点的计算和存储资源、广域网的网络资源进行协同,组成新一代信息基础设施,为客户提供包含计算、存储和连接的整体算力服务,并根据业务特性提供灵活、可调度的按需服务。

15.3.4 智能算力网络的应用示例

本节介绍一种融合边缘计算的新型科研云服务架构,阐述该架构的基本功能,给出相关典型应用场景与服务能力。该架构能够满足科学计算在数据传输优化、虚拟组网、5G 融合接入、边云协同算力网络和边缘云科研应用服务等包括智能控制、智能管控和智能调度在内的多场景需求。

1. 系统架构

本系统以计算存储网络融合路线为基础,整合 5G、边缘计算、人工智能、网络虚拟化等技术,形成异构融合、云边协同人工智能算力网络架构,如图 15.3 所示。

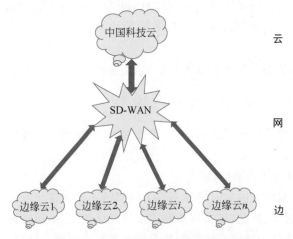

图 15.3 云网边协同的科技云系统架构

在图 15.3 中,云为中国科技云,执行云-网-边端智能协同调度和计算、存储、网络融合管理。网为基于 SD-WAN 和网络切片等技术,构建连接云边的高效虚拟网络,基于智能路由和传输优化等技术,实现端对端的高效数据传输和服务访问。边为由研究单位、大学研究机构、科研园区、大数据中心或算力中心、超算中心和野外计算台站等组成的网络边缘集合,向网络边缘提供异构接入管理,以及面向应用的传输管理、分布式数据处理和边缘应用服务。

2. 功能架构

云网边协同的科技云功能架构如图 15.4 所示。基于智能接入与边缘计算与 SDN 高速网络,实现多样化接入资源与高速广域传输资源的一体化管理,为科研用户提供端到端的柔性网络服务;基于超融合计算及大数据存储管理技术,有效整合边缘计算、云计算、超级计算、智能计算、分布式存储等全局计算与存储资源,为科研用户提供高通量计算、可靠存储与可视化交互服务；基于智能管控与运行服务，实现全局计算、存储、网络资源的智能调度管理，打通科学数据"采集、汇聚、传输、处理、交互"全流程，为重大科技创新活动提供新型"云网一体"智能服务。

图 15.4 云网边协同的科技云功能架构

3. 典型应用场景与服务能力

1）传输优化

针对不同类型的用户及其应用场景，利用边缘计算网络功能虚拟拟技术，提供灵活的流量接入方式和精细化的流量管理能力。在科技网及互联网上部署云转发节点,通过节点间的虚拟组网,在物理网络之上构建面向不同应用的虚拟加速专网。边缘云与云端转发节点之间形成虚拟加速网,采用动态路由及优化传输协议,实现对特定的科学数据流量的端到端传输优化,建设覆盖多场景、全终端的网络加速服务能力,并支持通过云服务的形式向用户提供加速服务开放,实现自助管理。

2) 虚拟组网

针对需要专有网络保障的科研应用(如重大联合项目组和大科学装置等),在边缘云上动态部署虚拟接入网关,与科技网上的云转发节点共同组成虚拟网络,在物理网络之上构建面向不同科研应用的虚拟专网。采用边缘云虚拟化技术,不需要在用户侧部署设备和在骨干网上部署物理路由器,即可实现零接触式的虚拟网络搭建,并可以按需动态地构建与撤销。

3) 5G 融合接入

现有科研园区内网与运营商移动网络相互隔离,园区内用户终端产生的 4G 流量全部直接进入运营商网络,数据安全性、流量成本等方面均存在问题,导致科研活动无法直接使用移动网络的接入能力。在 5G 规范中,移动边缘计算技术支持流量的本地分流。通过打通园区 5G 基站与边缘云之间的接口,可以将园区产生的特定 5G 流量分流到本地的边缘云,实现流量的内网化。5G 网络在稳定性和接入能力上相比于 WiFi 有很大优势,传输速度可与光纤媲美。通过边缘计算本地分流的方式,可以将 5G 能力很好地融入未来的科研网络中,解决现有园区网络在部分应用场景中网络能力不足的问题。

4) 边云协同算力网络

通过虚拟组网技术,将分布在不同位置的边缘云以及集中云连接起来,实现全网计算、存储、网络资源的统一调配,形成算力网络。在边网云协同模式下,根据不同的计算模型,数据处理程序可以进行分布式拆分,使之支持并行化处理。科学装置的数据产生后,在临近边缘云进行数据的前置处理及任务分块,在算力网络的统一调度下,将需要处理的数据及对应的处理程序分发到集中云及资源空闲的多个边缘云上,进行并行分布式计算。在此模式之下,数据分析的效率以及网络带宽的利用率都将大大提升。

5) 边缘云科研应用服务

现有科技云上有大量面向科研用户的云服务,科技云用户通过中国科技网进行访问,在长途链路环境下,网络带宽、时延、抖动等因素有可能会导致服务质量不稳定。边缘云提供了一个更靠近用户的虚拟化服务运行环境,通过虚拟化方式将云端服务封装后,可以根据具体应用场景的需求,预先或动态地将服务下沉到边缘云,靠近用户提供更高质量的服务。同时,在边缘侧,整合 5G 等丰富的接入手段,用户可以方便地使用各种终端,随时随地高效访问科技云服务,开展科研工作。

15.4　普适智能算力网络

本节研究普适智能算力网络问题,通过在智能计算能力池中建立网络(表示为 Net-in-AI),提出一个普适智能算力网络框架,能够实现算力用户的适应性、网络的灵活性和算力提供商的盈利能力,以及电力控制、运输控制、智能制造、轨迹辨识、脸部识别和数据监控等智能控制类服务。读者通过本节学习,能够增强对智能算力网络的了解。

15.4.1　普适智能算力网络的基本架构

由于用户的自适应计算需求、灵活的网络管理要求和供应商的激励要求,智能框架中的网络的完全开发并不是灵丹妙药。在大多数现有的工作中,计算需求、网络管理和激励都是单独研究的。然而,它们都是实现集成系统的潜在推动。

如何提取、分配资源及优化这三个问题对框架的性能有着重大影响,而区块链和应用场景的作用也不容忽视。因此,为普适(泛在)智能提出了一个具有适应性、灵活性和盈利能力的算力网络框架,该框架由以下几层组成,如图 15.5 所示。

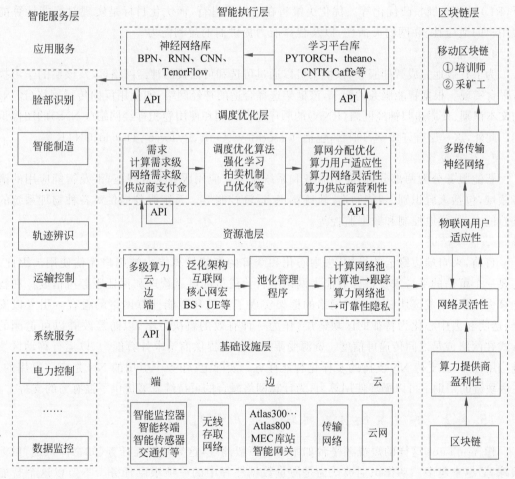

图 15.5　Net-in-AI 框图

1. 基础设施层

B5G、6G 和边缘计算的全面建设正在加速智能算力从云到网络边缘和终端设备的扩展,其特点是经济的移动宽带、低延迟和高隐私。终端设备(如监视器和传感器)、网络边缘(如基站和网关)及云都在这个框架中被联合配置。此外,随着这些端边缘云计算设备数量和类型的激增,网络设备对弥合它们之间的差距寄予了厚望。对这些计算设备和计算需求的无处不在的访问将得到无线或有线接入网络的支持,如 WiFi、智能路由器、网关、基站等。

2. 资源池层

多级计算和泛在网络在本层被提取和池化,其中池化管理程序是最重要的组件。池化管理程序一般负责感知来自基础设施层的物理计算和网络资源,同时将分散的资源分别池化,并分组为计算池和网络池。由于算力是由去中心化计算提供商众筹的,计算池的可追溯使用将是一个主要问题。同时,对于系统来说,网络池的可靠性和隐私性也是特别必要的。

3. 调度优化层

根据系统提出的计算需求、网络需求和供应商的支付金额,这些需求被分为多个类别。由于系统中计算和网络资源的使用是激励驱动的,即按使用付费,因此支付金额类别可分为"高成本""适度成本"和"拾荒者"。分类后的需求将通过调度优化算法进行处理,如强化学习(RL)、拍卖机制、凸优化等。优化决策将在这一层进行,而优化目标是实现对智能计算能力用户的适应性、联网的灵活性,以及智算能力提供商的盈利能力。

4. 智能执行层

为了有效地完成智能服务,该框架可以通过可选和可插拔的神经网络,以及该层的学习执行平台实现。根据智能服务的要求,该框架选择合适的神经网络,如使用反向传播网络(BPN)的文本识别、使用递归神经网络(RNN)的顺序语音识别和使用卷积神经网络(CNNs)的图像识别。此外,这一层有许多学习平台,包括 TensorFlow、Caffe、PyTorch、Theano、CNTK 等。

5. 智能服务层

智能服务分为两部分,即应用服务和系统服务。应用服务十分规范,涉及智能应用的诸多领域,包括人脸识别、智能制造、轨迹辨识、运输控制等。系统服务提供对各种物理系统的监控能力,如供电控制和数据监控等。

6. 区块链层

目前,来自端边缘云的异构、去中心化和众筹的智能计算能力被用户无偿使用。因此,需要一个可信的平台来支持计算能力网络中自治成员的可靠管理和保证服务可信度。在智能算力池中,集成区块链和多级网络的框架实现了激励和智能计算网络的融合。引入以安全、透明和去中心化为特征的区块链层,作为一种有效的解决方案,以防篡改并以可追溯的方式在网络成员之间传递可信度。资源受限户可以向提供商请求计算能力,以运行移动区块链应用程序,并支持 NN 支持的多样化智能任务。实际上,任务中引用的 NN 是多路复用的。在区块链的帮助下可以循环使用算力,为计算网络融合的可持续发展提供了强有力的支持。

15.4.2　普适智能算力网络的应用示例

像 YouTube 这样的短视频平台如雨后春笋般涌现,这导致智能任务(如物体识别、目标跟踪等)越来越多。动作识别被认为是海量数据注释中的一项艰巨任务。本节以这个智能任务为例,展示了所提出的框架的工作流程,如图 15.6 所示。

当用户发出智能服务请求时,Net-in-AI(人工智能框架)感知智能任务的类型,例如视频的动作识别。然后在智能执行层中选择神经网络和学习平台,以满足智能任务的需求。之后,调度优化层对计算、联网和支付的需求进行分类,在资源池层部署用于调度计算和联网资源的优化算法。此后,将多级智能计算能力和泛在网络资源分配给基础设施层的计算节点,以执行特定的智能任务。最后,算力网络完成智能任务的执行。此外,基础设施层还解决了区块链层的难题。区块链层的内在特征,如激励性、可追溯性和可信度,可以鼓励更

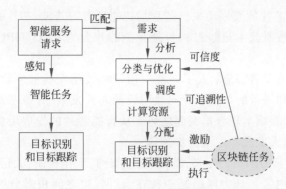

图 15.6 在 Net-in-AI 框架中执行智能任务的工作流程

多的基础设施加入 Net-in-AI 的网络,并保持框架以可靠和高效的方式运行。

在区块链的帮助下,为普适(泛在)智能提供算力网络的智能框架。该框架在计算能力用户的适应性、网络的灵活性及计算能力提供商的盈利能力方面具有潜在优势。实验结果证实了 Net-in-AI 的有效性。

15.5 智能控制算力的研究与应用概况

近年来,国内外对智能控制算力开展了深入研究,获得十分广泛应用。本节介绍其中的部分成果。虽然仅为冰山一角,但足以显示出智能控制算力的魅力。

智能控制器及其智能算法将在各个领域中得到广泛的应用,并带来更多机遇。

(1)智能化升级:随着人们对智能化需求的增加,智能控制器将广泛应用智能家电、电动工具、园林工具和新能源汽车等领域,智能控制器是实现智能化升级的关键。

(2)数据收集与分析:智能控制器通过传感器等设备收集大量数据,并利用智能算法进行分析和处理,用于产品的优化和改进,为企业提供更准确的决策支持。智能控制器作为物联网大数据平台的基本组成部分,承担着信息采集、传输和控制的重要功能。

(3)人机交互:随着人工智能技术的不断进步,智能控制器将能够更好地与人进行交互。智能制造、智慧交通、智能音箱、智能家居等产品需要智能控制器的支持,以实现更自然、智能、人性化的交互方式。例如,在生产线上,智能控制器可以控制机器人、AGV 等设备,实现自动化生产。

15.6 小结

本章讨论智能算力(即计算能力),它是人工智能和智能控制的核心要素之一,是实现智能功能的重要保障。算力是继人力、畜力、水力、热力、电力之后的一种新的先进生产力。

15.1 节讨论智能算力的定义和分类。目前对智能算力还没有统一的标准定义,简而言之,可将算力理解为机器通过信息数据处理实现目标结果输出的计算能力。本节还给出了算力的衡量指标和基准单位。

按技术架构将智能算力分为两大类,即通用算力和专用算力。与此相应,将承担输出算力任务的芯片也分为通用芯片和专用芯片。按芯片位置分类可分为云端人工智能芯片和边缘端人工智能芯片。按算力任务分类可分为智能训练芯片和智能推理芯片。

15.2 节探讨智能芯片的发展历史。芯片是智能算力的基础,芯片的发展水平是衡量智能算力的重要依据。按照技术进步过程可把智能芯片分为 CPU、GPU、CPU＋GPU、专用 AI 芯片 4 个阶段。

智能芯片出现如下发展态势:人工智能应用领域快速发展催生超低功耗智能芯片、智能芯片将从确定算法和场景的加速芯片向通用智能芯片发展、开源芯片有望成为智能芯片的发展新秀、类脑芯片领域呈现异军突起之势。从智能芯片的发展历史和发展趋势可以看到,智能芯片已取得重大发展和巨大进步。

15.3 节研究智能算力网络的定义、特征、基本架构、工作机制、关键技术和应用示例,是智能算力网络的主要内容。算力网络是一种在云、网、边之间按需分配和灵活调度计算资源、存储资源以及网络资源的新型信息基础设施。智能算力网络具有资源抽象、业务承诺、统一管控、弹性调度等 4 个特征。算力网络的原理架构由 CFN 节点、CFN 服务、CFN 适配器等 3 部分组成。基于算力网络原理架构给出了人工智能算力网络的工作机制。在算力网络关键技术方面,讨论了计算与网络资源状态感知机制和计算任务调度机制等关键性技术创新。本节还提供一个比较典型的智能算力网络应用示例,一种融合边缘计算的新型科研云服务架构,阐述该架构的基本功能,给出相关典型应用场景与服务能力。

15.4 节研讨普适智能算力网络问题,通过在智能计算能力池中建立网络,提出一个普适智能算力网络框架,能够实现算力用户的适应性、网络的灵活性和算力提供商的盈利能力。

15.5 节简要介绍智能控制算力研究和应用的部分成果。智能控制器及其智能算法将在各个领域中得到广泛的应用,并带来更多机遇。

习题 15

15-1 智能算力是怎样定义的? 如何理解算力?

15-2 算力在人工智能和智能控制中的地位和作用是什么?

15-3 算力和电力都是生产力,试比较电力和算力的相应关系。

15-4 算力是如何衡量的? 它有哪些常用衡量单位?

15-5 智能算力与芯片是什么关系? 它们是怎么分类的?

15-6 试评价智能芯片的发展历史。

15-7 当前智能芯片出现怎样的发展态势?

15-8 如何定义智能的算力网络? 试比较电网和算网的作用。

15-9 智能算力网络具有哪些特征?

15-10 算力网络的主要任务是什么?

15-11 智能算力网络的基本架构由哪些部分组成? 每部分的作用是什么?

15-12 试结合插图,介绍算力网络的工作机制或流程。

15-13 算力网络有哪些关键技术和机制?

15-14 请在查阅文献资料的基础上,评价一个智能算力网络的应用实例。

15-15 与一般智能算力网络比较,普适智能算力网络有何特点?

15-16 区块链在普适智能算力网络中起到什么作用?

15-17 举例介绍智能控制算力的开发与应用。

参 考 文 献

本书共 389 篇参考文献,请扫描下方二维码获取全部内容。

参考文献